환경과 조경

Environment & Urban Landscape Architecture

김수봉 · 정응호 · 심근정 · 김용범   공저

학 문 사

서 문

　본인은 1996년 계명대학교에 부임한 이래 지난 6년 간 환경계획전공 학생들을 대상으로 「환경 조경학」 강의를 담당하며 조경학을 처음 접하는 학생들을 대상으로 주로 조경의 기본 개념과 왜 21세기 조경학의 관심이 도시환경이 되어야 하는지에 대하여 가르쳐 왔습니다. 그러나 수업을 진행해 오면서 항상 느꼈던 점은 환경계획에 처음 입문하는 학생들의 수준에 맞는 조경관련 교재에 대한 아쉬움이었습니다. 시대가 바뀌고 또 변해가고 있음에도 불구하고 시내 주요 서점의 〈조경학개론〉 관련 서적들은 저자가 학부시절에 배웠던 그 교재들이 대부분 그대로 진열되어 있음에 놀라지 않을 수 없었습니다. 그 이후로 제 스스로 많은 반성의 시간을 가지면서 최소한 우리 학교 환경계획전공 학생들을 위해서라도 내가 직접 우리 현실에 맞는 교재를 만들어야겠다고 생각 해 오던 중 강의실과 현장에서의 경험을 중심으로 이 책을 준비하게 되었습니다. 그리고 이러한 준비과정에는 지난 몇 년 간 대구지역환경기술센터의 지원으로 수행했던 〈환경친화적 도시계획을 위한 대구지역의 바람의 길 조성에 관한 연구〉가 많은 도움이 되었습니다. 이 연구를 수행하면서 〈환경과 조경〉지 2002년 3월호에 〈어제의 조경에서 21세기 환경조경으로〉라는 제목으로 발표했던 아래의 글로 이 책의 나머지 서문을 대신 할까 합니다. 마지막으로 이 책의 탄생을 위해 같이 수고해 주신 정응호 교수, 심근정 박사 그리고 김용범 박사께 지면을 빌어 감사드립니다.

근대적 조경에서 21세기 환경조경으로

저자는 도시환경계획과 정책을 전공한 조경가로서 도시환경문제의 해결과 밀접한 관련이 있는 도시조경의 역할에 대해 많은 관심을 가지고 연구를 하고 있다. 과거에 조경가는 단순히 한정된 공간의 미적인 표현을 위주로 한 계획이나 설계를 하여 왔다. 하지만 현재 도시화와 이에 따라 수반된 각종 환경문제를 고려한 조경계획이 필수적으로 요구되고, 조경가의 역할도 전통적인 계획이나 설계에 의한 미적인 고려뿐만 아니라 환경적으로 지속가능한 계획 및 설계가 요구되어지고 있다. 이러한 현실에서 한 사람의 조경가로서 도시환경문제의 해결책으로 친환경적 도시조경을 생각해 볼 수 있겠다. 본인은 조경학이 앞으로 추구해야 할 과제 혹은 수행해야 할 과제에 대한 조경학도와 조경관련 전문가들의 이해를 돕기 위해 미국 에너지성 에너지기술개발분과(Environmental Energy Technologies Division)의 도시열섬현상연구 관련 홈페이지(Heat Island Group Home Page, http://eetd.lbl.gov/HeatIsland)의 방문을 추천하고 싶다. 이 사이트는 도시환경문제 중 도시열섬현상의 원인과 해결책을 연구하는 곳이다. 이 사이트를 소개함으로써 도시환경과 조경의 관계 및 21세기 조경의 역할에 대해서 한번 검토해 보는 기회를 가지고자 한다.

조경학의 새로운 화두: 도시 열섬 현상

더운 여름에 도시 한복판에 서 있으면 도로와 건물들로부터 뿜어져 나오는 열을 느낄 수 있을 것이다. 또한 야간에도 도시외곽 지역이 빠르게 기온이 내려가는 것에 반해, 도시 내부에서는 도로와 건물 등에 축적된 열이 지속적으로 뿜어져 나오게 되어 야간에도 기온이 내려가지 않고 열대야 현상을 일으키는 것을 쉽게 알 수 있다.

요즘 세계 대부분의 도시들은 주변의 외곽지역보다 보통 1℃에서 4℃ 더 기온이 높다. 또한 인구가 밀집되어 있고 고층 건물이 빽빽하게 들어선 도시 중심지에서는 인접한 교외 지역에 비하여 평균 기온이 최소 0.3℃, 최대 10℃ 더 높은 기온 현상을 나타내는데, 이것이 바로 도시 열섬 현상(Heat Island Phenomena, 이하 도시 열섬)이다.

포장도로가 많은 도심 지역은 열을 보유할 수 있는 비율이 높아서 낮에는 시골 지역보다 태양에너지를 더 많이 흡수하고, 밤에는 시골 지역보다 열 배출량이 많기 때문에 도시의 대기기온이 시골 지역보다 높게 되는 것이다. 교외 시골 지역은 식물과 포장이 되지 않은 토양에 의해 태양 에너지의 대부분이 물의 증산작용에 의해 사용되기 때문에 공기의 온도는 올라가지 않는 것이다. 즉, 도심은 고층 건물과 도로들이 일몰 후 지표 복사 에너지의 대기 방출을 방해함으로써 기온이 계속 높으며, 난방 열에 의한 인공 열이 더해지는 겨울철의 밤에는 주변 교외 지역과 더 큰 기온 차가 나타난다.

이러한 도시 열섬은 특히 여름철에 심각하게 발생하는데, 야간에 심한 불쾌감 유발과 함께 에어컨 사용의 급증 그리고 도시 스모그 현상을 가중시킨다.

일반적으로 도시 열섬의 원인은 세 가지가 있다. 먼저, 자동차 배기 가스 등에 의한 대기 오염과 도시 내의 인공열의 발생, 건축물의 건설이나 지표면의 포장 등에 의한 지표 피복의 상태 변화 그리고 인간 생활이나 산업 활동에 수반된 복잡한 요인 등을 들 수 있겠다.

도시 열섬으로 인한 문제는 현재 도시환경문제와 직결하고 있다. 첫째로 전력소비의 증가이다. 여름철 기온의 심각한 상승에 의해 에너지 소비량이 증가하는 것은 당연한 일이며 이 에너지의 대부분은 에어컨에 의한 인공열에 의한 것이다. 또한 에너지 소비가 늘어난다고 하는 것은 화석 연료의 사용이 증가하게 되는 것을 의미하고 이것은 오염수준과 에너지 비용이 증가된다는 것을 의미한다. 미국 에너지성 에너지기술개발분과에 의하면, 100,000 이상의 인구가 있는 도시에서는 $0.6°C$의 온도가 올라갈 때마다 냉방 소비 전력이 1.5%~2% 오른다고 한다. 미국의 주요 도시들의 온도는 지난 40년 동안 평균 $1.1°C$에서 $2.2°C$가 올랐고 이것은 여름에 냉방을 유지하기 위해 많은 돈을 지불한다는 것을 의미한다. 즉, 미국의 전력 소비의 1/6은 냉방을 위한 것으로 일 년에 40억 불(52조 원)이 냉방비로 쓰여지는 것이다.

두 번째로 스모그 현상 가중을 들 수 있다. 스모그는 광화학 반응에 의해 공기 중에 만들어진다. 이 반응은 높은 온도에서 더 많이 발생하고 활동이 더 강렬해진다. 도시 열섬에 의한 온도상승은 에어컨 사용을 증가시키고 이는 화석 연료 사용의 증가를 의미하는데 이는 오염 수준과 에너지 비용을 증가시키며 이 오염의 증가는 스모그 현상으로 나타나게 된다. 그리고 높아진 기온에 의해 그 영향은 더욱 크게 증폭되는 악순환의 연속을 의미하는 것이다. 로스앤젤레스에서 기온이 $21°C$ 이하일 때는 스모그의 형성은 일반 평균 보다 낮다. 그러나 $21°C$ 이상의 온도에서는 $0.6°C$ 오를 때마다 스모그는 3% 증가하며 기온이 35℃일 때는 스모그가 아주 많이 증가한다. 로스앤젤레스의 도시열섬현상은 오존 레벨을 10-15% 상승시키며 이로 인해 수백만 달러의 의료비가 지불되고 있다고 한다.

다음으로 건강상의 심각한 위해(危害)를 가져온다. 1995년, 시카고에서는 도시의 높은 기온으로 인해 700명의 노인들이 사망하였다. 도시 열섬으로 인한 기온의 상승은 에너지 사용 증가뿐만 아니라 인간의 건강에도 나쁜 영향을 미친다고 한다.

여름밤의 더운 날씨는 낮 동안에 사람들이 받은 열 스트레스를 가라앉혀 줄 수 없다. 그 결과, 도시에서 사망률은 열파동(Heat Wave)의 최고점에서 가장 높다.

예를 들면, 미국의 도시에서는 공격적인 행동(거리 범죄, 폭동 등)들이 더운 날씨에 증가한다는 것이다. 최근의 호주에서의 연구 또한 공격적인 행동과 더운 날씨는 관련이 있다는 것을 보여 주었다. 도시열섬현상으로 인한 오존농도의 증가는 눈을 자극하고 폐에 염증과 천식을 일으키며 세균에 대한 면역력을 저하시킨다. 대기 오염으로 인해 로스앤젤레스에서는 매년 건강과 연관된 비용으로 30억 불이 지출된다고 한다.

도시 열섬의 해결책: 도시녹화

미국의 도시에서는 매년 자연적인 재해와 인위적인 피해로 인해, 수많은 녹지대가 훼손되고 있다. 그러나 대부분의 도시는 사라지는 나무 네 그루 중 단지 한 그루의 나무만 새로 심고 있다. 예를 들면, 뉴욕은 지난 10년 동안 도시 숲의 20%(175,000그루)를 잃었다고 한다. 미국 에너지기술개발분과에 의하면, 적절히 나무가 심겨진 지역은 그렇지 않은 지역의 비슷한 조건의 집들과 비교했을 때 주민의 에너지 비용을 평균 약 20%~25% 정도 줄여 준다고 한다.

식물의 증산에 의한 온도하강 효과는 계산하기에 어렵지만, 컴퓨터 시뮬레이션을 사용한 어느 조사에 따르면 한 가구당 남쪽, 동쪽 그리고 서쪽에 나무 세 그루를 심음으로써 캘리포니아 새크라멘토에서는 30%, 애리조나 피닉스는 17%, 루이지애나 찰스 지방은 23%의 냉방 에너지가 감소하는 효과를 가져온다고 추정되었으며, 나무 그늘은 약 10%에서 35%의 에너지절약 효과를 주는 것으로 추정되었다. 또한 플로리다 남쪽 지방의 조사들에 의하면, 집 옆의 나무와 관목이 여름철에 40%의 에어컨 비용을 줄일 수 있다고 한다.

또한, 에어컨을 그늘진 곳에 설치하는 것만으로도 에너지 비용을 줄일 수 있는 가장 효과적인 방법 중 하나일 수 있다. 왜냐하면 이것은 에어컨에서 나오는 공기를 미리 시원하게 해서 그 효과를 증진시키기 때문이다. 펜실베이니아의 연구 결과에서는 이 방법을 통해서 작은 집에서 최고 75%까지 냉방비를 줄일 수 있다고 주장한다.

로렌스 버클리 연구소의 연구에 따르면, 1시간에 1킬로와트의 전력수요를 감소시키는 방법으로서 '나무를 심는 것'은 약 0.01불이 들지만, '전기 기구의 효율 개선'에 의해서는 약 0.025불이 소요된다고 한다. 그리고 만약 새 발전소를 세운다면 0.10불이 든다고 한다.

또한 나무 500,000그루를 식재함으로써 40년 동안 배수 관리에 필요한 도시가 600,000불(7억8천만 원)을 절약할 수 있을 것이라고 이 연구소는 추정하고 있다.

전반적으로 이 사이트는 도시 열섬의 원인과 그에 대한 해결책을 모색하기 위한 것으로 기존 열섬 저감방안에 관한 연구와 앞으로의 연구방향을 제시하고 있다. 현재 도시 열섬의 심각성과 그에 대한 대응책으로 도시녹화를 소개하고 있어, 도시환경 개선측면에서 조경의 역할에 대해 부각시키고 있다. 저자도 최근 대구지역환경기술센터(http://www.detec.or.kr)의 의뢰로 친환경적인 대구시 도시계획을 위한 〈찬바람통행에 영향을 미치는 도시녹지의 효과〉에 대해 연구하고 있는 입장에서 이 사이트를 아주 유용하게 활용하고 있다.

환경은 우리 생활에서 불가분의 관계로서 도시생활개선을 위한 조경의 역할은 점점 더 커져만 갈 것이다. 도시 녹지의 감소가 심해질수록 자연에 대한 시민의 동경 또한 커질 것이며 이를 해결해 나가는 것은 조경가의 몫이며 이에 대한 발빠른 대비가 있어야 할 것이다. 근대적 사고에 바탕을 둔 미를 고려한 어제의 조경(Landscape Architecture)에서 환경을 고려한 조경(Eco-Architecture)이야말로 21세기가 원하는 진정한 조경의 역할일 것이다.

2003년
계명대학교 오산관 연구실에서
대표 저자 김 수 봉

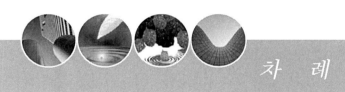

차 례

제3장　서양의 공원녹지 유형　　　　　　　　　　　　　　63

제4장　동양정원의 이해　　　89

제5장 도시녹지의 역할   *143*

제6장 생태도시 *181*

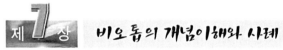

제7장 비오톱의 개념이해와 사례 *207*

제 **8** 장 **인공지반녹화**

제9장 도시환경계획 *283*

제10장 환경교육 *311*

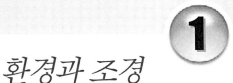

환경과 조경

1. 환경의 특성[1]

자연계 및 생태계의 균형 관계는 20세기 이후 급속한 과학기술의 발달과 함께 인구의 급증, 도시화 그리고 공업화 등으로 인류의 생활터전인 환경이 크게 위협받고 있다. 또한 환경을 외면한 경제개발 정책은 미래에 인류의 생존기반 자체를 허물어 버릴 것이라는 환경위기의식이 점차 고조되고 있으며, 환경문제는 지구적인 관심으로 등장했다. 왜냐하면 오염물질과 에너지의 방출로 인한 오염의 규모와 패턴, 그리고 규칙적인 흐름, 기상학·수문학적인 리듬 등을 고려했을 때 국가적인 차원의 정치문제를 넘어 세계화되고 있기 때문이다. 예컨대 대기 중에 이산화탄소와 염화불화탄소 그리고 메탄 등을 증가시킴으로써 성층권의 오존층이 파괴되고 지구온난화현상을 발생시키는가 하면, 발전소와 제련소에서 발생되는 황산과 질산 등과 같은 산화물질이 용해되어서 대기로 증발해 산성비가 되어 국경을 넘어 다른 곳에 뿌려지고 있으며, 원유유출로 인해 해양으로 오염이 이동하는 등 기존의 국지적이던 환경문제가 지구 전체의 문제로 확대되어가고 있다.

따라서 환경문제는 별개 문제들의 단순한 혼합물이 아니라 문제간에 상호 연결된 복합체로 파악될 수 있으며, 그 구조의 특징을 살펴보면 대체로 다음과 같은 몇 가지의 특성을 지니고 있다.

---

1) 신현국·김낙주, 1998, 환경과학총론, 서울: 동화기술, pp. 29~32

1) 상호 관련성

환경문제는 상호 작용하는 여러 변수들에 의해 발생하므로 상호간에 인과 관계가 성립되어 문제해결을 더욱 어렵게 하고, 또한 이러한 문제들끼리 상승작용을 일으켜 그 심각성을 더해 가고 있다. 특히, 상승작용은 오염의 경우에 뚜렷하게 나타나는데, 각 오염물질은 서로 화학반응을 일으켜 더 큰 문제를 유발하기도 한다.

인구·자본·서비스·자원간의 상호 관련성을 예로 살펴보면 공업자본을 위한 생산제품이 농기구, 관개용수로, 화학비료 등과 같은 농업자본을 산출하고, 농업자본량과 농지면적은 식량 생산량에 영향을 주며, 공업과 농업활동은 환경오염을 유발하고, 이는 인구 사망률에 직접·간접으로 영향을 준다. 따라서 환경문제는 서로 상호 작용을 일으키는 요인들에 의하여 발생하므로 단편적이고 부분적인 방법이 아닌 전체적이고 종합적인 방법으로 문제를 해결해야 할 것이다.

2) 광역성

오늘날 환경문제는 어느 한 지역, 한 국가만의 문제가 아니라 범지구적, 국제간의 문제이며 "개방체계"적인 환경의 특성에 따라 공간적으로 광범위한 영향권을 형성한다. 예를 들면 영국 대기오염물질의 이동으로 노르웨이의 토양 산성화 및 대기오염을 유발시키고 알사스에 있는 프랑스 석탄광산의 배출물은 벨기에와 네덜란드에 있는 라인강 하류의 물고기를 죽이며, 미국 서부의 공업단지에서 배출되는 대기오염물질 이동으로 인해 캐나다 산림파괴와 호수의 산성화 등을 일으키기도 한다. 한편, 고비사막에서 발원한 황사는 황하를 타고 중국 동남연해까지 내려와 황해를 건너 한반도에 황화를 안겨 준 뒤 태평양 너머 미국까지 날아간다. 특히 한반도의 황사가 무서운 것은 중국의 공업지대인 동남연해의 각종 오염물질을 포함하고 있기 때문이다. 정작 원인제공자인 중국인은 모래바람만 쏘이면 그만이지만 한국인은 오염물질까지 뒤집어써야 한다는 것이다.

이런 점에서 환경문제의 논의는 불특정 다수인과의 관계를 광범위하게 다루게 하며, 경우에 따라서는 어느 지역의 문제에서부터 국가간의 문제까지 포함한다. 따라서, 환경문제는 하나뿐인 지구의 보호를 대전제로 하는 지구보전과 광역적인 통제를 필요로 하며, 인접국가간의 환경문제의 해결과 관리를 위한 국제협약 등 국가간의 협력 없이는 소기의 목적을 달성할 수 없다고 하겠다.

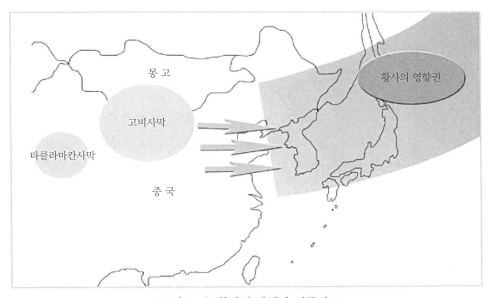

〈그림 1-1〉 황사의 발생과 이동경로
자료: http://here.provin.chungbuk.kr/hwangsa.html

3) 시차성

환경문제는 문제의 발생과 이로 인한 영향이 현실적으로 나타나게 되는 데는 상당한 시차가 존재하게 되는 경우가 많다. 인간의 인체는 오명의 반응하는 시간이 느리기 때문에 심한 경우에는 원상태로 회복될 수 없을 정도로 악화된 연후에 영향을 발견하는 일이 허다하다. 그 예로써, 미국의 러브커넬사건은 유해폐기물을 매립한 후 30~40년이 지난 후에 그 피해가 발생하였으며, 일본의 공해병으로 알려진 미나마따병과 이따이이따이병도 오랜 기간 동안 배출된 오염물질의 영향이었던 것이다.

환경문제는 일단 표면화된 후에 규제를 해도 유해한 영향이 최종적으로 감소할 때까지는 긴 시간이 소요되며, 어떤 경우에는 회복조차 거의 불가능한 경우도 있게 된다. 따라서, 이미 문제가 표면화된 경우에 제어를 시도하면 그때는 이미 문제가 심각해져 제어할 수 없는 상태가 되므로 환경문제는 절대적인 사전예방적 행동이 무엇보다도 중요하다고 하겠다.

4) 탄력성과 비가역성

환경문제는 일종의 용수철과도 같다. 어느 정도의 환경악화는 환경이 갖는 자체정화 능력 즉, 자정작용에 의하여 쉽게 원상으로 회복된다. 그러나 환경의 자정능력을 초과하는 많은 오염물질량이 유입되면 자정능력 범위를 초과하여 충분한 자정작용이 불가능해진다. 물의 경우, 수중에 오염물질이 축적되면 부영양화현상과 같은 수질오염현상이 일어나서 플랑크톤이 과도하게 번식하여 정화기능을 저하시킨다. 이런 경우 생태계의 부(Negative)의 기능이 강화되고, 정(Positive)의 기능이 약화됨으로써 환경악화가 가속화되고 심한 경우 원상회복이 어렵거나 불가능하게 된다.

자연자원은 많을수록 회복탄력성이 좋지만 파괴될수록 복원력이 떨어진다.이것을 환경의 탄력성과 비가역성이라고 한다.

〈그림 1-2〉 폐기물 매립 후 러브커넬 운하
자료: http://env21.new21.net/-러브운하

5) 엔트로피 증가

열역학 제2법칙은 우주의 전체 에너지 양은 일정하고 전체 엔트로피는 항상 증가한다는 내용이다. 즉, 엔트로피 증가의 법칙을 말한다. 자연계에는 한쪽 방향으로는 일어나지만 반대 방향으로는 절대 일어나지 않는 사건들이 많다. 사회학자 제레미 레프킨은 특히 엔트로피에 대해 깊은 관심을 가지고 있었다. 그의 저서 「엔트로피」에서 엔트로피는 여러 현상들이 어떤 방향으로 진행되겠는가를 우리에게 알려 준다. 어떤 현상이든 간에 그것은 질서 있는 것에서 무질서한 것으로, 간단한 것에서 복잡한 것으로, 사용가능한 것에서 사용불가능한 것으로, 차이가 있는 것에서 차이가 없는 것으로, 분류된 것에서 혼합된 것으로 진행된다고 주장했다.

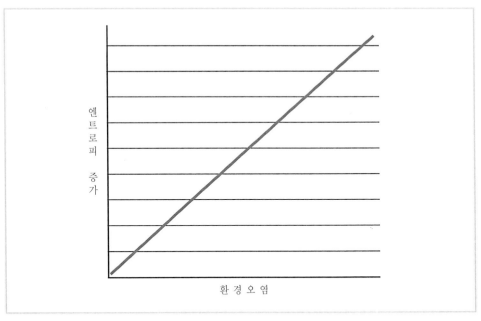

〈그림 1-3〉 엔트로피와 환경오염의 상관 관계

간단히 엔트로피의 증가라 함은 『사용 가능한 에너지(Available energy)』가 『사용 불가능한 에너지(Unavailable energy)』의 상태로 바뀌어지는 현상을 말한다. 그러므로 엔트로피 증가는 사용 가능한 에너지 즉 자원의 감소를 뜻하며, 환경에서 무슨 일이 일어날 때마다 얼마간의 에너지는 사용 불가능한 에너지로 끝이 난다. 이런 사용 불가능한 에너지가 바로 「환경 오염」을 뜻한다고 할 수 있다. 대기오염, 수질오염, 쓰레기의 발생은 모두 엔트로피 증가를 뜻한다. 환경 오염은 엔트로피 증가의 또 다른 이름이라고도 할 수 있으며 사용 불가능한 에너지에 대한 척도가 될 수 있다.

<그림 1-3>은 산업화와 인구증가 그리고 엔트로피 및 환경오염과의 관계를 나타내고 있다. 산업화와 인구증가는 사용 가능한 에너지의 감소를 뜻하며 결국 엔트로피 증가를 가져오므로 이는 다른 말로 표현하면 환경오염의 증가로 나타난다.

2. 환경문제의 원인

1) 산업화

19세기 말엽의 산업혁명 이래 인간활동에 필요한 자원을 개발하기 위해 발달된 공업기술이 산업발전과 우리의 생활환경 개선에 크게 기여해 왔지만, 반면 그에 따른 생활환경 파괴 및 환경오염이라는 새로운 문제를 우리에게 제공하였다.

즉, 산업화(Industrialization)는 현대 사회의 가장 중요한 특징 중 하나로 인류의 복지를 직접적으로 향상시켜 왔지만, 아무리 지혜롭게 기술을 사용하더라도 환경에 부담을 줄 수밖에 없으며, 환경에 주는 악영향은 결국 인류의 복지에 악영향을 미친다는 것이다.

우리 나라는 1960년대 이후 국가주도적인 경제성장계획을 통해 매우 급속하고 압축적인 산업화과정을 경험하였다. 특히 우리 나라 산업화정책은 공업단지를 매개로 하는 거점성장방식을 채택했는데, 이것은 지역간 형평성보다

〈그림 1-4〉 달성군 폐타이어 방치
자료: http://www.greendg.or.kr

경제적 효율성을 중시하여 투자효율이 높다고 판단되는 지역을 우선적으로 집중투자하는 지역불균 성장전략이었다. 이 방식은 1971년 제1차 국토개발계획에 의해 구체화되었으며, 그 결과 거점도시로 채택된 도시들은 우리 나라 경제를 주도하는 핵심적 산업형 도시로 성장하였다. 이러한 산업화를 통해 우리 나라는 사회경제적 부를 축적하였고, 산업형 도시들의 주민들을 위시하여 전체적인 생활수준도 상당히 개선시킬 수 있었다. 그러나 이러한 경제성장을 이끌어온 산업화는 공업단지 개발로 인한 무분별한 자연생태계의 파괴, 중화학공업 중심으로 이루어진 산업화로 각종 환경오염문제, 도시 내의 주택문제와 교통혼잡, 교육·보건의료의 지역편중, 문화시설부족 등 여러 가지 사회공간적 문제를 발생시켰다.

대구의 산업화가 본격화된 것은 제1차 경제개발 5개년 계획에 의해 공업화계획이 본격적으로 추진된 1962년부터라고 할 수 있다. 특히 대구는 제1차 성장거점도시로서의 중추관리기능의 역할이 주어져 내륙의 공업단지로 개발되기 시작하였다. 이에 따라 대구 도심과 그 주변에는 산업기반의 질적 향상을 위해 공업단지화가 추진되었으며, 섬유산업을 기반으로 각종 공단과 산업단지가 조성되었다. 현재, 대구의 공업단지는 검단공단, 3공단, 성서공단, 달성공단 등 모두 8개소, 19,394,000m²에 달한다.[2]

그러나 이와 같은 대구의 공업입지는 대체적으로 도심에서 주변지역에 이르기까지 전지역에 분산적 형태를 나타냄에 따라 주거지역이나 상업지역 등 비공업지역과 공업지역과의 합리적 배분이 이루어지지 않고 있으며, 시설의 무계획적인 난립과 각종 오염물질의 배출, 도시 미기후의 악화, 도시미관의 저해 등 심각한 도시환경 문제를 유발하고 있다.

---

2) 대구시, 1999, 대구통계연보, http://plan.daegu.go.kr/statistic/static99/main.html

2) 도시화

지구상에 도시가 형성된 것은 이미 5천 년이 넘었지만, 오늘날과 같은 대도시가 등장하여 문제점을 노출시킨 것은 불과 1세기도 되지 않는다. 그러나 현대에 이르러 도시의 양적 팽창이 주는 이점에 반하여, 질적인 면에서는 너무나 많은 문제점이 노출되어, 어느 나라를 막론하고 도시화(Urbanization)는 현대 산업사회의 큰 특징으로 부각되고 있다.

〈그림 1-5〉 평리동 폐기물 방치
자료: http://www.greendg.or.kr

도시는 많은 인구가 좁은 지역 안에서 밀집하여 거주하는 공간이다. 예를 들어, 영국과 같이 산업화된 나라의 경우에는 벌써 전체 인구의 80~90%가 도시에 거주하고 있다고 한다.[3] 도시화는 거주 공간 확보를 위한 녹지공간의 잠식, 대기오염, 수질오염 등 환경파괴와 교통, 주택, 상하수도, 오물 처리 등의 문제를 일으킨다.

심각한 도시문제는 오랜 시간에 걸쳐 서서히 도시화가 이루어진 선진국의 경우보다 급속히 도시화가 진행되고 있는 개발도상국의 경우에 더욱 심각하다. 개발도상국의 경우에는 도시문제의 해결에 필요한 재정은 부족하고, 도시 기간시설 건설속도보다 더 빠르게 도시인구 증가가 이루어지기 때문이다.

우리 나라의 경우는 1970년대에 들어서면서 본격적인 도시화(Urbanization) 시대로 접어들게 되었다. 어떤 나라가 전근대적인 생활양식에서 근대적인 생활양식으로 이행하기 위해서는 그 나라 인구의 반 이상이 도시인구가 되어야 한다고 G. Taylor가 말했듯이, 우리 나라는 1970년 인구센서스 결과 전국의 인구 중 도시인구가 총 1,572만 9천 명으로 전국 총 인구 3,144만 6천 명의 50%를 넘어서 이 때부터 이른바 도시화시대가 시작되었다.[4]

3) TAESLER, R. (1991) *THE BIOCLIMATE IN TEMPERATE AND NORTHERN CITIES.* INTERNATIONAL JOURNAL OF BIOMETEOROLOGY, 35(3):161~168
4) 손정목, 1988, 한국현대도시의 발자취, 일지사, pp. 366~367

그러나 우리 나라의 도시화는 산업화·공업화 등의 도시개발에 따른 흡인 요인보다는 농촌의 배출요인의 작용과 불건전한 환상에 사로잡힌 도시의 흡 인요인의 영향이 크다고 할 수 있다.[5]

따라서 도시의 기반시설이 정비되기 전에 인구집중이 급속하게 진행되어 도시환경문제와 여러 가지 사회공간적 문제들이 초래되었다. 도시화과정에서 도시개발과 외곽지역으로 팽창은 도시 내부 및 인근지역의 자연녹지를 잠식 하여 인공경관으로 바꾸어 버렸고, 토지난과 주택난, 교통난, 교육난 등과 함 께 제반 환경오염문제가 심각한 양상을 드러내고 있다. 그러므로 도시화 자 체는 도시환경문제를 발생시키는 직접적인 배경이라고 할 수 있다.[6]

도시는 필연적으로 농촌에 비해 여러 가지 간격이 초래되며 이러한 생활수 준의 격차는 더욱 더 도시의 과밀현상을 초래하게 된다. 대구 역시 서울, 부 산 등과 같은 다른 대도시들과 마찬가지로 취업기회, 각종 교육·문화적 혜 택 등의 도시생활의 이점을 영위하기 위해 급격하게 인구가 증가하였으며, 이로 인해 도시화가 더욱 가속화되었다. 그러나, 무계획적인 도시개발과 무분 별한 도시권역의 비대로 인하여 자연파괴와 환경오염, 사회문제 등 각종 도 시문제가 발생하여 실질적인 도시민의 삶의 질을 저하시키고 있는 상태이다.

〈그림 1-6〉 1920년 대구의 전경
자료: http://www.koreanphoto.co.kr

〈그림 1-7〉 2000년 대구의 모습
자료: http://tour.daegu.go.kr

5) 강병기 외 2인, 1977, 도시론, 법문사, p. 145
6) 한국도시연구소, 1998, 생태도시론, 박영사, pp. 30~31

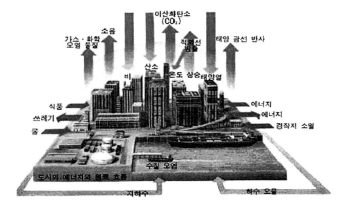

〈그림 1-8〉 도시화에 따른 환경문제
자료: 옥스퍼드 환경지도 1993년판

3) 인구증가

　　인구현상을 설명하는 가장 기본적인 개념은 인구규모라고 할 수 있다. 일반적으로 인구규모의 변동을 인구성장이라고 일컫는데, 인구성장의 개념에는 인구증가뿐만 아니라 인구의 감소도 포함된다. 예전부터 인구성장은 국가의 생존과 관련지어서 많이 논의되어 왔으며, 인구증가는 직접적으로 생산과 소비에 영향을 미치기 때문에 인구성장은 경제발전과도 밀접한 관계가 있다.

　　과거 1세기 동안의 세계는 정치, 사회, 경제, 문화 등 모든 영역에서 혁명적인 변혁이 일어난 인류 역사상 가장 경이로운 시대이다. 금세기에 이르러 가장 두드러진 변화 중의 하나는 폭발적인 인구 증가이다.(<표 1-1> 참조)

〈표 1-1〉 세계인구추이

(단위 : 억 명)

연 도	인 구	연 도	인 구
0	3.0	1997	58.9
100	3.1	2000	61.6
1500	5.0	2010	70.3
1800	9.8	2020	78.9
1900	16.5	2030	86.7
1950	25.2	2040	93.2
1987	50.2	2050	98.3

자료: UN(1993/1995), 「1992/1994 세계인구전망」

일찍이 멜더스(T. R. Malthus)가 그의 「인구론」에서 지적하였듯이 인구문제에 따른 환경과의 불균형은 오늘날 실로 심각한 상태에 이르렀다. 인구의 증가는 불충분한 자원을 더욱 고갈시킬 것이며, 심각한 환경오염과 재앙을 가져다 줄 것이다.

헤일브로너(R. L. Heilbroner)에 의하면, 인구의 증가는 인구밀도의 상승을 초래하여 공해의 가속적인 악화를 야기한다고 보았다. 즉, 인구의 증가가 환경을 오염시키는 변수라는 것이다. 특히 우리 나라와 같이 좁은 국토를 가진 지역 여건에서는 자연의 오염에 대한 흡수 능력에 비해 인구 증가가 훨씬 크므로, 발생하는 환경 오염량에 대한 자연 흡수능력은 포화 이상의 상태에 이른 상황이다.

인구의 증가가 환경 파괴로 이어진다는 또 다른 견해로서, 하디스티(J, Hardesty)는 인구증가, 국민총생산(GNP), 환경의 관계를 상정하면서 GNP의 매개역할을 강조하였다. 즉, 인구가 증가하면 곧 GNP의 증가에 반영되고, GNP의 증가는 그만큼 환경의 악화에 기여하게 되므로 인구증가가 GNP를 유발하여 환경에 영향을 미친다는 것이다.[7]

인구(Population)문제는 오염(Pollution) 및 빈곤(Poverty)과 함께 3P로 요약되는 현대 사회의 특성 중 하나로서 환경문제의 가장 주된 원인인 동시에 주된 현상이다.

우리 나라는 1960년대로 접어들면서 경제적·사회적으로 많은 발전을 달성하였으며, 그 과정에서 산업구조 역시 많이 변화하였다. 즉, 제조업체가 대도시를 중심으로 설립되고 발전하는 과정에서 2차 산업에 필요한 노동력이 주로 농촌의 이농인구로 수급되었으며, 3차 산업 역시 대도시를 중심으로 성장하게 되었다. 대구 역시 예외 없이 이러한 과정을 경험하였으며, 그 결과 1961년부터 1980년의 20년 동안에 평균 6.6%의 지속적인 인구성장을 이룩하였다(<표 1-2> 참조). 뿐만 아니라 1969년에는 인구 100만 명을 돌파하여 거대도시로 거듭나게 되었다.[8] 1980년대 이후에도 지속적으로 인구가 증가하여 현재 250만을 넘어선 상태이다.

---

7) 김수봉·황현정, 2000, 환경문제의 원인과 대책, 환경과학논집5(1):153~154
8) 대구시사편찬위원회, 1992, 대구시사 4권, pp. 18~19

〈표 1-2〉 성장기의 대구시 인구추세(1961~1980년)

연 도	1961	1965	1970	1975	1980	1961~1980
인 구	693,127	811,406	1,063,553	1,310,768	1,604,934	-
증가율	-	17.1	31.2	23.2	22.4	131.5(연6.6%)

자료: 대구시사편찬위원회, 1992, 대구시사 4권, p. 19

〈그림 1-9〉 우리 나라의 인구이동
자료: http://yuksa.new21.org/data/so2-343-5.htm

이와 같은 도시의 인구증가 및 도시집중현상은 생활환경 변화의 직접적인 요인이 된다. 인구가 증가된 도시에서는 대량생산과 대량이용이 필수적으로 동반되고 이로 인한 부산물이 환경의 자정능력 이상으로 대량 배출되어 각종 오염물이나 폐기물이 자연환경을 파괴시킨다. 뿐만 아니라, 대구와 같이 단기간에 폭발적으로 인구가 증가된 도시에서는 도시기반 시설의 계획과 정비가 인구 증가의 추세를 따라가지 못하므로 인해 토지 및 주택문제, 교통문제 등 각종 부작용이 발생하고 있다.

3. 조경계획과 환경계획[9]

조경계획(landscape planning)이라는 용어는 경관의 양태, 형성과정 그리고 시스템을 다루는 넓은 의미의 환경적 토지이용과 계획행위를 말한다. 미국의

9) W. Marsh, 1998, Landscape planning: environmental application 3rd ed. pp. 3~4

경우 30년 전 만 하더라도 토지이용계획(land use planning)은 일반적으로 이러한 종류의 행위를 말하는 것이었으나, 오늘날 새로운 지식, 새로운 문제의 인식, 사회의 변화하는 요구 그리고 현대에 와서 새로운 분야가 탄생함에 따라 새로운 용어가 등장하게 되었다.

미국의 1960, 70년대 환경위기는 환경의 질에 대한 관심을 고조시켰다. 이러한 관심의 대부분은 산업, 행정, 도시확장 그리고 전쟁으로 인한 비극으로부터 "환경"을 보호하자는 정치운동의 형태로 나타났다. 그냥 번역하자면 「환경」은 경관 속의 대기, 물, 삼림, 동물, 계곡, 산맥, 협곡 등과 같은 자연적인 요소들을 말한다. 이러한 환경의 보전과 보호에 관한 믿음을 가지고 직접 행동하는 사람들을 우리는 환경주의자(environmentalist)라고 한다. 따라서 환경주의(environmentalism)는 환경문제에 대하여 어떤 특별한 개인적인 훈련이나, 지식 그리고 전문적인 자격에 상관없는 하나의 철학이요, 정치적 혹은 사회적 믿음(ideology)이라고 할 수 있다. 시에라 클럽(Sierra Club), 그린피스(Greenpeace) 그리고 지구의 친구들(Friends of the Earth)과 같은 조직들은 이러한 환경주의를 실천하는 단체들이다.

일련의 환경위기들은 정부 내에 환경조직을 강화하고 확대 개편하는 데 있어서 중요한 역할을 했다. 환경영향평가, 폐기물처리계획 그리고 대기·수질 관리 등과 관련된 다양한 서비스를 제공하기 위하여서는 새로운 형태의 전문기술이 필요하게 되었다. 이것에 대응하여 몇몇 새로운 「환경」 분야가 기존의 토목이나 화학분야에서 생겨났으며, 이것이 「환경」의 하부 분야(subfields)로 발전하게 되었다. 종합해 보면, 대개 환경분야를 다음과 같은 세 분야, 즉 환경과학(environmental science), 환경공학(environmental engineering & technology) 그리고 환경계획(environmental planning)으로 크게 나누어 볼 수 있겠다.

한편, 환경계획(environmental planning)은 정치, 사회, 문화적 요소들이 중심적인 고려요소라기보다는 환경적인 요인들과 관련된 계획과 관리행위에 응용되는 것을 말하는 복잡한 호칭이다. 이 용어는 종종 환경주의, 환경영향평가의 준비 등과 혼동을 종종 하는데 사실 환경계획은 토지개발, 토지이용, 환경의 질, 그리고 미국에서 새로운 개념으로 등장한 독극성 폐기물 처리와 습지관리 뿐만 아니라 전통적으로 다루어 왔던 환경문제인 하천유역 관리와 지역의 물 공급·관리계획 등과 관련된 다양하고 많은 주제를 다룬다. 미국의 경우 조경계획(landscape planning)은 종종 랜드스케이프(landscape) 관련 분야인 지리학, 조경학, 지형학 그리고 도시계획과 같은 분야에서 환경공학이나 공중보건과 관련된 환경계획 분야와는 구분하여 사용하는 용어라고 하겠다.

4. 환경조경의 역할

근대적 의미의 조경교육은 1900년 하버드 대학교에 조경학과가 신설되면서 시작되었다. 이후 1909년에는 미국 조경가협회(ASLA-American Society of Landscape Architects)가 창설되었으며, 이 단체는 조경을 「인간의 이용과 즐거움을 위하여 토지를 다루는 기술」로 정의하였다. 그러나 언어가 정착되었다는 것이 반드시 창설자들의 의도처럼 이해되었다는 것은 아닐 것이다. 1930년대에 들어와서 미국 조경은 에크보(G. Eckbo) 등에 의해서 엄청나게 발전되었다. 에크보를 포함한 신진 조경가들은 「조경은 무엇인가」그리고「그 목적은 어디에 두어야 하는가」등과 같은 근본적인 문제를 제기했다. 당시의 문제의식은 에크보의「경관론 : The Landscape We See」으로 결실을 맺었다고 할 수 있다. 다시 말하면 경관은 I see(특정 개인 혹은 계급이 보고 즐기는 경관)가 아니고 We see(민중이 보고 즐기는 경관)인 것에 에크보가 고민하여 이룩한 조경의 본질이 숨어 있다고 하겠다.[10]

한편, 근대 조경의 원조(元祖)라고 할 수 있는 미국의 경우 제1, 2차 세계대전 이후 주택, 학교, 고속도로 등의 프로젝트가 많아지면서 생태·사회적 관심이 대두되기 시작하였다. 이러한 관심은 1960년대에 접어들면서 본격화되었으며, 미국조경가협회는 1975년 조경은 「유용하고 즐거움을 줄 수 있는 환경의 조성에 목표를 두고, 자원의 보전 및 관리를 고려하며, 문화적, 과학적 지식의 응용을 통하여 설계·계획 혹은 토지의 관리 및 자연과 인공요소를 구성하는 기술」이라는 새로운 정의를 채택하였다. 이러하듯 조경은 시대에 따라 그 성격과 역할이 달라지는 것이다.

---

10) 김수봉, 2000, 도시환경녹지계획론, 대구: 중문, pp. 14~15.

〈그림 1-10〉 Carret Eckbo

최근 우리 나라 국토개발의 방향은 자연환경은 물론 대기, 수질, 수자원, 폐기물, 해양환경 등 국토환경을 정확하게 조사, 진단, 평가하여 각 지역별로 바람직한 목표를 설정하고, 목표실현을 위한 관리방안을 포함하는 이른바「국토환경종합계획」의 수립이 필요하다는 쪽으로 의견이 모아지고 있다. 국토종합계획은 국토전체에 대하여 환경적으로 가치 있는 지역을 장기적으로 보전하고자 하는 계획이다. 이 계획은 국립공원보전계획, 상수원관리계획, 습지보전계획, 백두대간 및 비무장지대 보전계획 등의 환경적·생태적 가치가 높은 공간에 대한 보전계획을 포함하며, 녹지 및 공원조성계획, 생물서식공간계획, 생태계보전계획, 경관계획, 수변계획, 녹지네트워크계획, 어메니티계획 그리고 대기소통계획 등 친자연환경적 계획을 포함하는 장기적인 환경계획이다. 이러한 시대적 흐름과 더불어 1999년 12월 31일에는 사전환경성검토제도가 환경정책기본법에 법제화되었고, 이에 따라 각종 행정계획의 수립이나 개발사업의 계획을 마련하는 단계에서 미리 환경에 미치는 영향을 의무적으로 고려하게 함으로써 친환경적인 개발을 유도할 수 있는 토대가 마련되었다.

따라서 <환경조경학>이란 도시나 지역 혹은 국토의 개발을 위하여 자원의 보전 및 관리를 고려하며, 문화적 과학적 지식의 응용을 통하여 설계·계획 혹은 토지의 관리 및 자연과 인공요소의 균형을 이루게 하는 기술이라고 할 수 있겠다.

도시 열섬 현상의 원인과 대책

1. 도시 열섬이란

더운 여름에 도시 한복판에 서 있으면 도로와 건물들로부터 뿜어져 나오는 열을 느낄 수 있을 것이다. 또한 밤에도 주변의 시골 지역이 빠르게 기온이 내려가는 것에 반해, 도시에서는 도로와 건물 등에서 열이 반사되어 기온이 내려가지 않고 열대야 현상을 일으키는 것을 쉽게 알 수 있다.

요즘 세계의 대부분의 도시들은 주변의 시골 지역보다 보통 1℃에서 4℃ 더 기온이 높다(http://arch.hku.hk). 이렇게 인구가 밀집되어 있고 고층 건물이 빽빽하게 들어선 도시 중심지는 인접한 교외 지역에 비하여 평균 기온이 작게는 0.3℃, 많게는 10℃가 더 높은 기온 현상을 나타내는데 이것이 바로

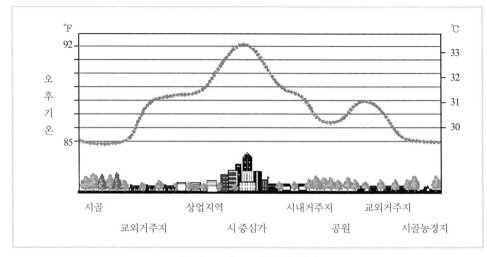

〈그림 2-1〉 도시 열섬 현상

자료: Heat Island Group, http://eetd.lbl.gov/HeatIsland/

도시 열섬(Heat Island) 현상이다(<그림 2-1>).

포장도로가 밀집된 도심 지역은 열을 보유할 수 있는 비율이 높아서 낮에는 시골 지역보다 태양에너지를 더 많이 흡수하고, 밤에는 시골 지역보다 열 배출량이 많아서 도시의 대기의 기온이 시골 지역보다 높은 것이다. 교외 시골 지역은 식물과 토양에 의해 태양 에너지의 대부분이 물을 액체 상태에서 증기 상태로 바뀌어 지기 때문에 공기의 온도는 올라가지 않는 것이다. 즉, 도심은 고층 건물과 도로들이 일몰 후 지표 복사 에너지의 대기 방출을 막아 밤에도 기온이 높으며, 난방 열에 의한 인공 열이 더해지는 겨울철의 밤에는 주변 교외 지역과 더 큰 기온 차가 나타난다.

이러한 도시 열섬은 특히 여름철에 발생하는데 이 도시 열섬은 심한 불쾌함과 에어컨의 사용 급증 그리고 도시 스모그 현상을 가중시킨다.

홍콩에서의 한 연구 조사에 따르면, 도시의 기온이 1℃ 올라갈 때마다 전기 소비량은 2%에서 4%까지 오르고 스모그는 4%에서 10%까지 증가한다. 또한 이 조사에서는 도시 열섬이 지구 온난화와 밀접한 관계가 있다고 주장하고 있다. 즉, 온실 효과는 도시의 온도를 높이는데 큰 영향을 미치며 또한 도시 열섬 현상은 온실 효과에 영향을 미치기 때문이다(http://arch.hku.hk).

2. 도시 열섬의 원인

일반적으로 도시 열섬 현상이 일어나는 원인은 세 가지가 있다. 먼저, 자동차 배기 가스 등에 의한 대기 오염과 도시 내의 인공열의 발생 그리고 건축물의 건설이나 지표면의 포장 등에 의한 지상 피복의 상태 변화 등으로 인간 생활이나 산업 활동에 수반된 복잡한 요인이 도시 열섬의 원인으로 작용하고 있다.

1) 대기 오염

대도시의 대기는 여러 가지 면에서 시골의 대기와는 상이하다. 수직적으로

들어선 대형 건물 및 공장들은 불규칙한 지면을 형성하여 자연적인 공기의
흐름이나 바람을 지연시킨다.

〈그림 2-2〉 대기의 더운 공기
자료: USA TODAY, http://www.urbanclimate.org 재인용

<그림 2-2>에서 보듯이, 도심이 먼지 등에 의해 심하게 오염되었을 경우,
열섬 현상으로 인하여 더워진 공기는 먼지 지붕 형태가 되어 태양에너지의
지표 가열을 방해함으로써 공기의 수직 흐름이 감소되어 도심은 더욱 더 심
하게 오염된다. 즉, 여름의 뜨거운 공기는 상부의 대기와 섞이지 못하고 층을
이루게 되며, 이 뜨거운 공기는 오염된 공기가 그 위의 깨끗한 공기와 섞이는
것을 막는다(http://www.urbanclimate.org).

도심의 대기 오염은 매우 심하며 열을 저장하는 미립자의 형태를 띠게 된
다. 대기는 열을 저장하여 다시 도시로 방출한다. 따라서 대기 오염은 도시
열섬의 원인이 되고 이 도시 열섬은 다시 대기를 오염시키는 악순환이 반복
된다.

2) 도시 내의 인공열 발생

도시에서는 인공적인 열이 시골 지역보다 매우 높다. 즉, 자동차, 공장, 난
로, 조명등, 냉·난방기와 도시민들에 의해 발생하는 인공적인 열이 도시 열
섬의 주요 원인이 된다.

도심의 열섬 현상은 산업화가 진전되면서 더욱 확연하게 드러났다. 뿐만 아
니라 도시의 지역 확장에 따라 기존에 하나의 도시 중심지를 따라 나타났던

현상이 도시의 여러 곳에서 나타나기도 한다.

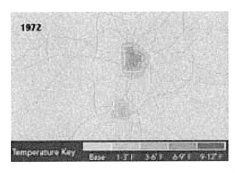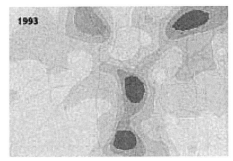

〈그림 2-3〉 도시 열섬 현상의 변화
자료: 송영철 홈페이지. http://210.218.66.12/~ycsong/

위의 〈그림 2-3〉은 어떤 지역의 지난 21년(1972~1993) 동안의 도시 열섬 현상의 변화를 보여 주는 지도이다. 붉은색은 노란색에 비해 높은 기온 분포가 나타나는(열섬 현상) 지역이다(http://210.218.66.12/~ycsong/).

두 시기의 지도를 비교하여 알 수 있는 것은 열섬 현상의 강도가 심해졌다는 것과 열섬 현상이 나타나는 곳이 한 곳에서 적어도 네 곳으로 많아졌고, 열섬의 사이사이에 주변보다는 기온이 높은 띠 모양의 지역이 나타났다는 것이다.

이 그림은 이 지역에서 도시화가 급속하게 진행되고 도심 또는 부도심이 여러 개 생겼다는 것을 보여 준다.

3) 지상 피복 상태

도시 열섬을 일으키는 또 다른 원인은 도시의 표면 상태 즉, 포장된 도로와 건물과 지붕의 색깔 때문이다.

도시와 시골의 표면 상태는 아주 다르며 열에 대한 반응도 아주 다르다. 시골 지역과 비교하여 도시의 표면은 태양과 대기의 열에 대한 높은 흡수율, 낮은 반사율, 낮은 증산 작용으로 인한 낮은 열의 소실과 빠른 열 전달 등의 특징을 가지고 있다(http://arch.hku.hk).

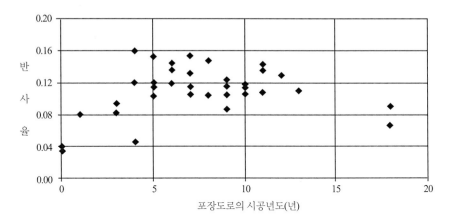

〈그림 2-4〉 포장 도로의 시공 연도에 따른 열 반사율
자료: http://eetd.lbl.gov/HeatIsland/Pavements/

위의 <그림 2-4>은 아스팔트의 시공 연도에 따른 열 반사율에 관한 조사이다. 아스팔트는 도시의 거리에 포장 재료로 많이 사용되었고 지금도 사용되고 있다. 아스팔트는 검은색이며 이것은 태양열의 대부분을 흡수한다. 가장 최근에 포장된 아스팔트 표면은 0.04의 열 반사율을 가지지만 5년 내에 반사율은 0.12로 증가한다. 그 이유는 시간이 지나감으로써 아스팔트가 벗겨지기 때문이다. 또한 아스팔트의 최저 반사율은 0.04이고 최고 0.16 이상은 넘지 않는다.

도시의 아스팔트 포장도로는 7/8의 암석과 1/8의 접착성이 강한 검은 아스팔트로 결합되어 있다. 어두운 색깔의 표면은 가장 반사율이 좋은 밝은 색깔의 표면보다 기온이 70°F(21.1℃) 더 높다(http://eetd.lbl.gov/HeatIsland/CoolRoofs).

수 그리몬드(Sue Grimmond:IUB 기상학자)는 미국, 캐나다, 멕시코 일곱 개 도시를 대상으로 도시 표면의 열 흡수열에 대해 조사하였다. 그 결과를 보면, 낮 동안의 반사율은 28~60% 였다.

그러나 그녀는 모든 도시의 낮 기간 동안의 열 흡수는 비슷하나 주요 차이는 밤에 나타난다고 말했다. 즉, 도로와 건물들이 낮 동안에 열에너지를 흡수하여 밤에 그 열을 다시 뿜어내므로 각 도시의 온도는 밤에 그 차이가 더욱 크게 나타나는 것이다.(http://www.iuinfo.indiana.edu/Newspaper/07-05-96/heatisle.htm).

버클리 대학의 로센펠드(Rosenfeld) 등은 차, 공장, 빌딩 등에서 나오는 열은 여름철의 도시 열섬을 일으키는 온도의 거의 1%정도 밖에 되지 않으며 그것보다는 도시의 어두운 색깔의 표면들이 태양에너지의 대부분을 흡수하여 도시 열섬을 유발한다고 말하고 있다(http://eetd.lbl.gov/HeatIsland/PUBS/PAINTING/).

또한 도시의 포장된 표면은 비가 왔을 때 시골의 토양이나 나무처럼 물을 흡수하지 못하고 표면을 따라 물을 흘러내려 보내어 홍수를 초래하므로 재정적인 손해를 입힐 뿐만 아니라 인간의 생명을 위협하기도 한다.

3. 도시 열섬의 문제점

1) 전력 소비 증가

도시의 기후는 에너지와 밀접한 관계가 있다. 열섬 현상에 풍속, 구름의 양, 도시의 크기도 영향을 미치는데, 가옥의 밀도가 10% 높아지면 도심의 온도는 0.16℃씩 높아진다. 기온이 올라가면 에너지 소비량이 증가하는 것은 당연한 일이며 이 에너지의 대부분은 에어컨에 의한 것이다.

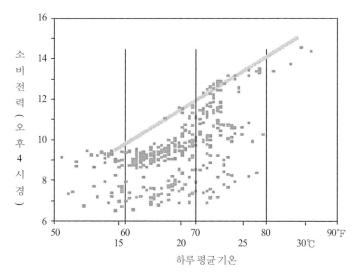

〈그림 2-5〉 기온 변화에 따른 소비 전력의 변화
자료: Southern California Edison(1988), http://eetd.lbl.gov/HeatIsland/EnergyUse/재인용

또한 에너지 소비가 늘어난다고 하는 것은 화석 연료의 사용이 증가하게 되는 것을 의미하고 이것은 오염 수준과 에너지 비용이 증가된다는 것을 의미한다(<그림 2-5>).

미국 에너지 관리청에 의하면, 100,000 이상의 인구가 있는 도시에서는 0.6도의 온도가 올라갈 때마다 냉방 소비 전력이 1.5%~2% 오른다. 미국의 도시들의 온도는 지난 40년 동안 평균 1.1도에서 2.2도가 올랐고 이것은 여름에 냉방을 유지하기 위해 많은 돈을 지불한다는 것을 의미한다. 즉, 미국의 전력 소비의 1/6은 냉방을 위한 것으로 일년에 40억 불(52조 원)이 냉방비로 쓰여지는 것이다(http://eetd.lbl.gov/HeatIsland/PUBS/PAINTING/).

또한 홍콩의 연구 조사에 따르면, 온도가 1℃ 오를 때마다 전력은 2~4% 오르고 스모그는 4%에서 10% 까지 오른다고 한다(http://arch.hku.hk).

미국의 로스앤젤레스에서는 여름에 일 최고 기온이 0.6℃가 오를 때마다 전기 사용량은 2%가 증가한다. 로스앤젤레스의 도시 열섬에 대해 사용하는 에너지 합계는 1-1.5 기가와트(gigawatts)이다. 이 에너지 사용은 로스앤젤레스 납세자들이 냉방을 위해 시간당 10만 불(1억 3천만 원)을 지불한다는 것을 의미하며 이것은 일년에 1억 불(천3백억 원)을 의미한다(http://eetd.lbl.gov/HeatIsland/EnergyUse/).

또 다른 예로, 워싱턴에서는 에어컨을 매년 일반적으로 1,300시간 사용한다. 이것은 지방세 납부자가 매 시간에 4만 불(약 5천만 원) 또는 일년에 5,200만 불(약 676억 원)을 지불해야 한다는 것과 같다(http://www.eren.doe.gov/cities_counties/coolcit.html).

2) 스모그 현상 가중

스모그는 광화학 반응에 의해 공기 중에 만들어진다. 이 반응은 높은 온도에서 더 많이 발생하고 활동이 더 강렬해진다(<그림 2-6>).

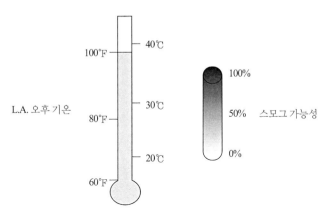

〈그림 2-5〉 기온 변화에 따른 스모그의 변화
자료: http://eetd.lbl.gov/HeatIsland/AirQuality/

    도시 열섬의 높은 온도는 에어컨 사용을 증가시키고 이는 또한 화석 연료의 사용을 증가시키며 이는 오염 수준과 에너지 비용을 증가시킨다. 이 오염의 증가는 스모그 현상으로 나타난다. 스모그의 형성은 온도에 매우 민감하다. 즉, 더 높은 온도는 더 많은 스모그를 형성시킨다.

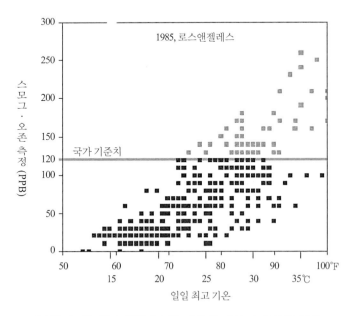

〈그림 2-7〉 로스앤젤레스의 기온에 따른 스모그의 변화
자료: http://eetd.lbl.gov/HeatIsland/AirQuality/

위의 <그림 2-7>을 보면, 로스앤젤레스에서 기온이 21℃ 이하일 때는 스모그의 형성은 일반 평균 보다 낮다. 그러나 21℃ 이상의 온도에서는 0.6℃ 오를 때마다 스모그는 3% 증가하며 기온이 35℃일 때는 스모그가 아주 많음을 보여 준다(http://eetd.lbl.gov/). 로스앤젤레스의 도시 열섬은 오존 레벨을 10~15% 상승시키며 이로 인해 수백만 달러의 의료비가 지불되고 있다(http://eetd.lbl.gov/HeatIsland/PUBS/PAINTING/).

3) 건강 문제

1995년, 시카고에서는 도시의 높은 기온으로 인해 700명의 노인들이 사망하였다.

도시 열섬으로 인한 기온의 상승은 에너지 사용 증가뿐만 아니라 인간의 건강에도 나쁜 영향을 미친다.

여름 밤의 더운 날씨는 낮 동안에 사람들이 받은 열 스트레스를 가라앉혀 줄 수 없다. 그 결과, 도시에서 사망률은 열파동의 최고점에서 가장 높다(<그림 2-8>).

예를 들면, 미국의 도시에서는 공격적인 행동(거리 범죄, 폭동 등)들이 더운 날씨에 증가한다는 것이다. 최근의 호주에서의 연구 또한 공격적인 행동과 더운 날씨는 관련이 있다는 것을 보여 주었다.

오존은 눈을 자극하고 폐에 염증과 천식을 일으키며 세균에 대한 면역력을 저하시킨다. 대기 오염으로 인해 로스앤젤레스에서는 매년 건강과 연관된 비용으로 30억 불이 지출된다고 한다(http://eetd.lbl.gov/HeatIsland/PUBS/PAINTING/).

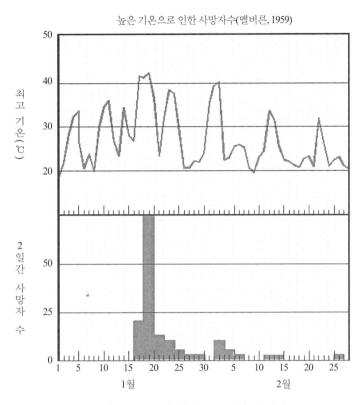

〈그림 2-8〉 도시 열섬으로 인한 사망률
자료: http://www.bom.gov.au/climate/environ/design/design_b.shtml

4. 도시 열섬의 해결책

미국 버클리 대학에서 행한 도시 열섬에 관한 조사에서는 도시 열섬의 해결책으로 건물과 도로에 반사율이 높은 재료를 사용할 것과 도시에 나무 심기를 제안하고 있다(http://eetd.lbl.gov/EA/).

또한 유타 주의 수도인 솔트 레이크 시티를 대상으로 도시 열섬에 대해 조사한 도시 열섬 파일럿 프로젝트(UHIPP)에서도 도시 열섬의 해결책으로 도시의 나무심기와 반사율이 높은 지붕을 언급하고 있다.

1) 포장 재료의 변화

도시 열섬의 첫 번째 해결책은 지붕과 도로에 밝은 색을 사용하는 등 포장 재료를 열 반사율이 높은 것으로 교체하는 것이다.

버클리 대학에서는 최근 반사율이 높은 표면 코팅이 도시 온도를 낮출 뿐만 아니라 에너지 사용을 감소시킬 수 있다고 발표했다.

도시에서는 아스팔트, 벽돌과 콘크리트 같은 표면이 식물을 대신한다. 이런 표면들은 반사율이 낮다. 이 반사율이 낮은 표면들은 태양에너지를 반사하는 대신에 태양에너지를 흡수하고 저장한다. 그렇기 때문에 도시는 그들 주변의 외곽보다 더 덥다(http://eetd.lbl.gov/EA/).

1960년대 미국에서는 주택들이 하얀 지붕으로 지어졌다. 그러나 에어컨이 널리 보급되고 그 값이 싸지면서 상황은 변하기 시작했다. 하얀 지붕은 곰팡이 등에 의해 퇴색이 되기 때문에 제조업자들은 살균제를 섞어야 했기 때문에 가격이 비쌌다. 그래서 먼지와 틀을 잘 감출 수 있고 가격이 싼 어두운 색깔의 지붕이 인기가 있게 되었다. 그러나 그 가격의 차이는 별로 크지 않다. 1,000 평방 피트의 지붕에서 하얀색 지붕을 설치하여 드는 초과 비용은 25불 (약 32,000원) 정도이다. 그러나 하얀 지붕은 반사율을 35% 정도 상승시키기 때문에 초과되는 비용 이상으로 여름에 에어컨 비용을 줄일 수 있다 (http://eetd.lbl.gov/HeatIsland/PUBS/PAINTING/).

미국 버클리 대학 로렌스(Lawrence)연구실의 멜빈 포메란츠(Melvin Pomerantz)는 세 종류의 도로에 대한 반사율을 측정하였다(<그림 2-9>).

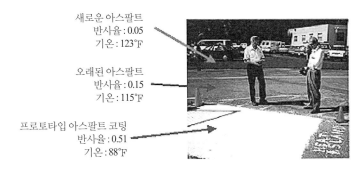

새로운 아스팔트
반사율 : 0.05
기온 : 123°F

오래된 아스팔트
반사율 : 0.15
기온 : 115°F

프로토타입 아스팔트 코팅
반사율 : 0.51
기온 : 88°F

〈그림 2-9〉 포장 재료와 반사율
자료: http://eetd.lbl.gov/HeatIsland/Pavements/

위의 <그림 2-9>를 보면, 새로 깐 아스팔트보다 오래된 아스팔트가 더 반사율이 높으며, 새로운 프로토 타입 아스팔트 코팅 포장은 반사율이 50%나 되었다.

최근 포장된 도로의 반사율은 약 0.05 정도이고 5년 내의 아스팔트 도로들은 표면이 벗겨지므로 반사율이 0.15 정도로 반사율이 올라간다. 밝은 색깔의 골재를 사용함으로써 오래된 아스팔트보다 태양에너지 반사율을 3배 정도 높일 수 있다(http://eetd.lbl.gov/HeatIsland/PUBS/PAINTING/).

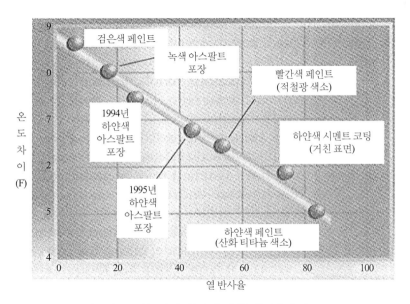

〈그림 2-10〉 포장 색깔에 따른 반사율과 온도
자료: http://eetd.lbl.gov/HeatIsland/PUBS/PAINTING/

위의 <그림 2-10>은 표면의 색깔에 따른 온도 차이를 보여준다. 이 그림에서 알 수 있듯이 밝은 색깔의 포장이 표면 온도가 더 낮다. 현재의 아스팔트 포장 도로보다는 밝은 빛깔의 시멘트를 쓰는 것이 당장은 비용 면에서 비쌀지는 모르지만, 시멘트는 더 강하고 더 오랫동안 지속되므로 재포장을 위한 비용은 더 싸다.

오늘날 이스라엘의 하이파(Haifa)와 텔 아비브(Tel Aviv) 같은 도시에서는 건물 주인들은 매년 봄마다 그들의 건물 지붕을 밝은 색깔의 색으로 도색을 해야 한다(http://eetd.lbl.gov/HeatIsland/PUBS/PAINTING/). 아이오와는 장기 비용 절약을 위한 정책으로 벌써부터 시멘트 도로를 이용하고 있다.

버클리 대학 로렌스연구실은 도로 표면을 밝게 하는 또 다른 방법으로 아스팔트에 밝은 색깔의 조각들을 끼워 넣을 것을 제시했다.

<그림 2-11>은 아스팔트에 칩 씰(chip seals)을 넣는 방법을 보여주고 있다. 아스팔트에 있는 칩 씰이 시간이 경과함에 따라 아스팔트에 자리를 잡아가는 것이다. 즉, 아스팔트에 하얀 색상의 물질을 넣음으로써 높은 반사율을 얻을 수 있다는 것이다. 또한 아스팔트는 도로의 가로등의 열을 반사함으로 열을 내는데, 아스팔트에 하얀 색상의 물질을 넣음으로써 가로등 반사율 또한 높일 수 있다. 즉, 가로등의 빛을 반사함으로써 밤에 주변을 더 밝힐 수 있으므로 가로등의 수 또한 줄일 수 있다는 것이다.

1단계 : Chip Seal을 아스팔트에 뿌림(공간=50%)

2단계 : 룰러로 Chip Seal에 입력을 가함(공간=30%)

3단계 : 자동차 등의 동행으로 고정됨(공간=20%)

〈그림 2-11〉 아스팔트에 칩 씰(Chip Seals)을 넣는 방법
자료: http://eetd.lbl.gov/HeatIsland/Pavements/

미국 에너지 관리청은 도로 표면과 건물의 색깔 등을 좀더 밝게 하면 에너지를 절약할 수 있으며, 이것을 돈으로 환산해 보면 일년에 10억 불(1조 3천억 원)을 절약할 수 있다고 보고했다. 또한 새로운 건물과 새로운 도로 표면에 밝은 색깔의 재료를 쓴다면 4°F(2.4℃) 정도의 온도를 감소할 수 있으며, 이것은 에너지 절약과 스모그 현상을 동시에 줄일 수 있다는 이야기가 된다(http://www.eren.doe.gov).

멜빈은 도로 포장을 밝게 함으로써 1,500만 불(195억 원)을 매년 절약할 수 있다고 주장한다. 또한 도로포장을 밝게 함으로써 온도가 낮아지고 스모그 현상이 2.5% 감소하며 매년 7,500만 불(975억 원)을 절약할 수 있다. 즉, 1,250km²의 도로 포장 또는 매 m²당 0.07불의 비용으로 인해 년 1,500만불(195억 원)과 오존층의 감소로 인한 7,500만불(975억 원), 총 900만 불(117억 원)을 절약할 수 있다. 또한 도로 표면을 밝은 물질로 다시 덮는 것은 적어도 5년은 지속 가능하고, m²당 0.35불의 이익을 준다.

2) 녹화사업

또 다른 한가지의 도시 열섬의 해결책은 바로 나무를 심는 것이다.

<그림 2-12>는 워싱턴의 위성 사진으로 가장 큰 빨간 점은 컨벤션 빌딩이 있는 지역이며 녹색 지역은 잔디와 나무로 덮여 있는 곳이다. 위의 그림을 보면 나무가 있는 지역과 그렇지 않은 곳의 온도 차이를 확실히 알 수 있다.

미국의 도시에서는 매년 자연적인 재해와 인위적인 피해로 인해, 수많은 녹지대가 훼손되고 있다. 그러나 도시들은 사라지는 나무 네 그루 중 단지 한 그루의 나무만 새로 심고 있다. 예를 들면, 뉴욕은 지난 10년 동안 도시 숲의 20%(175,000그루)를 잃었다(http://www.eren.doe.gov/cities_counties/coolcit.html).

〈그림 2-12〉 워싱턴의 위성 사진
자료: http://eetd.lbl.gov/HeatIsland/PUBS/PAINTING/

나무는 시원한 그늘을 제공할 뿐만 아니라 땅속의 지하수를 흡수하여 나뭇잎의 증산작용을 통하여 직접적으로 주변 공기를 시원하게 할 수 있다(<그림 2-14>). 즉, 나무는 증산작용을 통하여 도시의 기온을 낮춘다.

한 그루의 나무는 하루 동안 40갤런의 물을 증산할 수 있으며, 이것은 100와트 램프 100개가 하루 여덟 시간 동안 발산하는 열을 상쇄할 수 있는 양이다(http://eetd.lbl.gov/HeatIsland/PUBS/PAINTING/).

최근 부산 대학교 구내의 플라타너스(고도 약 5미터, 흉고직경 약 30cm)가 식재된 콘크리트 포장 도로변에서 1998년 8월 30일 0시에서 24시까지 식피층 기온과 지표면 온도를 연속 관측하였다. 그 결과에 의하면 낮에는 식피층 온도가 대기 온도보다 저온이었으며, 밤에는 식피층 온도가 더 고온이었다. 이것은 식피층의 증산작용이 기온 저감과 관련성을 가지고 있다는 것을 나타낸다(<그림 2-13>).

나무는 또한 도시 열을 낮추는 것뿐만 아니라 광합성을 통해 대기 중의 이산화탄소를 줄인다. 일반적으로 나무 한 그루는 매년 몇 그램의 탄소를 흡수한다. 숲의 경우, 나무의 존재 자체만으로도 이산화탄소의 양을 낮출 수 있다. 그리고 도시에 있는 나무는 그 자체만으로도 이산화탄소의 양을 낮출 뿐만 아니라 도시의 온도를 낮추어 많은 양의 에어컨의 전기 소모를 줄임으로써 화석 연료의 사용 또한 낮출 수 있다. 따라서 나무는 도시의 에어컨의 사용을 줄임으로써 매년 3킬로그램의 이산화탄소를 더 감소시킬 수 있으며, 건물에 직접적으로 그늘을 만듦으로써 15킬로그램의 이산화탄소를 더 감소시킬 수 있다.

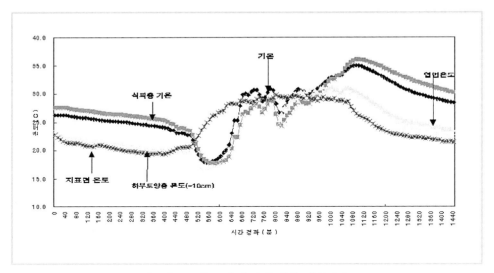

〈그림 2-13〉 5개 온도의 일중 변화관측

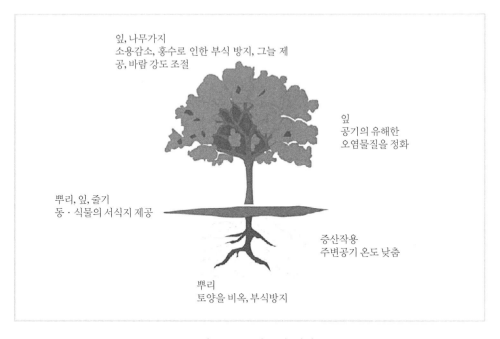

〈그림 2-14〉 나무의 역할

자료: http://eetd.lbl.gov/HeatIsland/Vegetation

미국의 에너지 관리청에 의하면, 적당한 장소에 나무가 심겨진 집은 그렇지 않은 지역의 같은 집과 비교했을 때, 주민의 에너지 비용을 평균 약 20%~25% 정도 줄여 준다 한다.

식물의 증산 효과는 계산하기 어렵지만, 컴퓨터 시뮬레이션을 사용한 어느 조사에서는 한 가구 당 남쪽, 동쪽 그리고 서쪽에 나무 세 그루를 심음으로써 캘리포니아 새크라멘토에서는 30%, 애리조나 피닉스는 17%, 루이지애나 찰스 지방은 23%의 냉방 에너지가 감소하는 효과를 가져온다고 추정한다. 그리고 나무 그늘은 약 10%에서 35%의 절약을 가져온다고 추정한다. 또한 플로리다 남쪽 지방의 조사들에 의하면, 집 옆의 나무와 관목이 여름에 40%의 에어컨 비용을 줄일 수 있다고 추정한다.

직접적으로 에어컨에 그늘을 제공하는 것은 에너지 비용을 줄일 수 있는 가장 효과적인 방법 중 하나이다. 왜냐하면 이것은 에어컨에서 나오는 공기를 미리 시원하게 해서 그 효과를 증진시키기 때문이다. 펜실베이니아의 연구 결과에서는 이 방법을 통해서 작은 집에서 최고 75%까지 냉방비를 줄일 수 있다고 주장한다.

버클리 연구소의 조사원들의 연구에 따르면, 1시간에 1킬로와트의 수요를 감소시키기 위해 나무를 심는 것은 약 0.01불이 들지만, 전기 기구의 효율을 개선해서 같은 킬로와트를 절약하는 데 드는 비용은 약 0.025불이다. 그리고 만약 새 발전소를 세운다면 0.10불이 든다.

다음 <표 2-1>은 나무 한 그루에 드는 비용과 이익을 계산한 것이다.

〈표 2-1〉 나무 한 그루에 드는 비용과 이익

이익($/년/나무 한 그루)		비용($/년/나무 한 그루)	
공기 질의 향상	$28	식 재	$1
에너지 절약	$10	전 정	$9
홍수 감소	$5	관 수	$5
이산화탄소 흡수	$5	포장 인도	$3
소 계	$48	쓰레기 청소	$1
경관미와 다른 요소	$20	다른 비용	$2
합 계	$68	합 계	$21
순 이익 = $47(56,400원)			

자료: http://wcufre.ucdavis.edu/8slide4.html

나무 한 그루에 드는 비용은 일년에 21불(약 25,200원)이며, 나무 한 그루로 인해 우리가 받을 수 있는 이익은 68불(약 81,600원)이다. 결국 나무 한 그루로 얻을 수 있는 순 이익은 47불(약 56,400원)인 것이다. 즉, 각 나무의 증산작용으로 인한 온도 감소로 227킬로와트(16.34불)를 절약할 것이고 직접적인 그늘을 통해 61킬로와트(4.39불)를 절약할 수 있을 것이다.

연구소에 따르면 나무 500,000그루를 심는 것은 40년 동안 배수 관리에 있어서 도시가 600,000불(7억8천만원)을 절약할 수 있을 것이라고 추정한다.

그러나 모든 나무가 다 똑같이 유익하지는 않다. 예를 들어, 침엽수보다는 여름에 그늘을 제공하고 겨울에는 햇볕을 막지 않는 낙엽수를 심는 것이 좋다. 또한 어떤 유형의 나무는 스모그 형태의 질소 산화물과 결합하기 쉬운 휘발성의 유기화합물(VOC[1])을 많이 방사한다.

물푸레나무와 단풍나무는 VOC와는 무관한 나무로 단지 1 VOC unit[2]만 방사할 뿐이다. 그러나 유칼리 나무는 32 VOC units를 방사하며, 잎이 늘어진 버드나무는 230 VOC units를 방사한다(http://eetd.lbl.gov/HeatIsland/PUBS/PAINTING/).

위에서 살펴보았듯이, 나무를 심는 것은 도시 열섬의 해결 방법 중 최소의 비용으로 최대의 효과를 얻을 수 있는 방법이다.

도시의 수목은 도시 열섬을 해결하여 에너지와 비용을 절약할 수 있을 뿐만 아니라 그 외에도 많은 역할을 하여 우리에게 많은 이익을 제공한다.

나무가 우리에게 주는 또 다른 이익은 다음과 같다.

첫째, 나무는 공기를 깨끗하게 한다. 나무는 냉방에 사용되는 에너지와 그 에너지로 인해 일어나는 오염 감소를 통해 공기를 맑게 하는 데 도움을 준다. 나무는 또한 이산화탄소를 흡수하고 산소를 생산한다. 또한 나무는 오존뿐만 아니라 농장에서 사용하는 살충제 등의 유해한 오염 물질을 흡수한다.

둘째, 나무는 소음을 감소시킨다. 연구에 의하면 31미터 넓이와 14미터 높이의 배식 지역은 거의 50% 정도의 고속 도로 소음을 줄일 수 있다고 한다. 이러한 증거는 소리의 근원이 식물로 인해 가려졌을 때, 사람들의 신경질적 반응이 줄어든다는 것으로 확인되었다.

---

1) 일산화탄소, 이산화탄소, 탄산, 금속성 탄산염 및 탄산 암모늄을 제외한 탄소화합물로서 대기 중에서 광화학반응에 관여하는 화합물
2) 1 VOC unit이란 1시간당 나무가 방사하는 1 마이크로그램의 휘발성 유기 화합물을 말한다.

셋째, 나무는 토양을 보호한다. 나무는 뿌리로 땅을 고정하고, 잎의 차양으로 폭풍을 차단하고, 낙엽으로 땅에 영양분을 제공하는 것 등으로 토양을 유지하고 개선시키는 데 중요한 역할을 한다.

넷째, 나무는 깨끗한 물과 홍수를 관리한다. 나무는 폭우로 인한 홍수 관리 비용을 절감할 수 있다. 도시의 나무는 폭풍우가 내렸을 때, 물을 흡수하여 빗물을 천천히 흐르게 하여 폭우에 대한 피해를 줄여줄 수 있다. 예를 들어, 유타의 솔트 레이크 시티(Salt lake City)의 숲의 차양(遮陽)은 약 4억 2,800만 리터(11.3백만 갤런) 또는 17%의 표면 방출을 줄인다. 다른 도시도 비슷한 감소를 가지고 있는데 이것은 도시 숲의 차양(遮陽)의 크기에 달려있다.

다섯째, 나무는 동·식물의 서식지를 제공한다. 나무는 멸종 위기의 동·식물을 포함하여 많은 종류의 동·식물의 서식지를 제공한다. 미국 산림청의 중요한 프로젝트의 목적은 "호랑이의 서식을 위한 수목 보호"로 멸종 위기의 시베리안 호랑이를 위해 서식지를 본래 상태로 되돌리자는 것이다 (http://www.americanforests.org/global_releaf/benefits/index.html.).

여섯째, 나무는 지역의 삶을 풍요롭게 한다. 나무 심기 프로그램은 초기 목적 이상의 이익을 가져다 줄 수 있다. 예를 들어, 뉴욕의 수목 협회(Tree Consortium) 프로그램은 지원자를 장려하고 교육 프로그램과 팜플렛을 제공한다. 이와 유사한 프로그램으로 미네아폴리스/세인트 파울의 트윈 시티 트리 트러스트(Twin Cities Tree Trust) 프로그램은 나무를 심기 위해서 실업자인 젊은 사람과 성인들을 고용한다.

일곱째, 나무는 우리 인생의 아름다운 부분이다. 위에서 언급한 나무의 이익을 제외하더라도 나무는 단순히 거기 있다는 것만으로도 우리의 삶을 풍요롭게 한다. 좋은 도시의 울창한 숲은 도시민과 방문객에게 도시의 환경에 대한 좋은 경험을 제공한다.

나무는 단지 자연 생태계의 주요 부분이 아니라 우리 사회의 본질적인 부분이다.

위에서 살펴보았듯이, 도시 열섬을 해결하는 방법은 포장 재료의 변화와 도시에 나무 심기이다. 현재 세계적으로 많은 도시에서 위의 방법들을 실행하고 있다.

그렇다면 세계의 도시들이 도시 열섬 해결을 위해 어떤 노력들을 하고 있는지 알아보도록 하자.

5. 외국의 도시 녹화사업 사례

1) 로스앤젤레스의 "시원한 도시 만들기 운동(Cool Communities)" (http://eetd.lbl.gov/HeatIsland/PUBS/PAINTING/)

1880년경의 미국 로스앤젤레스는 불모지였으며 매년 기온이 102°F(39℃)까지 올라갔다. 그러나 개척자들이 관개를 시작하면서, 그들이 심은 과일나무들은 주변 공기를 시원하게 하여 50년 내에 여름 온도는 5°F(3℃) 떨어졌다.

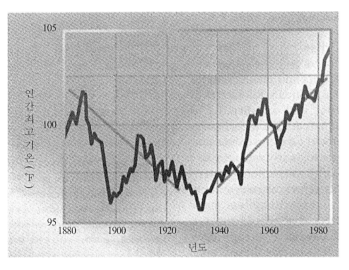

〈그림 2-15〉 로스앤젤레스의 온도 변화
자료: http://eetd.lbl.gov/HeatIsland/PUBS/PAINTING/

그러나 로스앤젤레스는 1940년대 도시화가 시작되면서 과수원들이 건물과 아스팔트 포장도로로 바뀌었다. 50년이 더 지난 지금, 여름의 기온은 10년마다 1°F(0.6℃)씩 여전히 오르고 있으며, 그 끝은 보이지 않고 있다(<그림 2-15>).

　로스앤젤레스에서는 이러한 도시 열섬을 해결하기 위해 "시원한 도시 만들기 운동"이라는 대책을 마련하였다. "시원한 도시 만들기 운동"이란 2,500 평방 킬로미터의 도로와 지붕의 포장 재료를 바꾸고 1천만 그루의 나무를 심는 것이다.

　물론 당장 모든 포장 재료들을 하얀색으로 바꾼다든지 당장에 수백만 그루의 나무를 심어 바로 그 효과를 볼 수 있는 것은 아니다.

　그러나 로스앤젤레스는 컴퓨터 시뮬레이션을 통해 건물 지붕의 포장 재료의 변화와 나무 심기에 의한 그늘의 효과는 그 건물의 에어컨의 수요를 18% 감소시킬 수 있으며 이것으로 10억 킬로와트의 전기를 절약할 수 있다고 예측하였다. 이것을 1킬로와트 당 10센트로 계산해 보면, 매해 1억불(1,300억원)을 절약할 수 있다는 것이다. 또한 20년 후에는 미국 전체의 에어컨으로 인한 전력 소비의 10%를 절약할 수 있다고 계산되어진다.

　또한 나무의 식재를 통해 도시의 온도가 내려가면 스모그도 줄어들 것이다 (<그림 2-16>).

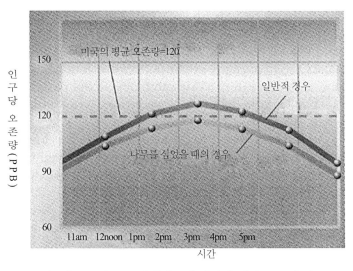

〈그림 2-16〉 로스앤젤레스의 시간에 따른 오존의 양
자료: http://eetd.lbl.gov/HeatIsland/PUBS/PAINTING/

위의 <그림 2-6>은 로스앤젤레스의 인구 10억당 오존의 농도를 보여 주고 있는데 특히, 점심 때에는 미국의 평균 오존량보다 높다는 것을 알 수 있다.

밑의 곡선은 나무가 심겨지고 빌딩과 도로들이 밝은 빛깔의 색으로 대체되었을 때 오존의 변화를 보여 주고 있다. 즉, 나무가 건물 부근에 심겨지면, 오존의 양이 줄어드는 것을 볼 수 있다. 이렇게 나무로 인해 스모그 양이 줄어드는 것을 돈으로 환산해 보면, 스모그 양이 12% 감소하면 3억 6천 불 (4,680억 원)을 절약할 수 있다.

〈표 2-2〉 로스앤젤레스의 "시원한 도시 만들기 운동"의 이익

요 인	직접적인 에너지 절감		간접적인 에너지 절약		스모그 감소	합계	
	최고 전력절약 (MW)	에어컨 비용 절약 ($M/yr)	최고 전력절약 (MW)	에어컨 비용 절약 ($M/yr)	의학 비용 절약(12% 오존의 감소) ($M/yr)	전력 절약 합계 (MW)	비용 절약 합계 ($M/yr)
밝은 색깔의 지붕	400	46	200	21	104	600	171
나 무	600	58	300	35	180	900	273
도로의 포장 재료	0	0	100	15	76	100	91
합 계	1000 1천 2백억 원	104	600	71 8백 5십억 원	360 4천 3백억 원	1600	535 6천 4백억 원

자료: http://eetd.lbl.gov/HeatIsland/PUBS/PAINTING/

위의 <표 2-2>는 로스앤젤레스가 2,500 평방 킬로미터의 도로와 지붕의 포장 재료를 바꾸고 1천만 그루 나무 심기 방법으로 인해 얻을 수 있는 효과이다. <표 2-2>에서 직접적인 에너지 절감이란 건물들이 각각의 요인들을 시행

함으로써 직접적으로 얻을 수 있는 효과를 말하며, 간접적인 에너지 절감은 이러한 요인들에 의해 건물 주변의 온도가 내려감에 의해 건물들이 얻을 수 있는 간접적인 효과를 말한다. 표를 통해 알 수 있듯이, 로스앤젤레스는 "시원한 도시 만들기 운동"을 통해 매년 에어컨 요금으로 1억 75백만 불(2,275억 원)을 절약할 수 있고 스모그와 연관된 비용으로 매년 3억 6천만 불(4,680억 원)을 줄일 수 있다.

로스앤젤레스는 "시원한 도시 만들기 운동"을 통해 도시의 온도를 5°F 낮추는데 15년이 걸릴 것으로 예상하고 있다. 이것은 현재의 포장들을 바로 바꾸는 것이 아니라 경제성을 고려해 일반적인 도로와 건물들의 재포장 시기에 포장을 바꾸려고 하기 때문이다. 따라서 도로와 지붕들을 다 교체하고 나무들도 완전히 다 자라서 제 역할을 할 수 있는 시기를 잡은 것이 대략 15년인 것이다.

2) 투산의 "투산 수목 프로그램(The Trees for Tucson program)"

(http://www.ci.tucson.az.us/tcb/tcbtothp.htm
http://www.eren.doe.gov/cities_counties/coolcit.html)

미국 아리조나주 투산시는 도시 열섬의 해결 방법으로 1989년부터 조직적인 프로그램을 통하여 도시에 나무를 심기 시작하였다. 이 투산 수목 프로그램은 도시 녹화 프로그램으로 투산 클린 & 뷰티풀 회사(Tucson Clean and Beautiful)에서 시작되었고 정부 또는 개인의 인가와 기부로 운영되는 비영리 환경 프로그램이다.

이 프로그램은 미국 산림청의 범지구적인 나무심기 프로그램 (American Forests'Global Releaf program)의 한 분야이며 이 프로그램의 목적은 투산 지역에 나무 심기를 격려하고 촉진하기 위한 것으로 투산 지방의 사막에 잘 적응하는 500,000그루의 나무를 식재하는 것이다.

비록 에너지 절약에 관한 데이터가 몇 년만에 가능한 것은 아니지만, 미국 산림청 연구에서는 이 프로그램을 통해 다음 40년 동안에 2억 3,650만 불(약 3,000억 원)의 이익을 추정하고 있다. 즉, 컴퓨터 시뮬레이션의 계산에 의하면, 각 나무의 증산작용으로 인한 온도 감소로 각 나무당 227킬로와트/h(16.34불)를 절약할 수 있고 직접적인 그늘을 통해 61킬로와트/h(4.39불)를 절약할 수 있을 것이라는 것이다.

연구원들은 또한 500,000 그루의 나무를 심는 것은 40년 동안 폭우에 대한 배수관리에서 도시가 600,000불(7억 8천만 원)을 절약할 것이라고 추정하고 있다. 이 500,000 그루는 주민 한 사람 당 한 그루의 나무가 될 것이며, 이 프로그램은 냉방 비용을 줄일 뿐만 아니라 투산 지방의 도시의 삶의 질을 향상시킬 것으로 기대하고 있다.

투산 클린 & 뷰티풀 회사의 사장인 존 리오네티(Joan Lionetti)는 투산 수목 프로그램이 지역 환경에 대한 시민 의식을 높이는 데 상당히 성공했으며, 이 프로그램은 초등학생에서 노인에 이르기까지 모든 사회 구성원들에게 도시를 아름답게 하고 시원하게 하는 데 도움을 줄 수 있고 환경을 개선시키는 데 도울 수 있는 방법을 가르쳐 준다고 이 프로그램의 효과를 설명했다.

이 프로그램에 개인과 단체는 스스로 나무를 심고, 정부 기관을 통해 가로수를 심으며, 학교 나무 심기 프로그램에 자원하거나 기부하고 아울러 투산 수목 프로그램의 회원이 되는 등 많은 방면으로 참가가 가능하다.

투산 수목 프로그램에서 도시의 나무 심기를 위해 행하고 있는 방법과 노력을 살펴보면 다음과 같다.

첫째, 주거 지역에 수목을 제공한다. 투산 전기 회사의 덕분으로 투산 지역의 거주민들은 그들이 그들 집 주변에 나무 심기를 동의한다면 2×5 갤런 크기의 나무를 심을 수 있다. 주민, 단체(또는 직장 동료, 친구, 가족 단체)들이 투산 수목 프로그램에서 제공하는 신청서를 작성하면, 나무는 주민들이 가져갈 수 있도록 마을의 중심가에 배달되어진다. 프로그램은 이른 봄(1~3월)과 가을 식재 기간(10~12월) 동안에 진행되며 자세한 식재와 관리에 관한 정보가 제공된다. 비용은 나무 당 3불(3,900원)이다.

300그룹 이상이 투산 수목 프로그램에 참가하고 있으며 1993년 프로젝트가 시작된 이래로 18,000 그루 이상의 나무를 제공했다.

둘째, 에너지 보존에 관한 교육을 위해 노력한다. 나무는 투산 지역의 공립 또는 비영리 학교에 제공된다. 나무는 여름 방학 동안의 관리를 위해 적절한 관개 시스템이 있는 곳에 심겨져야 한다. 학교에는 나무뿐만 아니라 나무 심기 실험과 나무 소개 슬라이드 또한 1~12단계로 제공된다.

또 다른 노력으로는 지역 조경가와 수목 전문가를 위한 세미나와 나무를 사용하여 냉방비를 줄이는 것에 관한 정보에 대해 학교 선생님들을 위한 에너지 보전 교육 연수 프로그램 등이 있다.

지역 단체와 투산의 전력회사는 또한 소비자들에게 에너지를 보전하기 위해 나무를 심도록 장려하는 정보 팜플렛을 발간하는 방법과 투산 수목 프로그램의 교육 분야를 지원하는 방법으로 참가하고 있다.

셋째, 커뮤니티를 위한 나무를 제공한다. 투산 수목 프로그램은 커뮤니티 미화를 포함하여 커뮤니티 주택 프로그램을 위한 그늘의 필요성, 비영리 조직을 위한 조경의 필요성 등 다양한 프로젝트에 수목을 제공한다.

넷째, 근린을 위한 수목을 제공한다. 투산 수목 프로그램은 그들 동네를 아름답게 하기 위해 도로를 따라 나무를 심기를 원하는 거주민들을 위해 적절한 기금을 제공한다. 또한 이 프로그램은 나무가 공공 도로에서의 권리(교통 시야 가시성, 실용선 취소와 보행자 출입 등)에 관한 문제를 일으킬 때 나무의 식재 허가를 도울 수 있다.

동네를 위한 나무는 도매 가격으로 제공되고 투산 수목 프로그램에서 그 비용의 반을 부담한다. 이 때 나무는 보통 한 그루당 4~5불이다.

다섯째, 기념나무 심기 프로젝트를 운영한다. 산타 크루즈(Santa Cruz) 강의 서쪽 제방을 따라 위치한 기념 나무 심기 프로젝트인 나무의 보도(ElPaseo de los Arbois)는 투산을 위해 투산 클린 & 뷰티풀 회사, 피마 주 공원과 Recreation Department에 의해 운영되고 있다. 이 공원은 600그루의 나무를 헌정을 위한 공간으로 1996년 4월에 오픈했다. 공원의 모든 나무들은 현재 기부 사업으로 모두 팔렸으며 기념 나무 심기를 위한 새로운 부지를 찾고 있다.

여섯째, 나무를 위한 관광 루트를 개발한다. 매년 가을, 투산 지역의 크고 특이한 나무들의 탐방을 위한 "오래된 푸에믈로의 나무들(Great Trees of the Old Pueblo)"이란 관광 프로그램에 관광 여행객들이 가이드에게 안내되어 투산 지방을 찾는다. 참가자들은 여행이 끝나면 점심을 대접받으며 나무여행으로 생긴 돈은 나무은행에 기부된다. 나무 여행은 일년에 한번 6월 말 또는 7월 초순에 개최된다.

일곱째, 산림 교육 프로그램을 실시한다. 투산 수목 프로그램은 나무를 심고 보호하기 위한 목적으로 주민들에게 산림 훈련을 시키는 새로운 커뮤니티 프로그램을 실시하고 있다. 한번 교육받은 도시 산림관의 지원자들은 생존하는 나무의 적당한 관리가 필요함을 확신한다. 이 프로그램은 누구든 나무에 관심이 있는 사람은 참가할 수 있다.

산림 교육 프로그램은 나무 식재와 관리, 유지에 관한 자료를 제공한다. 산림 교육 프로그램은 투산 수목 프로그램 조정 위원회의 도움으로 발전되었고, 애리조나주 토지과로부터 일부분을 기부받는다.

마지막으로 수목 관리 워크숍을 개최한다. 적당한 관리는 새로 심은 수목의 생존에 있어서 중요하다. 수목 관리, 식재와 유지 워크숍은 투산 수목 프로그램에서 대중을 위해 일년에 두 번 개최되며 수목 선택, 식재 가지치기와 관개 등 많은 것을 포함한다. 이 워크숍은 프로그램 참가자들이 워크숍에 참가해서 가지치기, 식수, 비옥화와 병해충을 관리하는 것을 배워 사회와 도시 숲에 대해 책임감을 가지도록 하는 것이 목적이다.

3) 동경도의 "동경 녹지계획"

가) 녹지확충을 위한 동경계획

일본의 수도, 동경도는 과거 100년 간 평균기온이 2.9℃ 상승하고 최근 10년 간에는 열대야의 일수가 연간 약 7일 정도 증가하고 있다. 또한 동경도 23구(區)의 하수관의 빗물 수용량은 한 시간에 최대 50~60mm가 한계이나 최근 집중호우에 의한 우량(雨量)이 100mm를 넘어서는 경우도 빈번히 일어나고 있다. 이것은 도시의 교통 마비 등의 혼란을 야기한다.

이러한 동경이나 오오사카 등에서의 집중호우다발이 지적된 것은 약 10년 전부터인데, 그 원인의 하나로 도시 특유의 어떤 기후 현상이 일컬어진다.

1992년 동경도 환경과학 연구소가 실시한 도내 및 주변부 100개소에서의 기온관측 결과를 기초로 작성한 등온선(같은 기온이 나타나는 지점을 연결한 선)을 3차원적으로 표시해 보면 동경은 도심부를 중심으로 현저히 솟아 오른 모습을 볼 수 있다.

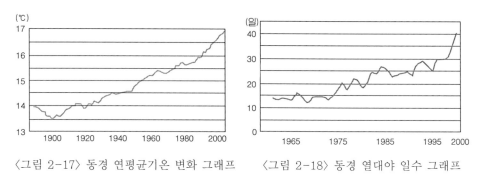

〈그림 2-17〉 동경 연평균기온 변화 그래프 　　 〈그림 2-18〉 동경 열대야 일수 그래프

자료: http://www.sayego.com/cgi-bin/sayego

　도시 열섬에 대한 대책을 강구하지 않는다면 약 30년 후에는 동경 도심부의 기온이 43도를 넘어설 것이라는 예측도 있다. 또한 다른 연구에서는 도시 열섬 현상이 도심부를 중심으로 발생하여 그 영향이 교외에 파급되며, 특히 여름철의 남동풍에 의해서 동경 상공에서 발생한 열기가 사이따마방면으로까지 영향을 미친다고 발표했다.

　이와 같은 도시 열섬 현상을 일으키는 원인은 도시 활동에서 소비되는 에너지의 배기열 보다도 녹지의 상실이 더 크다는 것이 동경의 환경과학연구소 등의 최근 연구에서 밝혀지고 있다.

　21세기를 맞이하는 오늘날, 경제나 환경 문제 등 커다란 전환점에 들어선 시점에서 동경은 50년 후 수도의 장래상을 전망하면서 [동경 구상 2000 - 교류의 세계 도시를 목표로]를 책정하고 정책의 기본적인 골격을 밝히고 있다. 이 동경 구상 2000은 자연과 문화가 풍부한 도시를 목표로 도시 중에서 연결성을 가진 수공간과 녹지의 축을 형성함과 동시에 가까이 있는 녹지를 회복하여 녹지율을 1998년의 29%에서 2015년에는 32%까지 높이는 것을 정책 목표로 들고 있다.

　동경 구상 2000과 나란히 동경은 "수공간과 녹지가 네트워크된 풍(風)격도시-동경"을 목표로 2000년 12월에 "녹지의 동경 계획"을 책정하고 녹지가 가지는 기능을 활용함으로써 지속가능한 도시를 실현하기 위한 녹지 조성의 추진책을 제시하였다.

　동경도와 이하 행정 단위에서는 부지의 녹화 지도나 공원의 설치, 가로수의 식재 등을 해 왔지만 동경 전체에서는 녹지의 감소가 계속되어지고 있다. 약반세기 동안 도심부에서는 야마노테선(산 하부 정경지에 위치한 곳) 내측에 상당한 면적의 녹지가 소실되었으며 재개발 등에 의해 지금도 조금씩 감소하는 현상을 보이고 있다.

시가지에 있어서 녹지를 대폭으로 증가시키려 해도 이 이상의 녹화여지는 물리적으로 한정되어지는 상황이다. 그렇기 때문에 남겨진 녹화의 스페이스로서 건축물의 옥상이든가 베란다, 벽면 등에 대해서 고려하는 방법 이외에는 없다.

동경도에서는 옥상 등 녹화의 기본적인 과제를 검토하기 위해 동경도 빌딩녹화검토회를 설치하여 옥상 등 녹화의 기본적인 과제에 대해서 검토해 왔다.

오오노 타다오가 제안한 "동경의 빌딩녹화의 추진에 대해서"에서는 다음과 같이 논하고 있다. 그는 시가지는 그 대부분이 건축물이든지 도로의 부지로 채워져 있으며 녹화가 가능한 여지에서는 그 한계가 있다. 이로 인하여 건축물은 건폐율에 의해 면적이 제한되며 도로율도 거의 일정하다. 따라서 시가지에서는 녹화가 가능한 부지의 면적은 그 잔여의 면적이라는 것이 되지만 구부에 있어서의 녹피율의 계산에서는 건폐율(평균 60%) 등이 변경되지 않는다고 한다면 전체의 20%정도 밖에 없다라고 하고 있다. 즉 이것은 부지의 녹화에 의해 동경부의 녹피율을 현재 이상으로 하는 것은 물리적으로 곤란하다는 것을 의미한다.

또한 동경부에서 1%의 녹지를 매수한다고 하면 2조엔 이상의 거액 자금을 필요로 하기 때문에 공원(구부면적의 5% 정도) 등의 용지매수가 가져오는 녹화는 용이하지 않다.

나) 옥상녹화 작업

일본은 최근 도쿄 등 대도시를 중심으로 건물 옥상을 정원 등 녹색지대로 만드는 사업을 한창 연구, 추진 중이다. 도시화의 진행으로 더 이상 지상에서 녹색지대를 만들기 어려우니 건물 위의 공간을 이용해 녹색지대를 확장하자는 것이다. 도쿄 23구는 1930년도에는 전체 면적에서 차지하는 녹색지대 비율이 50%를 넘었으나 60년대 30%대, 83년 이후에는 22%로 급격히 줄어들었다. 따라서 지금은 사실상 녹색을 늘릴 수 있는 공간은 옥상 밖에 남지 않았다는 소리가 나오고 있는 실정이다.

이에 따라 도쿄도는 올 4월부터 전국에서 처음으로 조례를 통해 일정규모 이상의 신축 빌딩에는 반드시 옥상녹화를 하도록 의무화하고 있다. 2015년까지 치요다구의 면적과 맞먹는 1,200헥타르의 옥상을 녹화시키겠다는 야심찬 계획이다. 의무화 이전인 지난해 4월부터 12월까지 도가 옥상녹화사업을 행정지도한 결과, 대상건물 331동 가운데 172동이 옥상녹화를 실시해 2.76 헥타르의 녹색을 창출했다.

도쿄 외에도 오사카, 센다이, 가나자와 등 옥상녹화 사업에 일정 정도의 조성금을 주는 제도를 도입하고 있는 자치단체도 늘고 있다.

다) 옥상녹화의 효과

옥상녹화로 기대되는 가장 직접적인 효과는 도시의 열섬 현상 완화이다. 열섬 현상은 아스팔트 도로와 콘크리트 빌딩이 흡수해 축적하고 있는 태양열과 냉난방의 인공열, 대기오염물질에 의한 온실효과 등이 큰 원인인 것으로 알려져 있다. 일본 기상청 조사에 따르면, 도쿄는 특히 고온화 현상이 현저해 최근 100년 간 평균기온이 2.9도 상승했다고 한다. 다른 중소도시가 같은 기간에 1.0℃ 정도 상승한 것에 비하면 엄청난 고온화이다.

도쿄도는 옥상녹화로 녹지대를 증가시키면 열섬 현상이 상당히 완화될 것으로 보고 있다. 나무의 잎이 내뿜는 수분이 기화하면서 주위의 온도를 낮게 하는 효과 뿐 아니라, 빌딩의 콘크리트에 태양열이 직접 닿는 것을 방지함으로써 태양열 축적을 방지할 것이기 때문이다. 국토교통성 산하 '도시녹화기술개발기구'가 도쿄 23구에서 평평한 형태로 돼 있는 옥상 약 4,140헥타르의 절반을 녹화한다고 가정해 계산한 결과에 따르면, 여름의 최고 기온이 0.8도 내려가고, 냉방경비도 하루 당 약 1억 1천만 엔(11억 원) 정도가 절약되는 것으로 나타났다. 이 밖에 방음, 건물의 보호, 대기정화, 경관형성으로 인한 시민의 감정 순화 등의 효과까지 감안하면 이점이 한두 가지가 아닌 것으로 평가됐다. 한 환경단체의 간부도 "옥상녹화는 열섬현상을 완화하는 것뿐만 아니라 사람들의 마음을 부드럽게 순화하고, 도심의 새와 곤충의 휴식 장소도 된다."고 적극적인 환영을 표시했다.

옥상녹화 효과 가운데 빼놓을 수 없는 것이 경제적인 효과이다. 최근 거품

붕괴로 곤경에 처해 있는 일본의 건설회사 등은 옥상녹화 사업이 재생의 활로가 될 것으로 보고 이 시장에 본격적으로 뛰어들 채비를 하고 있다. 시미즈건설과 가시마건설 등 일본의 대표적인 건설회사들이 이미 회사 건물 옥상에 모델 정원을 만들어 놓고 사업에 뛰어든 것을 비롯해 다른 건설회사들도 경사면 지붕을 녹화하거나 얇은 타일 형식의 녹화판을 붙이는 기술 등을 개발하거나 수입하고 있다.

동경은 도시밀도가 높고 지가(地價)가 비싸서 새로운 녹화공간을 만든다는 것이 어렵다는 것을 인식하고 기존의 도시의 옥상을 녹화하여 녹지를 확충하는 계획으로 도시환경문제의 해결안을 제시하고 있다.

서양의 공원녹지 유형

1. 구미 공원녹지디자인 유형의 발달과 디자인 고려요소

공원녹지[1] 디자이너들은 공원녹지에 대한 사회적 목적이 시대에 따라 변화하는 것과 관련해 서로 상이한 공원설계 기준을 가지고 있었을 것이다. 이러한 기준들은 변화하는 시대의 흐름에 상응하는 공원녹지디자인 특성에 따라 새로운 공원녹지 유형으로 정립되었다. 이를테면, 시대의 흐름에 따른 공원녹지디자인의 변화과정이라 함은 "고전적 이태리·프랑스식 정원", "빅토리아식 경관공원", 그리고 최근의 "다원적 경관형"이 그러한 것들이다. 대체적으로 도시의 공원녹지디자인은 그 사회가 안고 있는 사회적 목적이나 이데올로기 뿐만 아니라, 시대의 흐름에 부합하는 디자인 특성에 영향을 받아왔다.

예를 들어, 19세기 중반 Cranz(1978)는 미국 공원 운동(the American Park Movement) 이래, 디자인 특성, 사회적 목적 그리고 이념에 따라 녹지공간의 4가지 독특한 유형을 제시했다. 위락 정원, 개량 공원, 레크리에이션 시설 그리고 오픈스페이스 체계가 바로 그것이다. 그리고 그녀에 의하면, 각각의 공원디자인유형들은 서로 다르게 보이지만, 유사하거나 공통된 미적 요소들을

---

1) 본 연구에서의 공원녹지는 "도시계획법상에 규정된 도시계획시설로서의 공원 혹은 녹지라기보다는 좀더 넓은 의미로서 공원 뿐만 아니라 하천, 산림, 농경지까지를 포함하는 '도시 속의 자연'으로서 레크리에이션, 심미, 생산, 보호, 장식, 심리적 상징 그리고 보양 등을 주 목적으로 하며, 현재 식물이 자랄 수 있는 토양을 가진 도시 지역 내의 건물로 채워져 있지 않은 모든 토지와 물"(김수봉, 1992, p. 2)로 정의한다.

지니고 있다고 한다. 공통된 미적 요소들이라 함은 물, 나무, 꽃, 원로(園路), 우아하게 굽어져 보트를 탈 수 있는 호수, 풍성하게 장식된 화원, 멋진 공원 쉘터(오두막), 담장, 조각, 건축물이라 할 수 있는데, 이러한 요소들의 조합방식이나 항목들은 비록 다양하면서도 상이한 형태로 나타날 수 있지만, 공원디자인에 공통적으로 나타나는 요소들이다. 동시에 그녀는 자신이 범주화한 도시 공원녹지의 4가지 유형들은 산업화와 도시화로 인해 부상하는 미국도시의 문제를 해결하기 위해 생겨난 것이라고 덧붙였다.

Cooper Marcus는 인근의 전체인구 조밀도와 그 곳에 거주하는 주민들의 소득수준에 기초한 공원유형으로 성공적인 공원디자인 형태와 실패한 공원디자인 형태를 보여 주면서 "근린공원을 보는 유익한 방법은 공원유형의 관점에서 근린공원을 보는 것인데, 이러한 공원유형은 공원을 둘러싼 주위의 특성에 의해 범주화되는 것이다."라고 하였다. 결론적으로 그녀는 공원디자이너는 무릇 공원 내의 사람들뿐만 아니라, 공원을 둘러싼 주위의 특징까지도 고려해야만 한다고 주장하였다.

최근에 Lyall(1991)은 "새로운 경관형" 디자인에서 나타나는 몇 가지 특징들을 40가지 사례연구로 소개하고 있다. Lyall의 사례연구는 비즈니스센터, 도시광장 그리고 박물관에서 공원이나 일상 레크리에이션 정원에 이르기까지 폭넓은 것이었다. 여기에서 그는 경관디자인이 역사를 통해서 자연이라는 전제 혹은 자연이 안고 있는 문제에 따라 어떠한 변화과정을 겪었는지 자세히 기술하고 있다. 따라서 그의 연구는 현재와 미래의 경관상황을 실제적으로 기록한 자료가 되기도 하였지만, 동시에 녹지공간의 새로운 길을 열어 주는 계기가 되기도 하는 것이었다. 그가 범주화한 최근 20년 간의 경관기능과 유형에 따른 6가지 경관디자인을 살펴보면 다음과 같다.

1) 도시의 현지사정을 반영하는 경관 디자인(예: 로렌스 할프린의 시애틀 고속도로공원Lawrence Halprin's Seattle Freeway Park)
2) 문화적 맥락의 개념을 지니는 경관디자인(예: 제리코경의 서튼공원Sir Geoffrey Jellicoe's Sutton Place)
3) 구조적 경관으로서의 경관디자인(예: 추미의 파리에 있는 빌레트공원 Bernard Tschumi's Parc de la Villette, Paris)

4) 건축구조물과 연관성을 가지는 경관디자인(예: 코핀의 암스텔담소재 NWM은행주위의 조경설계 J'orn Copijn and Peter Rowstorne's NWM Bank, Amsterdam)

5) 주관적 시각의 경관디자인(예: 노구치가 설계한 캘리포니아 세나리오의 코스타 모사 Isamu Noguchi's California Scenario, Costa Mosa)

6) 회복상태의 자연으로서 경관디자인(예: 자콥슨의 던햄에 위치한 보로우드와터 공원 Preben Jakobsen's Broadwater Park, Denhem)

또, 이미 Lyall 이전에 Rutledge(1972)는 공원디자이너가 염두에 두어야 할 가장 중요한 2가지 요소는 미적인 사항과 기능적인 사항이라고 주장했다. 그에 의하면, 미적인 요소는 반드시 기본적인 의문점에 명쾌하고도 논리적인 확답을 줄 수 있어야 한다. 즉, 왜 이러한 색상을 쓰게 되었는지 또는 왜 꼭 3차원적 외형을 갖추고 있는 것인지 아니면 왜 열린 공간인지 혹은 울타리가 쳐져야 하는 것인지에 대한 분명한 근거가 있어야 한다는 것이다. 또 기능적인 요소의 경우는 언제든지 운영될 수 있도록 정비된 기계의 수요나 일의 진행과정, 예산, 자료, 이용에 대한 자유나 제한사항, 안전 혹은 반달리즘도 공원녹지디자인의 미적인 요소와 함께 고려되어야만 하는 것이라고 설명했다. 이러한 2가지의 미적인 요소와 기능적인 요소는 우리가 도시공원녹지디자인 특성을 공원녹지발달사를 통해 다룰 때 핵심적인 요소가 되는 것이라고 할 수 있다. 따라서 미래의 공원녹지디자인 전략을 세우기 위해서는 미적인 요소와 기능적인 요소를 정립시키는 일이 무엇보다 중요하다고 할 것이다.

그렇지만 이와 같이 각각 다른 역사적 배경과 다른 디자인 특성을 지닌 모든 녹지공간디자인을 한 가지 특정한 도구로 분석해 범주화하기란 불가능한 일이다. 그러므로 이론적인 연구가 뒷받침되지 않은 경우에는 녹지공간의 유형을 분류한다는 것이 참으로 어렵고도 복잡한 과제이지 않을 수 없다.

최근 Thompson(1993)의 논문에서는 Baljon의 *Designing Parks* 그리고 Fieldhouse와 Harvey가 쓴 *Landscape Design*이라는 2권의 책을 비교하면서 공원녹지디자인 발전을 설명하고 있다. Thompson의 논문에서는 "기능적인 것과는 상관없는" 또는 "자의적인" 혹은 "복수적인" 그리고 "반어적인" 뜻을 모토로 하고 있는 포스트모던 운동에 부합하는 경관디자인유형이 새로운 전환점의 계기를 이루고 있다(Thompson, 1993, p. 125). Thompson의 저서에 따르면, Baljon(1992)은 역사적 과정의 "디자인 도구"에 기초한 공원녹지디자인을 다음과 같은 3가지 유형으로 분류하고 있다.

1) 고전주의(예: 애비뉴, 부케, 수로, 샘물, 계단폭포, 자수화단)
2) 경관스타일(예: 나무덤불, 하-하수법, 개울, 폭포, 넓은 잔디밭)
3) 모더니즘(예: 드문 드문의 수목 군락, 산울타리, 보팅을 위한 연못, 유희 운동장, 테라스, 꽃밭)

한편 Fieldhouse와 Harvey(1992)는 Baljon의 역사적 배경을 근거로 하는 공원디자인유형 구분과는 달리, 전세계를 통해 현재의 가장 좋은 공원녹지디자인의 사례를 수집하고 그것을 다시 공원녹지의 주제에 따라 4가지 범주로 분류했다. Fieldhouse와 Harvey가 분류한 공원녹지의 4가지 유형의 기준이 된 공원녹지의 주제성격이라는 것은 레져나 레크리에이션, 협력체계, 상업적, 공공적, 교육적 경관계획이나 경관관리를 의미한다. 이들 Fieldhouse, Harvey 혹은 Baljon과는 달리 Thompson은 최근 몇 년 간의 경관디자인을 근래의 공원녹지디자인작업의 기조가 된 고전주의, 모더니즘 그리고 포스트모더니즘의 융합물로 보았다. 그는 고전적인 것, 모던적인 것 그리고 포스트모던적인 것 3가지 모두가 거의 대부분 똑같이 현대 공원녹지디자인 현장에서 표현되고 있다고 주장했다.

Manning(1993)은 최근의 저서 『정원/공원디자인 유형』에서 정원디자인과 공원디자인은 16세기 이후 비로소 확립되었다고 밝히고 있다. 즉, 16세기 ~18세기 이태리, 프랑스의 "고전적 기하도형"을 주조로 하는 정원디자인, 18~19세기 "개인적이면서 낭만적" 정원디자인, 19세기의 "빅토리아식 도시 공공의" 정원디자인 혹은 "도시근교의 개인적인" 정원디자인 그리고 20세기의 "공공적이면서 개인적인" 정원디자인이 그 예라고 할 수 있는 것들이었다. Manning은 공원녹지디자인을 좀더 세밀하게 분류했는데, 그는 역사적 사건이나 역사적인 사건들이 지니는 의의와 의미의 관점에서 공원녹지디자인을 분류했다. 특히 20세기의 공원녹지디자인이 지니는 보편적인 특성을 "모든 것이 존재하는 경관(Everything Landscape)" 혹은 "아무것도 없는 경관(Nothing Landscape)"으로 표현하고 있다.

　　이러한 배경하에서 본 연구는 단지 몇가지 특별한 공원녹지유형 즉, 도시공원과 정원의 유형과 디자인 고려요소에 대해 한번 고찰해 보고자 한다. 앞으로 우리가 살펴볼 공원녹지유형들은 16세기 이후 비로소 확립되어 미국과 유럽이라는 장소를 무대로 서로 다른 공원/정원2)디자인 특성과 각기 다른 역사적 배경으로 또 다른 미적·기능적 요소들에 따라 범주화되고 있다고 사료된다.

2. 16~18세기 고전적 이태리·프랑스식 정원 유형 (Classical Italian and French Garden Type: 16th to 18th Century)

〈그림 3-1〉 보르비콩트(Voux-Levicomte)

　　"고전적 이태리·프랑스식 정원" 유형은 이태리식 빌라가든으로 대표되는데, 이러한 이태리식 빌라가든은 Pirro Ligaro가 설계한 Tivoli의 에스테 장(Villa d'Este), 프랑스 귀족풍 정원 그리고 앙드레 르 노트르(Andre Le Notre)에 의해 설계된 보르비콩트(Voux-Le-Vicomte)라고 할 수 있다.

　　Manning(1993)에 의하면, "고전적 기하학식 정원(classical geometry garden)"유형은 정원에 디자인된 기하학식 외형, 대칭적 배열 그리고 중후한 건축물을 통해 부와 권력을 표출하고 있으며, 이러한 요소들이 양측면 즉, 실제적·개인적·가정영역의 상징으로서 "domestic"한 측면과 의례적·행렬적·공공적 상징으로서 "ceremonial"한 측

---

2) Manning에 의하면 "적어도 역사적으로 살펴 볼 때, "公園"이라는 말은 큰, 광범위한, 단순한, 늠름한, 적극적인, 그리고 위락을 위한 등의 단어들과 관련이 있으며, 원래 독립적인 위요되고 넓은 사냥터를 지칭하였다. 한편, "庭園"은 작은, 제한된, 복잡한, 장식적인 그리고 정적인 이용 등의 용어들과 관련이 있었으며, 원래 주거지의 경계선의 직접적인 연장부분을 말한다."라고 했다 (Manning, 1993, p. 1).

면을 그 유형에 담고 있다.

1) 이태리식 빌라가든(Italian villa gardens)

이태리식 빌라가든의 경우는 부유한 상인들과 이태리 도시군주들이 르네상스식 스타일로 자신들의 빌라가든을 지었다. 이태리식 빌라가든의 중심지역은 로마와 플로렌스의 교외지역 Tivoli와 Frascati였으며, 그들은 그들의 골동품애호 취향을 만족시키기 위해 그리스와 로마 선조들의 발자취를 답습하고자 했다. 이곳에 지어진 빌라의 부지는 빌라의 안전성에 기준을 둔 것이 아니라 주변의 전망이나 기후에 의해 결정된 것이었다. 젤리코경(Sir Geoffrey Jellicoe)에 의하면, "빌라의 집터는 대개 언덕 중턱인데, 그것은 언덕에서의 전망이나 기후가 한층 좋기 때문이다. 테라스는 바닥으로부터 깎여져 내려와 부드러운 조화로움을 이루고 있으며, 테라스가 길게 뻗어있어서 명상이나 사색을 하면서 거닐기에 아주 좋다."고 하였다(Jellicoe, 1987, p. 155). 또 이태리식 빌라가든만의 특징은 자주 '물'을 이용하거나 '상록수' 혹은 '돌'을 정

원의 지형적인 특성에 따라 배치하기도 하였다는 것이다. Villa d'Este의 설계도만 보더라도 빌라의 규모와 빌라 내의 급수시설이 쉽게 비교된다. Micheal Laurie는 그의 책 조경학 개론에서 이태리의 빌라가든에 대해 삼나무와 가지가 얽혀 있는 오솔길 그리고 나무그늘 아래의 산책길 배치는 깊숙이 가려지는 그늘과 지중해의 찬란한 햇빛광선이 대조를 이루고 있다고 설명하였다. 이태리 빌라가든의 조각과 건축물들은 정원을 따라 배치되어 있어서 정원의 자연적인 형태나 재질과 대비를 이루어 생기를 얻고, 주택이나 빌라와는 건축상의 조화로운 관계를 이루고 있다. 따라

〈그림 3-2〉 Villa d'Este

서 정원 내에 사용되는 물은 외부로부터 끌어와 사용하게 되는데, 빌라보다 높은 지점에 있는 강으로부터 물을 가져와 캐스케이드(cascade)나 샘 (fountain), 분수(jet) 그리고 풀(pool) 등의 변형된 여러 형태로 정원을 따라 흐르게 된다. 이와 같이 물을 이용하는 cascade, fountain 그리고 pool 등은 급수시설에 의해 제공되고, 보는 사람들에게는 시각적, 심미적 기쁨을 가져다 주었다. 그런 이유로 이태리식 빌라가든에서 물과 그늘의 존재는 정원이 필요로 하는 청량함과 시원함을 제공하는 데 공헌이 큰 것이었다(Laurie, 1975, pp. 22~23).

르네상스 시기의 빌라가든은 통일된 하나의 도식 내에 모든 부분이 복잡한 기하도형으로 꾸며져 있고, 이러한 기하학식 디자인은 축을 중심으로 배열되기도 하고 대칭을 이루기도 하여 정원의 규모나 기능 면에서 극장과 같은 인상을 주거나 의례적인 느낌을 주기도 하였다. 결국 이태리식 빌라가든은 정원을 이루는 범위 내에서는 다소 자유롭기도 하였지만, 자연적인 생물요소보다는 건축구조물요소를 더욱 강하게 표현하였다.

2) 프랑스식 기하학식적 정원(French geometric gardens)

천재적인 경관정원사 Andre Le Notre는 조국 프랑스의 부와 권력이 최고조에 이르던 시기에 편승하여 프랑스 정원 스타일을 개혁하고 Voux-Le-Vicomte와 Versailles의 두 걸작품을 창작하여 자신의 능력을 보여 준 사람이다. Clifford에 따르면, Le Notre의 이름은 모든 정원 전문가 중에서 가장 유명하였다고 한다. 비교컨대 영국의 Lancelot Brown만이 그가 얻은 명성과 끼친 영향에 비견될 수 있을 뿐이다. Le Notre는 비율에 대한 세련된 감각을 지니고 있었으며, 비범한 수단으로 놀라운 일들을 성취해 내었다. Le Notre는 시대가 요구하는 사람이 되고자 하였으며 그는 위대한 사람이었다. Le Notre의 업적이라면 이미 확고하게 인정된 수단이나 방법을 논리적인 결론으로 이끌어 낸 것이라고 할 수 있다. 그는 프랑스식 정원학파의 궁극적 표현이며 가치가 있는 頂点이기도 하였지만, 그 자신만이 고립되어 나타난 현상은 아니었다(Clifford, 1962, pp. 85~86).

〈그림 3-3〉 Versailles

Manning(1993)은 같은 시대의 이태리식 정원과 비교하여 프랑스의 기하학식 정원시대에 성행했던 디자인경향을 몇가지 특별한 요인들로 간략하게 요약하였다. Manning이 설명한 그 몇 가지 요인들을 살펴보면, "Chateaux"정원을 예로 들어, Voux-Le-Vicomte는 이태리식 정원보다는 개방적이면서도 넓고 큰 규모로, 드라마틱하지는 못하지만 주위를 압도하는 듯한 과도한 기하학무늬, 또 어떠한 자연적인 외관도 금지해 버리는, 단순하면서도 반복적인 세심한 정원요소의 사용이 그 주된 특징으로 꼽을 수 있는 것이라고 하였다. 뿐만 아니라, 프랑스식 정원에서는 의례적 축을 이루는 기하도형들의 크기가 점차적으로 커지는 것을 볼 수 있는데, 그것은 외부로부터 정원이 시작되는 곳에서 정원 내 가장 중심이 되는 건축물까지의 기하도형이 크기 면에서는 점차적으로 작아지지만, 건축물에 가까울수록 중요도에서는 큰 비중을 차지하고 있음을 보여 주는 것이다. 바꾸어 말하면, 건축물과 가까운 거리의 정원디자인 스케일은 비록 작지만 보다 면밀하고 디테일하며 정원 내의 중요한 부분으로서 진가를 가진다고 하겠다. 그리고 축을 이루는 주위는 정원 너머의 경관을 시원스럽게 내다볼 수 있게 하였다(Manning, 1991).

위에서 살펴본 것처럼, 이태리정원과 프랑스정원은 서로 다른 것에 비중을 둔 디자인 특성을 지니고 있는데, 사실 이태리와는 전혀 다른 프랑스 북부의 경관과 기후 특성이 17세기 프랑스 정원스타일을 형성하는 데 큰 영향을 끼쳤다. Laurie의 설명에 따르면, "프랑스 북부의 경관과 기후는 프랑스식 정원만의 기본적인 특성을 결정짓는 역할을 하고, 동시에 표준적인 프랑스정원디자인과 이태리식 정원디자인의 몇 가지 차이점을 설명해 주는 열쇠가 되기도

〈그림 3-4〉 Het Loo

하였다. 이를테면, 프랑스 북부는 이태리와는 달리 비교적 편평한 평지가 많고 숲이 울창하게 우거져 있다."(Laurie, 1975, p. 25)고 했다.

그렇다면 이제 프랑스식 정원에 대한 Le Notre의 정원조성 특성을 살펴보도록 하자. Le Notre는 이 시기의 프랑스 정원공간을 강한 축 중심의 배치, 대칭적 구조, 수학적 비율을 강조하였다. 이것은 당시 프랑스가 누렸던 부와 권력을 상징적으로 나타냈을 뿐만 아니라, 16세기 프랑스의 엄격하면서도 규범적인 사회구조를 잘 반영하기도 하였다. 프랑스 정원디자인의 그러한 외관은 선과 공간의 커다란 연장과 확장이라고 할 수 있었다. 자연에 대한 인간의 우월성을 과시하기 위해 정원 내의 자연적인 성장물은 극도로 절제되었으며, 모든 자연적인 경관은 단지 사람의 손길을 거쳐가는 인공적인 매개물에 불과한 것이었다. 이와 같이 16세기에서 17세기에 성행한 프랑스 "Chateaux"정원은 당시 프랑스에 만연했던 중앙집권적 전제정치와 기하도형적 특성이 결합하여 정원디자인의 미와 기능에 영향을 주었는데, 이러한 정원디자인 경향 혹은 취향은 유럽의 네덜란드(예: Het Loo), 영국(예: Hempton Court) 그리고 멀리는 러시아(예: Peterhof 피터대제의 여름궁전)에 까지 여러 곳으로 퍼져 나갔다 (Adams, 1991).

〈그림 3-5〉 Hempton Court

3. 18~19세기 낭만적 경관정원 유형(Romantic Landscape Garden Type)

이 시기 즉, 18세기에서 19세기에 이르는 시기를 Clifford (1962)는 "양식의 대변혁기(The Great Revolution of Taste)"로 명명하고 정원역사상 전례가 없는 정원에 대한 취향이 반전되어 1830년경 명실공히 정원대변혁이 시작되었고, 또 이러한 반향은 다른 어떤 예술에도 필적할 수 없는 것이라고 설명하였다. 더 나아가서 그는 이러한 과도기적 시기 즉, 고전주의에서 낭만주의로 변화해 가는 과정을 3가지 정원유형으로 나누었다. 그가 나눈 과도기적 시기의 3가지 정원유형은 "그림같은 정원(picturesque garden)", "시적 정원(poetic garden)" 그리고 "추상적 정원(abstract garden)"과 같은 것이다. 쉽게 얘기해서, 이 시기의 정원디자인이 지니는 특징이라고 한다면, "감정적 정서"를 중시한 즉, 인공적이라든가 인간의 가공적인 손길을 거친 기하학식 도형을 통한 표현을 기피하고, 자연과 조화를 이루고자 하는 욕망을 충실히 표현해 주는 "낭만적 경관(romantic landscape)"이라는 말로 간단히 나타낼 수 있겠다. 따라서 Crowe(1981)는 경관유형의 본질은 이상화된 자연 그대로의 경관이며, 이러한 자연의 시골풍경 같은 경관이야말로 영국인들의 상상력에 불을 당긴 팔라디안 건축양식의 합일이라고 하였다. 이외에도 Poussin은 황금분할 법칙을 기준으로 수직과 수평선이라는 구성요소로 Kent성당과 오벨리스크를 축조하였는데, 이것은 바로 수평적인 경관이 이루는 전체적인 전망에 대해 Kent성당이나 오벨리스크가 갖는 수직적 구도를 돋보이게 했다. 이와 함께 화가 Claude의 분위기 있는 자연경관을 보는 관점은 Kent, Brown 그리고 Repton이 지닌 18세기의 고요하고 부드러운 이상향의 정수(精髓)로서 사람과 자연이 완전한 일체를 이루면서 살던 황금시대의 자연 그대로인 경관을 의미하는 것이라 하겠다. 이와 같은 낭만적 자연경관을 이루는 구성물의 요소는 있는 그대로의 지형, 물, 나무 그리고 건축물이라고 주장하였다.

결론적으로 Manning의 견해에 의거한다면, "낭만적 경관정원"유형은 단 1가지의 스타일만으로 발전해 나간 것이 아니라, 4가지의 서로 다른 독특하고 뚜렷한 스타일로 발전해 나갔다고 주장했는데, 첫번째 "과도기적 경관정원 (Transitional Landscape Garden)", 두 번째 "완숙된 경관정원(Mature Landscape Garden)", 세 번째 "그림같은 경관정원(Picturesque Landscape Garden)" 그리고 마지막으로 "렙톤의 절충식 경관정원(Reptonian compromise Landscape Garden)"으로 분류했다.

1) 과도기적 경관정원 유형(Transitional Landscape Garden Type)

"과도기적 경관정원"유형을 가장 잘 보여 주는 실례는 John Vanbrugh 경의 Castle Howard라 할 수 있다. Manning(1993)이 말한 것처럼, 자연경관에 대한 시적, 목가적인 풍경은 시적 이미지 혹은 더 구체적으로는 외국에서 수입된 그림-특히 Claude Lorrain의 그림-에 의한 것이었는데, 이러한 그림들은 소박한 생활이 영위되던 옛 그리스의 이상향이었던 "아카디아의 구성물" 혹은 "신성한 묘"의 이미지를 이끌어 내는 직접적인 원인이 되었다. 이전에 디자인되었던 정원의 기하학식 외형은 부드러움과 자유스러움으로 그 자리를 잃고, 많은 건축상의 외관이 자연스럽게 자라나는 나무나 수풀에 의해 여유와 부드러움을 가질 수 있게 되었다. 한편, Fleming과 Gore(1988)는 당시에 Kent를 위시한 영국 귀족들이 로마를 여행하면서 Salvator Rosa, Nicolas Poussin 그리고 Claude Lorrain의 그림들을 직접 보게 되었다고 주장했다. 사실 Salvator Rosa, Nicolas Poussin 그리고 Claude Lorrain의 그림들은 로마를 여행한 이들에게 상당한 감명을 주었는데, 그것은 그들의 그림이 이상화된 자연경관을 소재로 언덕과 계곡, 큰 구름이나 햇볕에 반짝이는 나무들이나 나무 아래 어우러진 몇몇의 사람들과 건축물로 부드러움이나 어두움의 운치를 살려낸 작품들이었기 때문이기도 하였다. 만일 이러한 낭만적 경관이 영국에서도 재창조될 수 있다는 생각을 했었다면, Kent와 영국 귀족들은 이탈리아의 실제적인 자연경관을 보았을 것이라는 사실을 우리는 기억해야만 할 것이다. 진정 Lasdun(1991)이 지적한대로, 이러한 자연경관을 소재로 한 그림들로 인해 이 당시 이탈리아 여행을 몸소 체험한 사람들이 공원이나 정원에 대해 비로소 "landscape"라는 용어를 사용하게 된 것은 실로 의미가 있는 일이라 하지 않을 수 없다. Jellicoe 경은 낭만기의 과도기적 경관유형을 잘 보여 주고 있는 Yorkshire의 Howard성 도면만 보더라도 "가로수 부근의 권위적인 직선을 저택(mansion)에서 배제시킨 혁신적인 아이디어"를 엿볼 수 있다고 했다. 이 Howard성을 설계했던 공원디자이너 Vanbrugh는 가상의 전원적인 이미지를 좁은 범위 내에서 만들어 내고자 노력하고, 또 자신의 그러한 디자인 소신을 보다 넓은 공원규모에 적용시킨 사람이다. Vanbrugh 그는 주택을 전체부지의 중앙에 배치하고, 가로수길이 주택에서 멀리 떨어져 집이 외부의 세계와는 완전히 단절되게 설계하였는데, 그의 이러한 디자인 구현방식은 처음에는 실현되지 못했지만, 후에 와서 발전하게 되었다. 실제로도 Vanbrugh가 디자인한 공원부지는 매우 넓었고, 자연 그대로가 가지는 전원적 경관의 특성을 살린 아카디아적 경관의 모습을 지녔다.

뿐만 아니라, Buckinghamshire에 있는 Stowe정원 또한 시적, 목가적 경관정원이라고 할 수 있는 또 하나의 실례이기도 하면서 동시에 Le Notre의 디자인이념과는 완벽한 대조를 이루는 실례가 되기도 한다. 이런 의미에서 Crowe(1981)는 Bridgeman과 Kent의 영국적 경관원칙에 의해 만들어진 Stowe정원이 정적인 경관정원이라기보다는 생동감 있는 경관정원이라는 측면에서 필시 영국에서 가장 전형적인 경관정원이라고 제안하였다.

〈그림 3-6〉 Stowe

2) 완숙된 경관정원 유형과 그림같은 경관정원 유형(Mature "Landscape Garden" Type and Picturesque "Landscape Garden" Type)

추상적, 목가적 경관정원인 "완숙된 경관정원"유형은 Lancelot Brown에 의해 발전되었다고 할 수 있는데, Brown은 Kent가 Buckinghamshire의 Stowe 정원에서 일할 당시 어린 소년정원사로 Kent의 일을 돕고 있었다. Lancelot Brown은 Capability Brown으로 불리워질 만큼 무엇이든지 해내고야 마는 능력을 지닌 사람이었지만, 사실 Kent와는 달리 어떠한 건축가적 배경도 지니지는 못하였다. Brown의 경관디자인 방식은 정원 내에 건축물을 짓지 않고, 물이 흐르고 있는 자연적인 형태나 지형, 나무들을 원형의 모습 그대로 살리는 것이었다. Brown이 직접 디자인한 Blenheim Palace가 잘 보여 주고 있듯이, 정원 내의 기하학식 외형이 모두 사라지고 단순한 공원부지에 별다른 장식물이나 건축물이 만들어지지 않았다는 것이 그의 경관디자인 특성이라고 할 수 있는 것이었다. 정원 내의 모든 것이 넓고 부드러웠으며, 곡선으로 처리되어 완만해 보였다. 다시 말해서, 정원 내의 경관을 이루고 있는 물, 수풀, 나무, 잔디, 굽어진 마차길이 끊임없이 흐르는 물 요소로 단절되지 않고 매끄럽게 연결되어 있었다.

Brown식 경관디자인이 지니는 부드러움과 소박함 그리고 틀에 얽매이지 않는 비규칙성은 위에서 언급한 완숙된 경관유형 이외에도 다른 한 가지 경관유형을 만들어 내는데, 그 유형을 "Picturesque Landscape"라고 한다. 이를테면 바위, 계단폭포(cascade), 덤불이나 잡목, 썩은 나무 같은 것들이 Picturesque Landscape를 이루는 요소라고 할 수 있는 것들이다. Laurie(1975)는 이러한 Picturesque Landscape에 대해, 성실한 공원관리와 생산적인 농업에 의해서만 그 외관이 유지될 수 있으며, 그것은 Picturesque Landscape가 농장과 들을 모두 에워싸고 있기 때문이라고 하였다. 뿐만 아니라, 자연의 체계에 어우러지는 Picturesque Landscape를 조성하기 위해서는 생태학적 원리에 대한 이해를 토대로 해야한다고 덧붙였다.

〈그림 3-7〉 Blenheim Palace

3) Repton의 절충식 경관정원 유형(Reptonian Compromise Landscape Garden Type)

1783년 Brown의 사후, Humphrey Repton은 Brown이 지녔던 디자인소신을 이어받는 계승자가 되기로 결심했다. 그러나 Repton은 Brown의 디자인을 그대로 답습하는 데만 머무르지 않고, 집과 정원을 연결하는 테라스를 복원하고 Brown이 지녔던 어떤 일정한 방식을 벗어나 Brown의 디자인 방식을 보완·절충하였다. 따라서 Repton의 새로운 디자인경관은 Brown식 경관 디자인에 비해 보다 친밀한 느낌과 정서를 지니게 되었다. 즉, Repton은 하-하의 기능을 하던 테라스, 울타리, 난간에 있었던 꽃밭을 다시 집을 둘러싼 주위로 옮겨 경관을 보다 정감 있는 분위기로 만들었던 것이다. Manning (1993)의 주장처럼, Repton식 경관은 Brown식 경관과 Picturesque경관의 결합이며, 낭만시대 경관정원에서 무시되었던 정원기능을 보강하기 위한 기하학식 정원으로의 복귀가 한데 어우러지면서 생겨난 경관유형이라고 하였다. Fleming과 Gore (1979)는 Repton식 정원은 Brown식의 경관과는 대조적으로 '인공적'이라고 설명하면서, Brown의 화단은 완곡한 부드러움을 지니고 있는 데 반해, Repton의 정원은 잔디에 관목을 심은 어색함을 지녔다고 하였다. 잔디는 산뜻하게 깎여져 있고, 정원에 난 길은 자갈로 나 있었으며, 식물원과 가든하우스가 마련되어 있어서 모든 것이 조화와 통일을 이루고 있었다. 그런데, 이러한 조화와 통일이야말로 바로 Repton이 종국적으로 얻고자 한 목표였다. 이렇게 해서 그리스의 옛 이상향이였던 아카디아식 경관은 Hunter (1985)가 말한 것처럼 낭만 시대에 잠깐 머물다 사라진 경관유형이 되었다. 그렇지만 결론적으로 Repton식 경관유형의 특성을 일컫는다면, '완숙된 경관유형'에 비해 보다 자유스러우면서도 보다 복합적인 성격을 띠고 있는 점이라 하겠다.

4. 19세기 빅토리아식 경관공원(19th Century Victorian Landscape Park)

19세기 빅토리아식 경관디자인은 영국의 산업혁명에 큰 영향을 받은 경관 유형이라 할 수 있는데, 그것은 산업혁명 당시의 사회개혁가들이 근로자들을 위한 보다 좋은 작업환경을 제공하고자 했고, 도시환경의 질을 향상시키기 위해 노력했기 때문이다. 빅토리아식 경관디자인 유형은 이러한 사회적 배경 이외에도 경관디자이너 Paxton에 의해 형성되었는데, Paxton은 영국에 처음 으로 빅토리아식 경관공원인 Birkenhead Park를 만들어 그 소유를 개인이 아 닌 공공의 것으로 한 사람이다. Chadwick(1961)에 의하면, Paxton은 Claudius Loudon의 "가든에스크 사상(gardenesque idea)"에 큰 영향을 받았 으며, 사실 Loudon은 Repton의 공원디자인에 관한 글을 쓴 작가로서 Repton 의 소규모 낭만적 경관에 대해 자신의 견해를 피력하였다고 한다. 즉 당시 급 부상하고 있던 도시근교의 빌라가든에 딸린 소규모 정원, 도시외곽과 신흥산 업도시에 있는 소규모 맨션에 있는 정원 그리고 공원이라고 하기에는 아주 조그마한 부지가 바로 Repton의 소규모 경관이라는 것이다. 그리고 이러한 Repton식 소규모 정원에 디자인된 나무의 아름다움과 여러 가지 개별적인 식물들의 예쁜 모습이 전시돼 있는 정원에 Loudon은 "gardensque"라는 새로 운 명칭을 부여하였다. Manning (1993)에 의하면, gardenesque는 "식물 종류 별 그리고 특징별 전시" 자체를 강조하고, 보통은 잔디에 불규칙적인 방식으 로, 그러나 가끔은 공원이라는 공간 내에 어떠한 특별한 식물들이 군집하고 있기도 하지만 제각기 흩어져 분산된 형태로 내지는 그 모습이 일정치 않은 상태의 정원을 이른다고 한다. 이와 같이 Loudon의 "gardenesque"개념은 정 원이라는 비기하학식 구획공간구조 내에 원예농업예술의 디스플레이가 중심 이 되는 것으로서, 예를 들면 나무-관목, 잔디, 언덕, 연못과 같은 여러 가지 종류의 것들이 완만하게 구부러진 길로 연결되어 있다고 하였다.

이렇게 Loudon의 Gardenesque 이념이 Paxton에게 많은 감명을 주었던 것 은 명백한 사실이다. 그리고 실지로도 Paxton은 도시공원을 설계하면서 정원 이론과 정원꾸미기 유형에 관한 자신의 관심을 유감없이 표출하였다. 이를테면, Paxton식 공원형태는 잘 관리된 잔디밭, 연못, 그리고 굽이진 공원산책로로 특징지워질 수 있는데, 1843년 Paxton이 설계한 Liverpool 근처 Birkenhead시의 Birkenhead Park는 빅토리아식 경관공원유형의 전형적인 형식을 잘 보여 주면서, 도시근교와 공공레크리에이션 장소로서의 조화를 절묘하게 이루어 내고 있다. 따라서 Chadwick이 말했던 것처럼, Paxton이 남긴 가장 의미심장한 공원은 공원운동의 발전에 미친 영향면에서 볼 때 Birkenhead Park라고 할 수 있다.

〈그림 3-8〉 Bois de Boulogne

Laurie (1979)는 Birkenhead Park디자인이 지닌 특성에 대해서 일반인들이 피크닉이나 운동을 즐길 수 있는 곳으로서, 맑은 공기와 여가시간을 선용하여, 자연을 직접 체험할 수 있는 자연경치의 한 부분을 이루는 데 있다고 하면서, 이러한 주위 자연환경이야말로 물질적, 정신적 안정을 이룬다고 하였다. 또 Birkenhead Park의 가장 핵심 부분은 크리켓이나 활쏘기 게임공간과 원형순환식 패턴이라고 Chadwick는 밝혔다. 한편 Chadwick (1961)에 따르면, Birkenhead Park의 위치는 도로와 접해 있고, 중심가의 원활한 교통편리를 위해 공원을 가로지르는 횡단도로가 필수적이다. 공원 내에는 모든 부분이 보도로 연결되어 있고 공원 주위의 교통이 보다 편리하게 연결될 수 있게끔 완비되어 다른 어느 공원보다 앞서 있다고 하였다. New York의 Central Park가 디자인된 1885년 당시 미국 공원디자이너 Olmsted는 영국의 Birkenhead Park를 방문하여 큰 감명을 받았으며, 그가 Central Park 설계 당시 명료한 순환원로식 시스템을 도입하는 데 있어 Birkenhead Park는 많은 영향을 주었다. 이런 면에서 볼때 Birkenhead Park의 탄생은 영국에 있어서 공원디자인사의 소위 "팍스톤 시대(Paxtonian era)"의 출발점이 되었다. Paxton의 이와 같은 세기적인 업적은 Birkenhead Park 외에도 영국 Glasgow의 Queen's Park와 Coventry Cemetery와 같은 경관공원에서 찾아볼 수 있다. Paxton식 경관공원 스타일은 같은 시기의 프랑스를 비롯한 유럽이나 미국의 도시공원디자인에 큰 영향을 주어, 1852년 Paris의 Bois de Boulogne는 "빅토리아식 경관디자인"유형에 상당한 영향을 받게 되었다. 사실 Paris의 Bois de Boulogne은 굽어진 길이나 우아한 곡선을 이루는 보우팅 호수 그리고 풍부하게 장식된 화단과 같은 디자인 요소로 인해 영국식 도시공원의 성격과 시설을 그대로 가지고 있다.

〈그림 3-9〉 New York의 Central Park

유럽이 이와 같이 Paxton식 도시공원에 큰 의미를 두고 있을때, 미국의 도시공원 디자인형태 또한 19세기 영국 도시공원 디자인과 상당히 유사한 형태를 띠고 있었다. F. L. Olmsted와 같이 영국식 도시공원 디자인에 감명받은 공원디자이너들은 '자연스러움'이나 '비형식성'의 개념을 상당히 높이 평가하고, 미국 도시공원디자인에 부드러운 곡선의 원로와 과실수를 도입하였다(see Fabos, 1958).

Cranz는 미국의 빅토리아식 경관공원이 지니고 있는 특성 즉, New York의 Central Park와 Brooklyn의 Prospect Park가 지니는 특성을 요약했다. Cranz에 따르면, 공원디자이너들이 종종 공원의 문제를 해결해야 할 강요를 당하는데, 이는 정치인들이 경관일반을 다루어야 할 필요성을 전혀 느끼지 못하기 때문이라고 하면서, 일반시민들은 꽃들이 심겨진 화단이나 짧고 단정하게 깎여진 관목을 좋아하지만, 그러한 화단이나 관목들이 전체적인 구성물에 도움이 돼야 한다고 하면서, 공원전체는 단순히 장식적인 개별적 겉모양에 우선한다고 설명했다.

이와 같이 한 시기를 풍미했던 "빅토리아식 경관공원"유형의 의의라고 할 수 있는 점은 영국 및 유럽 그리고 북부 아메리카의 도시인들에게 자연을 접할 수 있는 혼합경관을 제공한 점이라고 하겠다.

5. 20세기 레크리에이션 공원유형(20th Century Recreational Park Type)

1) 1920년대와 1930년대: 혼합형 레크리에이션 유형(Composite Recreational Yype)

Chadwick(1966)는 20세기에 들어선 처음 25여 년 간 즉, 1925년경까지는 영국 도시공원 형태가 Thomas H. Mawson의 영향을 크게 받았다고 주장하였다. Chadwick에 따르면, Thomas Mawson은 Repton식 정원디자인유형에 깊은 인상을 받고 또 Loudon의 소규모 정원개념을 개발시킨 사람이다. 그리고 Thomas Mawson은 도시공원디자인의 4가지 유형을 완벽한 기하학식 경관, 형식적 경관, 영국식 경관 그리고 자연형태를 그대로 유지한 경관디자인으로 분류하고 있다고 한다. 또 무엇보다 강조되어야 할 Mawson의 공원디자인의 특성은 정자(pavilion), 샘(fountain) 그리고 근방의 지역민들이 서로 교제할 수 있는 정원에 그 포인트가 있다. 제1차 세계 대전 이후 Mawson은 자신의 공원디자인 소신을 1922년 Blackpool의 Stanley Park에서 나타내어 정형-비정형(formal-informal)이 이루는 복합유형의 가장 완벽한 모범이 되는 공원을 디자인했다. Stanley Park의 가장 핵심적인 목적은 레크리에이션 공간을 편리하면서도 경제적으로 개발하는 데 있었다. 따라서 Stanley Park는 정형적 "이태리식 정원"이면서 사교적 중심이 되는 곳으로서 골프코스와 같은 다양한 스포츠와 게임시설을 제공하고 있다고 하겠다.

한편, Jellicoe(1987)에 의하면, 유럽에서 레크리에이션 목적이 보다 능동적으로 유용된 첫 근대공원은 Amsterdam의 Bos Park였다. Amsterdam의 Bos Park는 이미 1928년에 구상이 이루어졌으나, 1934년이 되어서야 비로소 그 모습을 갖추게 되었는데, 사실 Bos Park야말로 19세기 '빅토리아식 경관'과는 전혀 다른 디자인 개념을 지닌 공원이었다. 다시 말해서, 공원디자인유형이 사회적·철학적 요인의 변화에 따라 수동적 휴식목적인 산책이나 조용히 앉아서 시간을 보냈던 정도에서 탈피하여 보다 능동적인 휴식 목적을 갖춘 형태로 바뀌게 된 것이다.

유럽의 Bos Park가 모습을 갖춘 비슷한 시기의 1930년대 미국 근린공원은 스포츠를 즐길 수 있는 운동장 시설과 전통적 경관이 공존하는 형태를 띠어 두 기능의 통합이 이루어졌다. 이렇게 바뀌어진 공원디자인형태는 참으로 다양했는데, 무엇보다도 공원부지는 야구시합을 위한 마운드와 육상트랙에 유리하도록 편평하게 고르고 공원 내의 물도 심미적인 목적이 아니라, 수영장 시설과 같은 실질적인 목적으로 이용되었다. 또 예전에 잔디로 단정하게 단장되었던 곳은 다양한 스포츠를 즐길 수 있는 단단한 운동장으로 대신하게 되었다. 왜냐하면 이러한 개혁공원(reform park)의 진정한 목적은 아름다움에 있었던 것이 아니라, 실질적인 유용성에 있었기 때문이었다.

2) 1940년대부터 1970년대까지: 다기능적 경관유형(Multi-functional Type)

1940년대에서 1970년대의 도시공원디자인을 보더라도 1951년 대영박람회(The Festival of Britain)과 관련하여 공공정원에 18 · 19세기 초반의 "빅토리아식 그림같은 경관정원"이 지니는 분위기를 재창조하고자 한 시도를 찾아볼 수는 있었다. 그러나, 공원디자이너들은 무엇보다도 도시공원의 새롭고 다채로운 변화를 찾고자 노력하였는데, 예를 들면, 보행자를 위한 인도, 보행자 위주의 쇼핑센터, 광장, 시장, 소공원, 옥상정원이 크게 선호되었다. 그것은 부분적으로는 늘어나는 빌딩 숲을 막기 위함이기도 하였지만, 다른 한편으로는 늘어만가는 공원조성의 경제적 비용을 줄이기 위한 목적도 있었다. 게다가 도시공원디자이너들은 무릇 도시공원은 레크리에이션을 위한 시설뿐만 아니라, 사람들의 만남의 장소나 어린이들의 레크리에이션 장소까지도 될 수 있어야 한다고 믿었던 것이다. 그 이유는 아마도 조그마한 공간이라도 어린이들이 방과후의 시간을 보낼 수 있어야 한다고 생각했기 때문일 것이다. 이렇게 해서 어린이들의 놀이터는 도시공원에 제공됨으로써 처음 마련되었다. 이 시기의 영국뿐만 아니라 독일의 경관디자이너들은 도시공원이라 함은 모든 종류의 레크리에이션 시설이나 만남의 장소 그리고 야외극장과 같은 일반시민을 위한 문화적 시설까지도 제공해야만 하는 것으로 믿었다. 왜냐하면, 도시공원의 전형적 디자인은 방문객을 위한 다양한 용도를 제공하는 데 그 목표가 있기 때문이며, 그렇기 때문에 도시공원은 다양한 기능이 참작된 형태를 띠게 되었다.

미국의 경우 Cranz(1982)가 언급한 것과 같이, 이 시기의 미국 공원디자인이 지니는 전형적인 특징은 레크리에이션 시설에 있었다. 이전의 어떤 시기보다도 도시공원 내에 소방서나 방공호, 임시 간이주택의 수가 많아지고 다양해졌다.

어쨌든 1970년대 도시공원 디자인은 매우 다양하고 혁신적인 패턴을 보여주었다. 과학기술의 발달, 현대식 기계설비 등은 Jellicoe의 말처럼, 넓고 단순한 평지를 언덕과 골짜기로 새롭게 변형시켜 궁극적으로는 가공적인 공원공간을 창출해 냈으며, Dereck Lovejoy와 그의 동료에 의해 설계된 Paris의 La Courneuve공원은 공원디자인에 있어 "변형과 환상(transformation and illusion)"이라는 좋은 본보기가 되고 있다. 이들 Dereck Lovejoy와 그의 동료 디자이너들에 의하면, 공원부지를 La Courneuve공원처럼 모델링하는 주된 논점은 첫째, 공원 내에 별로 좋지도 나쁘지도 않은 주위 사물을 시각적으로 없애 버리는 것이며, 둘째, 공원 내부가 평지로만 일관된 단조로움을 수정·보완하는 것이며, 셋째, 잘 걸러진 쓰레기로부터 나오는 수입과 경제적 혜택을 되돌려 받을 수 있도록 하는 것 그리고 넷째, 프랑스의 A16 고속도로를 병합하고 인터체인지와 주요 철도 노선을 연결하는 것이다. 이러한 모델의 공원 디자인계획은 자연지형이 편평한데서 구릉을 지니게 되는 공원으로 바꾸어 기존 공원이 새롭게 확장되는 초석이 되었다.

Manning(1993)의 글에서 참고한다면, 40년대에서 70년대에 이르는 시기의 가장 큰 특징은 콘크리트로 일관된 밋밋한 연장, 기하학적 혹은 바이오모르픽(biomorpic(브라운식))한 양식의 잔디와 몇몇의 나무, 빈약한 경관이미지 그리고 공간구조에 대한 무관심이나 소홀함, 잘못 인식된 추상, 소극적 사회설비, 경비절감 혹은 이러한 일체의 모든 것이라고 한 점을 상기할 수 있겠다. 그리고 이러한 경관디자인은 1950년대와 60년대 영국에서나 일반적으로 어디에서나 널리 이용된 디자인 접근방식이었다.

6. 20세기 후반 다원적 경관(Pluralistic Landscape Type: Later 20th Century)

일반적으로 말해서, 20세기 후반에 나타난 공원녹지디자인 특성은 대체적으로 모던적 건축스타일에 의존하고 있는데, 여기에는 물론 모더니즘뿐만 아니라 포스트모더니즘, 신고전주의, 해체주의까지도 포함되어 있다고 할 것이다. Lyall(1991)에 따르면, 최근 20년 간의 새로운 공원녹지 경관은 주요한 디자인 핵심과 디자인 사고방식을 단언할 만한 하나의 통일된 움직임이 없었다는 것이다. 왜냐하면, 20세기에는 이러한 공원녹지를 디자인하는 일이 건축학이라는 급진적인 분야의 한 부분으로 그다지 중요치 않은 활동으로 여겨졌기 때문이었다. 그것은 또, 모던운동 당시의 건축사들이 단 한번이라도 경관이라는 것을 기분 좋은 대상으로 여기지 않았기 때문이기도 하다. 실제로 당시 건축운동의 선구자격이었던 바우하우스(Bauhaus)에도 단 한 시간의 경관(조경)에 관한 수업이 없었다. 그러나 포스트모던시기에는 절충주의, 분열주의, 연관성 없는 규칙체계의 배열, 역사결정론, 아이러니, 은유 그리고 위트 모두가 가능했다. 이러한 새로운 미적환경에 경관디자이너들은 새로운 자기확신을 가지게 되었다. 포스트 모던적 새로운 경관은 다원적이며, 근원이라든가 규율이라는 커다란 다양성으로부터 도출되었다. 따라서 20세기 공원녹지디자인의 특징은 예전 스타일에다 20세기의 문화적 움직임에서 나온 여러 가지 콤비네이션의 복합경관인 것이라 할 수 있다. Thompson(1993)에 의하면, "pluralistic"이라는 말의 성격은 이론적·획일적 고전주의와 모더니즘이라는 꼭 죄는 구속을 벗어버리고, 가치와 의미의 근원을 포용하는 것이라고 하였다. 그렇기 때문에 "다원적 경관유형"이라는 것이 그 진로에 있어 어떠한 뚜렷한 방향도 제시하지 않고자 하는 것처럼 보이기도 하지만 그것이 바로 "다원적 경관"유형의 성격이 단 하나의 단어나 문장으로 정의하기에는 어려움이 따른다는 것을 뜻한다.

이 장에서는 단지 "다원적 경관"유형의 몇 가지 보기들 즉, "새롭게 조성된 경관유형(Parc de la Villette)"와 "지역특성을 살린 경관유형(ecological and community garden)"을 중심으로 살펴보았음을 밝혀 둔다.

1) 파리의 빌레트 공원: 새롭게 조성된 경관유형(Parc de La Villette: Newly Structured Landscape Type)

Tschumi에 의해 디자인된 파리의 빌레트 공원(Parc de La Villette)은 1982년~1983년 인터내셔널 공모전에서 수상한 작품으로서 디자인의 색다른 패턴을 보여 주고 있다. Parc de la Villette는 공원이라는 곳이 단순히 맑은 공기를 공급해 주는 '녹색의 폐'로서의 역할을 하기보다는, 죽어가는 지역이나 거리에 새로운 생명력을 불어넣는 '심장'으로서의 역할을 하는 공원이 설립되어야 하는 당시의 필요성을 반영해 주는 계기가 되었다. Parc de la Villette는 디자인만이 혁신적이거나 다원적이었을 뿐만 아니라, 실제적으로 필요한 활동의 특별한 시설 즉, 스낵바, 카페, 준-스포츠장, 경찰서, 자전거용 도로, 아이스링크가 포함되어야만 함을 보여 주었다. Parc de la Villette의 이러한 점들은 Le Notre로 대표되는 전통적인 프랑스식 공원디자인을 참작한 것으로 보인다. Lyall은 Parc de la Villette를 만든 Tschumi의 디자인은 "건축물과 경관의 혼합물이다."라고 주장했다. 공원內의 건물은 40개의 folies로 구성되어 있으며, 밝은 홍색의 구조는 구

〈그림 3-10〉 Paris의 Parc de la Villette

성파 스타일로서 차를 마시는 공간이나 탁아소, 인포메이션 부스가 기능적으로 짜여져 있으며, 그 외의 건물 일부는 정원과 잘 연결되어 있다. 건물과 가로수길 사이로는 구불구불한 길과 주제공원의 길이 나 있으며, 주제공원의 많은 것들이 다른 경관 디자이너들에 의해 디자인되었으며, 바닥의 주된 표면은 표준적인 파리의 고운 흙과 자갈로 이루어지고 일부는 잔디로, 일부는 공놀이를 위해 마련되어 있었다. Tschumi는 파리식 공원으로부터 일별적인 요소들만을 선별하여 Parc de la Villette에 배치하였는데, 이를테면 방대한 스케일, 직선적인 전망, 가로수의 모양, 심지어 건물 내 기둥도 19세기 후반 프랑스 그리고 영국경관 전통으로부터 선별된 것이었다. 그러나 La Villette공원

이 여느 공원과 다른 점은 사람들이 공원에서 단순히 산책만 하거나 나무들을 보고 감탄하는 그 이상의 것을 할 수 있게 하였다는 것이다. 다시 말해서 La Villette공원은 여러 가지 행사를 다채롭게 할 수 있는 공원 즉, 대중음악 콘서트와 같은 소규모 행사에서부터 과학 박물관에서의 교육용 게임 혹은 복원된 마켓 홀에서 물건을 사는 일 등의 다양한 경험을 할 수 있는 곳임을 뜻한다.

이 장에서 다루었던 "새롭게 조성된 경관(Newly structured landscape)" 유형의 특색은 Manning(1993)이 언급했던 것처럼, 기하학적 혹은 바이오모르픽적(생물군계) 디자인, 무드, 의미, 연계적인 것들을 수반하는 요소들 그리고 고차원적 질서가 지니는 추상적 아름다움을 자유롭게 결합시킨 극단적인 작품인 것이다. 그리고 그러한 고차원적 질서 안에 형식이 파괴되고 서로 상충되는 기하학 도형들은 기존의 관습적인 질서 자체를 거부함으로써, 거기에 오히려 새로운 해결방안을 제시하고 있는 것이다.

2) 생태학적 · 지역공동체(동네)공원: 지역특성을 살린 경관유형 (Ecological and Community Garden: Vernacular Landscape Type)

주민참여에 관련한 지역 주민과 그 지역이 가지고 있는 고유한 특성뿐만 아니라, 현 시대의 생태운동에 도시 공원녹지디자이너들이 특별한 주의를 기울여야한다는 사실은 권장되어야 할 일이다. 이와 같은 관점에서 London의 윌리엄 커티스 생태공원(The William Curtis Ecological Park)과 Warrington의 오우크우드(Oakwood)공원은 지금의 생태운동을 보여주는 대표적인 곳이라 할 수 있으며, 이러한 움직임은 1970년대 네덜란드와 영국에서 자주적으로 발전되었다. 이러한 생태학적 공원의 잔디나 물, 수림지역은 자연 그대로의 상태에서 자라나는 풀들이나 자연천이 그리고 관리상태에 따라 그 성격이 결정되는 것이다. 생태공원 재단법인에 의하면, William Curtis Ecological Park는 "공원녹지의 새로운 유형"이며, 이러한 생태공원들은 도심 속 자연이라는 관심에 공통적인 맥을 가지고 있다. 이처럼 공원 부지를 형성하는 일은 18세기 귀족정치에 의한 것이라거나 19세기 박애주의 사업가 혹은 20세기 전문가에 의해 결정되는 것이 아니라, 다수 보통사람들의 당당한 권리라고 Nicholson-Lord

〈그림 3-11〉 The William Curtis Ecological Park(왼쪽 조성 전 · 오른쪽 조성 후)

(1987)는 주장하면서, 이제는 우리의 관심을 지역 주민의 요구사항이나 소망에만 국한시킬 것이 아니라, 지역을 둘러싸고 있는 세계에 대한 지역 주민의 개념이 달라지고 있는데까지 확장시켜야 할 것이라고 강조했다.

　Hester(1984)는 전통적 오픈 스페이스가 사람들이 제공받기 원했던 것을 충족시키지 못했기 때문에 사람들의 기대를 져버렸다고 말하면서, 전통적 공원디자이너들은 "hardware"적인 것에 관심을 두고 공원외형이 어떻게 보이는지 또, 어떤 재료를 사용했는지 그리고 순환도로가 어떻게 계획될지 주의를 기울였으므로, 공원이용자들은 그저 자신들의 안전이나 친구들과 함께 있는 것에만 관심을 둘뿐이었다. 그런 이유에서 기존의 많은 근린공원이 전문가나 시청의 공원과에 의해 이용자들을 무시한 채 일방적으로 디자인되고 개발되었다(Gold, 1972). 또 Francis(1984)는 많은 전통적 기존공원이 실패한 것은 디자인이나 관리에 있어서 이용자들의 직접적인 참여가 부족했기 때문이라고 지적했다. New York과 Sacramento의 지역공동체 공원녹지에 관한 Francis(1984, 1987)의 연구를 보면, 지역공동 혹은 지역참여디자인을 토대로 한 지역공동체 공원녹지의 사회적 · 경제적 이윤이 월등함을 알 수 있다. Francis(1984)가 말한 지역공동체 공원녹지 규모는 1에이커 미만의 소규모로서, 지방에서 개발되는 적은 비용의 유지비와 이용자들에 의해 직접 개발 · 유지되는 인근의 여러 사람들이 포함되는 공원이라고 했다. 예를 들어 Hough(1983)는 영국 London 시립공원과 인접한 지역공동체 공원녹지 사이의 비용과 이용실태에 관한 중요한 차이점들을 보여 주었다(<표 3-1> 참고). 아래의 표에 의하면, 시립공원은 지역공동체 공원녹지에 비해 개발비용에 있어서는 무려 15배, 보수비용에 있어서는 2.5배나 되는 차이를 나타내고 있다.

거기에다 시립공원에 성인이용자가 없는데 비해 지역공동체 공원녹지 이용자들은 1만 9천 명으로 추산되었으며, 어린이 이용빈도 또한 시립공원에 비해 2배나 많았다.

〈표 3-1〉 런던의 시립공원과 지역공동체 공원간의 몇 가지 비용과 이용의 차이

비용/방문객	시립공원	지역공동체 공원
개발비용	75,000 파운드	5,690 파운드
문화파괴행위 비용	24,000 파운드	20 파운드
유지관리비용	10,176 파운드	4,200 파운드
성인방문객	없음	19,000명(대략)
어린이방문객	35,000명	49,640명(단체) + 25,000명
개발기술 및 개발비용조성	시민세금으로 재개발	지방기업에서 기부된 자금과 공원조성을 위해 지원한 노동력으로 부지를 개수

자료: Francis(1984, p.1 3)에서 인용했으며, Hough(1983, p. 58)을 참고 했음.

이처럼 공원디자인 면에서 높이 평가되는 "지역특성이 살아 있는 경관"[3]은 Hough(1984, pp. 6~9)가 기술한대로 전통적으로 시에서 일관적으로 계획되고 설계된 잔디, 잘 정리된 꽃밭, 나무, 분수, 그리고 잘 짜여진 공간으로 특징지워지는 "인공적인 경관"보다 훨씬 풍부한 문화적 전통을 지니고 있다. 따라서 Francis et al. (1984)의 뉴욕 지역공동체 공원은 공동체 공원의 개념을 토대로 한 지역특성을 가진 공원녹지유형이라고 할 수 있다.

7. 지속가능한 도시공원녹지 유형

도시 공원녹지 특별하게는, 도시공원 혹은 도시정원은 르네상스시기 이후 시대에 따라 미적·기능적 요소가 각기 상이하게 강조되어 특별한 변화가 따

---

3) Frampton(1985)은 건축분야에서의 이러한 운동을 'critical regionalism' 이라고 했다.

랐다. 이렇게 시대에 따른 디자인감각은 그 시대의 디자인감각에 따라 도시공원과 정원스타일에 다양한 유형으로 대변되었다. 즉, 16세기의 "고전적 이태리·프랑스식 정원유형" 그리고 20세기의 "다원적 경관유형"이 바로 그러한 변천의 큰 흐름이 되었던 것이다. 공원녹지유형은 미래 공원녹지디자인의 새로운 길을 제시할 뿐만 아니라, 경관디자이너들이 자신들의 느낌이나 영감 그리고 공원녹지 디자인 감각에 따른 가치중심을 어떻게 확정지었는지 또한 시사해 주고 있다.

"고전적 이태리·프랑스식 정원"의 경우, 이태리식 빌라가든이나 프랑스식 Vaux는 대칭과 비율 그리고 육중한 건축물에 촛점을 두어 부와 권력을 나타내는 경관을 강조했으며, 이에 반해 "빅토리아식 경관공원"은 18세기 낭만적 경관정원의 전통을 중시했다. 다른 한편으로 빅토리아식 공원은 공원스타일에서 볼 때 화원풍의 전통뿐만 아니라, 곡선의 화단, 우아한 S자형의 보트 호수 그리고 풍성하게 장식된 꽃밭을 부각시키기도 했지만, 도시경관의 향상을 고려했으며 기능적인 목적에서는 신선한 공기를 제공하기도 하였다.

각각의 독특한 공원녹지유형은 공원의 미적·기능적 목적을 보다 향상시키기 위해 전통적인 디자인과 "경관특성"을 높이 평가했던 것으로 보인다. 따라서 "지역특성을 살린 경관" 운동과 같은 최근의 공원녹지 디자인운동은 생태학운동과 지역공동체공원 스타일을 토대로 하는 디자인전통과 지역 고유의 경관특성 그리고 지역민의 요구를 참작하는 제3의 공원녹지유형으로서 좋은 보기가 되고 있다. 이러한 지역의 생태계 특성과 지역민의 의사를 잘 반영하는 지역공동체정원과 같은 공원녹지 디자인유형은 미래세대를 고려하고, 자연보호, 시민참여, 사회형평 그리고 자급경제를 그 주요 원칙으로 하는 지속가능한 도시개발을 위해 우리가 반드시 고려하여야 할 현시대의 공원녹지 디자인 유형이 아닐까 생각된다.

4

동양정원의 이해

1. 중 국

1) 시대적 변천

중국 원림의 역사는 2천 수백여 년 전으로 거슬러 올라간다. 중국에서는 왕실의 흥망성쇠와 그에 따른 문화 중심의 이동에 의해 각양각색의 정원이 생겨났으며, 역사만큼이나 원림의 문화도 깊고, 영토만큼이나 지역적인 차이를 보이고 있다.

중국 초기, 원림(園林)에 대한 기록은 주로 시(詩)나 기사(記事)로 전해진다. 진나라의 시황제는 천하를 통일하여 수도를 센양(咸陽)으로 삼으면서 광대한 토목공사를 벌였는데, 그 대표적인 것이 아방궁(阿房宮)의 건설이다. 대궁전의 토대(土臺)는 아직도 남아 있어 당시의 웅장한 모습을 상상할 수 있다. 당시 대궁전의 규모는 동서 약 700m, 남북 약 125m의 거대한 건물로, 누상(樓上)에는 1만 명이 앉을 수 있었고, 누하(樓下)에는 장대한 연못에 선인이 산다고 하는 봉래산(蓬萊山)을 만들고, 거대한 고래의 조각이 있는 난지궁(蘭地宮)을 만들었다고 한다.

진나라의 뒤를 이은 한의 무제(武帝)는 건장궁(建章宮)에 태액지(太液池)를 파고, 한국과 일본에도 많은 영향을 준 삼신선(三神仙)을 뜻하는 영주(瀛州) 봉래(蓬萊), 방장(方丈) 세 섬을 축조하고, 지반(池畔)에는 청동이나 대리석으로 만든 조수(鳥獸)와 용어(龍漁)의 조각상을 배치하였다. 또한 그는 진나라의 구원(舊苑)이었던 상림원(上林苑)을 다시 꾸몄는데, 주위는 수백 수십 km

나 되고 그 안에는 70여 개의 이궁을 짓는 한편 각지에서 헌납된 화목(花木) 3,000여 종을 재배하였고 많은 짐승이 사육되었으며, 사냥터로 이용되기도 하였다.[1] 이곳은 곤명호(昆明湖)를 비롯한 여섯 개의 대호수(大湖水)가 원내에 만들어졌는데, 특히 곤명호에서는 천체(天體)에 대한 설화에 근거하여 하늘의 강(은하수)를 모방하고 동서 양쪽 물가에는 견우와 직녀의 석상을 세웠다고 한다.[2] 그리고 한나라 건축의 두드러진 특색 중의 하나는 작은 산모양의 토단(土壇)을 쌓아올려 그 위에 건물을 지은 점인데, 비교적 높이 지어진 건물을 대(臺)라고 하였다. 대(臺) 건축의 대표적인 것으로는 통천대(通天臺)와 신명대(神明臺)가 있으며, 신명대는 무제(武帝)가 건장궁 안에 지어 놓은 건축물로서, 대(臺) 위에는 천로(天露)를 받는 옥배(玉杯) 즉 승로반(承露盤)을 들고 있는 동(銅)으로 만든 선인상(仙人像)이 있었다고 한다.[3]

이러한 일련의 정원은 신선사상과 우주관을 표시한 것으로써, 정원이 이상적 세계와 상상적 세계를 재현하고 구체화하였다는 특징이 있다. 즉, 형식적으로는 풍경식 정원이지만, 유럽의 그것과는 그 성격이나 계보를 달리 하는 것이며, 중국정원의 경우 강한 대조(contrast)적인 인상을 준다는 점에서 독자적인 분위기를 나타내고 있는 것이다.[4]

한나라의 몰락 이후, 중국은 위진남북조의 혼란한 시대가 계속되었으며, 짧은 기간 동안이나마 각 왕조는 권력을 과시하면서 흥망을 되풀이하였다. 이러한 왕조의 혼란기에는 많은 영웅들과 문인들이 나타나기 마련인데, 그 대표적인 인물로는 죽림칠현(완적, 혜강, 산도, 향수, 유령, 완함, 왕융)과 왕희지, 도연명 등이 있다. 특히, 왕희지(王羲之, 307~365)의 난정서(蘭亭敍)에는 난정(蘭亭)의 풍경이 잘 묘사되어 있는데, 이 중 유상곡수연[5]을 펼쳤던 문구는 당시의 정원 정자에서 즐겼던 풍류를 잘 나타내어 준다. 그리고 도연명(陶淵明, 365~427)은 귀거래사(歸去來辭)로 유명한 진나라의 시인으로서, 벼슬길

---

1) 윤국병, 1984, 조경사, 일조각, p. 143~144
2) 高橋理喜男 外, 1986, 造園學, 朝倉書店, p. 64
3) 정동오, 1992, 동양조경문화사, 전남대학교 출판부, p.17
4) 高橋理喜男 外, 1986, 造園學, 朝倉書店, pp. 64~65
5) 유상곡수연은 물에 술잔을 띄워 시를 짓고 읊으면서 즐기는 풍류놀이로서, 우리 나라의 곡수연지(曲水宴址)로는 경주의 포석정(통일신라시대)과 창덕궁 후원(조선시대 인조 때) 등이 있다.

보다는 안빈낙도(安貧樂道)의 전원생활과 자연미를 노래하였고, 이는 후대의 중국인뿐만 아니라 한국인이나 일본인의 원림생활에 많은 영향을 끼쳤다.

당(唐)나라 때에는, 항저우(杭州)의 시후호(西湖)와 같은 명승지가 많은 시인들의 사랑을 받아 묘사되었다. 당나라에서도 많은 문인들이 활동하였는데, 이백(李白, 701~762)과 두보(杜甫, 712~770)에 뒤를 이어 왕유(王維, 701~761)와 백거이(白居易, 772~846) 등이 그 대표적이다. 특히, 백거이가 지은 '백두단(白杜丹)'과 '동파종화(東坡種花)'와 같은 시는 당나라의 정원을 가장 잘 묘사한 것으로 중국의 조경사(造景史) 연구에 귀중한 재료가 되고 있다.[6] 당나라 때의 대표적인 금원(禁苑)[7]으로는 장안궁원(長安宮苑), 대명궁원(大明宮苑)(<그림 4-1> 참조), 서내원(西內苑), 동내원(東內苑), 대흥원(大興苑) 등이 있으며, 이궁(離宮)으로는 흥경궁(興慶宮)과 화청궁(華淸宮), 구성궁(九成宮) 등이 있다. 이중 화청궁은 리산(驪山)의 산기슭에 위치한 제왕의 청유지(淸遊地, 휴식처)로서, 당 태종이 염입덕(閻立德)에게 명하여 개설한 것으로 당 고종 때 온천궁(溫泉宮)으로 불렸으나, 현종 때인 747년에 화청궁으로 개칭되었다. 화청궁은 현종이 양귀비를 총애하면서 한층 호화로워졌고, 밤낮을 가리지 않고 환락으로 흥청거렸는데 이러한 모습은 백거이의 「장한가」에서도 엿볼 수 있다.(<그림 4-2> 참조)[8]

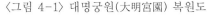

〈그림 4-1〉 대명궁원(大明宮園) 복원도   〈그림 4-2〉 화청지(華淸池)의 전경

---

6) 윤국병, 1984, 조경사, 일조각, p. 155
7) 금원(禁苑)은 궁궐의 후면에 꾸며지는 규모가 큰 정원을 말한다. 이러한 꾸밈새는 고대 중국의 궁궐로부터 비롯되며, 주로 풍수설에 근거를 두고 있다. 대표적인 것으로는 조선시대 창덕궁의 비원(秘苑)이며, 일반적으로 후원(後苑)으로 불려져 왔으며, 때로는 북원(北園 또는 北苑)으로 호칭되기도 하였다.(윤국병, 1992, 조경사전, 일조각, p. 84)
8) 정동오, 1992, 동양조경문화사, 전남대학교 출판부, pp. 31~42

당을 이은 송(宋)나라에서는 북방의 험준한 산악 풍경보다는 남방의 온화한 풍경이 주요 소재가 되었다. 이 시대의 원림은 왕후나 귀족만의 원림이 아니라, 서민 계급의 일반 주택에 이르기까지 확대되는 경향을 나타내고 있다. 북송(北宋) 말, 이격비(李格非)의 저서인 「낙양명원기(洛陽名園記)」에는 사마온공(司馬溫公)의 독락원(獨樂園)을 비롯하여, 부정공원(富鄭公園), 여문목원(呂文穆園)에 이르기까지, 고궁과 부호가 경영하는 20여 개소의 이름난 원림의 풍경이 그려져 있다. 뤄양성(洛陽城) 내에는 많은 원림이 있었지만, 그렇게 큰 면적은 없었던 것 같다. 그러나 화목(花木)이 많이 심겨졌던 것으로 파악되며, 가산(假山)이라는 글귀가 없어 어느 정도까지 산석(山石)이나 수석(水石)의 포치(布置)는 행하여졌다고 판단되지만, 돌을 쌓아(疊積) 가산(假山)을 만든 것은 매우 드물었을 것이다.[9)

남송(南宋)은 양쯔강을 중심으로 하는 중국의 남도(南都)지역으로서, 강수량이 많고 기후가 온화하며, 타이후호(太湖), 파양호(鄱陽湖), 동정호(洞庭湖) 등의 커다란 호수 주변에는 자연경관이 수려한 곳이 많았다. 그러한 관계로 자연경관이 수려한 명산이나 호수를 모방하는 원림 즉, 수려한 산수를 찾아 별장이나 저택을 짓고 부지 안에 못이나 가산(假山)을 만들고 괴석(怪石)을 도입하는 북부의 양식도 없진 않았으나, 차경효과를 노리는 수경(修景)에 더 비중을 두는 경향이 많아졌는데, 이러한 것은 주밀(周密)의 「오흥원림기(吳興園林記)」에서도 읽을 수 있다. 「오흥원림기」에는 30여 개의 명원을 소개하고 있는데, 소개된 원림의 특징은 가산(假山)이나 태호석(太湖石)의 도입이 일반화되고 있으며, 식물재료로서는 화목(花木)으로서 목단(牧丹)과 국화(菊花), 연화(蓮花) 등이 이용되었으며, 다수의 과수(果樹)가 심겨졌던 것으로 나타나 있다.[10)

명(明)나라에 접어들면서 강남 각지에는 수많은 정원이 조영되는데, 그 중심지는 우싱(吳興), 쑤저우(蘇州), 우시(無錫), 양저우(楊洲) 지방 등이다. 우싱은 타이후호(太湖)의 남쪽지방으로 수운이 편리하여 정원이 발달하였으며, 앞서 「오흥원림기」에서와 같은 원림서가 나타나기도 하였다.

명나라의 원림 자체에 대한 특이할 만한 것은 없으나, 왕세정(王世貞, 1528~1593)의 「유금릉제원기(遊金陵諸園記)」나 이계성(李計成, 1582~1644)

---

9) 岡大路(김영빈 역), 1943(1987), 支那庭園論(중국정원론), 彰國社(중문출판사), pp. 79~89

10) 岡大路(김영빈 역), 1943(1987), 支那庭園論(중국정원론), 彰國社(중문출판사), pp. 90~96

의 「원야(園冶)」, 문진향(文辰亨, 1585~1645)의 「장지물(長物志)」 등의 저술
은 당시 원림문화를 연구하는 데 매우 중요한 자료이다.[11]

「유금릉제원기」에는 산악이나 하천의 경관이 수려한 금릉(南京)지방의 원림
36개소가 수록되어 있으며,[12] 이계성(李計成)이 저술한 「원야」의 전삼권(全三
卷)에는 원림의 지형을 나눈 상지(相地), 땅가름(地割)을 다룬 입기(立基), 원
림에서 가장 중요한 것으로 본 차경(借景) 등 10개 항목으로 나눠 원림조성
기법이 설명되어 있다. 특히 차경 부문에 있어서는 차경을 원차(遠借), 인차
(隣借), 앙차(仰借), 부차(俯借) 등으로 나눠, 때와 장소에 따라 차경을 달리하
고 있음을 보여주고 있다.[13]

쑤저우(蘇州)지방에는 당·송 이래 많은 정원들이 경영되어 왔으며, 정원문
화가 가장 발달하였다고 할 수 있다. 「소주부지(蘇州府誌)」에 의하면, 명나라
때에 271개소, 청나라 때에 130개소나 되는 원림이 있었다고 한다.[14] 이 중
에서 근세에 이르러 조영된 저명한 정원으로서는 졸정원(拙政園)과 사자림(獅
子林), 유원(留園), 창랑정(滄浪亭)이 있는데, 이를 사대명원(四大名園)이라고
부르고 있다.

세계문화유산으로 등록되어 있는 졸정원은 명나라 시대인 1506년경 왕헌신
(王獻臣)에 의해 대굉사(大宏寺)의 유지(遺址)에 약 16년 동안 조영된 것으로,

〈그림 4-3〉 사대명원(四大名園)의 하나인 졸정원(拙政園)
(좌: 졸정원의 입구, 우: 中園에 있는 원향당(遠香堂))

---

11) 정동오, 1992, 동양조경문화사, 전남대학교 출판부, p. 156
12) 岡大路(김영빈 역), 1943(1987), 支那庭園論(중국정원론), 彰國社(중문출판사), pp. 96~110
　　정동오, 1992, 동양조경문화사, 전남대학교 출판부, pp. 163~168
13) 岡大路(김영빈 역), 1943(1987), 支那庭園論(중국정원론), 彰國社(중문출판사), pp. 116~134
14) 윤국병, 1984, 조경사, 일조각, p. 186

수면이 전체의 약 3/5를 차지할 정도로 물을 중심으로 한 정원이며, 건물들도 대부분 물가에 세워졌다.(<그림 4-3>)

흔히 졸정원을 물과 나무의 정원이라고 한다면 사자림은 돌과 물의 정원이라고 부른다. 사자림은 원나라 때인 1350년에 창건되었는데, 선승(禪僧)인 천여선사(天如禪師)가 절강성의 사자봉(獅子峯)에 살고 있는 스승(中峰禪師)을 기념하기 위하여 세운 보리사(菩提寺)가 시초가 된다. 원내(園內)에는 태호석(太湖石)을 쌓아올린 석가산과 석가산 내에는 태호석이 얼기설기 미로처럼 연결되어 있으며, 지백헌(指柏軒), 진취정(眞趣亭) 등의 건물이 있다.(<그림 4-4>)

〈그림 4-4〉 사대명원(四大名園)의 하나인 사자림(獅子林)
(좌: 사자림의 태호석, 우: 진취정(眞趣亭)에서 바라본 경관)

창랑정(滄浪亭)은 소주에는 사대명원 중 가장 오래된 정원으로 약 100여 년의 역사를 가지고 있다. 원래 창랑정은 오월(吳越)의 광릉왕(廣陵王)의 개인 정원이었는데 북송 때 시인 소순흠(蘇舜欽)이 이 정원을 사들여 물가에 창랑정이라는 정자를 지은 데서 비롯되었다. 창랑이라는 이름은 전국시대(戰國時代) 굴원(屈原)의 어부(漁父)시 「어부(漁父)」 중 '창랑지수(滄浪之水)'에서 나온 말로서, 소주의 다른 정원에 비해 규모는 작지만 산과 물의 조화에 중점을 둔 정원이다. 봉우리를 이루는 암석과 푸른 대나무 속에 건물이 배치하여 대자연의 경관을 교묘하게 표현하고 있다.(<그림 4-5>)

〈그림 4-5〉 사대명원(四大名園)의 하나인 창랑정(滄浪亭)

　유원(留園)은 면적이 약 3.3ha로서 졸정원보다 작지만, 구성이 치밀하고 경관의 변화가 풍부하며, 여러 가지 요소간에 조화로운 밸런스를 이루고 있어, 기품이 높다고 평가되는 정원이다. 유원은 명나라 시대에 건립되기 시작하여, 후에 개축된 청나라의 대표적인 정원이다. 정원은 크게 동서중북(東西中北)의 네 부분으로 나눌 수 있으며, 중앙부는 연못과 가산이 주를 이루고, 동쪽 부분은 건축물이 중심을 이루고 있다. 원내(園內)의 누각(樓閣)은 긴 회랑(回廊)으로 연결되어 있으며, 화창(花窓)이라고 불리는 창호를 통해 바라보는 바깥 풍경은 하나하나가 그림을 보는 듯하다.(<그림 4-6>)

〈그림 4-6〉 유원의 풍경
(좌-상하: 유원의 창호(花窓), 우-상: 바닥 포장, 우-하: 山水園 풍경)

청(淸)나라에 들어와서는 강희건륭시대(康熙乾隆時代)[15]에 이르러, 중국 역사상 가장 번성기를 이룬다. 사회가 안정되고 인구가 늘어나고 영토가 확장되면서 그에 따라 원림건축도 발전하기에 이르렀다. 강희제(康熙帝)는 사실상 중국을 통일하고 청조(淸朝)의 기초를 닦은 황제로 중국에서 처음으로 위도(緯度)를 적은 정밀한 지도「황여전람도(皇輿全覽圖)」를 작성시킬 정도로 문화발전에 관심을 기울였으며, 특히 원림에 있어서는 강남지방의 정원에 대해 강력한 매력을 느꼈었다. 그는 원명원을 조성하여 네 번째 아들인 윤진(擁正帝, 제5대 황제, 1722~1735)에게 별장으로 하사할 정도로 원림건축에 관심이 많았으며, 이러한 것은 황손(皇孫)인 건륭제(乾隆帝)에게 이어졌다. 건륭제는 원명원에 해기취(諧奇趣)와 해안당(海晏堂)이라는 서양건축을 조성하였고 그 앞에는 대분천(大噴泉)을 중심으로 한 프랑스식 정원을 꾸몄는데, 이는 동양에 있어 최초의 서양식 정원이 되었다.[16] 그러나 1860년 제2차 아편 전쟁 때 영국·프랑스 연합군에 의해 불에 타 폐허로 변해 그 면모를 알 수 없다. 한편, 원명원에서 서쪽 1km 되는 지점에는 만수산이 위치하고 있는데, 여기에는 만수산이궁(萬壽山離宮) 즉, 人이 있다. 이화원의 역사는 원(元)나라로 거슬러 올라가지만, 본격적인 정비는 건륭제가 많은 전각(殿閣)을 세우고 정원을 꾸밈으로써 비롯되었다고 할 수 있다. 이화원은 현존하는 중국 최대의 왕실공원으로서 1860년 제2차 아편 전쟁 때 원명원이 불탔을 때 함께 화재를 입기도 하였으나, 서태후(西太后, 慈禧皇太后, 1835~1908)가 해군의 군비를 유용하여 재건한 다음 별궁으로 기거하기도 하였다. 현재, 북경(北京) 최고의 관광명소로서 호상(湖上, 昆明湖)에 떠 있는 듯한 석방(石舫)과 석교(石橋), 색채가 선명한 건축물과 긴 회랑(長廊) 등이 주변경관과 잘 조화를 이루고 있고, 만수산과 곤명호의 풍광을 자연적으로 받아들여 변화가 풍부한 곳이다.(<그림 4-7>)

---

15) 제4대 황제인 강희(康熙, 1661~1722)와 제6대 황제인 건륭(乾隆, 1735~1795)이 지배하던 시대를 말하며, 이 시기를 흔히 청나라의 전성시대라고 한다.

16) 윤국병, 1984, 조경사, 일조각, p. 177

〈그림 4-7〉 북경(北京)의 이화원(頤和園)
(상-좌: 석방, 상-우: 십칠공교(十七孔橋), 하-좌: 장랑(長廊), 하-우: 전경)

2) 중국정원의 특성

중국은 넓은 영토와 그 역사만큼이나 다양한 정원이 조영되어 왔으며, 그 수도 헤아릴 수 없을 정도로 많다. 왕후의 정원은 상당히 화려하고 웅장하였지만, 상대적으로 국가의 녹을 먹던 많은 관리들은 사임 후, 말년에 고향으로 돌아가거나 수려한 경관이 어우러져 있는 산수에 묻혀 여생을 즐기는 것이 하나의 관습처럼 되어 왔기 때문에, 사대부의 성격이 정원에 반영되어 화려하고 웅장한 것보다는 아취(雅趣)가 넘치는 것을 중히 여겼다. 또한, 시회(詩會)를 겸한 주연(酒宴)이 베풀어지는 경우가 많아서 송나라 이후 명원(名園)을 읊은 시문(詩文)이 수없이 지어져 자연적으로 그 영향을 입은 원림건축양식이 점차적으로 정립되어 왔으며, 그 꾸밈새는 명청(明淸)시대에 이르러 가장 정립된 형태를 보였다.

역대의 조경가로서는 당(唐)나라의 염입덕(閻立德)와 백거이, 송(宋)나라의 주면(朱勔), 원(元)나라의 예운림(倪雲林), 명(明)나라의 미만종(米萬鍾), 문진향(文震享), 계성(計成), 청(淸)나라의 석도(石濤), 이어(李漁) 등이 저명한 인물이지만, 이 밖에도 알려지지 않은 이도 많다. 암석을 쌓아 올려 산의 형태를 만들어 낸 석가산(石假山)의 축조는 전문적인 기술을 필요한 것이지만 대부분 알려져 있지 않으나 청(淸)의 가경년대(嘉慶年代)에 과유량(戈裕良)이라는 사람에 대한 이야기는 전해지고 있다. 명(明)시대에 장쑤성(江蘇省) 화정(華亭)에 살고 있던 장연(張連)이라는 사람은 그림솜씨가 뛰어났을 뿐만 아니라, 석가산을 쌓아올리는 기술에 능하여 전겸익(錢謙益)이나 왕시민(王時敏) 등 당대의 유명한 사람들의 정원을 축조하였고, 그의 아들인 장연(張然)도 이 기술로 청나라 초기 북경(北京)으로 가 영대(瀛臺), 왕천(王泉), 창춘원(暢春園) 등 금원(禁苑)의 배치계획을 수립하였다고 한다.

중국정원은 일반적으로 몇 가지의 특성이 있다. 첫 번째는 자연 경관을 즐기기 위하여 관직에 있는 자가 공금(公金)을 내거나 또는 부호들의 추렴을 통해, 경관이 수려한 곳에 누각(樓閣)이나 정자(亭子)를 짓는 형태이다. 이는 초기 공원과 같은 것으로서, 주변에는 사원(寺院)이 있는 경우가 많다. 정좌수행(靜坐修行)을 위하여 승려나 도사가 산 속으로 들어가 간소한 건물을 지어 기거하는 곳을 본뜬 것이기는 하나, 후세에 와서는 일반인들이 절경지(絶景地)나 정취가 넘치는 땅을 골라 장려한 당우(堂宇)를 건립하고 주위에 수석을 알맞게 배치하여 원림으로 삼는 한편, 그 배후의 대자연을 차경으로 한 호장한 것까지 생겨나게 되었다. 양저우(揚州)의 평산당(平山堂)을 비롯하여 타이산(泰山), 리산(廬山), 황산(黃山), 어메이산(蛾眉山)과 같은 천하의 명승으로 손꼽히는 곳에 세워진 것들이 이러한 성격을 가진다. 교통이 매우 불리한 쓰촨성(四川省) 오지에 위치한 어메이산과 같은 곳에는 금정정전(金頂正殿), 복호사(伏虎寺), 대아사(大峨寺), 청음각(淸音閣) 등 20개소가 넘는 대사원(大寺院)들이 지어져 아침 해와 중천에 걸린 명월을 즐기며, 유곡(幽谷) 속을 오가는 구름과 안개에 인생의 무상함을 느끼고, 멀리 발 밑에 흐르는 강물을 굽어보며 주위를 둘러싼 연산(連山) 군봉(群峰)의 위압감에 경탄하는 등, 대자연의 풍경을 만끽하였다고 하니 오늘날 수려한 자연을 국가의 재산으로 지정한 국립공원과도 견줄 만하다 하겠다.

두 번째는 자연경관이 아름다운 곳을 골라 그 일부에 손을 가하여 인위적으로 암석을 배치하고 수목을 식재하여 심산유곡과 같은 느낌을 조성하는 한편, 맑은 물을 끌여들어 못을 만들고 정원으로 삼은 것으로서 뻬이징(北京)의 완저우산(萬壽山)이나 양저우(揚州), 항저우(杭州) 서후호(西湖)의 이궁과 별장 등이 여기에 해당된다. 이것은 자연미와 인공미가 겹쳐 자아낸 풍경미라고 할 수 있다.

세 번째는 성내(城內)의 제한된 구역의 저택에 부수되는 정원으로서, 주로 주거공간으로 쓰이는 건축물의 뒤나 좌우 공지에 축조되는 형태이다. 이러한 정원은 지가가 높은 성 안에 넓은 공간을 확보하여야 하고, 평탄지에 인위적으로 자연의 모습을 재현하여야 하기 때문에 높은 관료나 부호가 아니면 축조하기가 어려웠으며, 주로 태호석을 주요 재료로 삼아 석가산을 쌓아올리거나 또는 거석을 세워 주경관(主景觀) 요소로 삼는 경우가 많았다. 하천이 많은 쑤저우(蘇州)와 같은 지방에서는 물을 풍부하게 이용할 수 있었기 때문에 많은 명원이 난다. 이러한 정원은 평상시에 개인이 즐기기 위해 주택 내에 축조하였기 때문에, 막연한 친지를 제외하고는 타인에게 공개되는 일이 거의 없었으며, 특히 북경의 정원은 주택 후면에 만들어지는 일이 많기 때문에 더욱 더 그러했다.

네 번째는 주택 사이에 만들어지는 중정(中庭)이다. 이곳은 주로 전(磚)돌로 포장되어 있어, 포지(鋪地)라고 한다. 포지는 전돌 뿐만 아니라, 박석(薄石)이나 옥석(玉石)으로 덮는 수도 있는데, 이것은 한(韓)나라 때부터 전통적으로 이어져 온 수법이다. 특히, 강남지방의 정원에서는 이 포지에 여러 가지 무늬가 그려져 있어서 원림건축의 한 구성요소가 되고 있다. 면적이 좁기 때문에 커다란 수목 몇 그루와 분(盆)에 꽃나무를 배치하여 정원의 운치를 즐기고자 한 형태로 나타났다.

다섯 번째는 분(盆, 鉢植)의 화훼의 비율이 높다는 것이다. 이것은 정원 가운데 포지를 점하는 비율이 높기 때문에 당연한 결과이기도 하지만, 초본 외에 석류나 협죽도와 같은 것을 중정(中庭)에 심는 경우가 많았기 때문이다. 오랜 기간 동안 꽃이나 열매를 볼 수 있는 화목(花木)을 화분에 식재함으로써, 교환이 용이하여 사계절을 통해 정원을 꾸밀 수 있었다.

한편, 중국의 정원은 세계조경사의 입장에서 볼 때, 비정형적인 범주에 속한다. 궁원의 중정에서는 중앙 축선을 중심으로 하여 좌우대칭인 정원을 만든 경우도 있지만, 중국정원사를 통해 인식되어지는 하나의 원리는 비정형이다. 자연에는 대규모 스케일(scale)의 정형이 나타나지 않기 때문에 그 점에서 중국정원도 자연을 토대로 한 것으로 말할 수 있다. 중국정원에서 본래 그대로의 자연 외에, 그것을 기초로 하여 발달한 산수화 및 시구와도 깊은 관련을 맺고 있다.[17]

---

17) 岡崎文彬, 1981, 造園の歷史(Ⅱ), 同朋舍出版, p. 391

중국정원이 다른 나라의 정원과 다른 하나의 특색은 자연적인 경관을 주구성요소로 삼고 있기는 하지만, 경관의 조화에 주안을 두기보다는 대비(contrast)에 중점을 두었다는 점이다. 즉, 인공미의 극치를 이룬 건물이 자연적인 경관과 대치하고 있다는 점 이외에도 기하학적인 무늬로 꾸며진 포지(鋪地) 바로 옆에 기암이 우뚝 서고 동굴이 자리잡는다라든가 석가산 위에 세워진 황색기와(黃瓦) 홍색기둥(紅柱)로 장식된 건물 등 정원의 국부적인 면에서도 강한 대비가 나타난다. 또한 스케일(scale)이라는 관점에서 보면, 영국의 풍경식 정원은 항상 자연과 1 : 1의 비율로 축조되고, 일본의 경우는 10 : 1 또는 100 : 1 이라는 비율로 축소되어 축조되는데, 중국정원의 경우는 하나의 정원 속에 부분적으로 여러 비율로 꾸며 놓았다는 것이 특징이다. 이러한 점은 중국식 정원에서 조화보다는 대비를 한층 더 중요시하고 있는 것임을 알 수 있다.[18]

2. 일 본

1) 나라(奈良)시대 이전

일본정원의 기원은 아스카(飛鳥)시대로 거슬러 올라가지만, 그 시대에 조영되었던 정원 유적은 없으며 그에 관련된 문헌도 발견되지 않았다. 다만,「일본서기」에 의하면, 추고천황(推古天皇) 20년(612년)에 백제에서 귀화한 노자공(路子工)이 궁궐 남정(南庭)에 수미산과 오교(吳橋)를 만들었다는 기록이 있다. 나라(奈良)시대는 텐무천황(天武天皇) 10년(682년)에 귤도궁(橘島宮)의 원지(園池)에 주방국(周防國)으로부터 헌상한 붉은 거북(赤龜)을 놓아 주었다는 기록이 남아 있으며, 못가에는 바위와 돌이 산재한 바닷가의 모습과 같이 꾸며졌고 폭포가 있었다는 것을 「만엽집(万葉集)」을 통해 알 수 있다. 한편, 최근 나라(奈良)시대 이전의 정원 땅가름(地割)과 석조(石組)가 발굴됨에 따라 점차 고대의 정원모습이 다소 명료해지긴 하였으나, 정원 전체의 모습을 파악하기란 어렵다.[19]

---

18) 岡崎文彬, 1966, 圖說造園大要, 養賢堂, p. 63
19) 岡崎文彬, 1981, 造園の歷史(Ⅱ), 同朋舍出版, p. 426

2) 헤이안(平安)시대

헤이안(平安)시대에 들어서 일본정원은 독자적으로 발달하였다. 물론, 당나라 풍을 모방한 신천원(神泉苑)도 있지만, 이에 대해 일본풍의 사가인(嵯峨院), 침전(寢殿)[20]구조정원, 정토(淨土)정원, 교외별장 등 많은 정원이 탄생하였다.[21]

침전구조정원은 침전(寢殿)을 중심으로 한 정원 양식으로서, 후에 가마꾸라(鎌倉)시대까지 이어졌다. 이 양식은 침전을 중앙에 두고, 좌우 동서쪽에 건물을 두고, 북쪽과 북서, 북동에 건물을 덧붙였다. 이것은 복도로 연결되었고, 침전의 남쪽에는 비교적 커다란 정원을 조영하였으며, 정원 안에는 연못을 두고 섬(中島)을 만들었으며 남북으로 다리를 가설하였고 못의 남쪽에는 축산을 동서방향으로 축조하고, 동쪽에 폭포가 떨어지게 만들었다.[22]

이러한 침전구조 양식의 대표적인 예는 동삼조전(東三條展)이다. 동삼조전의 부지는 동서 약 100m, 남북 200m로서 그 중심에 자리잡은 침전 앞에는

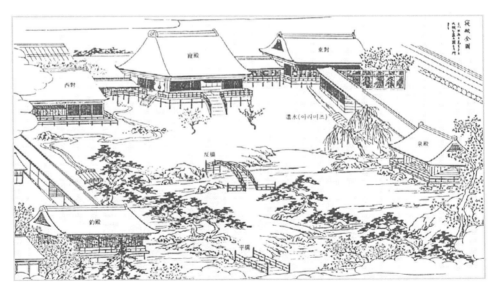

〈그림 4-8〉 침전구조정원의 기본형태
자료: 정동오, 1992, 동양조경문화사, 전남대학교 출판부, p. 129

---

20) 침전(寢殿)은 옛날 천자(天子)가 거처하던 어전을 말한다.
21) 高橋理喜男 外, 1986, 造園學, 朝倉書店, p. 68
22) 岡崎文彬, 1966, 圖說造園大要, 養賢堂, pp. 63~64

아름다운 정원이 펼쳐진다.(<그림 4-8> 참조)

　침전구조정원의 영향을 강하게 받은 정원으로는 정토풍의 정원이 있다. 당시의 상류계층 사람들은 현실의 정원에 불교의 극락정토와 정토 만다라(曼茶羅)의 세계를 구현하기 위해, 흔구(欣求)정토와 염난예토(厭難穢土)의 시대적 사조를 근거로 하여 정토풍의 정원을 만들었다. 정원에는 주요 건물로서 금당(金堂)과 아미타당(阿弥陀堂)이 있고, 그 앞에는 연못이 배치되고 화초가 식재되었으며 화원이 꾸며져 있었다는 것이다. 이러한 대표적인 것으로는 뵤우도인(平等院), 죠우류리지(淨瑠璃寺), 소묘우지(秭名寺), 모쯔우지(毛越寺) 등이 있다.[23]

　이 중 모쯔우지(毛越寺) 대천지(大泉池)는 지금도 옛 모습 그대로 남아 있어 당시의 정원 의장과 기술을 판단하는 좋은 재료가 되고 있고, 의장상의 특색은 귀족들 사이에 전승되어 내려온 「작정기(作庭記)」의 내용과 잘 부합된다고 한다.[24]

　침전구조정원과 정토정원의 경우, 정원이 단순히 건축의 기능을 보완하고 건물 주변을 둘러싸고 있는 것 이상의 의의가 있으며, 정원 그 자체가 관상으로 대상으로서 인식되어 조형됨으로써 독자적인 논리를 가지게 되었던 것이다. 즉, 건축과 미분화된 일체적 공간상태에서 정원이 분리 독립되어 우수한 카테고리를 확립하였던 것이다.[25]

3) 가마꾸라(鎌倉)시대

　가마꾸라(鎌倉)시대의 정원은 앞선 헤이안 시대와 같은 정토식 지천(池泉) 정원이 계속 나타나며, 초기 단계에서는 지천주유식(池泉舟遊式)이었던 것이 점차 지천회유식(池泉回遊式)으로 나타났다. 가마꾸라 시대의 중엽에 이르러서는 불교의 정토신앙사상의 영향력이 약해지는 반면, 선종사상의 영향이 커지게 되었으며, 가람 배치도 맨 앞에 총문(總門)이 있고 이어 산문(山門), 불전(佛殿), 법당(法堂), 침당(寢堂, 禮堂)이 일직선상으로 배치된 정형적인 형식

---

23) 高橋理喜男 外, 1986, 造園學, 朝倉書店, p. 69
24) 윤국병, 1984, 조경사, 일조각, pp. 354~355
25) 高橋理喜男 外, 1986, 造園學, 朝倉書店, p. 70

이다. 사원의 앞뜰은 좁고 길며, 정형적인 평면구성은 정토정원에는 없었던 것으로, 앞선 시대에는 본당의 앞면에 전개해 있던 풍경적인 연못이 본당 안쪽으로 후퇴하여 사찰의 사(私)정원으로서의 성격이 강화되었다. 특히, 선종 사원은 배후에 구릉이 있는 지형을 골라 절터를 정하였는데, 이는 평지에 정원을 꾸몄던 전 시대와는 달리 입체성이나 음영(陰影) 등의 요소가 곁들여져 조경기술의 발달을 촉진시켰다.

정토정원 양식은 종교적인 이상향을 지상에 직접 구현시키려는 것을 주제로 한 것으로 사원 전체가 정원의 경관에 직접 관련을 맺고 있으나, 선원(禪院)의 옥외공간은 일상의 종교생활에 밀접한 관계를 갖는 장소로서 단독으로 계획되었다. 이 시기의 가장 대표적인 조경가로 무로마찌(室町)시대까지 활약했던 무소우소세키(夢窓疎石, 1275~1351)는 헤이안(平安)시대에 발전했던 정토사상의 토대 위에 선종의 자연관을 강하게 덧붙여 표현했으며, 사이호지(西芳寺)의 경우처럼 이전 시대부터 있었던 사원을 선종사원(禪院)으로 정비하여 수경(修景)할 때, 변모시켜 나갔다. 사이호지(西芳寺)나 텐류지(天龍寺)는 모두 평면 구성에서는 헤이안시대 풍의 느긋한 곡선미가 남겨져 있으나, 정원 요소요소에 긴장감을 주고 있는 것은 석조기법이라 할 수 있다.[26]

사이호지(西芳寺)는 크게 상하의 두 부분으로 나뉘는데, 아래쪽은 옛날의 서방교원(西方敎院) 터로서 해안풍의 지선(池線)을 꾸며진 심(心)자형 황금지(黃金池)가 있으며, 이것은 배를 띄울 수 있는 지천주유식(池泉舟遊式) 정원이다. 한편, 위쪽으로 올라가면 고산수식(枯山水式) 정원이 나타난다. 이는 자연 지

〈그림 4-9〉 사이호지(西芳寺)의 정원
(좌: 지천주유식 정원, 우: 고산수식 정원)

26) 정동오, 1992, 동양조경문화사, 전남대학교 출판부, pp. 143~153

형을 파서 석조를 놓은 3차원적인 공간으로 배치된 암석들 사이로 역동감이 흐르고, 봉건시대의 특징적인 움직임과 선(禪) 사상이 단적으로 표현[27]되고 있다. 사이호지(西芳寺)의 이러한 특징은 이후 시대에 조영된 로쿠온지(鹿苑寺, 일명 金閣寺)와 지쇼우지(慈照寺, 일명 銀閣寺)의 정원에서도 나타나고 있다.

4) 무로마찌(室町)시대

무로마찌(室町)시대는 선종의 융성과 함께, 선원식(禪院式)의 고산수정원(枯山水庭園)이 확립된 시대이다. 고산수의 수법은 물이나 초목을 쓰지 않고, 자연석이나 모래 등으로 자연경관(山水)을 상징적으로 표현하는 정원 기법을 말하며, 여기에는 축산(築山)고산수식과 평정(平庭)고산수식이 있다. 전자의 것은 자연석을 쌓아 폭포나 산을 형상화하였다면, 후자의 것은 평지에 모래와 자연석으로서 초감각적인 무(無)의 경지를 표현하였다.

모래를 정원 재료로 쓰기 시작한 것은 헤이안시대부터이지만, 고산수정원으로 정착하기 시작한 것은 무로마찌시대부터이다. 고산수정원은 선(禪) 사상이 정원의 축조 기술에 많은 영향을 미치고 있음을 단적으로 보여주는 것으로, 사실주의보다는 자연경관의 상징화 또는 추상화를 나타내고 있다. 암석으로 폭포나 섬을 형상하거나 동물의 움직임을 나타내기도 하고, 모래의 무늬로서 물의 흐름 또는 바다를 형상하기도 하였다. 무로마찌 시대의 유명한 고산수정원으로는 다이토쿠지(大德寺) 다이센인(大仙院)정원과 료겐인(龍源院) 정원, 료안지(龍安寺)의 방장(方丈)정원 등이 있다.

교또(京都) 북구의 다이토쿠지(大德寺) 다이센인(大仙院)정원은 폭포를 중심으로 하여 심산유곡의 풍경을 30여 남짓한 좁은 공간에 석조(石組)와 모래, 소나무 등으로 표현하고 있으며, 폭포를 표현한 입석(立石)에는 관음석(觀音石), 부동석(不動石) 등의 명칭이 부여되어 있다. 상하 양단으로 나뉘어져 있는 정원의 하단에는 보물선이라고 불리는, 배와 같이 생긴 정원석이 흰 모래(白砂) 한가운데에 놓여 출범하는 모습을 연상시키고 있다.(<그림 4-10>) 이러한 다이센인(大仙院)의 정원은 고산수정원이기는 하나, 그 정원이 표현하고 담고자 하였던 뜻은 정토세계와 영겁(永劫)의 번영을 희원하는 신선경(神仙景)의 추구로 볼 수 있다.[28]

---

27) 高橋理喜男 外, 1986, 造園學, 朝倉書店, p. 71
28) 윤국병, 1984, 조경사, 일조각, p. 363

〈그림 4-10〉 다이토쿠지(大德寺) 다이센인(大仙院) 고산수정원
(좌: 심산유곡을 표현한 모습, 우: 바다를 표현한 모습)

료겐인(龍源院)정원은 이끼와 돌만을 사용하였는데, 사각형의 모래판 위에 중앙에 경사진 자연석을 두고 좌우에 작은 돌들을 위치시켜, 정원을 보는 사람이나 위치, 각도 등에 따라 다른 해석이 나올 수 있도록 함축적으로 배열되어 있다. 이 정원은 80여 평의 부지에 정원 전체가 이끼로 덮여 있고 간소하게 구성된 것이 특징이다.(<그림 4-11>)

〈그림 4-11〉 다이토쿠지(大德寺) 료겐인(龍源院)의 고산수정원

한편, 료안지(龍安寺)의 방장(方丈)정원은 평정고산수의 전형으로서 모래와 자연석으로만 구성되어 있다. 동서 약 25m, 남북 약 10m의 크기를 갖춘 장방형으로, 전면과 좌우 3방면이 유토(油土) 벽으로 둘러싸여 있고, 경내(境內)의 식재를 차경으로 하고 있다. 여기에는 풀 한포기 나무 한그루 없는 곳에 흰 모래(白砂)를 깔아 물결모양으로 손질하고 15개의 자연석을 배치하였다.(<그림 4-12>) 무로마찌시대의 고산수정원은 다이센인(大仙院)정원의 꾸밈새로부터 출발하여 료안지(龍安寺) 방장정원의 형태로 도달됨으로써 집대성되었다고 할 수 있다.[29]

---

29) 윤국병, 1984, 조경사, 일조각, p. 365

〈그림 4-12〉 료안지(龍安寺) 방장의 고산수정원
(좌: 방장정원도 - 都林泉名勝圖會, 우: 고산수 정원 전경)

5) 모모야마(桃山)시대

모모야마(桃山)시대에는 무로마찌 후기부터 이어져 온 전란이 평정되고 국운이 안정됨으로써 집권 무인들을 중심으로 한 성곽이나 저택의 건립이 두드러졌고, 이에 따른 호화로운 정원이 나타나게 되었다. 이전 시대부터 땅가름수법(지할, 地割)이나 석조(石組) 기법이 이어져 호방하고 화려한 양상을 나타내었다.

특히, 토요토미히데요시(豊臣秀吉, 1536~1592)가 직접 관여하고 사후(死後)에 완성된 것으로 알려져 있는 다이고지(醍醐寺) 산포인(三宝院)은 700여 개의 정원석(石)과 수천 그루의 나무가 각처에서 옮겨와 조영되었는데, 약 25년 뒤인 1623년에 완성되었다.(<그림 4-13>) 그러나 산포인은 돌이나 나무 등 정원의 재료가 너무 과도하게 사용되어, 자연에 순응하는 태도로부터 벗어난 디자인의 과잉[30]이라는 평가를 받고 있으며, 이러한 형태는 거의 같은 시대에 조영된 니죠죠우(二條城)의 정원도 마찬가지이다. 니죠죠우의 니노마루정원(二の丸庭園)은 니노마루 어전(御殿)에 위치한 지천회유식 정원으로서, 못의 형태가 복잡하고 크고 작은 여러 가지 석조(石組)로 이루어져 있다.(<그림 4-14>)

한편, 모모야마시대에는 이러한 화려한 정원과는 달리 「와비(侘び)」와 「사

---

30) 정동오, 1992, 동양조경문화사, 전남대학교 출판부, p. 241

〈그림 4-13〉 다이고지 산포인(醍醐寺 三宝院)의
전경

〈그림 4-14〉 니죠조우(二條城)의
니노마루정원(二の丸庭園)

비(寂)」의 이념[31]을 본위로 하는 다정(茶庭)을 완성하게 된다. 차를 마시는 다실(茶室)은 무로마찌시대에 비롯된 일종의 수양인 다도(茶道)를 즐기는 자리로 꾸며지는 간소한 건축으로서, 그곳에 이르는 길을 중심으로 좁은 공간에 꾸며지는 다정(茶庭, 露地)은 일종의 자연식 정원이라 할 수 있으며, 자연의 한 단편을 취하여 교묘하게 대자연의 운치를 연상시키는 데에 그 특징이 있다. 이렇게 보면, 노지(露地)는 다도(茶道)라는 예비적 의례를 위한 어프로치(approach) 전용공간으로 탄생하였다[32]고 볼 수 있다.(<그림 4-15> 참조)

한편, 노지(露地)는 시간이 흐를수록 점차 발달되어 가는데, 비석(飛石, 디딤돌)이나 쓰꾸바이(蹲踞, 물통)[33], 세수통(洗手鉢), 석등(石燈) 등 수경(修景)재료를 더불어 발전하였으며, 식물재료도 다도(茶道)의 와비와 사비를 느끼게 하는 상록수가 애용되었다.[34] 이러한 노지(露地)는 에도(江戶)시대에 접어들면서 더욱 확립되었다.

6) 에도(江戶)시대

에도(江戶)시대에는 모모야마시대의 호화롭고 화려했던 정원수법이 계속해

---

31) 와비(わび, 佗び)란 인간생활의 가난함이나 부족함 속에서도, 이러한 것을 초월하여 정원 속에서 미를 찾아내어 검소하고 한적하게 산다는 개념이고, 사비(さび, 寂)란 이끼가 끼어 있는 정원석(石)에서 고담(枯淡)과 한아(閑雅)를 느끼는 개념이다.(정동오, 1992, 동양조경문화사, 전남대학교 출판부, p. 243)

32) 高橋理喜男 外, 1986, 造園學, 朝倉書店, p. 77

33) 쓰꾸바이(蹲踞)는 물가에 물방이 떨어지는 암청수(岩淸水)나 용천(湧泉)의 분위기를 도입하여 입안을 씻어내고 손을 깨끗이 한 뒤, 그 청정감(淸淨感)을 다실에 들어가기 전의 마음가짐으로 하고자 하는 것이다.(정동오, 1992, 동양조경문화사, 전남대학교 출판부, p. 244)

34) 岡崎文彬, 1966, 圖說造園大要, 養賢堂, p. 65

〈그림 4-15〉 우라센케(表千家)의 노지(露地)

서 이어져 왔으며 노지(露地)와 같은 간결하고 소박한 형태의 정원이 확립되어, 다양한 형태의 정원이 나타났다. 에도시대 전기에는 교또(京都)를 중심으로 정원문화가 발달하였으나, 중반 이후터는 에도(江戶)지방으로 옮겨진다. 이것은 이에야스(家康) 막부가 지배권을 강화하기 위한 정책으로 참근교대제(參勤交代制)로 지방의 유력한 다이묘(大名)[35]들을 1년이나 반년씩 에도지방에 머물도록 하였기 때문이며, 이에 따라 다이묘의 저택들은 에도(江戶)지방에 많이 들어서게 되었으며, 장기간의 태평성대로 인해 호화롭고 사치로운 정원을 꾸미기 위해 많은 비용을 투자하기도 하였다.[36]

에도의 정원은 그 성격이나 내용에 따라, 정원 자체가 독립하여 독자적 경관을 연출하는 것과 주건축(主建築)에 종속되어 보조적인 역할을 하는 것으로 대별할 수 있는데, 전자의 것은 원유회(園遊會)를 가질 수 있도록 꾸며져 있으며, 이용상 지천회유식(池泉回遊式)으로 되어 있다.[37] 회유식(回遊式) 정원은 에도시대의 초기에 활약을 한 다도(茶道)의 대가인 코보리엔슈(小堀遠州)에 의해 확립되었는데, 그는 주 건축물과 독립된 연못과 섬, 산을 만들고 다리와 원로(園路)를 통해 동선을 연결시켰으며, 곳곳에 다정(茶庭)을 배치하여 몇 개의 노지(露地)가 연속적으로 연결되도록 하였다. 이러한 대표적인 것으로는 가쯔라이궁(桂離宮)을 들 수 있으며,(<그림 4-16>) 이외에도 센도우고쇼(仙洞御所), 슈가꾸인이궁(修學院離宮), 히가시혼간지(東本願寺) 쇼세이엔(涉成園), 코이시가와(小石川) 코라쿠엔(後樂園), 오까야마(岡山) 외

---

35) 다이묘(大名, だいみょう)는 본래 사전(私田)의 일종인 묘우덴(名田, みょうでん)의 소유자를 말하며, 묘우덴의 대소에 따라 다이묘(大名) 또는 쇼우묘(小名)로 구별하였다. 가마꾸라시대에는 커다란 영토를 가진 힘 있는 무사들을 말하기도 하였으나, 에도시대에는 1만석 이상의 영주를 말한다.(http://lycos.co.jp, 백과사전)

36) 정동오, 1992, 동양조경문화사, 전남대학교 출판부, p. 407

37) 정동오, 1992, 동양조경문화사, 전남대학교 출판부, p. 409

코라쿠엔(後樂園), 쿠마모토(熊本)의 조쥬엔(成趣園), 히꼬네(彦根)의 겐큐엔 (玄宮園) 등 많은 정원이 있다.[38]

한편, 주건축에 종속된 형태의 정원은 그다지 넓은 부지를 필요로 하지 않는 건물 앞에 있기 때문에 주로 실내에서 관상하기 알맞도록 회화식(繪畫式) 으로 꾸며져 있으며, 이는 지천관상식(池泉觀賞式) 또는 평정원(平庭園)으로 불린다. 평정원은 지천(池泉)을 만들지 않고 평탄한 땅에다 입석(立石)하여 배치한 정원을 말한다.[39] 이들 정원에는 니죠죠우(二條城), 산젠인(三千院),

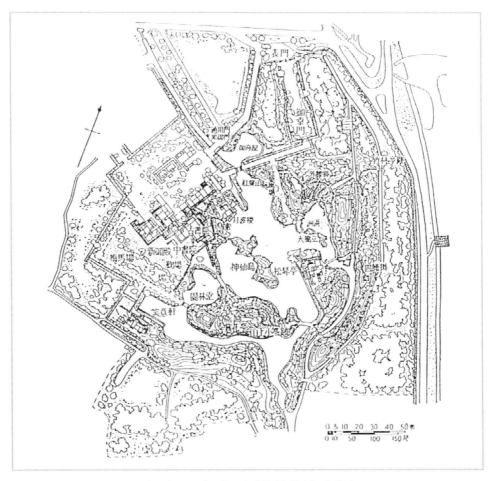

〈그림 4-16〉 가쯔라이궁(桂離宮) 평면도

38) 岡崎文彬, 1966, 圖說造園大要, 養賢堂, p. 65
39) 정동오, 1992, 동양조경문화사, 전남대학교 출판부, p. 409

〈그림 4-17〉 다이토쿠지(大德寺) 코호안(孤蓬庵)의 다정(茶庭)
(좌: 비석(飛石)과 쓰꾸바이(蹲踞), 우: 세수통(洗手鉢)과 석등)

다이토쿠지 코호안(大德寺孤蓬庵), 난젠지(南禪寺) 킨지인(金池院) 등이 있다.[40]

정원의 꾸밈새에 있어서는 신선사상이 여전히 계승되어 소위 봉래·방장·영주의 삼신선도를 뜻하는 '삼도일연(三島一連)의 정원'이 축조되었다. 이와 함께 신선도의 영겁성(永劫性)은 학(鶴)을 동적인 양(陽)으로 보고 정적인 거북(龜)을 음으로 보아, 음양화합의 생김새를 나타내는 학도(鶴島)와 구도(龜島)의 수법을 나타내기도 하였는데, 이는 다시 정원에 음양석을 두는 수법으로 거듭나게 되었다.[41]

한편, 에도시대 정원의 대표적인 특색 중 하나는 다정(茶庭)의 발달이 정원 구성에 중요한 영향을 미치게 되었다는 것과 차경(借景) 수법이 발달하였다는 것이다. 다정에서의 정원 구성요소는 그때까지 실시되어 오던 관상 위주의 고산수식 정원과 지천회유식 정원의 구성이나 국부(局部)의 구조에도 큰 변화를 주었다. 중세에 축조되었던 정원에서는 찾아 볼 수 없었던 석등이나 세수통(洗手鉢) 등이 점점 대정원 속에 놓이기 시작하여, 마침내 정원 구성의 일부가 되었고 정원에서는 없어서는 안 될 존재가 되었다. 특히, 석등은 다정(茶庭)에서 야간 조명이라는 실용적인 목적으로 놓여졌으나, 점점 정원의 풍치를 돋우는 것을 주목적으로 삼게 되어 석조(石組)의 일부로 다루어지게 되었다.[42]

차경 수법은 부지 밖에 펼쳐지는 아름다운 자연의 풍경을 경관 구성 재료

40) 岡崎文彬, 1966, 圖說造園大要, 養賢堂, p. 66
41) 윤국병, 1984, 조경사, 일조각, pp. 373~375
42) 윤국병, 1984, 조경사, 일조각, pp. 375~376

의 일부로 이용하는 수법을 말하는데, 차경정원의 대표적인 예는 엔츠우지(圓通寺)가 유명하지만,(<그림 4-18>) 차경수법을 이용하여 주변지역에까지 공간을 확대한 정원은 슈가꾸인이궁(修學院離宮)이다.[43](<그림 4-19>)

〈그림 4-18〉 엔츠우지(圓通寺)의 차경

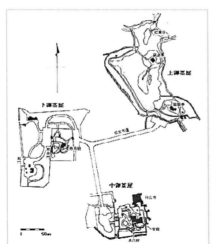 

〈그림 4-19〉 슈가꾸인이궁(修學院 離宮)의 평면도와 전경
(좌 : 평면도, 우: 上御茶室에서 바라본 대정원)

7) 메이지(明治)시대 이후

메이지(明治)시대로 접어들면서, 일본은 서구에 개방되었다. 이에 따라 일본에는 서구의 건축물과 더불어 정원수법이 도입되었으며, 외국인에 의해 정원이 설계되는 경우도 나타났다. 메이지 초기에는 프랑스 정형식 정원과 영국

---

43) 岡崎文彬, 1966, 圖說造園大要, 養賢堂, p. 79

자연풍경식 정원의 영향을 많이 받았으며, 서양식 화단이나 암석원(rock garden) 등도 도시공원 속에 도입되었다. 그리고 기존 일본의 정원 기법을 기조로 하여 사실적인 자연 풍경의 묘사수법을 가미한 작품도 나타났는데, 그 대표적인 것이 교또의 무린안(無隣菴)정원(<그림 4-20>)이다. 또한, 나라(奈良)지방의 이수엔(依水園)(<그림 4-21>)은 와카꾸사야마(若草山)과 토다이지(東大寺)의 남대문을 정원경관의 일부로 받아들인 우수한 차경정원이다. 한편, 메이지 말기를 거쳐 다이쇼(大正) 초기에 이르러서는, 점차 인습적인 대정원이나 귀족적인 서구적 모방시대는 지나가고, 보다 실용적인 현대정원이 나타나기 시작하게 되었다.[44]

<그림 4-20> 무린암(無隣菴)의 전경

<그림 4-21> 의수원(依水園)의 후원(後園)

3. 한국

1) 사상적 배경

한국의 전통공간은 입지 선정에서부터 공간 구성, 공간의 배치형태, 구성요소에 이르기까지, 자연숭배사상, 풍수지리사상 및 음양오행사상, 신선사상, 불

44) 윤국병, 1984, 조경사, 일조각, pp. 376~377

교사상, 유교사상 등의 영향을 받아 독특한 공간 질서를 형성하여 왔다. 이러한 사상은 대부분 중국의 영향을 입었으나, 우리 민족이 가진 고유한 민족적 특성에 따라 때로는 융화되고 때로는 새로운 형태로 적응·변화되어 왔다.

(1) 자연숭배사상

세상 모든 인류들이 다 그러하듯이, 인간은 자연의 베풂 속에서 모든 것을 취하고 그 속에서 생활하였기 때문에 자연을 경외시하여 왔다고 할 수 있다. 특히, 우리 민족은 풍부한 자연환경 속에서 생활을 영위할 수 있었기에, 자연은 항상 신비롭고 무한한 가능성과 영적 세계를 지닌 대상으로 여겨 하늘과 땅을 숭상하였다. 우리 민족의 이러한 자연숭배사상은 단군신화를 비롯하여 삼국시대 고구려의 동맹(東盟)이라는 제사의식, 신라와 백제의 풍속에서 그 일면을 읽을 수 있으며, 근세에 들어 최근에 이르기까지 생활 곳곳에 이러한 사상이 반영되어 나타나고 있다. 즉, 동네 어귀에 위치한 노거수를 당목으로 여기고, 여기에 집안은 물론 마을의 안녕과 평화를 기원하려고 했었다.[45]

결과적으로 이러한 자연숭배사상은 자연에 순응하면서 하늘과 땅과 사람이 일체가 되어 살아가는 공동체 공간을 형성하는 바탕을 이루었으며, 조경공간에서도 기본이 되어 한국적인 자연풍경을 창출하는 원동력이 되었다.

(2) 대지모사상

이것은 앞선 자연숭배사상과 일맥상통하는 사상적 배경으로서, 원시시대부터 인간은 토지를 인간생활이 이루어지는 터전인 동시에 만물이 생성되는 근원으로 믿어왔다. 이것은 필요한 모든 것을 어머니로부터 얻는 어린이가 가지는 어머니의 애정이나 의존심과 같은 것이다. 우리 민족은 생활에 필요한 물자의 대부분을 토지로부터 얻는 정착농경민으로서, 옛날부터 토지를 신성시여기는 사상이 일찍부터 발달하여 왔는데, 이것이 대지모사상이다.[46]

대지모사상은 우리 나라의 지형과 지세 등 환경과 어울리는 형태로 발전되어 왔는데, 특히 산이 높고 물이 맑으며 식생이 다양했던 우리 나라의 산천 곳곳에는 이러한 사상의 근저를 이루기에 충분하였다. 거의 모든 만물은 살아있는 존재로서 받아들였고, 이들 존재들은 그들 나름대로의 질서가 있고,

---

45) 심근정 외, 1999, 농촌지역 노거수의 변천과정과 보호대책, 계명대학교 환경과학논집 4권 1호, pp. 80~95
46) 한주성, 1991, 인간과 환경, 교학연구사, pp. 35~36

그러한 질서를 따라 인간이 생활하는 것을 자연스러운 삶으로 받아들였다.

그렇기 때문에 이 사상은 우리 민족이 농경생활을 중요시하면서 땅의 법칙을 깨닫고 그것에 순응하려는 선험적 인식체계에서 비롯된 것으로 이해할 수 있으며, 한국의 풍토(風土)와 밀접한 관계를 갖고 형성된 관념으로서 땅의 기운(地氣)을 중요시하는 풍수사상과도 일맥상통하는 바가 크다고 할 수 있다.[47]

(3) 풍수사상

모든 땅들이 인간에 살기에 적합한 것은 아니다. 인간은 지속적인 삶을 영위하기 위하여 그리고 생활의 편리를 고려하여, 자기가 살고 싶은 터전을 찾게 되었는데, 이것이 풍수의 발생동기가 된다.

좋은 땅이란 인간의 개인뿐만 아니라, 집단(종족)의 안녕과 번영을 기할 수 있는 곳을 말한다. 그러기에 좋은 땅을 찾는 풍수적 사고의 발생은 당연한 결과로 인식되며, 이러한 것은 전통공간의 입지나 공간구성에 많은 영향을 끼쳤다. 동양의 역(易)사상인 음양오행론을 배경으로 이론적으로 체계화[48]된 풍수사상의 기저에는 우리 민족의 자연숭배사상, 대지모사상, 영혼불멸사상, 삼신오제(三神五帝)사상 등이 함께 깃들여있다[49]고 할 수 있으며, 이러한 사상은 전통 조경형성에 많은 영향을 주어, 조경에서는 뗄 수 없는 함수관계를 가지고 있다.

특히, 조경문화와 밀접한 가진 양택풍수(陽宅風水)의 경우, 배산임수(背山臨水)한 곳에 마을이 들어서게 되고 소위 명당에 해당되는 곳을 중심으로 주거지가 조성되었던 것이다. 마을 터는 가능한 남향을 향하여 차가운 북풍을 막을 수 있는 산과 마을을 휘감아 도는 깨끗한 물, 평탄하면서도 토심이 풍부한 농경지가 있는 곳을 우선하였다. 간혹 북향을 이루는 마을의 경우는 마을 입구인 북쪽에 비보(裨補) 숲을 조성하여 수구(水口)를 막거나 차가운 북풍을 막기도 하였으며,[50] 나쁜 기운이 감도는 곳에서는 압승(壓勝)을 위해 대나무

---

47) 김수봉·정응호·심근정·권진오, 2002, 환경계획, 홍익출판사, pp. 115~116
48) 이몽일, 1991, 한국풍수사상사연구, 일일사, pp. 12~27
49) 박시익, 1987, 풍수지리설 발생배경에 관한 분석연구, 고려대 박사학위논문, p. 254
50) 북향을 하고 있는 마을의 비보(裨補) 숲으로는 경북 군위 한밤마을(심근정 외, 2002, 한밤마을을 통해 본 농촌주거지의 공간구성 특성에 관한 연구, 한국주거학회지 13(3), pp. 61~69)을 들 수 있고, 차가운 북풍을 막고 시각적으로 가파른 절벽을 막기 위한 비보 숲으로는 경북 안동 하회마을의 소나무 숲(萬松亭)을 들 수 있다.

숲을 조성하기도 하였다.[51)]

주택에서는 건물의 배치형태에 따라 전정(前庭), 내정(內庭), 후정(後庭), 별정(別庭) 등이 나타나게 되는데, 건물의 방위나 장소 등에 따라 택목(擇木)을 달리하기도 하였다. 예를 들어 성장이 왕성한 수목이나 뿌리가 깊은 나무는 내정(內庭)이나 건물 가까이에 심지 않았고, 사신수(四神獸, 청룡·백호·주작·현무)를 고려하여 동쪽에는 복사나무나 버드나무를, 남쪽에는 매화나무와 대추나무를, 서쪽에는 치자나무와 느릅나무를, 북쪽에는 살구나무와 벚나무를 심었는데, 이것은 수목의 상징성과 풍수사상이 결부되어 수목의 위치와 방향, 종류가 결정되었던 것으로 해석할 수 있다.

(4) 음양오행사상

음양오행사상은 고대 중국에서 발생된 역(易)사상에서부터 기원된다고 볼 수 있다. 음양오행사상은 음(陰)과 양(陽)의 소멸과 성장·변화, 그리고 음양에서 파생된 오행(五行) 즉, 목(木)·화(火)·토(土)·금(金)·수(水)의 움직임(變轉)으로 우주와 인간생활의 모든 현상과 만물의 생성소멸을 해석하는 사상이다. 이러한 음양오행사상은 동양의 전통과학문명 전반에 걸쳐 지대한 영향을 미치고 있으며, 건축이나 조경 등 공간예술분야에 있어서도 마찬가지이며 특히, 색채와 방위, 형태, 공간구성 등에 많은 관계가 있다. 음양오행사상이 우리 나라의 조경문화에 영향을 끼친 대표적인 사례는 조선시대의 정원형태이다. 이것은 음양의 원리를 연못의 형태로 표현한 것으로 네모난 방지(方池)형태는 땅, 즉 음(陰)을 상징하고, 연못 속의 둥근 섬(圓島)은 하늘, 즉 양(陽)을 상징한다.[52)] 따라서 네모난 연못에 둥근 섬을 쌓아올린 것은 음양이 결합하여 만물이 생성한다는 음양오행설의 원리를 단적으로 나타낸 것이라 할 수 있다.

(5) 신선사상

신선사상은 불로장생을 주요한 목적으로 삼고 현세의 이익을 추구하는 것이 특징이다. 신선사상은 중국은 물론 한국과 일본 등 동양 3국의 전통정원

---

51) 이러한 압승(壓勝) 숲의 대표적인 예는 경남 진주 남대천관죽전(南大川官竹田)과 경남 함안 압승 숲 등이 있다.(장동수, 1994, 한국 전통도시조경의 장소적 특성에 관한 연구, 서울시립대 박사학위논문, pp. 117~121)

52) 윤국병, 1992, 조경사전, 일조각, p. 191

〈그림 4-22〉 경복궁자경전(景福宮慈慶殿) 십장생 굴뚝

에 공통적으로 나타나고 있다. 우리 나라에서는 정원 내 점경물이나 정자의 명칭에 이러한 사상이 깃들어 있고, 봉래(蓬萊), 영주(瀛州), 방장(方丈) 등 삼신산(三神山)을 뜻하는 중도(中島)가 원지(園池)에 설치되는 경우가 많았다. 삼신산은 백제의 궁남지(宮南池)나 신라의 임해전지(臨海殿池, 雁鴨池)를 비롯하여, 조선 초기에 꾸며졌던 경회루지당(慶會樓池塘)과 남원의 광한루원지(廣寒樓苑池) 등이 있다. 그리고 영원히 죽지 않거나 오래 사는 것으로 알려져 있는 십장생(十長生)의 표현을 담장이나 굴뚝 등의 경관소재에 부여하기도 하였는데, 이러한 대표적인 예는 조선시대 경복궁(景福宮) 자경전(慈慶殿)의 굴뚝에 그려진 십장생도와 주변의 담장에서 볼 수 있다.(〈그림 4-22〉 참조) 이러한 신선사상을 바탕으로 형성된 정원에는 현시(顯示)의 세상을 초월하여 상상의 세계를 상징적이고 축경적(縮景的)으로 나타낸 것이라고 할 수 있다.

(6) 은일사상

은일(隱逸)사상은 흔히, 은둔사상이라고 표현되기도 하며, 우리 나라 선비들의 무욕양생적(無慾養生的) 인생론이 반영되어 나타났다. 도가(道家)의 노장사상(老莊思想)에 영향을 크게 입었으며, 유가(儒家)와는 달리 형식이나 가치체계에 얽매이지 않고 자연과 더불어 생활함으로써 자신의 존재적 가치를 찾고 사물의 근원을 탐구하고자 하였다. 이러한 사상이 반영된 조경문화는 주로 별서정원(別墅庭苑)의 형태로 나타난다. 별서정원은 왕조(王朝)의 말이나 당쟁(黨爭)과 같이 사회적으로 혼란한 시기에 두드러지며, 대개 유배지나 은둔지를 중심으로 조영된 것과 혼탁한 세상을 떠나 자연과 벗하면서 휴식을 취하고 산수의 자연경관을 즐기기 위해 수려한 경승지에 조영된 것으로 나눌 수 있다.

전자의 것은 다산 정약용(茶山 丁若鏞, 1762~1836)이 신유교난(辛酉敎難)과 황사영백서사건(黃嗣永帛書事件) 이후 유배지에서 조성한 전남 강진의 다산초당원(茶山草堂苑)과 고산 윤선도(孤山 尹善道, 1587~1671)가 당쟁에 밀려 스스로 속세를 떠나서 자연에 귀의한 뒤에 조영한 전남 해남의 보길도 부용동 정원(芙蓉洞 庭園) 등이 있고, 후자의 것으로는 근세의 세도가인 김조순(金祖淳, 1765~1831)이 서울 삼청동 골짜기에 조성한 옥호정원(玉壺亭苑) 등이 있다.[53](<그림 4-23> 참조)

〈그림 4-23〉 옥호정도(玉壺亭圖)
자료: 정동오, 1992:381

(7) 불교사상

불교가 우리 나라에 공식적으로 처음 전래된 것은 고구려 소수림왕 2년(372년)이다. 백제에서는 382년에 불교를 받아들여 자국 문화와 함께 일본으로 전파하여 일본 불교문화의 원류를 이루었다. 신라는 법흥왕 14년(572년)에 국가의 공인을 받았다. 이러한 삼국은 왕실에서 선도적으로 불교를 수용

---

53) 이에 대해 전자를 별서정원으로, 후자를 별장(別莊)정원으로 구별하여 설명하기도 한다.(정동오, 1992, 동양조경문화사, 전남대학교 출판부, pp. 360~381

하였다는 특징이 있으며, 그에 따라 많은 사원이 왕실이나 왕가의 후원으로 건립되어졌고, 이 시대에 조영된 불국사 및 석굴암 등의 문화유적은 현재까지 세계에 자랑하는 귀중한 유산이 되고 있다.

불교가 우리 나라 조경에 미친 영향은 사찰의 가람배치, 연지(蓮池)와 공간구성과 요소, 화단 등 불교의 이상향적 세계를 상징적으로 표현하여 한국 전통조경의 기본원리로 작용하고 있다는 점이다. 사찰의 가람배치는 장엄한 분위기를 자아내어 정신문화를 선도하였다.[54] 특히, 삼국시대 후기에 성행된 정토종(淨土宗)과 선종(禪宗)은 우리 나라의 입지 풍토와 자연관에 잘 어울리는 한국적인 정토사원과 선원(禪院), 그리고 다원(茶園)의 조영에 영향을 주었으며, 불교 예술과 더불어 석등, 석탑, 석비 등의 수많은 석조(石造) 미술품을 남겼다.

(8) 유교사상

일반적으로 유교사상이 우리 나라에 전래된 것은 삼국시대이며, 이후 이것은 국가의 통치기반이나 정치체계를 이루는 중요한 학문적 토대가 되었다. 고려시대에 숭불정책으로 유교가 한때 부진하긴 하였으나, 여전히 인재등용이나 사회규범, 정치적 통치원리로서 커다란 영향을 미쳤다. 조선시대에는 유교가 가장 중요한 국가의 지도이념으로 자리를 잡으면서 유교를 바탕으로 한 정치제도 및 사회적 제도가 개편되었고, 그에 따라 사회전반에 유교를 중심으로 한 문화가 형성되었다.

유교사상이 조경문화에 끼친 영향은 궁궐이나 일반 민가, 향교 및 서원을 중심으로 한 유교건축 등 곳곳에서 발견할 수 있다. 특히, 유교의 대가족 제도, 신분제도, 남녀유별사상, 장유유서사상, 조상숭배사상 등의 관념이 낳은 건물 배치와 공간구성은 독특한 정원 문화를 낳았다. 예를 들어 사대부가의 정원을 보면, 대가족이 함께 살아가기 위해 많은 방과 건물이 필요함에 따라 새로이 생긴 마당과 별당에 어울리도록 조경이 행해졌고, 선비들이 수양하는 공간으로 이용하였던 별서에는 정결하면서도 품격 높은 미의식이 반영된 정원문화가 나타나기도 하였다.

---

54) 민경현, 1998, 숲과 돌과 물의 문화, 도서출판 예경, p. 51

2) 시대적 변천

(1) 삼국시대 이전

정원에 대한 역사적 기록은 문자보다는 그림으로 먼저 나타나고 있으며, 때로는 역사적 기록에 앞서 유물로 발굴되어 해석되는 경우가 많다. 한반도에는 구석기시대 이전부터 사람이 살고 있었기에, 발굴된 유적과 기록보다 훨씬 먼저 정원의 형태가 존재하였을 지도 모른다. 한국의 정원문화의 시원에 대해, 주로 거석문화의 예를 들어 반영구적인 돌이 정원의 주소재가 되고, 구석기 시대의 유적지인 공주의 석장리 유적에 나타난 돌들의 배치를 통해 사신도(四神圖)의 방위(方位) 개념을 나타내고 있다[55]고 하는 것은 추후 고증할 필요가 있을 것으로 판단된다.

〈그림 4-24〉 컴퓨터그래픽화한 반구대의 일부[56]

초기 조경의 한 형태로 보여주는 것은 울주의 반구대 암각화를 통해 알 수 있다.(〈그림 4-24〉) 여기에는 울타리가 쳐져 있고, 그 안에는 가축이 있어 주거지에 가축 사육장이 있음을 암시하고 있다. 공동생산과 공동생활을 하였던 원시시대에는 사적 공간보다는 공적 공간이 먼저 나타났을 것으로 사료되는 바, 반구대 암각화에 나타난 단순한 그림은 원시적 담장형태에 공동체를 위한 공원적 모습을 보여 주어, 조경사(造景史)에 있어 매우 중요한 전환점(경우에 따라서는 출발점)이 될 수 있으리라 판단된다.

하나의 국가체제가 형성된 시기로 보는 고조선 시대에는 신단수(神檀樹)나 신시(神市), 소도(蘇塗) 등을 통해 조경적 모습을 엿볼 수 있으나, 구체적인 형태나 개념을 파악하기란 어렵다. 그러나 분명한 것은 삼국시대 이전부터 조경적 요소는 이미 존재하였으며, 초기의 형태는 개별적이라기보다는 공동체

---

55) 민경현, 1998, 숲과 돌과 물의 문화, 도서출판 예경, p. 34, pp. 55~56
56) http://my.dreamwiz.com/synoria/index.html

를 위한 형태가 먼저 발달하였다는 것이다. 사적 공간을 위한 조경은 안정된 농경생활과 사적 소유재산이 인정되고, 잉여재산이 생겨나면서부터 가능할 수 있었을 것이다.

(2) 삼국시대

삼국시대는 중국으로부터 한학과 불교가 들어온 4세기 이후에야 개명하기 시작하였으며, 조경문화도 이 때부터 본격적으로 싹트기 시작한 듯하다. 삼국 사기에 의하면, 백제에서는 4세기 말 진사왕 7년인 391년에 궁실을 중수하는 한편 못을 파고 가산을 쌓아올려 진귀한 짐승과 화훼를 가꾸었다(重修宮室 突池造山 以養奇禽異卉)는 기록이 있어, 이미 조경이 시작되었음을 알 수 있 다. 백제 사람인 노자공(路子工)은 아스카(飛鳥)의 궁남(宮南)에 오교(吳橋)와 수미산(須彌山)으로 된 불교사상 배경의 정원을 꾸미기도 하였다. 그러나 여 기에서는 고구려의 왕궁이었던 안학궁(安鶴宮)과 백제의 궁남지(宮南池), 신 라의 안압지(雁鴨池) 및 포석정지(鮑石亭址)를 중심으로 살펴보고자 한다.

고구려의 안학궁은 평양 대성산 남쪽에 위치하고 있으며, 궁의 내부는 21동 의 주 건축물과 궁전을 연결하는 31조의 회랑으로 이루어져 있지만 크게 보 면 남궁(南宮), 중궁(中宮), 북궁(北宮)으로 구분된다. 안학궁은 몇 곳에 정원 이 꾸며져 있는 듯하나 관심을 끄는 것은 남궁 서쪽에 인접해 있는 지원(池 苑)과, 북문과 북궁 사이에 있는 축산(築山)이다. 남궁 서쪽의 정원은 못과 축 산으로 이루어져 있고 못은 자연곡선으로 처리되어 있으며, 4개의 섬이 있다. 약 4m 높이의 축산은 자연스러운 형태이며, 그 위쪽의 정자터에서는 다수의 경석(景石)이 발견되었다. 이 지원(池苑)은 신선사상을 배경으로 하는 자연풍 경을 묘사한 정원으로 왕을 위한 조영인 아닌가 생각된다. 북궁(北宮) 뒤편의 축산(築山)도 자연스러운 형태이며 높이는 8m에 이르고, 동서 120m, 남북 70m 정도의 비교적 큰 규모인데, 이는 왕비를 위한 후원으로 파악된다.[57](< 그림 4-25>)

---

57) 정동오, 1992, 동양조경문화사, 전남대 출판부, pp. 58~60

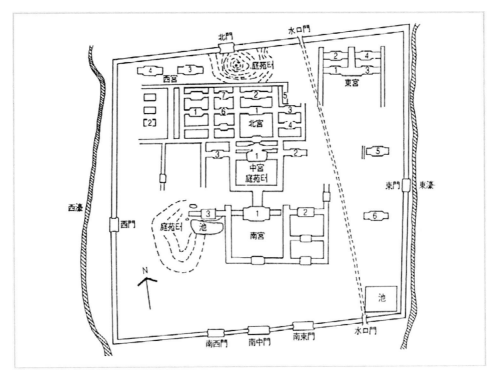

〈그림 4-25〉 안학궁의 평면도
자료: 민경현, 1998, p. 80

　백제의 대표적 유적인 궁남지(宮南池)는 제30대 왕인 무왕(武王)은 634년(무왕 37년)에 모후(母后)를 위해 꾸민 이궁이 딸린 연못으로서 광대한 면적을 가진 곡지(曲池)로 알려져 있다. 못 가운데는 삼신도(三神島)의 하나인 방장도(方丈島)를 상징한 연못을 만들고 물가에는 버드나무를 심었으며, 20여 리나 되는 먼 곳에서 물을 끌어들였다고 한다. 『삼국사기(三國史記)』권 27 백제 본기 무왕조에 의하면, "물을 20여 리나 되는 긴 수로로 끌어들여 주위 물가에는 버드나무를 심었으며 물 속에 섬을 쌓아 방장선산(方丈仙山)을 상징시켰다."고 설명해 놓았다. 이러한 규모 때문에 궁남지가 풍류의 장소뿐만 아니라 유사시에 적을 막기 위한 외호(外濠)역할을 했을 것이라는 지적도 있다.(<그림 4-26>)

〈그림 4-26〉 백제의 궁남지 전경

신라의 임해전지(臨海殿池) 즉, 안압지(雁鴨池)는 삼국통일 직후에 축조되었던 것으로 보인다. 「삼국사기」에 의하면 문무왕 14년(674년) 2월, 궁성 안에 연못을 파고 산을 만들어 화초를 기르고 진금기수(珍禽奇獸)를 양육하였다고 전해진다. 안압지란 이름은 조선시대 초기에 와서 폐허(廢墟)가 되어 버린 신라의 옛 터전에 화려했던 궁궐은 간 곳이 없고 쓸쓸하게 옛 모습을 간직하고 있는 못 위에 안압(雁鴨)들만 노닐고 있어 이곳을 찾는 이들에 의해서 붙여진 이름으로 추측된다.

안압지는 남북으로 길고, ㄱ자형에 가까운 모양을 이루고 있으며, 입각부(入角部)에는 임해전의 앞뜰이 놓이고 물 건너 동안(東岸)에는 무산십이봉(巫山十李峰)을 본뜬 석가산이 있으며, 그 전체면적은 약 5,100여 평이다. 연못에는 삼신도를 뜻하는 듯한 3개의 섬이 있고 동서 200m, 남북 180m 정도의 크기이나, 어디서 보아도 연못의 호안이 다 드러나지 않도록 설계되어 있다. 안압지는 서쪽에 위치한 임해전(臨海殿)이 명칭을 통해 알 수 있듯이, 바다를 표현하려고 했던 것으로 보이며, 서쪽 물가에 자리잡은 건물지(建物址)에서 동쪽을 바라보면 심한 굴곡을 이룬 호안을 따라 자연스럽게 놓인 경석(景石)과 그 뒤에 자리잡은 석가산은 마치 바닷가의 경관을 바라보는 듯한 느낌을 준다.[58] 이는 최근 컴퓨터 시뮬레이션을 통해 동해바다와 감은사로 이어지는 지역을 바닷물로 채웠을 때와 비슷한 모습을 나타내어 안압지가 동해바다와 직접적으로 관련되어 있는 것으로 판단된다.

안압지의 물은 동쪽 북천의 지류(支流)에서 끌어온 것 같으며, 넓이와 높이가 약 40cm 정도의 화강암으로 된 수로를 통하여 들어온 물은 2개의 큰 석조를 거쳐서 못에는 폭포와 같이 낙하하도록 만들어졌다. 출수구(出水口)는 북안 중간 지점에서 발견되었는데 마개가 있어서 수위(水位)를 조절하도록

58) 윤국병, 1984, 조경사, 일조각, pp. 228~239

되어 있었으며, 목관(木管)을 통해서 빠져나간 물은 당시의 하수도와 연결되어 있었던 것으로 추정된다.

〈그림 4-27〉 경주 안압지의 전체 모습(좌)과 임해전(우)

경주 포석정의 곡수거(曲水渠)는 남산의 서쪽 기슭에 자리잡고 있다. 포석정이 조영된 정확한 시기는 알 수 없으나 헌강왕(875~885) 때에 왕이 포석정에 들러 연회를 열어 춤을 추었다는 기록이 있음을 보아, 그 이전에 이미 조영되었던 것으로 보인다. 지금의 포석정 터에는 유상곡수연(流觴曲水宴)을 즐겼던 곡수거만 남아 있다. 유상곡수연은 옛날 중국에서는 음력 3월 3일에 문인들이 흐르는 곡수(曲水)에 술잔을 띄워 유배(流杯)가 자기 앞을 지나기 전에 시를 짓고 술잔을 비우는 놀이인데, 이는 왕희지(王羲之)의 난정서(蘭亭敍)에서도 그 풍경이 잘 묘사되어 있어 더욱 유명한 풍류놀이였다. 전복(鮑)과 같이 생긴 포석정의 곡수거는 정자로 덮여져 있는지의 유무를 정확하게 알 수 없지만, 일본의 후락원(後樂園) 유점(流店)과 중국 북경의 자금성(紫禁城) 계상정(禊賞亭)의 예에서 보듯이 건물로 덮여 있었을 가능성이 크며 그 규모는 남북 5칸, 동서 4칸 반 정도이었을 것으로 추정하고 있다.[59]

---

59) 윤국병, 1983, 경주 포석정에 관한 연구, 한국정원학회지 2(1), pp. 1~13

〈그림 4-28〉 포석정의 전경

(3) 고려시대

고려의 수도는 지금의 개성인 송도(松都)이다. 송도의 자세한 꾸밈새는 알 수 없으나, 외성(外城)과 내성(內城), 그리고 송악산을 에워싼 산성(山城)이 도성을 둘러싸고 있었다. 도성 안에는 만월대를 중심으로 사원들이 산재해 있다. 만월대는 송악산 남쪽 기슭의 높은 지대에 위치하고 좌우에 구릉이 둘러 있어 용호형국(龍虎之形局)을 이루며, 평지에 조성된 다른 궁궐과는 달리 지형에 맞게 몇 개의 단으로 나누어 자연스럽게 조성하였으며, 건물의 배치는 고구려의 안학궁과 같은 '전조후침(前朝後寢)'의 정형적인 배치에서 벗어나고 있다. 따라서 만월대는 산사(山寺)처럼 자연구릉과 울창한 송림 사이에 위치하여 아름다운 풍치를 자아내고 있었던 것 같다. 조정의 정사를 논의하는 정전(正殿)과 편전(便殿)은 남북축선상에 정연하게 배치하고, 침전(寢殿)과 부속 건물은 지형에 알맞게 자연스럽게 배치되었다.[60](<그림 4-29> 참조)

고려시대의 정원문화는 건국 초에는 백제와 통일신라시대의 영향을 받은 듯, 부여의 궁남지나 경주의 임해전지와 비슷한 기능을 갖고 있는 동지(東池)가 있다.[61] 정전이 회경전(會慶殿) 동쪽에 위치한 동지(東池)의 규모는 많은 사람들이 동시에 뱃놀이를 할 수 있을 정도로 넓은 못이었다고 한다. 동지에 관한 기록은 제5대 경종(景宗)부터 제31대 공민왕(恭愍王) 대에 이르기까지

---

60) 민경현, 1998, 숲과 돌과 물의 문화, 도서출판 예경, pp. 150~153
61) 정동오, 1986, 한국의 정원, 민음사, p. 129

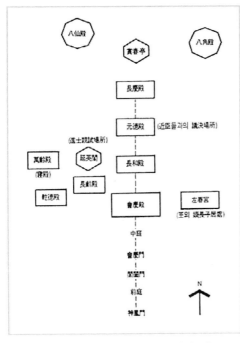

〈그림 4-29〉 만월대의 공간배치 약도
자료: 민경현, 1998, p.154

나타나는데, 그 형태는 자연 지세를 활용한 자연형으로 못 주위나 언덕 위에는 구령각(龜齡閣)을 비롯한 여러 채의 누정각(樓亭閣)을 세우고, 경사지에는 첩석성산형(疊石成山型)의 석가산을 조성하였다고 한다.[62]

이곳은 선유(船遊)와 수희(水戲)를 하고 연회, 관상, 사열(査閱), 시험(試驗) 등 갖가지 기능을 다하고 있었던 것으로 파악된다.[63]

한편, 고려시대 조경양식의 특징 중에 하나는 정자 중심의 원림문화를 이루었다는 것이다. 「고려사」에 의하면, 문종(文宗) 10년(1056년)에 서강(西江) 병악(餠嶽)의 남쪽에 장원정(長源亭)을 세웠고, 동왕(同王) 31년 8월에 홍주(洪州) 소대현(蘇大縣)에 안흥정(安興亭)을 창건하였으며,[64] 의종(毅宗) 6년인 1151년 여름에 수창궁북원(壽昌宮北園)에 괴석을 쌓아 가산(仮山)을 꾸미고 그 옆에 만수정(萬壽亭)이라는 소정(小亭)을 세웠으며,[65] 의종 11년(1156년)에는 민가를 헐고 태평정(太平亭)을 세우고 정원을 꾸몄으며 괴석을 모아 선산(仙山)을 만들었다는 기록이 있다.[66] 이 외에도 문종(文宗) 및 의종(毅宗) 대에는 많은 정자가 조영되었으며, 정자를 세우는 곳은 정원의 주 경관으로 못을 파고 석가산을 쌓아 폭포를 만든[67] 곳이 많았다고 판단되는데, 정자의 지붕형태도 청자지붕(養怡亭), 종려지붕(養和亭), 모정(茅亭) 등 다양하였던 것 같다.[68]

고려시대에는 격구가 성행하여 궁내(宮內)에는 격구장이 조영되었다. 격구

62) 민경현, 1998, 숲과 돌과 물의 문화, 도서출판 예경, p. 153
63) 정동오, 1986, 한국의 정원, 민음사, p. 129
64) 정동오, 1992, 동양조경문화사, 전남대 출판부, pp. 118~119
65) 윤국병, 1984, 조경사, 일조각, pp. 249~250
66) 정동오, 1986, 한국의 정원, 민음사, p. 88
67) 윤국병, 1984, 조경사, 일조각, p. 250
68) 민경현, 1998, 숲과 돌과 물의 문화, 도서출판 예경, p. 155

는 젊은 무관 상류층 청년의 무예중의 하나인데, 고려시대에 크게 성행하여 국가적 큰 오락이 되어 4대 광종(948~975)부터 32대 우왕(1374~1388)에 이르기까지 역대 왕들이 무사들의 격구를 관람하거나 스스로 이를 즐겼다고 한다. 왕이 관람하거나 직접 행한 격구장으로는 북원과 중광전남루, 서루, 후정 강안전, 양루, 연복정 또는 시가의 광장 등이나 대궐 내에 전용구장이 마련되어 있었던 것으로 보인다.[69]

고려시대의 특징적인 조경요소를 든다면 괴석에 의한 석가산 정원이다. 이는 주로 예종과 의종 대에 꾸민 것이 많은데, 대개 괴석을 이용하여 자연의 기암절벽을 모방하여 꾸미거나 신선계(神仙界)를 울타리 안에 도입하려는 의도가 내재되어 있는 듯하다.[70]

고려시대에는 많은 정원 식물이 재배되었던 것으로 파악된다. 이규보(李圭報, 1168~1241)의 「동국이상국집(東國李相國集)」에는 당시 권신이나 귀족들을 중심으로 즐겨 심었던 화훼를 적고 있다.[71] 그 대표적인 것으로는 자두나무, 모란, 석류나무, 해당화, 동백나무, 배롱나무, 목련, 협죽도, 옥매, 월계화, 작약, 무궁화, 두견화, 국화, 부용화, 금잔화, 봉선화, 연, 석창포 등을 들 수 있으며, 이 밖에 「파한집(破閑集)」 등의 문집에 많은 정원 식물이 나타나고 있다. 고려시대의 많이 심어졌던 정원수 중에서는 버드나무, 소나무, 복숭아나무, 매화나무, 대나무, 자두나무 순이며, 이 중에서 가장 많이 출현한 버드나무는 고려시대 이후에 민가정원에 보급된 연못과 관련이 있는 것으로 해석할 수 있다.[72]

한편, 이 시기는 고려는 중국의 송나라와 많은 문화적 유대감을 가지고 교류하여 왔으며, 송나라의 다양한 문화가 고려에도 많은 영향을 주어, 우수한 조경기법이나 조경자료가 도입되었을 가능성이 컸을 것으로 생각되지만, 관련 자료의 부족으로 정원의 특징이나 어떤 양식을 구명하지 못한 것은 매우 아쉽다고 할 수 있다. 그러나 시각적인 쾌감 부여를 위한 관상 위주의 정원이 꾸며졌다는 것이 일반적인 경향이라 말할 수 있다.[73]

69) 정동오, 1986, 한국의 정원, 민음사, p. 90
70) 정동오, 1986, 한국의 정원, 민음사, p. 87
71) 윤국병, 1984, 조경사, 일조각, p. 257
72) 민경현, 1998, 숲과 돌과 물의 문화, 도서출판 예경, pp. 192~196
73) 정동오, 1986, 한국의 정원, 민음사, pp. 129~130

(4) 조선시대

사회계층간의 분화가 두드러지고, 그에 따라 다양한 공간형태가 잘 나타나는 시기는 조선시대로 판단된다. 이 시기에는 궁원, 지방관가, 일반 민가정원, 사찰정원, 별서정원 등 다양한 정원문화가 나타난다. 여기에서는 궁원과 일반 민가정원 및 별서정원을 중점적으로 다루었다.

① 궁원

궁원은 가장 커다란 규모와 조영사상이 잘 반영된 공간으로서, 조경적인 요소는 후원(後苑)이나 원지(園池)에 잘 나타나고 있다. 조선시대의 조영된 궁궐로서는 경복궁, 창덕궁, 창경궁, 덕수궁, 경희궁이 있는데 이를 일반적으로 5궁(宮)이라고 부른다. 5궁 가운데, 대표적인 궁원은 평지에 조영된 경복궁원과 자연구릉에 조영된 창덕궁원이 있으며, 평지의 경복궁원은 창덕궁원보다 인공적인 느낌이 강하다. 이들 궁원은 입지 조건에 따른 한국 궁원의 대표적인 모델이라고 할 수 있을 것이다.

a) 경복궁 원지(苑址)

태조 이성계가 한양을 도읍으로 정하면서 맨 먼저 창건한 경복궁은 수차례의 화재를 겪은 조선시대의 정궁(正宮)이다.(<그림 4-30>) 경복궁 내에는 경회루(慶會樓) 지원과 교태전(交泰殿) 후원, 향원정(香遠亭) 지원 등이 있다.(<그림 4-31) 경회루는 임진왜란으로 불탄 것을 고종 2년에 대원군이 중수한 것으로, 원지(園池)는 약 130m×110m 크기의 방지(方池)와 3개의 방도(方島)로 구성되어 있다. 이곳은 외국의 사신이나 군신간의 연회를 베풀던 곳으로, 지원에는 연꽃이 심겨지고, 배를 타면서 주변의 자연경관을 즐길 수 있도록 꾸며져 있는 위락 목적의 정원이었다. 교태전은 왕비의 침전을 말한다. 교태전 후원은 화계로 이루어져 있으며 아미산원(蛾眉山園)이라고 하기도 하는 곳이다. 화계는 4단 또는 5단으로 각 단에는 회화나무, 느티나무, 피나무, 매화나무, 앵도나무, 말채나무, 배나무 등이 불규칙적으로 심겨져 있고, 제3단에는 6각형의 굴뚝이 전탑 형태로 되어 있다. 이것은 교태전의 구들과 연결되어 있는 굴뚝이며, 붉은 색 벽돌을 사용하여 디자인된 화려한 장식물과 같은 기능을 하고 있다. 이곳은 왕비의 산책이나 관상을 목적으로 꾸며졌던 것으로 생각되며, 화계는 뒤쪽의 자연지형을 평면적으로 이용하여 식재함으로써 공간의 정결함과 기품을 강조하기 위한 수단으로 사용된 것으로 파악된다.

〈그림 4-30〉 경복궁 평면도
자료: 정동오, 1992, p. 190

〈그림 4-31〉 경회루 지원(상-좌), 교태전 화계(상-우), 향원정 지원(하)

　향원정을 중심으로 한 원지는 궁궐 내에서 북쪽에 위치하며, 동서 약 76m, 남북 약 70m의 크기를 갖는 부정형의 방상지(方狀池)로서 연못의 면적은 약 4,605m²이다. 이곳은 세조 2년(1456년)에 조성되어 취로정(翠露亭)이란 정자를 짓고 연꽃을 심었다는 기록이 「세조실록」에 나타나, 장구한 역사를 지니고 있는 공간임을 알 수 있다. 원지(園池)에는 연꽃과 수초가 자라고, 잉어 등 물고기가 살고 있다. 연못가에는 느티나무, 회화나무, 단풍나무, 소나무, 굴참나무, 배나무, 산사나무, 서어나무, 버드나무, 느릅나무, 말채나무가 숲을 이루고, 향원정이 있는 섬에는 철쭉, 단풍 등 관목류가 심겨져 있다. 이 연못 남쪽의 함화당 후원에는 '하지(荷池)'라 새긴 석지와 석상(石床)이 배치되어 있기도 하다.

b) 창덕궁 원지(苑址)

창덕궁은 조선왕조 제3대 태종 5년(1405년) 경복궁의 이궁(離宮)으로 지어진 궁궐이다. 창덕궁은 창건시 정전인 인정전(仁政殿), 편전인 선정전(宣政殿), 침전인 희정당(熙政堂), 대조전(大造殿) 등 주요 전각이 완성되었으며, 그 뒤 태종 12년에 돈화문(敦化門)이 건립되었고, 세조 9년(1463)에는 약 62,000평이던 후원을 넓혀 150,000여 평의 규모로 경역(境域)을 크게 확장하였다. 창

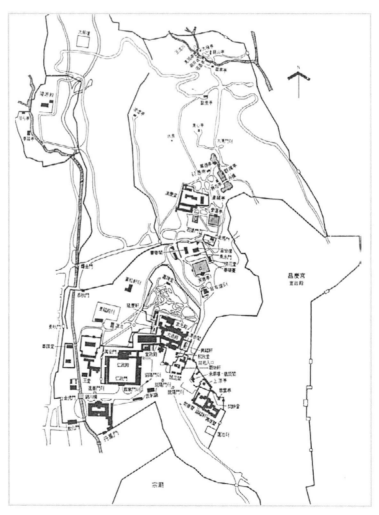

〈그림 4-32〉 창덕궁의 평면도
자료: 민경현, 1998, p. 207

덕궁 안에는 가장 오래된 궁궐 정문인 돈화문, 신하들의 하례식이나 외국사신의 접견장소로 쓰이던 인정전, 국가의 정사를 논하던 선정전 등의 치조공간이 있으며, 왕과 왕후 및 왕가 일족이 거처하는 희정당, 대조전 등의 침전공간 외에 연회, 산책, 학문을 할 수 있는 매우 넓은 공간을 후원으로 조성하였다. 정전 공간의 건축은 왕의 권위를 상징하여 높게 되어 있고, 침전건축은 정전보다 낮고 간결하며, 위락공간인 후원에는 자연지형을 위압하지 않도록 작은 정자각을 많이 세웠다.(<그림 4-32> 참조)

건물배치에 있어, 정궁인 경복궁, 행궁인 창경궁과 경희궁에서는 정문으로부터 정전, 편전, 침전 등이 일직선상에 대칭으로 배치되어 궁궐의 위엄성이 강조된 데 반하여, 창덕궁에서는 정문인 돈화문은 정남향이고, 궁 안에 들어 금천교가 동향으로 진입되어 있으며 다시 북쪽으로 인정전, 선정전 등 정전이 자리하고 있다. 그리고 편전과 침전은 모두 정전의 동쪽에 전개되는 등 건물배치가 여러 개의 축으로 이루어져 있다.

자연스런 산세에 따라 자연지형을 크게 변형시키지 않고 산세에 의지하여 인위적인 건물이 자연의 수림 속에 포근히 자리를 잡도록 한 배치는 자연과 인간이 만들어 낸 완전한 건축의 표상이 되고 있다. 또한, 왕들의 휴식처로 사용되던 후원은 300년이 넘은 거목과 연못, 정자 등 조경시설이 자연과 조화를 이루도록 함으로써 조경사적 측면에서 빼놓을 수 없는 귀중한 가치를 지니고 있다.

후원은 창건시 조성되었으며, 창경궁과도 통하도록 설계되어 있다. 임진왜란 때 대부분의 정자가 소실되었고 지금 남아 있는 정자와 전각들은 인조 원년(1623) 이후 역대 제왕들에 의해 개수·증축된 것들이다. 이곳에는 각종 희귀한 수목이 우거져 있으며, 많은 건물과 연못 등이 있다. 역대 제왕과 왕비들은 이곳에서 여가를 즐기고 심신을 수양하거나 학문도 닦았으며 연회를 베풀기도 하였다. 창덕궁은 조선시대의 전통건축으로 자연경관을 배경으로 한 건축과 조경이 고도의 조화미를 연출하고 있으며, 후원은 동양조경의 정수를 감상할 수 있는 세계적인 조형의 한 단면을 보여주고 있는 특징이 있다. 주요 조경시설은 부용정(芙蓉亭) 일대, 애련정(愛蓮亭) 일대, 반월지(半月池) 일대, 옥류천(玉流川) 일대, 낙선재(樂善齋) 후원 등 여러 가지 경역으로 나누어 각기 특색 있게 조영되어 있다.(<그림 4-33> 참조) 특히, 옥류천 일대는 후원의

가장 안쪽에 위치하고 있으며, 옥류천을 중심으로 소요정(逍遙亭), 청의정
(淸漪亭), 농산정(籠山亭), 취한정(翠寒亭), 어정(御井) 등으로 구성되어 있는
유락공간이며, E자형 곡수거와 인공폭포, 방지 등 인공적인 요소가 많은 곳이
긴 하지만, 그 형태의 다양성, 비기하학적성 때문에 주위의 자연환경에 대해
서나 시각상 어떤 거부반응을 주지 않는 깊숙하고 조용한 유락공간[74]이라 할
수 있다. 낙선재는 창덕궁 인정전 동쪽에 위치하며, 그 뒤(後苑)에는 5단으로
꾸며진 화계가 있다. 첫단의 길이는 동서 26.4m로 가장 길며 높이는 80cm이
고, 폭은 1.4m이다. 단의 폭과 높이는 각기 차이가 나며, 폭이 가장 넓은 곳
은 3단(1.71m), 가장 좁은 단은 1.1m로 4단이고, 높이는 3단(60cm)이 가장
낮고 2단이 1m로 가장 높다. 화계에 심겨진 식물소재는 철쭉, 영산홍, 옥향
등으로 옥향은 근래에 잘못 식재된 것으로 파악된다.[75]

〈그림 4-33〉 부용정 지원과 옥류천 일대의 모습

② 민가(民家) 정원

한국의 전통 가옥은 물리적 기능보다는 가정생활의 전통적인 개념, 조상(祖
上), 이웃 사람, 그 밖의 가족 구성원에 대한 사회적인 활동개념에 그 근원을

74) 정동오, 1986, 한국의 정원, 민음사, pp. 168~170
75) 민경현, 1998, 숲과 돌과 물의 문화, 도서출판 예경, p. 220

두고 있으며, 특히 유교사상의 영향을 많이 받았다. 남녀유별이라는 사회통념은 내외 생활공간의 구별을 엄격하게 하고, 분명하게 구분할 수 있게 만든 것이 주거환경형성의 두드러진 특징이 된다.

주거공간을 대별하면, 안채와 안마당은 가정 안의 주부를 중심으로 가족들의 내적 생활 활동이 이루어지는 비교적 폐쇄적인 공간을 이루고 있고, 사랑채 및 사랑마당은 외부와 가까이 배치되어 집안 주인의 거실, 서재 및 접객공간으로 사용되었으며 비교적 개방적인 형태를 띠고 있다. 그리고 대문과 행랑채 및 바깥마당은 집안일을 보는 집사나 머슴 등의 거처나 마굿간, 창고 등으로 사용되어 보조공간을 이루었다. 이러한 공간 외에, 안채 뒤나 옆에는 앞의 건물과 완전 분리한 별당을 두어 주변에는 연못과 나무를 심어 가족들이나 손님들의 소요(逍遙)공간을 이루기도 하였다.[76]

일반적으로 민가에서의 정원은 주요 건물의 위치에 따라, 전정(前庭), 내정(內庭), 후정(後庭) 등으로 나누어 볼 수 있다. 전정은 주로 바자 또는 울타리로 엮었으며, 농사를 위한 타작마당이나 채소 등을 심는 텃밭과 같은 역할을 하였다. 안마당에 해당되는 내정은 크지 않는 나무(주로 화목)를 심거나 장독대, 우물 등을 두어 생활공간으로 삼았다. 후정은 화계를 조성하거나, 연못 또는 별당을 꾸미는 경우가 많았다. 화계는 배산임수의 지형 조건에 부합하기 위해 몇 개의 단을 조성하여 괴석을 배치하거나 식물을 식재하기도 하였으며, 궁원의 후원과 같이 굴뚝 등을 만들기도 하였다. 민가의 후원에 많이 심겨진 식물은 소나무, 매화나무, 대나무, 난초 등 선비들의 절개와 관련이 깊은 식물 이외에, 감이나 밤, 모과, 앵주, 자두, 배, 산수유, 호두 등의 유실수와 작약이나 모란, 철쭉, 국화 등의 화목류 등이 주류를 이루며, 굴뚝은 벽돌이나 돌로써 전탑과 같은 형태로 조성하였으며 경우에 따라서는 나뭇잎 또는 꽃의 문양이나 십장생 등의 문양을 넣어 꾸며 경관미를 한층 높였다.(<그림 4-34> 참조)

이러한 민가의 정원에는 광주(光州)에 있는 김윤제(金允悌)의 환벽당(環壁堂)정원, 전남 해남의 녹우단(綠雨壇)정원, 전남 구례 류이주(柳爾冑)의 운조루(雲鳥樓)정원, 경북 영양 정영방(鄭榮邦)의 경정지원(景亭池園, 瑞石池), 경북 봉화 권벌(權橃)의 청암정(靑巖亭)정원 등 전국적으로 무수히 많은 정원이

---

76) 윤장섭, 1988, 한국건축사, 동명사, pp. 270~271

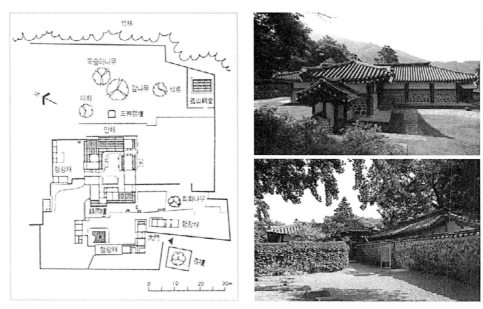

〈그림 4-34〉 전남 해남의 녹우단(綠雨壇) 평면도(좌)와 유물전시관(우-상), 입구(우-하)
자료: 녹우단 평면도-민경현, 1998, p. 273

있다. 이들 중 경정지원 즉, 서석지는 사대부가의 정원으로서, 조선 광해군 5
년(1613년) 성균관 진사 석문(石門) 정영방 선생(1577~1650)이 "자연과 인간
의 합일사상"을 토대로 만든 연못정원의 대표 유적이다. 이 정원은 인간의 정
주(定住) 공간에 생태적 접근방식과 자연 지형의 의미 부여를 통해 '자연과
인간의 합일(合一)'을 한 정원 조성의 기법을 이용하였고 음양오행설 및 풍
수설과 무위자연설에 바탕을 두어 자연과 인간과의 조화를 기본으로 하여 조
성한 가장 순수한 임천(林泉)정원의 형태를 띠고 있으며, 가로 13.4m, 세로
11.2m, 깊이 1.7m인 연못에는 연꽃과 더불어 바닥의 기암괴석이 물의 양이
증가함에 따라 드러나는 모습이 갖가지 변화하는 오묘한 정취를 느끼게 조성
되어 있다. 연못을 중심으로 경정(敬亭)·주일재(主一齋)·정문 등의 건축이
배치되어 있으며 연못 주변의 사우단(四友壇)에는 소나무, 대나무, 매화나무,
국화를 심어 선비의 지조를 상징하기도 하였다. 이러한 사우단은 입구 담 옆
에 있는 400년생 은행나무와 아름답게 조화를 이루고 있다.(<그림 4-35>)

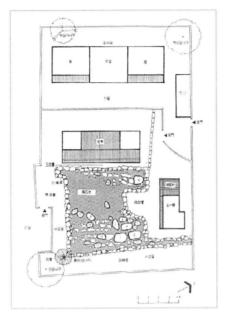

〈그림 4-35〉 경북 영양의 경정지원(瑞石池)의 평면도(좌)와 전경(우)
자료: 서석지 평면도 - 민경현, 1998, p. 292

③ 별서(別墅)정원

별서란 별저(別邸) 또는 별업(別業)의 개념인 임천(林泉) 속의 별장을 뜻하는 것으로 살림집에서 멀리 떠나 떨어진 곳의 산수경관이 뛰어난 경승지에 마련되어 사계절 또는 한시적으로 사용되는 주거공간을 말한다. 우리 나라에서는 왕가의 이궁(離宮)을 위시하여 삼국시대에 귀족들에 의해 사절유택(四節遊宅)과 같은 별서정원이 나타났는데,[77] 이는 앞선 밝혔듯이 유교가 성행하고 은일사상이 농후해지는 한편, 사회적 혼란이 심한 시기에 많이 나타난다. 특히, 왕조의 말이나 당쟁과 같이 사회적으로 혼란한 시기에 유배지나 은둔지를 중심으로 조영되거나 혼탁한 세상을 떠나 자연과 벗하면서 수려한 경관을 즐기기 위해 조영되었다. 이러한 대표적인 것으로는 서울의 옥호정원(玉壺亭苑), 전남 강진의 다산초당원(茶山草堂苑), 전남 담양의 소쇄원(瀟灑園)과 전남 해남의 보길도 부용동 정원(芙蓉洞 庭園) 등이 있다.

---

77) 민경현, 1998, 숲과 돌과 물의 문화, 도서출판 예경, p. 51

a) 소쇄원

소쇄원은 자연과 인공을 조화시킨 조선 중기의 정원 가운데 대표적인 것으로서, 자연 계류를 중심으로 한 별서정원이다. 이 정원의 조영자는 양산보(梁山甫, 1503~1557년)로서, 그는 스승인 조광조가 유배되자 세상의 뜻을 버리고 고향인 전남 담양으로 내려와 깨끗하고 시원하다는 뜻의 정원인 소쇄원을 지었다.

소쇄원은 정남(正南)에 무등산을 대하고, 북동쪽에서 남동쪽으로 흘러내리는 계류를 중심으로 사다리꼴 형태로 되어 있으며, 조선 명종(明宗) 3년(1648년)에 읊은 김인후(金麟厚, 1510~1560)의 소쇄원48영(瀟灑園四十八詠)에는 오늘날 보는 소쇄원의 모든 요소가 망라[78]되어 있다. 그리고 소쇄원 안에는 영조 31년(1755년) 당시 소쇄원의 모습을 목판에 새긴 그림이 남아 있어, 원래의 모습을 알 수 있다.(<그림 4-36>)

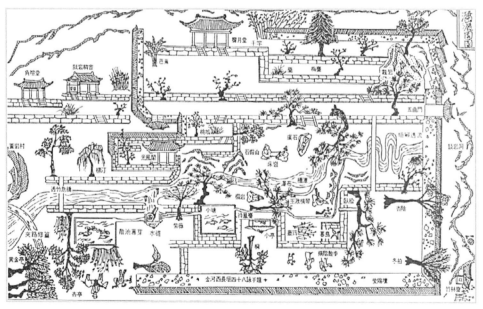

〈그림 4-36〉 소쇄원도(瀟灑園圖, 1775년 목판본)
자료: 민경현, 1998, p. 305

---

78) 정동오, 1992, 동양조경문화사, 전남대 출판부, p. 209

소쇄원은 4,060m²의 면적에 기능과 공간의 특성에 따라 전원(前園, 待鳳臺 일원), 계원(溪園, 光風閣 일원), 내원(內園, 梅臺 일원)으로 크게 구분할 수 있다.[79) 전원은 소쇄원의 입구인 죽림(竹林)부터 계류가 흘러 들어오는 오곡문(五曲門)까지의 접근 공간으로서, 제월당(霽月堂)과 광풍각(光風閣)에 이르는 하나의 approach 기능을 지니고 있지만, 왼편에 있는 각종 시설(上・下池와 수대, 대봉대, 소정, 주변의 수목)을 감상하면서 거닐 수 있도록 계획된 것이라 볼 수 있다.

계원은 북동각(北東角)의 오곡문 옆 담 아래에 뚫려 있는 수구(水口)로부터 시작되는 계류를 중심으로 하는 계류변(溪流邊) 공간으로 계안(溪岸)상에는 광풍각이 위치하고 있다. 이 공간은 거대한 암반과 계류, 그리고 광풍각 뒤편의 도오(桃塢-복숭아 둑)로 이루어져 있다. 소쇄원도(瀟灑園圖)를 보면 암반 위에는 장기를 두는 사람, 가야금을 타는 사람이 그려져 있는데 이를 통해 암반대는 하나의 유락(遊樂)공간의 역할을 하였을 것으로 판단된다.

내원은 오곡문에서 내당인 제월당에 이르는 중심 공간으로서, 전원(前園)과는 균교(均橋)에 의해 연결되고 하부는 계원(溪園)공간에 인접하고 있다. 오곡문에서 제월당에 이르는 직선 통로 위쪽에는 높이 1m 내외, 넓이 1.5m의 2단계의 축단이 있다. 여기에는 말라 죽은 채로 서 있는 측백나무 한 그루만 있지만, 소쇄원도에는 세 그루의 매화나무가 심겨져 있다.

〈그림 4-37〉 소쇄원 오곡문을 경계로 한 좌우 풍경

---

79) 정동오, 1986, 한국의 정원, 민음사, pp. 215~218
   정동오, 1992, 동양조경문화사, 전남대 출판부, pp. 209~214

b) 부용동 정원[80]

전남 해남의 보길도 부용동 정원의 조영자는 고산(孤山) 윤선도(尹善道)로서, 그는 병자호란 이후 12년 동안 이곳에서 은둔생활을 하였다. 부용동은 보길도의 산세가 연꽃과 닮았다고 하여 붙여진 이름으로, 정원 일대는 크게 낭음계(朗吟溪) 일원, 동천석실(洞天石室) 일원, 세연정 일원(<그림 4-38>)으로 나눌 수 있다.

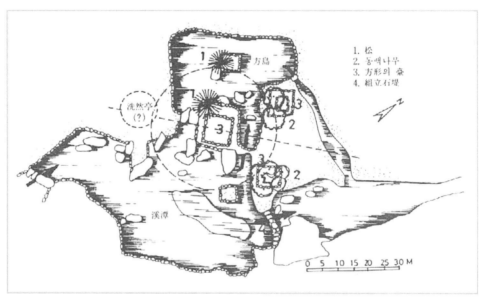

〈그림 4-38〉 세연정 일원의 평면도
자료: 정동오, 1992, p. 367

낭음계는 격자봉 북쪽 기슭의 낙서재(樂書齋) 동쪽에 흐르는 계류를 말하며, 부용동 정원의 중심권역이라 할 수 있다. 낭음계의 동쪽 언덕에는 자연사면을 그대로 이용한 남서방향 9.2m(계류방향)×5.2m(사면방향) 크기의 방지(方池)가 있으며 그 안에는 괴석이 3개 놓여있는데, 자연 속에 직선적인 방지(方池)를 도입함으로써 조형면에서 강한 대비를 보이고 있다. 이 낭음계 일원은

---

80) 정동오, 1986, 한국의 정원, 민음사, pp. 227~241
    정동오, 1992, 동양조경문화사, 전남대 출판부, pp. 360~373

낙서재에서의 일상 생활 중에서 사색과 연회, 휴식 및 산책을 통해 마음의 안정을 갖게 하는 정적인 위락공간의 기능을 부여하고 있다. 동천(洞天)은 신선이 산다는 곳이다. 그렇기 때문에 동천석실은 신선사상과 관련이 깊으며, 이곳은 낙선재로부터 수평거리 약 1km 가량 떨어져 있으며, 서쪽으로 약 10m 거리에는 길이 10m, 너비 8m 가량의 삼각형 못이 있고 그 남쪽 암석대 사이에는 한 변의 길이가 약 6m 되는 방지(方池)가 수림에 묻혀 있으며, 그 동쪽의 암벽에는 폭 60cm 정도의 10개 돌계단을 내려가면, 깊이 1.5m, 길이 4.5m, 너비 4.1m의 지하석실인 동천석실이 나타난다. 이곳은 전망과 휴식에 알맞은 장소로서, 정적인 참선공간이라고 할 수 있다.[81]

세연정 일원은 부용동 입구에 조성된 세연정(洗然亭) 일원은 남쪽의 계담(溪潭)과 북쪽에 인접한 넓은 방지방도형의 연못, 그리고 네모꼴의 돌단으로 축조된 돈대(墩臺)와 동산 등 세 영역으로 이루어져 있다. 수면적 약 2,000m² 인 계담에는 풍모가 독특한 크고 작은 거암(巨岩)이 여기저기 자연스럽게 자리잡고 있어 양호한 계담경관(溪潭景觀)을 이루고 있다. 계담의 북서쪽에는 방도(方島)형의 방지(方池)가 있는데, 우리 나라의 일반적인 원지가 방지원도형을 이루고 있음을 볼 때 매우 특이한 형태를 이루고 있다고 할 수 있다. 이곳은 부용동 정원 전체에서 가장 정성을 들여 꾸민 곳으로 관상과 주유(舟遊)를 목적으로 조성된 유락공간이다.

부용동 정원은 자연 그 자체로, 울타리가 없는 정원이다. 세상을 멀리하고 자연과 벗하며 은둔생활을 보다 뜻 있게 효과적으로 보내기 위하여 산책하며 쉬어갈 만한 적당한 장소에 계류를 막아 못을 만들고 돌을 쌓아 단을 만들어 그 위에 정자를 세웠으며, 못 안에는 수련을 심고 못가에는 나무를 심어 경관을 보완하였던 것이다. 또한 신선처럼 살기 위해 못 안에는 괴석을 배치하여 신선도를 만들고, 자연물에 선계(仙界)와 관련된 명칭을 부여하였다. 이러한 부용동 정원은 인공적인 자연을 창조한 것이라기 보다는 보완적인 입장에서 수경을 처리한 조선시대의 대표적인 조경기법들을 엿볼 수 있는 곳이다.[82]

81) 민경현, 1998, 숲과 돌과 물의 문화, 도서출판 예경, p. 310
82) 정동오, 1986, 한국의 정원, 민음사, pp. 240~241

〈그림 4-39〉부용동 정원 내의 세연지(좌)와 판석보(우, 일명 굴뚝다리)

3) 한국정원의 특성

한국의 정원은 우리 나라의 산자수려한 자연의 아름다운 환경을 존중하고 비교적 덜 인공을 가하여 자연에 조화되도록 구성한 것이 특징이다. 배산임수(背山臨水)한 명당에 주거지를 정하여 되도록 평평한 곳에 건물을 앉히고, 그 주변의 자연환경을 자연스럽게 정원으로 받아들이기도 하였다. 이른바, 건축물의 입지는 전면이 낮고 후면이 높기 때문에, 전방에 펼쳐지는 자연을 손쉽게 차경(借景)할 수 있었다. 정원에 나무를 심더라도 측면이나 한쪽 모서리에 심었다.

한국의 조경재료 배치에는 자연스러우면서도 직선적 처리가 많다. 그 대표적인 것이 화계(花階), 방도(方島) 및 담장이다. 그러나, 직선상의 화계나 담장을 보면, 자연 지형을 최대한 활용한 시설물임을 알 수 있다. 화계는 보통 후원에 조영되는데, 뒤쪽 사면을 안정시키면서 과도한 식재보다는, 때로는 담장이 보이도록 여백을 두면서 조성하였다. 담장은 모두가 일정한 높이로 두른 것이 아니라, 지세에 따라 높이의 층을 두면서 지형을 따라가도록 만든 것이 대부분이다. 또한, 방도(方島)는 원지(園池) 주변의 건물에 대비하여 보면, 인위성이 매우 떨어짐을 알 수 있다. 우리 나라의 대부분 원지(園池)는 건물의 전면이나 옆에 나타난다. 원지 내의 방도(方島)는 보다 입체적으로 드러나는 건축물에 비해 인위성이 적으며 더구나 돌과 흙 등 자연재료로 구성되어 있기에 훨씬 인위적이다. 특히, 원지(園池)에는 물이 고여 있어 방도의 형태가 밑바닥까지 두드러지게 나타나지 않는 것도 건축물에 비해 덜 인위적으로 보이게 한다.

한국정원에서 많이 나타나는 수종 선택에 있어서도 자연적인 느낌이 강하다. 선비들의 절개를 상징하는 소나무, 대나무 등의 상록수를 심기도 하였으나, 단풍나무, 배롱나무, 버드나무, 매화나무 등 낙엽활엽수를 심어, 사계절 자연의 변화를 느낄 수 있도록 배려한 특징이 있다.

우리 나라 정원의 경우, 건물의 전면보다는 후원이 발달하였다. 후원은 사적(私的) 특성이 강한 공간이라고 할 수 있는데 이는 자신을 전면에 드러내는 것보다 은일하면서 경물(景物)을 읊는 민족성 내지는 선비사상이 담겨져 있기 때문으로 파악되며, 이러한 것은 궁원은 물론 일반 민가와 별서 등에서도 나타나고 있다. 특히, 창덕궁의 후원인 비원에서는 자연풍광이 수려한 적절한 위치에 누각이나 정자를 세워 은근하고 아름다운 자연의 정취를 느낄 수 있도록 정원을 구성하였으며, 앞서 본문 속에 나타나 있는 옥호정도(玉壺亭圖, <그림 4-23>)나 전남 해남의 녹우단(綠雨壇) 평면도(<그림 4-34>)에서 이러한 일면을 읽을 수 있다.

한편, 우리 나라 원지(園池)는 중국, 일본 등과 비교해, 그 형태와 구성면에서 단조로움을 나타낸다. 같은 문화권에 속해 있으면서도 한국, 일본, 중국의 원지는 각기 다른 특징을 지니고 있는데, 한국의 원지는 직선적인 방지(方池)를 기본으로 하는 가장 단순한 형태인데 비해 일본의 원지는 변화가 많은 다양한 지형(池形)으로 발달하였으며, 중국의 원지는 한국과 일본의 중간형태로 보여진다.[83]

그렇다고 해서 한국의 원지가 모두 단조로운 것은 아니다. 경주의 임해전지(안압지)처럼 매우 정교하면서 복잡한 형태를 띠고, 다양한 조영 의도를 나타낸 것도 있다.

---

83) 정동오, 1984, 한국의 정원, 민음사, pp. 298~309

5

도시녹지의 역할

1. 도시의 수목

우리는 자연이라 하면 주변의 개울과 강, 산과 계곡 등과 같은 지형적 요소와 곤충과 새, 나무와 풀 등과 같은 동·식물을 떠올리곤 한다. 이러한 자연의 형태 중, 수목은 자연을 상징하는 가장 분명하고 확실한 형태라고 할 수 있으며, 도시환경의 시각적·감각적, 물질적 질의 향상에 다양한 방법으로 기여하고 있다고 하겠다.

이러한 수목이 도시에 도입되기 시작한 초기의 모습은 도로를 계획하는 과정에서 확인할 수 있으며, 특히 17세기 프랑스의 바로크정원, 19세기 중반 파리의 개조 계획과 18세기 후반부터 19세기 초에 걸친 런던스퀘어의 구획 등에서 찾아볼 수 있다.

프랑스 바로크정원의 특성은 도로 또는 길을 따라서 나무가 길게 일렬로 늘어서 있는 것으로, 이 도로는 사냥을 할 때 몰이꾼들이 나무 사이로 뛰어다니는 동안 주인의 시야를 확보하기 위해 방사형으로 뻗어 있다. 이와 같은 프랑스식 방사형 도로는 18세기 도시 디자인에 큰 영향을 미쳤으며 거리 구조의 이상적인 패턴으로 자리잡았다. 대표적인 예는 1791년 앙팡(Pierre Charles L'Enfant)에 의해 디자인된 워싱턴 D.C.이다.

그 후 가로수는 좀더 시각적 관점에서 그리고 좀더 실용적이고 기능적인 관점에서 계획되었다. 1850년대와 1860년대에는 나무가 일렬로 선 넓은 불루바드라 불리는 가로수 길이 파리에 도입되었다. 수목이 일렬로 선 가로수 길은 눈을 즐겁게 했고, 축제와 같은 큰 행사가 있을 때에는 보다 쉽게 접근할 수 있게 했을 뿐만 아니라 폭동이 일어났을 때는 보다 용이하게 방어할 수 있게 해 저택, 궁전, 그리고 군대 막사의 방위력을 증진시켰다. 또한 큰 가로수는 공기와 열의 순환을 가능케 함으로써 시민들에게 큰 이로움을 제공하였다. 이 때부터 가로수는 바로크 정원에서와 같이 단순히 사방으로 뻗은 것에 불과한 길과 도로의 개념을 넘어서게 되었다.

또한 영국에서는 도시 광장과 리젠트공원 등이 나무와 잔디로 울창하게 설계되었는데, 이로부터 수목은 1800년대 런던 조경의 중요한 요소로 대두되기 시작했다. 그후 19세기 중반, 주거지 광장이라 하면 나무와 풀을 떠올리게 되었고, 이 시기에 영국 시민들은 모든 빈 공간에 식물을 심어야 한다는 도덕적 의무를 느낄 만큼 자연을 추종하는 인식이 무척 강했다고 한다.

이러한 일련의 과정들은 도시의 역사에 수목이 포함되는 새로운 인식 즉, 새로운 도시환경 가치관의 확립을 의미한다고 볼 수 있다.

한편 신대륙 미국의 도시개발도 영국과 프랑스의 전례를 따르고 있는데, 그 결과 19세기 초반 미국 도시계획에서도 수목과 오픈 스페이스에 큰 가치를 부여하였다. 그 후 20세기 초반에 와서는, 워싱턴 D.C.에서처럼 바로크양식의 수목이 일렬로 선 가로수 길이 미국 도시들의 수많은 초기 도시미화계획의 특징이었다. 가령 파리의 수목이 일렬로 늘어선 넓은 가로수 길인 불루바드는 시카고와 샌프란시스코의 도시계획에 있어 그 규범이 되었다. 이러한 방사형 가로수를 기본으로 하는 도시미화계획은 경관공원과 파크웨이 그리고 도심 중앙부에 초점을 맞추었기 때문에, 나무와 자연은 도시 미라는 개념에 있어서 중요한 역할을 하게되었다.

프랑스 바로크양식의 영향이 도시의 중심에서 분명하게 드러났다면, 미국의 낭만적 조경 운동의 영향은 도시 공원의 디자인에서 뿐만 아니라 도시 주변 변두리에서도 나타났다. 언덕에 도로를 만들기 위해 수목을 없애는 것이 아니라, 수목들 사이로 완만하게 구부러진 도로를 만들었는데, 이 계획은 수목으로 덮인 것처럼 땅을 개발하자는 것이었다. 즉, 수목이 없으면 즉시 더 심었고, 녹음은 더 풍부해져서 자연스러운 숲을 이루었다. 이러한 효과는 낭만적 조경의 필수적인 요소였다.

이와 같이 수목은 인간이 창조한 보기 흉한 구조물들을 시각적으로 완화시켜 주는 주요 요소로 작용하게 되었다.

이와 같은 배경에서 도입된 수목은 오늘날 도시민에게 어떠한 가치를 부여하고 있을까? 수목은 도시조성과 재개발시에 여전히 중요한 구성요소로 간주되고 있을까? 나무가 환경의 질에 어떻게 기여하고 있는지에 대한 몇 가지 연구결과를 살펴보면 다음과 같다.

1970년 라이프 매거진은 루이스 헤리스라는 조사기관에 의뢰하여 미국 시민들이 바라는 삶의 방식과 환경 가치에 관한 설문조사를 시행하였는데, 응답자의 95%는 중요한 환경 가치로 '자신의 주변에 존재하는 녹색 잔디와 나무'를 들었다. 또한 Planned Residential Communities라는 조사에서는 거주민들이 거주 환경을 평가하는 요소로써 나무, 언덕과 호수 같은 자연적인 지형 요소를 지목하는 것으로 조사되었다.

이 연구들의 대부분이 도시인구 중 중간 계층의 도시민에게 우선적으로 초점을 둔 것에 반해, 쿠퍼는 캘리포니아의 저소득 가구에 대한 프로젝트에서 저소득 거주민의 만족에 관해 포괄적으로 통찰하는 연구를 했다. 그녀는 거주민의 환경의 질에 기여하는 중요한 요소로써 나무와 잔디가 우선적으로 인식되었으며, 거주민들이 거주지 주변에 많은 나무와 잔디들이 있으면 좀더 매력적인 공간으로 인식하였고, 그렇지 못할 경우에는 우울하고 지루하게 느낀다고 했다.

작은 도시로 둘러 쌓인 미국 북동의 코네티컷 강의 풍경 가치에 관한 연구에서, 수목은 모든 환경의 풍경적 질에 긍정적으로 기여하는 중요요소로서 작용하고 있는 것으로 판명되었다. 페인의 연구에서는 나무가 물리적 거주환경의 질을 높일 뿐만 아니라, 또한 거주자산의 경제적 가치를 강화한다고 말했다. 매샤추세츠주의 암헤스트시에서의 조사에서 수목은 거주민의 재산가치에 많게는 15%, 평균적으로는 7% 정도 기여하는 것으로 밝혀졌다.

수목의 가치에 관해 조사하는 연구가 흔하지는 않지만 이러한 연구들은 일관성 있는 결과를 보여 주고 있다. 즉, 18세기 이래, 도시에서 수목의 존재와 관련하여 많은 함축적인 가치가 있다는 것에 거의 일치된 결과를 보여 주고 있다.

수목은 실로 20세기 도시에 있어서 자연의 가장 가시적이고 실체적인 구성요소 중 하나이다. 수목이 길을 따라 늘어서 있든지, 광장이나 공원에 있든지, 또는 뒤뜰에 있든지 간에 나무는 도시생활과 도시의 자연환경, 둘 모두의 질을 향상시킬 수 있는 가능성을 가지고 있다.

수목은 도시환경개선에 기여함과 동시에 인간과 자연이 상호작용할 수 있는 많은 수단을 제공한다.

우선 시각적 환경개선의 효과를 살펴보면, 수목은 구조적이고 획일적인 환경에 인간적인 척도와 다양성의 요소를 제공하기 위해 흔히 사용된다. 그리고 복잡한 도시환경에서 시민들이 보기에 불쾌하게 느끼는 그다지 중요하지 않는 요소들을 시각적으로 조절하기 위해 필요한 방향과 방위를 제한하는 데 수목이 쓰이기도 한다. 또한 시각적으로 혹은 기능상으로 서로 분리하기 어려운 토지의 공간이용을 분할하기 위해 사용되어질 수 있다.

수목은 또한 물리적 환경개선에 대해서도 큰 역할을 하고 있다. 도시 미기후에 나타나는 가혹하고 극단적인 현상들을 완화시켜 주며, 도시의 토양 및 수자원의 보호와 관리를 돕고 있다. 그리고 도시의 대기에서 먼지와 소음 그리고 눈부심을 통제하기 위한 천연여과기나 완충기로서 사용되어질 수 있다. 이러한 역할들로 인해 도시에서의 삶을 더욱 즐길 수 있는 공간의 조성을 도모한다.

마지막으로 수목은 새들과 작은 포유동물들을 위한 식량과 은신처 그리고 서식지를 제공한다. 이것은 자연환경의 질을 개선하는 것뿐만 아니라 도시에 있어서 인간이 자연과 상호 작용할 수 있는 기회를 증가시키는 것이라 할 수 있다.

이 밖에도 수목이 도시환경에 끼치는 영향은 가늠할 수 없을 만큼 다양하고 많지만 수목이 도시환경을 위해 제공할 수 있는 가치의 실현여부는 도시개발의 과정에서 인간의 많은 관심과 지속적인 개입에 전적으로 의존한다고 하겠다. 수목은 흔히 도시개발에 있어서 부수적인 요소로 취급된다. 흔히 빌딩이나 도로 그리고 광장이 모두 건설되어진 후에 남아 있는 식물의 성장이 힘들거나 심지어 부적당한 공간에 식재된다. 수목은 그들 스스로 자생할 수 있다는 인간의 안일한 태도 때문에 고통을 받는다. 위에서 언급한 바와 같이 나무의 문화적이고 환경적인 가치는 계속적인 연구를 통하여 확인되고 있다. 따라서 도시환경에 있어서 식물의 성장을 보호하고 촉진하는 관리정책은 반드시 필요한 부분이며, 또한 우리 인간들은 나무가 사람처럼 성장을 위해 필요조건을 가진다는 사실을 인식해야만 한다. 도시환경을 관리하는 책임자들인 계획가, 설계가, 기술자 그리고 해당 공직자들은 도시개발 혹은 재개발의 초기단계에서 이러한 요구를 이해하고 더 나아가 구체화시켜야만 한다고 생각한다. 도시에서 수목이 영구적으로 유지될 수 있는 나무관리프로그램의 개발과 동시에 그 운영을 위한 재정과 인적지원에 대한 투자를 아끼지 말아야 하겠다.

이상에서 알 수 있듯이 기능적인 목적 수행을 위해 식재되기 시작한 수목은 오늘날 인간의 삶 깊숙한 곳까지 자리잡아, 도심에서 삶의 방식과 환경의 질적 측면에서 필수적인 존재로 인식되기에 이르렀으며, 이러한 현상은 지속되어질 것으로 보인다. 따라서 도시의 나무관리 및 활용을 위한 프로그램은 반드시 필요하며 이를 실현시키기 위한 재정과 인적지원은 반드시 필요하다고 생각한다.

2. 오픈스페이스로서의 도시녹지

인간은 살아가는 데 필요한 모든 것들을 자연환경으로부터 얻기 때문에 환경을 떠나서는 살 수 없다. 도시환경이 인공화되어갈수록 인간은 자연을 희구하는 경향이 있으며, 따라서 오늘날 도시환경 속에서 녹지공간을 보존·회복시키는 것은 쾌적한 도시환경을 조성하기 위한 중요한 과제이다.

오픈스페이스는 넓은 의미에서는 건축물에 의해 덮여 있지 않은 공원·놀이터와 같은 전형적인 공간은 물론 도로·보도·개인정원·서비스 공간·주차장 등도 포함된다. 그리고 좁은 의미로는 구조물이 들어서지 않은 공간만을 의미하는 것이 아니고 사람들에게 즐거움을 줄 수 있는 영역을 말하기도 한다.

오픈스페이스는 우리가 도시 환경에 대해서 이야기할 때 자주 사용하는 상용어였으나, 개인이나 전문분야에 따라 그 정의는 다양하다. 그리고 그린스페이스는 오픈스페이스의 대용어로 쓰여져 왔으나, 오픈스페이스도 그린스페이스라는 용어를 대신하여 뚜렷한 구분을 하지 않고 지금까지 사용되어져 온 것이 사실이다. 다양한 오픈스페이스에 대한 정의는 여러 분야의 학자들이 다양한 방법으로 오픈스페이스에 관한 문제를 해석하고 접근하였음을 반영하는 것이라고 생각한다. 따라서 오픈스페이스에 관한 정의는 해결해야 할 문제의 속성에 따라 다양하다고 하겠다.

1) 오픈스페이스의 성격

지금부터는 이제까지 여러 분야의 전문가에 의해서 정의된 오픈스페이스의 다양한 기능, 유형 그리고 성격에 대하여 살펴보도록 하겠다.

먼저 Tankel, Gold, Morris와 같은 이들은 오픈스페이스의 성격에 대하여 건물로 채워지지 않은 토지나 물로 정의하였다. 그리고 Eckbo와 Cranz는 오픈스페이스의 민주적인 성격에 대하여 강조하면서 오픈스페이스의 성격에 대하여 정확한 의미를 전달하고 있다. 우리 나라의 조경관련 학자들도 오픈스페이스를 도시 내의 비건폐지로 규정하여 Tankel, Gold, Morris와 비슷한 정의를 내리고 있다.

한편, Little, Wohlwill 그리고 Beer와 같은 학자들은 자연성의 입장에서 오픈스페이스를 정의하였다. Little은 오픈스페이스를 도시 내의 자연환경으로 간주하였으며, 특히 그는 오픈스페이스가 도시 내의 모든 자연환경을 대표하는 것이라고 주장하였다. Wohlwill에 따르면 환경심리학이 주로 다루는 대상은 인공환경이라기보다는 자연경관이며, 자연경관은 바위 혹은 모래, 해변, 사막, 삼림, 산맥 등과 우리가 일상에서 쉽게 접할 수 있는 다양한 식물이나 동물을 포함한다. 그리고 Beer는 그린스페이스란 "도시 내에서 인간이 창조한 인공적인 경관에 반대되는 개념인 자연환경을 의미"한다고 주장하였다. 그녀는 인간에게 만족할 만한 환경을 제공해 줄 수 있는 장소를 만들기 위해서는 도시의 가능한 모든 곳에 자연을 도입하고 보전해야 함을 강조했다.

이처럼 오픈스페이스란 자연적 요소를 도시 내에 창출시킬 수 있는 모든 형태의 보전 혹은 개발되지 않은 공간이라 할 수 있다. 그리고 오픈스페이스를 더욱 현대적인 개념으로 도시비오톱(Biotop)이라 할 수 있으며 도시비오톱이란, 경관생태적, 인간행태적 그리고 미적 의미를 동시에 만족시켜 주는 최소한의 식물이 자랄 수 있는 도시 내에 존재하는 크고 작은 모든 토지와 물로서 정의할 수 있다.

2) 오픈스페이스의 기능

오픈스페이스의 기능에 대하여서는 여러 가지 주장들이 있으나 종합하여 보면 공통적으로 다음과 같이 적어도 네 가지 정도로 나눌 수 있다. 우선 Tankel이나 Eckbo, Balmer같은 학자들은 오픈스페이스의 도시형태의 규제 및 유도 그리고 위락기능에 대하여 강조하였다. 다른 한편으로 경관계획가, 환경심리학자 그리고 경관생태학자들이 중심이 된 환경론자들(Laurie, Michert, Hough 등)은 도시 형성과정(natural process)의 기반으로서의 자연, 즉 도시 내 자연의 유보지로서의 오픈스페이스의 기능에 대하여 강조했다. Spirn은 오픈스페이스에 있어서 생태계의 질서에 대한 고려는 아주 특기할 만한 것이며, 도시의 모습을 상징화하는 데 크게 기여한다고 주장하였다. 또 다른 일군의 학자들은 농업 혹은 어메니티(amenity), 경제적 가치와 에너지 보전, 학습의 장, 심리적 효과 그리고 건강과 생물적인 기능 등과 같은 환경론자들의 주장과는 사뭇 다른 오픈스페이스의 기능을 제시하였다. 그 중에서 Fairbrother는 토지이용의 관점에서 도시 오픈스페이스의 네 가지 기능을 농업, 어메니티, 산업, 그리고 유휴지로 나누었다. 그녀는 토지이용계획과 관련하여 오픈스페이스의 농업적인 기능과 어메니티적인 기능에 대하여 특히 강조하였다. 임승빈은 여가공간의 제공, 경제활성화의 촉진, 도시생태계의 건강성 유지, 사회적 교류증대, 도시경관의 향상, 재해시 피난처 제공 그리고 경작지 제공 등과 같은 오픈스페이스의 독특한 기능을 제시하였다. 도시 내에서 오픈스페이스의 경작지 제공과 같은 농업적인 기능은 도시의 지속가능한 개발과 관련하여 앞으로 지속적인 연구와 관심이 필요하다고 생각된다.

3) 오픈스페이스의 유형

한편, 여러 분야의 전문가들이 다양한 정의를 통하여 오픈스페이스의 유형에 대한 많은 의견을 제시하고 있다. 그러나 이러한 다양한 오픈스페이스의 유형에 관한 견해를 살펴보면 오픈스페이스를 구성하는 요소는 근린공원이나 어린이공원 등의 도시공원과 같은 제도권(formal, 법의 테두리 내에 존재하는 유형)으로부터 비제도권(informal, casual)에 속하는 학교 운동장이나 수변공간(강변, 호수가 등) 등과 같은 것을 공통적으로 포함하고 있다.

오픈스페이스의 유형을 공식적으로 제일 먼저 제시한 사람은 영국의 Abercrombie였다. 그는 1944년 광역런던계획을 위하여 런던의 특성을 고려한 '어린이 놀이터'에서부터 '도시광장' 그리고 '그린벨트보호구역' 등에 이르기까지 약 14종의 다양한 오픈스페이스 유형을 제시하였다. Abercrombie는 Olmsted의 보스턴 공원·녹지체계의 영향을 받아 공원녹지의 지속적인 기반을 조성하기 위하여 도시지역과 변두리지역의 오픈스페이스 요소를 서로 연결시키고자 하였다. 그리고 그는 인공적으로 아름답게 조성된 도시공원 뿐만 아니라 어른이나 청소년을 위한 운동장 등도 오픈스페이스의 범주로 간주하였다.

미국 캘리포니아 대학 데이비스분교의 Francis는 오픈스페이스를 '전통'과 '혁신'의 두 가지 유형으로 나누어 제시하였다. 우선 전자의 경우는 근린공원, 어린이 놀이터, 공공공원, 보행자전용도로 그리고 도시광장 등을 포함하고 있으며, 후자의 경우는 커뮤니티 오픈스페이스, 학교운동장, 가로, 수변, 그리고 공터 등으로 이루어진다고 주장했다.

그리고 최근 영국런던대학 지리학과의 Burgess 연구팀은 주민의 환경녹지의식에 기초하여 오픈스페이스를 제도권(formal)적인 것과 비제도권(informal)적인 것 등으로 나누었다. 제도권적인 오픈스페이스는 도시공원이나 공공식물원 등을 말하며, 반면에 비제도권적인 오픈스페이스란 동네의 녹지, 강변, 운동장, 유휴지, 볼링 그린, 분구원 그리고 도시농원 등을 말한다.

한편, 우리 나라의 경우는 주로 오픈스페이스의 유형을 독자적인 연구나 지역의 특성에 의하기보다는 기존의 법 테두리에 기초하여 분류하고 있다. 예를 들면, 오픈스페이스를 도시계획시설인 각종 공원과 녹지 외에도 유사 도시계획시설로서 유원지, 공공공지, 광장, 운동장, 공동묘지, 하천, 저수지, 유수지 및 지역지구개념으로서의 녹지지역, 개발제한구역 그리고 풍치지구 등으로 분류하고 있다.

위에서 살펴본 여러 분야 전문가들의 견해에 기초한 오픈스페이스의 정의는 어떠한 특정한 문제 해결을 위한 방안으로 만들어진 것 같으며, 오픈스페이스의 유형은 특정국가나 지역의 특성에 따라 그 내용이 무척 다양하다고 하겠다. 다소간 그 정의의 차이는 오픈스페이스의 복잡하고 광범위한 개념

때문인 것으로 생각된다.

4) 도시녹지로서의 오픈스페이스

위에서 언급된 오픈스페이스에 대한 다양한 정의와 특히 오늘날 부각되는 도시의 환경문제와 관련하여 볼 때, 영어인 'Green Space'라는 용어가 계획 분야에서 흔히 사용되는 'Open Space'에 비해 환경적인 측면에서 볼 때 좀 더 그 범위가 넓고, 좀더 적합하며 그 의미가 명확한 현대적인 개념인 것으로 사료된다. 그리고 'Green Space'를 한국어인 '도시녹지'로 부르고자 하며 그 조작적인 정의(operational definition)는 단순히 도시계획법 상에 규정된 도시 계획시설로서의 공원 혹은 녹지와 같은 '제도권 공원 및 녹지'뿐만 아니라 공과 사와 같은 소유여부에 상관없이 하천, 산림, 농경지, 자투리땅 등을 포함 하는 '비제도권의 녹지'까지를 포함하는 좀더 넓은 의미로서의 '도시 속의 자연'을 말한다고 하겠다. 그리고 이러한 '도시녹지'는 현재 식물이 자랄 수 있는 토양을 가진 도시 지역 내의 토지와 물, 대기 등으로 이루어지며, 오픈 스페이스 중에서 도시 내 부족한 자연과의 접촉을 통하여 도시민에게 심리적 안정감과 삶에 활력을 제공하는 '위락적 기능', 아름답고 특색 있는 도시경관 을 창조하며 또한 도시형태를 규제·유도하는 '도시경관 향상의 기능' 등을 가진다. 이와함께 기온의 조절효과, 대기오염의 정화 그리고 생물 종 다양성 증진을 위한 야생 동·식물의 서식공간을 제공하는 '도시환경개선 기능'과 같은 주요 역할을 통해 '경제·교육·사회·문화적 기능' 등을 가진 것이라 고 할 수 있을 것이다.

3. 랜드스케이프(Landscape)로서의 도시녹지

디자인의 대상공간으로서의 녹지공간, 즉 랜드스케이프는 일반적으로 경관 으로 번역되고 있지만 경관이라는 단어는 당초 독어의 란트샤프트(Landshaft) 의 번역어이다. 그런데, 독어의 란트샤프트에는 ① 토지의 확장이라는 지역의 의미와 ② 지표의 가시적 현상이라는 두 가지의 의미가 있다. 이 란트샤프트에 대해 영어인 랜드스케이프는 영국의 랜드스케이프 가드닝(Landscape Gardening) 이래로 오로지 인간의 눈에 비치는 풍경으로 해석되는 경향이 있었다. 하지만 최근 랜드스케이프 플래닝(Landscape Planning)이라는 용어가 정착하고 그 개념이 확립되기에 이르러 단지 눈에 비치는 풍경만이 아니라 그 풍경이 만들어 내고 있는 기반으로서의 자연, 즉, 생태학적 지역개념이 이제까지의 시각적인 개념에 더해졌다고 보는 것이 정확한 인식의 방법인 것 같다.

경관은 약간 전문 용어로 인식되고 있으며, 유의한 관용어로서는 풍경이 많이 사용되고 있다. 보통, 풍경이라고 할 경우에는 순수한 자연의 경관 내지는 그것과 비슷한 것을 가리키는 것으로 이해되는 경향이 있다. 그리고, 자연경관에 대하여 인공경관 혹은, 문화경관이라는 용어가 사용되고 있다. 한편, 우에쓰기 박사에 따르면 풍경과 경관 모두를 인간과 환경 사이의 관계성으로서 이해해야 하며, 상대적으로 보아 주관적인 경우 '풍경'이라고 부르고, 보다 객관적인 경우에는 '경관'이라고 부른다고 주장하였다.

자연에 대하여 인공이나 문화가 사용되는 것은 자연적이라는 것에 대해 인위적이라는 것이 되겠지만, 이것은 양자 택일로서 양극의 용법으로 의미를 가지는 것이 아니라 정도문제로서 취급하는 것이 적절한 것 같다. 이처럼 녹지공간의 대상인 랜드스케이프를 자연적·인위적이란 척도개념 속에서 취급한다면 어떻게 될 것인가를 살펴보면 다음과 같다.

영국의 조경가인 난 페어부라더(Fairbrother, N) 여사는 그녀의 저서 'New Lives, New Landscapes'에서 랜드스케이프의 유형을 '자연적 경관', '인공적 경관', 그리고 '조경적 경관' 등과 같은 세 가지 유형을 제시하고 있다.

또한 최근 오사카부립대학교의 타카하시 교수는 생활환경에 있어서 자연·녹지의 기본형식으로서 '숲', '공원', '정원'과 같은 세 가지를 들고, 각각의 자연성을 자연형, 중간형, 인공형으로 설명하고 있다.

이러한 주장들을 참고로 한다면, 앞에서 서술한 자연적 경관과 인위적 경관의 구분 중에서, 후자는 경관을 구성하려는 의식 없이 인위화되어 온 경관과 아름다움 혹은 어떤 목적을 가진 풍경을 의식적으로 조성한 결과 생겨난 경관으로 구별하는 쪽이 적절하다고 생각된다.

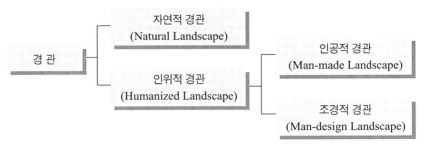

<그림 5-1> 랜드스케이프의 형식

위의 <그림 5-1>과 같이 나타낸 3가지 형식의 랜드스케이프는 모두 녹지공간, 즉 랜드스케이프 디자인의 대상이 될 수가 있다. 하지만, 가장 주체적, 직접적으로 관계하는 경관형식은 분명히 조경적 경관이라고 하겠다.

예를 들어, 자연적 경관과 인공적 경관이 녹지공간계획에 관련한다는 것은 조경적 경관을 창출하기 위한 디자인의 힌트로서나 원형으로서, 그리고 그러한 경관을 객체로 하여 경관을 향수할 수 있도록 하는 시점의 디자인에 있어서일 것이다.

차경을 이용한 정원디자인에 있어서 배후의 자연경관으로서의 산수나 한가로운 전원풍경으로서의 인공경관이 이것에 해당할 것이다.

4. 공원(公園, Public Park)의 이념

역사 속에서의 공원은 시대의 변화에 따라 고대부터 중세까지의 <수렵원 hunting park>으로서의 개념, 17 · 8세기의 <풍경식 정원 landscape garden>으로서의 개념 그리고 18세기부터 시작된 산업혁명으로 인해 예기치 않게 나타난 도시의 급격한 팽창, 주택난, 그리고 환경오염 등과 같은 도시환경문제에 대응하기 위해 그 당시의 사회개혁가들을 중심으로 시민을 위해 만든 근대적 의미의 <공원 public park>으로서의 개념 등으로 요약된다.

왕이나 귀족의 <수렵원>은 공원의 원형으로서 숲을 중심으로 사냥용 짐승이 잘 자랄 수 있도록 수목과 잔디밭과 연못을 조성하고 신전을 건립하여 사냥과 향연 그리고 제사 등을 위한 장소로 이용하였다. 그러나 이곳은 엄밀하게 말하자면 일반 시민을 위한 장소가 아니라 일부 귀족이나 왕을 위한 사유지였다.

18세기는 공원에 있어서는 가장 영광스러웠던 시절이었다. <풍경식 정원>형식을 띤 공원은 르네상스를 거치면서 유행한 풍경화와 18세기 민주적 영국인들에게는 어울리지 않았던 권위적 기하학식 정원에 대한 비판에서 나온 당시 영국의 사회적 문화적 변동 특히 자연미에 대한 각성을 통한 픽쳐레스크의 정원관의 영향에 의해 탄생되었다. 즉 풍경식 정원은 당시의 정원관을 반영한다면 <그림 같은 정원>이라고 부를 수 있겠다. 이 <풍경식 정원>은 인공적이고 제한적인 공간에서 탈피하여 시각적으로 개방된 식재지역을 별장 주변에 조성하여 승마와 산책 등과 같은 레크리에이션활동이 귀족들을 중심으로 이루어졌다.

한편, 영국은 산업혁명을 거치면서 왕족이나 귀족소유의 정원이 일반 시민에게 개방되거나 양여됨으로 인해 <공원>으로 전환되는 경로를 거치게 되는데 이는 당시 영국 시민들이 왕후나 귀족들의 생활양식을 동경하였고 이러한 욕구가 지배층의 전유물이던 개인정원을 대중에게 개방하여 공원화하였다. 동시에 산업화로 인하여 영국의 도시에는 무산계급이 증가하고 있었으며 그들을 위한 새로운 주거지역은 주변의 녹지로 확장되어갔으며, 공동주택의 건설로 인하여 녹지가 훼손되었다. 이에 대하여 에드윈 채드위크(1800~1890)와 특별위원회에서는 <하층계급의 건강과 도덕에 미치는 공공산책로와 정원의 효과>에 관한 이론을 제기했다. 특히 이들의 주장에서 주목해야 할 것은 교외의 규격화와 통풍을 위해서 뿐만 아니라 대중의 여가와 안식에도 기여할 수 있는 새로운 타입의 공원 개발을 요구했다는 것이다.

이러한 요구를 수용한 대표적인 공원이 바로 리버풀 교외의 버큰헤드공원이었다. 1844년 조셉 팩스톤은 이 도시공원의 전형을 설계하고 건설하기 위해 지자체에 의해 초빙되었으며, 그는 브라운의 전통을 살려 수목이 많은 지역과 중앙의 잔디광장을 대비시키고, 산책로가 있는 공원구역과 스포츠와 게임을 위한 오픈스페이스의 균형을 맞추었다. 오픈스페이스의 도입은 이전의 유럽의 정원에서는 찾아볼 수 없었던 것이었다. 버큰헤드공원에서 가장 흥미로운 점은 두 개의 독립된 네트워크에 의해 만들어진 보행자들을 위한 좁고 불규칙한 원로와 외곽을 따라 공원을 가로지르는 마차나 말을 위한 도로였다.

왕이 존재하지 않았던 미국에서 옴스테드에 의해 만들어진 뉴욕의 센트럴파크는 진정한 의미에서의 공원(public park)의 시작이라고 할 수 있다. 그는 처음으로 영국 여행을 마치고 돌아와서 쓴 글에서 민주주의 국가인 미국이 지금까지 국민을 위한 정원이나 그와 유사한 그 어떠한 것도 생각하지 않고 있었음을 인정하면서 그때부터 대중을 위한 공원에 깊은 관심을 표명하였다. 영국 풍경식 정원의 바탕에는 낭만주의 원리가 있었다면 옴스테드 조경의 핵심인 공공적 경관, 즉 공공공원에 대한 이념은 청교도정신과 민주주의에 그 기초를 두고 있었다. 낭만주의와 청교도 정신이 근대 시민사회를 형성하는 사상적 기반이었으며 이것이 센트럴파크 조성의 근본정신이었음을 우선 말하고자 한다.

한편, 1851년 뉴욕 주는 세계에서 최초로 공원법을 제정하였다. 이미 그 무렵 영국, 프랑스, 독일 그리고 이태리 등 유럽의 여러 나라에서는 위에서 언급하였듯이 오래된 정원을 공공화하여 공원을 설치하였고, 특히 영국의 경우 1831년에 내쉬에 의하여 리젠트파크가 신설되었기 때문에 이러한 미국의 움직임은 그다지 새로운 것은 아니었다. 그러나 공원법제정을 통하여 시민의 레크리에이션과 후생을 목적으로 공공적 풍경을 법제화한 것은 당시로서는 주목할 가치가 있다고 하겠다. 이러한 공공법의 제정은 두 가지 의미를 지닌다. 하나는 공원법에 의해 전통적인 사적 정원의 울타리를 없애고 근대적 풍경의 공공성이 확립되는 계기가 마련되었다는 것이다. 그러나 다른 하나의 의미는 근대 사회의 공공적 풍경이 시민에 의하여 획득된 것이 아니라 바로 대자본가들의 기부에 의하여 시작되었다는 것이다. 다시 말하면 공공적이라는 아름다운 문구와 함께 공원이나 학교 등의 공공지가 확보되었다고 하더라도, 이것은 결국 공장, 상업시설, 오피스빌딩 등과 같은 일차적 사유지의 집중에 의하여서만 가능해진다는 말이다.

한편, 센트럴파크의 탄생은 정치적인 압력과 시민들의 요구로 인하여 맨하탄 중심에 부지를 선정하고 토지를 매입함으로써 시작되었다. 후에 조직된 위원회에서 공원의 배치에 대한 설계안을 공모하여 1858년 옴스테드와 그의 동료 칼베르 보우의 작품이 1위로 당선되었다. 옴스테드는 주임기사로서 센트럴파크 건설을 담당하였으며 남북전쟁으로 잠시 기사직을 그만 두는 등 두 세번의 사직과 복직을 거듭한 끝에 당시의 도시행정의 모순과 투쟁하면서 조경가로서의 그의 주장을 관철시키기 위해 노력했다. 조경가라는 명칭은 이 시기부터 사용되기 시작했으며 센트럴파크의 조성과 더불어 조경이라는 전문직이 탄생하였다. 따라서 조경은 근대시민사회에 의해 탄생된 민주주의와 관계가 있다고 하겠다. 이러한 배경하에서 탄생한 센트럴파크는 버큰헤드파크에 이어서 새로운 공원의 전형이 되었다. 공원조성의 초기부터 옴스테드는 파리를 개조한 오스만 남작처럼 미래에 대한 전망을 가지고 있었다. 우선 언젠가는 공원 주위가 건물에 의해 둘러싸일 것을 예견하여 모든 시민들이 그 공원의 경관을 구경할 수 있게 공원의 면적은 843에이커의 대규모로 하였다. 옴스테드는 공원이 그가 추정한 장래의 인구 200만을 가진 도시 뉴욕의 중심지가 되어야 함을 주장했으나 1903년 그가 사망할 당시의 인구가 이미 400만이 이르렀다. 그는 교외에서 휴일을 보낼 수 없는 도시 노동자들이 이 공원 안에서 교외에서처럼 휴식을 누려야 한다고 주장했다. 이러한 문제의 해결은 19세기 후반을 풍미했던 서큘레이션 네트워크의 개념을 도입하여 큰 효과를 보았다. 우선 공원의 모습은 한 폭의 전원 풍경처럼 그리고 공원경계에 지어질 건물들을 차폐하도록 설계되었다. 그리고 옴스테드는 공원 내의 모든 교통시스템을 분리하였다. 공원은 역사상 최초로 4개의 교통망(보행자용, 마차용, 서행 또는 급행차량용)이 동시에 독립적으로 기능하도록 설계되었다. 또 옴스테드는 터널이나 고가도로, 불규직적인 지형을 이용하여 3차원적인 활용을 도모하여 그 자신의 시스템을 실현했다.

옴스테드는 유럽의 전통적인 방법으로 공원을 설계하지 않았다. 그는 자연을 가공하거나 순화시키는 방법 대신에 그것을 거의 원초적인 상태로 유지해 훼손되지 않도록 신중하게 설계하였다. 그의 목적은 도시구조 속에 있는 자연을 있는 상태 그대로 대치시키는 것이었다. 이로 인해 도시는 보다 도시다워졌고 자연은 보다 자연다워졌다. 아스팔트와 석조로 만들어진 규칙적인 바둑판 모양의 도시가 형성되는 과정에서 경관의 특성이 억압당했던 맨하탄 지역에 옴스테드는 지형의 특성과 그 지구 고유의 불규칙적인 지세의 성격을 보존하는 쪽으로 가닥을 잡았던 것이다. 그의 목적은 공원 주변에 세워질 미래의 만리장성으로부터 그 공원을 지키기 위해 공원 내에 랩토니안풍의 전통을 가진 다양한 건축물을 배제하려고 노력했다. 심지어 나무를 심는 데 이용된 정원기법조차 대립과 대비의 원리에 기초하였다.

이렇게 옴스테드에 의하여 고안된 공원은 깊은 의미를 가지고 있었다. 그는 1870년 이후 이미 센트럴파크에 지역적인 기능을 부여하였는데 이 공원시스템 이념은 도시공원의 네트워크를 체계적으로 배치하고 녹지대에 의하여 서로 연결되도록 전개해 나갔다. 이러한 방식을 최초로 적용한 곳은 1891년 보스턴이다. 이러한 파크시스템은 그가 죽기 직전인 1902년까지 미국의 796개의 도시에 적용되었다.

재작년(2000년) 타계한 조경가 에크보는 센트럴파크의 조성의 의의에 대하여 경관디자인으로 인해 사적 풍경과 공공적 경관이 확실하게 구분되었으며 그 전형적인 예가 바로 센트럴파크라고 했다. 따라서 이러한 센트럴파크의 조성은 근대 시민사회에서 탄생한 민주주의의 힘이었으며 이러한 힘의 바탕은 결국 전통적인 정원만들기 즉, 사적풍경에 심한 거부감을 가졌던 옴스테드에 의하여 대중을 위한 공공경관을 조성하는 조경학의 탄생을 가져왔다 하겠다.

우리 나라의 경우 전통적으로 정자나무, 공동우물, 제단주변, 동네의 광장, 경치 좋은 계곡 등지에서 서민의 위락활동이 이루어졌으며 오늘날의 공원의 역할을 했다고 볼 수 있다. 1876년 개항후 한국에서는 일본(1873년 1월 15일 태정관 포고 제16호)과 같은 공원의 제도화는 이루어지지 않았다. 그러나 일부 지식이들에 의해 독립공원 조성계획(1896년)이 시도되었으며, 1897년에는 파고다 공원이 조성되었다. 이후, 일제감정기, 한국전쟁 등을 겪으면서 한국에 도시공원이 제도화된 것은 사회안정과 경제발전이 본격적으로 시작된 1960년대에 이르러서였다. 제1차 경제개발 5개년 계획의 시작 연도인 1962년에 도시계획법과 건축법이 제공되어 공식적으로 공원의 개념이 형성되었고, 1967년에는 도시계획법으로부터 공원법이 분리·제정되어 공원정책의 전환기를 맞았다. 공원법제정 이전에는 <서울특별시행정에 관한 특별조치법(1962.1.27)>에 의거하여 당시의 공원행정은 건설국 토목과 계획계에서 담당했으며, 그 다음해(1963.3.7)에 건설국 토목과에 공원계가 신설되어 공원행정은 그때부터 독립되어 발전되었고, 후에 공원시설계로 명칭을 변경했다 (1965.9.2). 그러나 1962년 이래로 지금까지 도시 내에 있어서 공원과 녹지의 공급은 제도의 개선에도 불구하고 '비생산적'이라는 이유로 도시계획과정에서 항상 뒷전으로 밀려났다. 그리고 도시공원법의 내용은 유럽에서 만들어진 도시공원의 제도를 모범으로 하였기 때문에 이것은 서양의 공원을 의미하였지 우리의 전통적인 공원의 모습과는 거리가 멀었다.

한편, 우리 나라 모든 도시에서는 그 도시의 지리적, 지형적, 역사적, 문화적 여러 특성은 물론 공원의 주 이용자인 도시 주민의 욕구를 무시한 채 공원의 개발이 35년 이상 지속되어 오고 있는 실정이다. 우리 나라의 도시공원 공급과 관련된 법률은 고도성장기에 만들어졌기 때문에 무척 복잡하고 여러 갈래로 나누어져 있으며 특히 <도시계획법>과 <도시공원법>상의 공원의 유형은 우리 나라 각 도시의 특성을 무시한 채 거의 같은 형태, 같은 면적 그리고 같은 모습으로 공급되고 있다. 우리 나라의 <도시공원법>을 제정할 때 모범으로 했던 일본의 도시공원유형이나 기준도 자기 나라의 현실에 맞게 수정된 지가 오래 전의 일인데도 불구하고 아무런 비판 없이 남의 것을 베낀 우리의 <공원법> 상의 공원 유형이나 기준은 지금도 아무런 비판 없이 통용되고 있다. 그리고 공원관계부처의 관심사는 이러한 모순된 현실과 유리된 공원제도의 점진적인 개선보다는 시민 일인당 공원 면적의 증가에만 관심을 기울인 결과 이용자인 도시민의 접근이 거의 불가능한 산악지역까지를 공원면적에 포함시키는 결과를 초래하였다. 따라서 공원관계부처에서 매년 발표하는 일인당 공원면적은 해마다 증가하고 있으나 실제로 집에서 쉽게 갈 수 있고 길을 걷다가 쉴 수 있는 시민을 위한 실질적인 공원은 거의 우리의 도시에서 찾아볼 수 없는 실정이다. 공원이란 꼭 수목으로 우거지지 않아도 좋고, 회유를 할 수 있을 정도로 크지 않아도 된다. 중요한 것은 가까이 있고, 쉽게 접근 할 수 있고 언제나 이용자들이 이용할 수 있게 열려 있는 그 존재의 양식이라고 생각된다. 그리고 쾌적하고 지속가능한 개발을 꾀하고 인간과 환경이 공존하는 도시를 창조하기 위해서는 도시 내의 공원녹지의 보전과 창출이 필수적이라는 도시녹지 환경정책의 사고 전환이 필요한 시점이다. 이러한 획일적인 유형과 면적 그리고 공원시설 중심의 도시공원관련법은 현재 증대되고 있는 주민의 공원녹지에 대한 요구를 만족시키지 못하며 또한 도시공원의 공급을 위해 효과적이지 못하다는 비판이 일각에서 제기되었으나, 그러한 비합리성을 극복하고 대체할 수 있는 새로운 제도나 철학에 관련된 연구는 거의 없는 실정이다. 따라서 현재의 구태의연한 공원녹지관련제도나 법은 변화하는 현 시대상과 주민들이 살고 있는 지역의 특성과 연계하여 도시 주민의 공원녹지에 대한 변화하는 가치관을 반영하는 새로운 제도의 모색을 필요로 한다고 하겠다.

5. 도시공원녹지 관련법

1) 도시공원녹지의 유형

① 공원의 분류

도시공원은 도시공원법 제 2조에 의해 자연경관의 보호와 시민의 건강, 휴양 및 정서생활의 향상에 기여하기 위하여 도시계획법으로 지정된 도시계획

<표 5-1> 도시공원의 설치 및 규모기준(도시공원법 제 4조 관련)

공원구분	설치기준	유치거리	규 모
어린이공원	제한없음	250m 이하	1,500m² 이상
근린공원 근린생활권근린공원	제한없음	500m 이하	1만m² 이상
도보권근린공원	제한없음	1,000m 이하	3만m² 이상
도시계획권 근린공원	도시공원의 기능을 충분히 발휘할 수 있는 장소	제한없음	10만m² 이상
광역권근린공원	도시공원의 기능을 충분히 발휘할 수 있는 장소	제한없음	100만m² 이상
도시자연공원	양호한 자연조건 또는 역사적 의의가 있는 토지의 보전과 그 적절한 이용을 도모할 수 있도록 설치	제한없음	10만m² 이상
묘지공원	정숙한 장소로서 장래 시가화가 예상되지 아니하는 지역	제한없음	10만m² 이상
체육공원			

시설로 정의된다. 또한 도시공원은 도시계획법 시행령 제 3조 및 도시공원법 제 3조에 의해 어린이공원, 근린공원, 도시자연공원, 묘지공원, 체육공원으로 분류된다.

② 녹지의 분류

녹지는 도시공원법 제 2조에 의해 도시의 자연환경을 보전하거나 개선하고 공해나 재해를 방지하여 양호한 도시경관의 향상을 도모하기 위해 도시계획법으로 지정된 도시계획시설이다.

도시계획법 제 10조에서는 녹지를 완충녹지와 경관녹지로 구분하나 이외에도 수목이 식재되어 있는 녹지대나 가로수, 도시계획법상의 용도지역지구제로서의 녹지지역 및 개발제한구역이 일반적으로 녹지라 총칭되고 있다.

<표 5-2> 녹지와 구분(도시공원법 제 10조 및 동법 시행규칙 제 9조)

녹지의 구분	녹지설치지역	설치기준
공업지역 내 완충녹지	전용주거지나 교육 연구지역	교목 (4m 이상)의 재식을 통해 원인시설을 은폐하여야 하며 녹화면적률이 50% 이상이 되도록 한다.
	재해발생시 피난 등을 위하여 설치하는 녹지	관목 또는 잔디 등 지피식물을 재식하며 녹화면적률이 70% 이상이 되도록 한다.
	원인시설의 보안책, 토지이용 조절을 위하여 설치하는 녹지	녹화면적률이 80% 이상이 되도록 한다.
교통시설변 완충녹지	교통기관의 안전운행을 위한 녹지	녹화면적률이 80% 이상이 되도록 할 것. 원칙적으로 연속된 대상의 형태로 원인시설의 양측에 설치할 것
경관녹지		도시내 자연환경의 보전에 필요한 면적 이내로 할 것 주민의 일상 생활에 있어 녹지의 기능발휘를 위해 조경시설의 설치에 필요한 면적 이내로 할 것 도시공원의 기능과 상충되지 않도록 할 것

③ 유사시설

■ 광장

광장은 도시계획법 시행령 제 3조 및 도시계획시설기준에 관한 규칙 제 44조에 의해 교통광장, 미관광장, 지하광장 및 건축물 부설광장으로 구분된다.

■ 유원지

도시계획법 제 2조 1항 및 도시계획시설기준에 관한 규칙 제 46조에 의해 시민의 복지향상에 기여하기 위해 설치하는 오락과 휴양목적의 도시계획시설로 정의된다.

■ 공공공지

건축법 제 67조 및 도시설계기준 등에 관한 규칙 제 52조에 의해 도심지의 쾌적환경을 창출하기 위해 설치하는 소규모 휴식시설로 정의한다.

■ 기타

기타 공원녹지 관련 시설로서는 운동장, 공원묘지 및 하천 등이 있다.

2) 관련법 체계

도시공간계획제도는 하나의 법률체계로 이루어져 있는 것이 아닌 광대한 법률이 모여서 성립되어져 있다. 이들 법률군은 고도성장기에 상황에 따라 만들어져 다기화되고 복잡하게 얽혀 있는 상황이다. 도시의 공원녹지관계법 또한 마찬가지이다. 이에 대한 전체적 구조를 파악하기 위해서는 기본법인 도시계획법과 도시공원법을 중심으로 공간적 범위에 따르는 도시계획체계를 중심으로 재구성하여 체계화하고, 공원녹지를 조성하는 데 기반이 되어야 하는 지원법규들을 고찰할 필요가 있다. 그 동안 사용되어 온 법체계는 주로 공간위계와 법의 위계성과 포괄성에 중점을 둔 법체계로서 아래와 같은 체계를 보이고 있다.

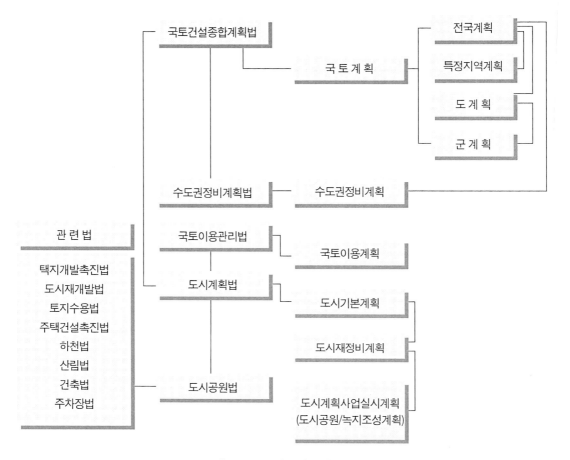

<그림 5-2> 공원녹지관련법 체계

<표 5-3> 공간위계 및 특성에 따른 관련법 체계

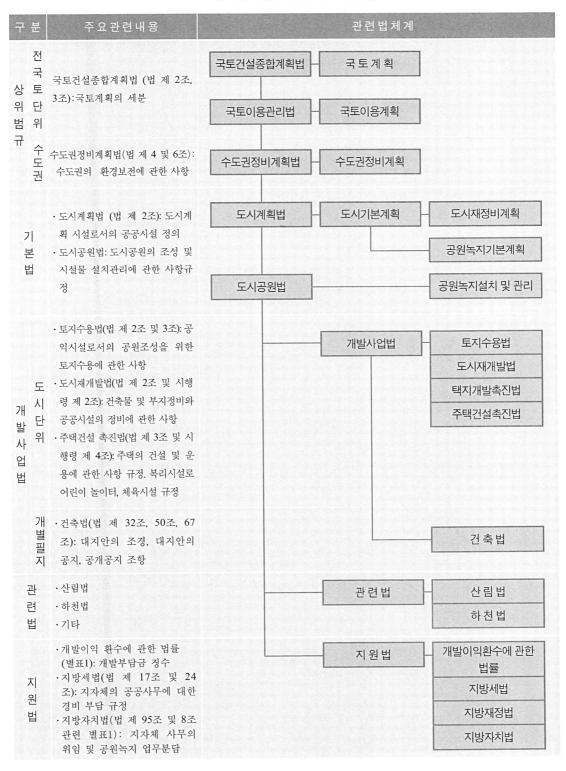

구 분		주요관련내용	관련법체계
상위범규	전국토단위	국토건설종합계획법 (법 제 2조, 3조):국토계획의 세분	국토건설종합계획법 — 국 토 계 획 국토이용관리법 — 국토이용계획
	수도권	수도권정비계획법(법 제 4 및 6조): 수도권의 환경보전에 관한 사항	수도권정비계획법 — 수도권정비계획
기본법		·도시계획법 (법 제 2조): 도시계획 시설로서의 공공시설 정의 ·도시공원법: 도시공원의 조성 및 시설물 설치관리에 관한 사항규정	도시계획법 — 도시기본계획 — 도시재정비계획 공원녹지기본계획 도시공원법 — 공원녹지설치 및 관리
도시단위 개발사업법		·토지수용법(법 제 2조 및 3조): 공익시설로서의 공원조성을 위한 토지수용에 관한 사항 ·도시재개발법(법 제 2조 및 시행령 제 2조): 건축물 및 부지정비와 공공시설의 정비에 관한 사항 ·주택건설 촉진법(법 제 3조 및 시행령 제 4조): 주택의 건설 및 운용에 관한 사항 규정. 복리시설로 어린이 놀이터, 체육시설 규정	개발사업법 — 토지수용법 도시재개발법 택지개발촉진법 주택건설촉진법
개별필지		·건축법(법 제 32조, 50조, 67조): 대지안의 조경, 대지안의 공지, 공개공지 조항	건 축 법
관련법		·산림법 ·하천법 ·기타	관 련 법 — 산 림 법 하 천 법
지원법		·개발이익 환수에 관한 법률(별표1): 개발부담금 징수 ·지방세법(법 제 17조 및 24조): 지자체의 공공사무에 대한 경비 부담 규정 ·지방자치법(법 제 95조 및 8조 관련 별표1): 지자체 사무의 위임 및 공원녹지 업무분담	지 원 법 — 개발이익환수에 관한 법률 지방세법 지방재정법 지방자치법

그러나 본 장에서는 정책수립을 위해 집행의 속성과 포괄성에 중점을 둔 법체계로서 공간계획법체계를 구성하여 기본법, 상위법규, 개발사업법, 관련법규, 지원법의 5가지 유형으로 분류하여 위계화 하였다. 법규간의 관계도는 위의 표와 같다.

① 기본법규

도시공원은 도시계획시설로서 도시단위 계획의 기본법인 도시계획법과 도시공원녹지설치에 관한 제반사항을 규정하는 도시공원법의 적용을 받는다. 도시계획법이 도시계획으로서 공원녹지를 지정하고 조성에 이르기까지 도시계획상으로 제반사항을 규정한다면 도시공원법은 공원 내 공원설치에 관련된 법으로서 공원의 분류 및 시설설치, 관리에 관한 제반사항을 규정하고 있다.

■ 도시계획법

도시계획법은 도시계획 전반에 관한 사항을 규정함으로써 도시의 건전한 발전을 도모하고 공공복리를 증진시키는 데 그 목적을 두고 있다.

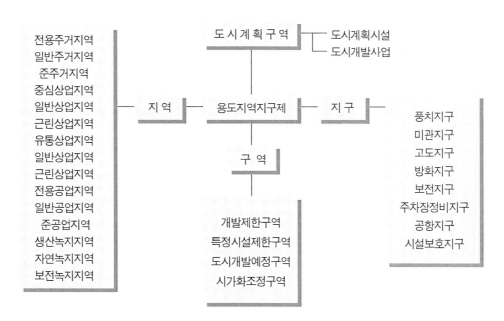

<그림 5-2> 용도지역지구제의 체계

이 법은 공원녹지의 도시계획시설로서의 정의(법 제 2조) 및 조성절차 등을 규정하는, 공원녹지 조성과 관련된 기본적인 틀을 제공하는 법규이다. 도시공원녹지의 조성은 도시계획법을 통해 도시계획시설사업에 의한 조성과 개발사업시행을 통한 조성이라는 두 가지 방식으로 행해진다.

도시계획법의 구체적인 수단이 되는 것은 지역·지구·구역의 지정을 통한 도시의 용도지역지구제로서 도시기본계획을 통해서 계획된다.

용도지역지구제에서 공원녹지는 다른 지역·지구 규정에 의해 조성 관리되지만 공원녹지에 직접적으로 관련시켜 볼 때 녹지지역, 개발제한구역, 풍치지구 등이 관련되며, 이 중에서도 녹지지역과 개발제한구역은 규모면이나 실천적 측면에서 가장 영향력이 있으며 특히 개발제한구역은 서울시 외연부에 남아 있는 녹지의 강력한 존립 기반이 되고 있다. 지역지구제의 속성상 중복될 수 있기 때문에 서울시 도시계획구역 내 녹지지역과 개발제한구역은 중복 지정되어 있다.

■ 도시공원법

이 법은 쾌적한 도시환경을 형성하여 건전하고 문화적인 도시생활의 확보와 공공의 복리증진에 기여함을 목적으로 하고 있다(법 제 1조). 도시 오픈스페이스 관련법 중 공원녹지를 규정하는 유일한 단일법으로서 공원녹지의 분류(법 제 3조 및 법 제 10조), 공원녹지의 설치 및 관리, 입장료 징수 등의 사항을 규정하고 있다(법 제 11조 및 법 제 13조).

도시공원법은 정책계획적 측면보다는 공원의 설치·관리와 조성계획의 결정 등 도시공원녹지에 한정된 시설관리적 성격을 갖게 되므로 도시계획법의 하위법으로서의 속성을 갖지만 도시계획법과의 유기적 관계를 형성하고 있지는 못한다.

② 상위법규

광역적 견지에서 국토공간을 비롯한 광역지역을 대상으로 개발정비계획을 책정하고 그 구체적 실시사업과 토지이용을 규정함으로써 지역개발 가운데서 그 도시가 담당해야 할 역할과 위치를 부여하고, 도시계획의 지침적 역할을 하는 상위공간 계획의 체제이다.

전국토단위 계획법은 다시 공간위계에 따라 전국토단위와 수도권단위로 구분된다. 상위법규들은 개별 공원녹지에 직접적인 규제력을 가지지는 않으나 광역적 차원에서의 도시 및 지역의 개발에 관한 사항을 다루고 있어 도시공간시설로서의 공원녹지 확보 및 관리방향을 제시하고 있다고 볼 수 있다.

> 전국토단위 :
> 전국토단위에서 개별 하급단위계획의 작성을 통한 전국단위 개발계획에 관한 사항 및 자연환경 보전에 관한 사항을 규정

■ 국토건설종합계획법

이 법에서는 국토계획을 공간 규모에 따라 전국건설종합계획(전국계획), 특정지역건설종합계획(특정지역계획), 도건설종합계획(도계획), 도농복합형태의 시건설 종합계획(시계획), 군건설종합계획(군계획)의 5가지로 구분하여 (법 제3조) 천연자원 및 공공적 이용가치 있는 자원으로 공원녹지를 규정하고 있다(법 제 2조).

■ 국토이용관리법

국토건설종합계획의 효율적 추진을 도모하기 위한 국토이용계획의 입안, 결정, 토지거래의 규제와 토지이용의 조정에 관한 사항을 규정하는 법률이다.

> 수도권 단위 :
> 수도권단위의 계획은 수도권에 과도하게 집중된 인구 및 산업의 적정배치를 유도하여 수도권의 질서있는 정비와 균형있는 발전을 도모하는 규정

■ 수도권정비계획법

수도권의 질서 있는 정비와 균형 있는 발전을 도모하기 위해 제정된 법률로서 수도권의 환경보전에 관한 사항을 담고 있다(법 제 4조 및 6조). 또한 수도권 내 인구집중유발시설을 다른 권역으로 이전시키고 이 이전적지를 인구집중유발시설이 아닌 다른 용도로 이용할 수 있도록 도시계획법 등 관계법률에 의해 필요장치를 규정하고 있어(법 제 11조) 이전적지의 공원이용화에 한 근거를 제시하고 있다.

③ 개발사업법규

도시공원에 관련하여 공원용지의 확보 및 조성에 관련된 사항과 개별건축물에 부속되는 휴식공간의 설치에 관한 내용을 담고 있는 법률이다. 세부적으로는 도시계획법과 도시공원법에 규제를 받는다.

> *도시단위 :*
> 도시단위의 개발계획과 관련하여 공공시설로서의 공공용지 확보 및 이의 설치와 비용부담에 관한 사항을 규정

■토지수용법

공익사업을 위한 특정토지수용에 관한 법률로서(법 제 2조) 토지수용이 가능한 공익사업에 공원, 광장, 운동장 등을 포함시키고 있다(법 제3조).

■도시재개발법

건축물 및 부지 정비와 공공시설의 정비에 관한 사업법으로서 공공시설로서 공원을 정의한다(법 제 2조 및 시행령 제 2조).

이 법에서는 재개발사업시행에 관한 비용은 이 법 또는 다른 법령에 특별한 규정이 있는 경우를 제외하고는 시장·군수 또는 구청장이 시행하는 경우에는 당해 시·군 또는 자치구가, 기타의 자가 시행하는 경우에는 그가 부담하고 시·군 또는 자치구는 시장·군수 또는 구청장 외의 시행자가 시행하는 재개발사업으로 설치되는 공공시설 중 대통령령이 정하는 주요 공공시설에 대하여는 그 설치에 소요되는 비용의 전부 또는 일부를 부담할 수 있다고 하였다(도시재개발법 제 46조).

■택지개발촉진법

택지의 취득, 개발, 공급 및 관리 등에 관한 특례규정으로 공공시설용지에 공원용지 및 어린이 놀이터 등을 포함시키고 있다(법 제 2조 및 시행령 제 2조). 그러나 산림 등에서의 개발행위를 허용하고 있어(법 제 11조) 자연환경의 파괴라는 문제가 대두된다고 하겠다.

■주택건설촉진법

주택의 건설 및 운용 등에 관한 사항을 규정하는 법률로서 복리시설로 어린이 놀이터, 공원, 녹지, 운동장, 체육시설을 규정하고 있으며(법 제 3조 및

시행령 제 4조) 주택건설사업계획시 어린이 놀이터, 공원, 녹지 등의 복리시설에 대한 계획을 수립하여야 함을 규정하며(법 제 33조) 이의 세부적인 설치기준을 주택건설기준 등에 관한 규정 및 영구임대 아파트단지 내 부대복리시설의 설치기준에서 제시하고 있다.

주택건설촉진법에서 제시하는 설치기준은 어린이 놀이터에 관한 사항으로 주택 50세대 이상은 어린이 놀이터를 설치하여야 하며 100세대 미만, 매 세대당 3m², 100세대 이상 300m²에 100세대를 넘을 때는 매 세대당 1m²를 추가하도록 하고 있다(주택건설기준 등에 관한 규정 제 46조 및 47조).

> 건축법 :
> 도시공간계획에 대응 공공이나 민간의 많은 주체에 의해 건설되는 건축물에 대한 규제, 건축물 자체만이 아닌 대지안에서 건축물을 제외한 공간의 공공적 이용에 대한 규정

■ 건축법

건축주는 면적이 200m² 이상의 대지에 건축물을 지을 경우 용도지역 및 건축물의 규모에 따라 대지안의 조경을 해야 하며(법 제 32조 및 시행령 제 27조) 도심지의 쾌적한 환경을 창출하기 위해 바닥면적의 합계가 5,000m² 이상인 다중이용시설은 대지면적의 10% 이하 범위에서 공개공지를 확보하여야 한다(법 제 67조 및 시행령 제 113조).

④ 타관련법규

> 자원법 :
> 공원조성시 비용조성 및 행정청의 업무분담과 관련된 사항 규제

■ 산림법

산림법은 산림의 효율적 이용 및 보존을 목적으로 하는 법규로서 공공의 공익사업을 위하여 국유림을 대부, 매각 또는 교환할 수 있다는 조항을 두고 있어(법 제 75조, 80조 및 81조), 도로, 주택건설사업 등의 공공사업시행시 국유산림의 훼손이라는 문제가 발생할 수 있다.

■ 주차장법

공원 등의 공공시설 지하에 노외주차장을 설치할 경우 도시계획사업으로 인정, 관계법령에 의한 점용허가를 받은 것으로 보며, 노외주차장으로 사용되는 토지 및 시설물에 대해서는 점용료 및 사용료를 감면할 수 있다(법 제 20조).

> *지원법 :*
> 공원조성시 비용조성 및 행정청의 업무분담과 관련된 사항 규제

⑤ 지원법

■ 개발이익환수에 관한 법률

이 법에서는 도심재개발사업, 택지개발사업 등의 개발사업시 토지에서 발생하는 개발이익을 환수하도록 하고 있다(법 제 1조).

■ 지방재정법

이 법은 지자체가 공공사무위임에 따르는 경비부담(법 제 26조) 및 국가의 지자체로서의 보조금의 교부(법 제 20조) 등을 규정하고 있다.

■ 지방자치법

이 법에 따라 지방자치단체의 장은 조례 또는 규칙이 정하는 바에 의하여 그 권한에 속하는 사무의 일부를 보조기관, 소속행정기관 또는 하부행정기관에 위임할 수 있는데(제 95조) 앞으로의 자자체 시행에 따라 시와 구간의 업무분담이 중요시되고 있다.

이상의 내용들의 기능에 따른 관계도를 정리하면 도시계획법과 도시공원법을 기본법으로 하여 용지의 확보에 관계하는 토지수용법, 공원녹지의 조성의 한 사업형태로 시행되는 개발사업법, 이를 지원하는 지원법과 개별필지에 대한 규제인 건축법이 다음과 같은 기능관계를 가지고 있다.

3) 관련법제 적용

① 공원녹지의 분류

■ 공원의 분류 및 설치기준

도시공원은 도시공원법 제 3조에 의해 어린이공원, 근린공원, 도시자연공원, 묘지공원, 체육공원으로 분류된다. 그러나 그 분류구분이 단순하여 분류기준에 따른 공원조성이 원활하게 이루어지지 않고 있는 실정이다. 일례로 도심내 공원이 부족한 현실에서 소규모 공간을 공원화하는 방안이 필요시 되지만 최소 면적 기준이 어린이공원의 경우 1,500m²로 되어 있어 도심내 소공원 확보에 어려움이 따른다. 또한 면적에 따른 분류로 인해 배제공원과 마로니에공원과 같은 도심소공원이 실제이용과 무관하게 어린이 공원으로 지정되고, 쌈지마당 등과 같은 소공원은 법적 근거가 없는 상태이다.

■ 녹지의 분류 및 설치기준

도시공원법 제 10조에 의해 녹지는 완충녹지와 경관녹지로 분류된다. 그러나 도시공원법에 의한 녹지는 시설이 갖추어지지 않은 공원의 성격을 가지고 있다. 실제로 행정 업무상 법규에 명문화된 녹지규정 이외에 광장녹지, 분리대, 수벽, 건물조경 등이 녹지대로 분류되며 시설녹지 이외에 도시계획법상의 녹지지역, 개발제한구역 규정이 있어 녹지에 대한 개념의 혼란을 초래하고 있다. 또한 시설설치 측면에서 현행의 경관녹지는 도시공원의 기준과 상충되지 않아야 한다는 기준 때문에 시설 및 정비가 이루어지지 않고 있다.

② 공원녹지의 조성

■ 조성절차

도시기본계획수립에 따라 장래의 도시개발의 일반적 방향이 제시되어야 하며 도시성격, 토지이용계획, 교통계획, 공원녹지계획 등의 사항이 포함되어야 한다(도시계획법 시행령 제 7조).

그리고 시장 또는 군수 외의 자는 대통령령이 정하는 바에 따라 도시계획법 제 23조의 규정에 의한 시행자지정과 동법 제 25조의 규정에 의한 실시계획인가를 받아 도시공원 또는 공원시설을 설치할 수 있으며, 그 설치한 도시공원 또는 공원시설을 관리할 수 있다(도시공원법 제 6조 1항).

■ 사유지 보상

사유지가 공원으로 지정된 경우 개인의 재산권 침해라는 문제가 발생하여 보상민원이 빈번하다. 공공시설로 분류되는 도로나 하천, 제방, 사적지, 유적지 및 천연보호림과 자연보전 지구 안의 임야는 종합토지세가 감면되고 있고 공원용지는 서울시 조례에만 50% 감면규정이 명시되어 있어 이에 대한 대책 마련이 시급하다.

■ 조성재원

도시공원의 조성을 위한 재원은 크게 국비, 지방비, 민간자본으로 나눌 수 있는데 국비에는 국고보조금, 지방교부세가 포함되며 지방비는 일반회계예산 중 지역개발비, 입장료, 사용료, 점용료 등의 수입 그리고 수익자 부담금, 원인자 부담금 등의 수입이 있다.

도시공원조성을 위한 예산은 일반회계예산의 사회복지비 중 도시개발비의 도시관리비에서 확보하나 그 액수가 미비하여 계획공원으로 시설이 설치되지 않는 경우가 전체공원의 31.9%를 차지하고 있다.

재원을 확보하기 위한 방안으로 기부금제 도입, 조성계획시 투자계획 수립, 소규모 토지 내 건축시 조경의무사항 대신 기부금 마련 등의 대책이 필요하다.

③ 개발사업에 따른 조성

■ 토지구획정리사업

토지구획정리사업은 대지로서의 효용증진과 공공시설의 정비를 위하여 이 법의 규정에 의하여 실시할 토지의 교환·분합 기타의 구획변경, 지목 또는 형질의 변경이나 공공시설의 설치·변경에 관한 사업으로(법 제 2조) 설치규정은 각각 도시공원법, 도시계획시설기준에 관한 규칙에 의해 적용받고 있다.

■ 택지개발사업

택지개발사업은 도시 지역의 시급한 주택난을 해소하게 위해 주택의 개발과 공급을 시행한다는 데 목적이 있다. 이 사업은 택지개발촉진법 제 2조에 의해 도시계획법 제 2조 제 1항 1호 나목의 규정에 의한 도시계획 시설을 갖추도록 규정되는데 여기에는 공원과 녹지가 포함된다.

택지개발사업은 다른 개발사업과 마찬가지로 공원, 광장, 어린이 놀이터 등의 설치기준을 각 도시공원법, 도시공원계획에 관한 규칙, 주택건설촉진법에

의한 설치규정에 따르고 있다. 그러나 법 제 11조 규정에 의해 보안림 등에
서의 벌채행위 허가규정에 따라 도시 내 자연환경의 훼손이라는 문제의 소지
가 있다.

■ 도시재개발사업

낙후된 도시환경의 재건이라는 목적을 위해 시행되는 사업으로 도심재개발
사업과 불량주택재개발사업의 2가지로 구분된다. 두 사업 모두가 도시재개발
법의 적용을 받고 있으나 불량주택재개발사업은 주거지 건설사업으로 도시재
개발법과 함께 주택건설촉진법의 규제를 받는다.

재개발사업 시행시 공공시설로서 공원, 녹지, 광장 등을 확보해야 하는데
도심재개발인 경우 개발이익에 따른 공공용지를, 불량주택재개발사업의 경우
는 주택건설에 따른 단지 내 어린이 놀이터를 확보해야 한다. 도심재개발시
공공 공지 등을 확보할 경우에는 건폐율, 용적율을 완화하는 혜택을 주고 있
어 도심밀도의 증가와 조망권확보라는 문제가 발생한다.

그러나 재개발사업에 따르는 공원녹지 확보기준이 명확치 않아 양적인 측
면에서의 공원녹지 수준 저하뿐만 아닌 접근성 불량 등의 질적 수준 저하라
는 문제가 발생하고 있다.

<표 5-4> 도시개발사업의 종류

구 분	사업의 종류	사업의 대상	관련법(제정연도)
대지 조성 사업	토지형질변경 일단의 주택지조성사업 일단의 공업용지조성사업 토지구획정리사업 토지재개발예정구역 조성사업	10,000m² 이하의 토지 10,000m² 이상의 대지조성사업 30,000m² 이상의 공업부지조 성사업 50,000m² 이상의 도시지역 및 취락지역 주공, 토개공, 지자체의 공영 개발사업 도시의 인근지역	도시계획법(1972.12) 도시계획법(1962.1) 도시계획법(1962.1) 토지구획정리사업법(1966.11) 택지개발촉진법(1980.12) 도시계획법(1972.12)
재개발사업	도심재개발사업 주택개량재개발사업	도심 상업지역 불량주택밀집지역	도시재개발법(1976.12) 도시재개발법(1976.12)
주택 건설 사업	주택건설사업	33,000m² 이상의 대지조성사업 및 단독 20호, 공동주택 10호 이상의 건설사업	주택건설촉진법(1977.12)

4) 공원녹지 관련 역할분담

① 지자체간 역할분담

지방자치법에 의해 사무위임에 관한 제반사항이 규정되는데 지방자치법 제 95조 및 10조 등에 따라 사무위임에 대한 기준이 제시된다. 공원녹지관련 업무에 있어서는 지방자치단체의 도립, 군립 공원의 설치 및 관리업무를 시에만 국한하고 있고 자치구의 공원설치 및 관리업무의 수행에 따르는 업무분담이 시급히 요청되고 있다.

녹지에 있어서도 동일규정을 적용받기 때문에 서울시에서 설치 및 관리를 할 수 없다. 그러나 녹지의 경우 시의 관리 필요성이 있으므로 녹지 중에서도 국가 및 시 관리시설 주변의 완충녹지 등 시 관리가 필요한 녹지를 시 관리 대상으로 하고 이외의 완충·경관녹지에 대해서 구에서 관리하도록 해야 한다.

또한 지방자치법 제 132조에 의해 지방자치단체는 지자체 사무수행의 위임에 따라 필요경비를 지출할 의무를 가지며 지방재정법 제 24조에 따라 시도의 사무위임에 따라 수반되는 경비는 그 시도에서 부담하도록 규정하고 있다. 그러나 서울특별시와 자치구간의 재정부담에 관한 규정 제 3조에 의해 모든 공원의 유지관리는 자치비로 충당하도록 규정하고 있어 법규간 상호 모순되는 문제가 발생된다. 사무수행문제의 비용은 국가에 의한 보조금을 교부받을 수 있는데 이는 지방재정법 제 20조에 의한다. 그러나 공원녹지의 경우 실질적인 혜택을 받지 못하고 있다.

② 공공-민간의 역할 분담

도시공원법 제 6조 및 개발 사업법에서는 공원 관리청이 아닌 자의 도시 공원·공원 시설의 설치, 관리 및 위탁 관리에 관한 사항을 규정하고 있다.

민자유치법이 제정되면서 사회 간접시설로서의 공원에 대한 민자 유치가 활발히 시행될 것으로 예측되나 이에 의한 무리한 개발이나 시행 업자와 관, 그리고 민과의 마찰에 대한 조정 방안이 미흡하다. 현행에 공원 조성에 따르는 민자 유치제도는 행정 절차가 까다롭고 개발에 따른 혜택이 적어 실질적인 민간 참여의 폭이 좁고 공원 내에서 수익을 확보할 수 있는 위락 시설의 설치 및 영리시설의 운영을 통해 이루어지는 문제가 발생한다.

또한 민간이 공원을 조성·관리하더라도 법규상으로 공공시설의 설치에 소요되는 비용의 일부 또는 전부를 지자체에서 부담하도록 규정되어 있으나, 실제로는 민간시행자가 부담함으로써 혜택이 적은 상황이다.

실제 공원이 공공시설이므로 공공기관에서 사업을 주도해야 하지만 재정부담이 크므로 민간자본을 활용하는 방안에 대한 모색이 요구된다. 그러나 무계획적인 민자유치는 공원의 공공성을 저해하는 방향으로 진행될 소지가 있다.

5) 문제점 및 개선안

도심 내 공원 확보라는 문제가 시급하나 도심고밀화 및 지가에 따르는 조성비용의 문제로 용지 확보의 어려움이 크다. 따라서 도심 내 소규모 공원 잠재공간을 공원화하는 방안이 모색되고 있으나 최소공원규정이 어린이 공원 1,500m²로 도심 내에 확보하기에는 면적기준이 크고 이용용도도 소공원확보 및 건축대지내 공공 공간 확보 등으로 도심 내 공원 유사시설 확보가 시급하며 이의 제도적 기반으로 도시공원법 내에 도시소공원의 규정을 포함시키고 공원유형을 다양화하는 방안이 요구된다고 하겠다.

개발사업이 공원조성에 있어 갖는 중요도는 정부의 재정부담을 줄이고 개발사업과 함께 공원을 조성할 수 있다는 데 있다. 그러나 개발지역 지정 이후 전면적인 개발방식이 적용되어 기존의 공원녹지의 해제가 많고 신규 확보되는 공원녹지도 접근이 불량한 곳에 배치되어 개발사업에 따른 공원녹지의 양적·질적 저하라는 문제가 발생한다. 이에 관련된 사항으로는 개발사업법 내 건축승인에 관한 조항, 보안림 내 벌목허용조항, 국공유지의 개발허용조항 등이 있는데 개발사업을 통해 공원녹지확보를 극대화하기 위해서는 개발사업시 공원녹지확보기준을 강화시켜 제시하고 자연환경의 파괴와 관련되는 개발조항을 조정하여야 한다.

앞으로의 지방자치제도 시행을 통해 지자체간 업무분장이 중요시되나, 그 이상으로 공원의 관리 및 그에 따른 비용부담이 확실히 정립되어져야 한다. 특히 지자제 시행과 더불어 자치구의 독립적인 사무가 증가할 것으로 예상되기 때문에, 시에서는 자치구의 독립적 사무를 존중하면서 시민이 이용할 것으로 예상되는 공원녹지 관리 및 공원녹지 계획에 따른 자치구 공원업무 지원이 요구된다. 또한 다양한 민간의 참여를 유도하기 위해서 민간의 참여절차를 간소화하고 민간참여에 있어서의 다양한 유도방안이 강구되어야 한다. 민간참여시에는 환경보전이라는 측면에서 공원의 민간에 의한 전면적인 개발보다는 공공과 민간의 협력적 차원에서의 개발이 필요하다.

현재 도시환경이 악화되고, 자연성이 상실됨에 따라 보존 우선 정책과 지속가능한 환경개발, 환경보전에 관련된 법규의 정비가 필요하다. 따라서 도시환경 조성에 중요한 역할을 하는 도시녹지에 대한 인식개선과 법규정비가 필요하다고 하겠다. 녹지관련법규 조항은 오늘날 도시환경요소로서의 중요성에 비추어 볼 때 미분화되고 체계적이지 못하며 법제에 따라 중복되어 있는 상황이다. 도시계획법의 녹지지역과 개발제한구역, 도시공원법의 녹지 등의 규정에 대한 상세하고 체계적인 조정이 필요하다고 사료된다.

6. 조경학을 넘어서: 정원(庭園, Garden)의 21세기적 개념

정원은 영어 garden의 번역어로서 헤브라이어 gan과 oden 또는 eden과의 합성어이다. gan은 울타리 또는 에워싼다는 보호 혹은 방어를 뜻하며 oden 또는 eden은 즐거움이나 기쁨을 뜻한다고 한다. 따라서 현대 영어에서의 정원이라는 말의 의미는 즐거움과 기쁨을 주는 위요된 땅(Laurie, 1986), 즉 파라다이스를 말한다.

정(庭)은 원시공동체에서는 영역을 의미했으나 오늘날에는 우리를 둘러싼 모든 것, 즉 환경을 말하며, 원(園)은 채소 혹은 가축을 기르기 위하여 주위가 둘러싸인 토지를 의미하였다. 성서의 에덴정원은 푸른 수목과 관목으로 둘러싸인 녹음과 위안을 위한 장소로 묘사되어 있다. 따라서 가든은 정과 원 두 가지 의미를 동시에 가지고 있는 결합어로서 가든에 대한 정원이라는 번역어는 아주 적절하다고 생각된다(김수봉, 2000). 오늘날의 정원(庭園)이란 자연을 소재로 하여 인간이 만든 하나의 작품으로서 주로 식물이 많이 자라고 있는 외부공간을 말한다. 정원은 대체로 담장 혹은 울타리로 둘러싸여 있으며 조경의 주요 대상인 자연의 재료, 즉 생물이나 암석 그리고 물을 사용하여 자연의 아름다움을 감상하고 이용하기 위하여 가꾸고 다듬어 놓은 곳이다. 이러한 정원은 중세 이후 르네상스 시대에 이르러 그 양식들이 새롭게 다듬어졌고 로마 교외나 시골의 정원은 새로운 생활양식에 어울리도록 주위의 좋은 조망을 즐길 수 있게 노(계)단식으로 변형되었다. 뒤이어 프랑스와 영국에서는 평면기하학식 정원 그리고 자연풍경식 정원으로 발전되었다. 이러한 정원예술의 탄생에는 프랑스의 르 노트르나 영국의 켄트, 브릿지맨, 브라운 그리고 렙톤과 같은 정원예술가들의 활약이 지대했다고 하겠다. 그리고 정원예술의 발전은 시대적으로 보아 봉건사회와 르네상스와 매우 깊은 관련이 있다고 하겠다.

그러나 근대 시민사회 이후에는 정원이 조경의 영역에서 평가 절하되었다. 배정한은 그의 논문 <조경에 대한 환경미학적 접근>에서 근대에 접어들면서 정원이 조경의 영역에서 멀어졌으나 실제 20세기 이전 조경의 역사는 정원의 역사라고 하면서 조경의 탄생과 함께 사라져 버린 정원에 대한 아쉬움을 다음과 같이 표현하였다.

"조경의 가능성을 재발견하는 과정에서 "정원"은 중요한 의미를 지닌다. 조경 (landscape architecture)이라는 말이 통용된 것은 19세기 중반 이후의 일이지만, 조경에 해당하는 행위는 인류의 역사와 함께 늘 있어 왔다. 그러한 행위의 대표적인 소산이 곧 정원이다. 20세기 이전의 조경사는 정원의 역사라고 해도 과언이 아닌 것이다. 그러나, 역설적이게도, 현대적 의미의 조경이 출범함과 동시에 정원은 조경의 이론과 실천 영역에서 모두 변방으로 물러나게 되었다"(p. 196).

이어서 그는 정원을 경험의 대상이 아닌 경험의 환경을 제공하는 역할을 재발견하고 지금까지의 그림과 같은 자연, 정태적인 자연, 대상화된 자연을 보기 좋게 장식하는 조경의 전통적 꾸미기를 반성하고 새로운 좌표를 모색하게 하는 참여의 미적 장, 즉 자연과 문화를 위한 대화의 장으로서 정원의 기능을 회복해야 한다고 주장하고 있다.

"우리가 흔히 말하는 정원은 몇 그루의 화목을 심고 잔디를 깔고 연못을 파고 바위를 놓은 집 앞의 마당인 경우가 많다. 그러나 정원이 본래적으로 지니고 있는 가능성들에 주목한다면 우리는 정원의 이론적 함의와 실천적 의미를 다시 평가할 필요가 있다. 정원은 우리가 일상의 삶 속에서 자연에 참여하고 대화할 수 있는 미적 장인 것이다. 우리는 조경의 관례를 반성하고 자연과 자연미를 우리의 삶에 참여시킬 수 있는 조경을 재발견할 수 있는 과정에서 정원의 환경미학적·조경적 함의 또한 재발견되어야 한다"(p. 200).

우에쓰기는 그의 논문 <조경의 경관구조론적 연구>에서 경관형성의 전개를 지연·농촌 그리고 도시 상호 관계에 의하여 경관구조가 다섯 가지로 유형화됨을 보여 주었다(김수봉, 2000). 그 다섯 풍경구조란 선사적, 아시아적, 고전·고대(그리스·로마)적, 봉건적 그리고 근대적 경관구조를 말한다. 그는 조경을 이러한 경관구조론에서 정원과 경관의 관계성으로 이해하였다. 즉, 그에 따르면 근대 조경의 특징을 디자인 능력이 풍부하게 발휘된 고전·고대에 비하여 경관계획이나 환경계획이라고 하는 광의의 조경이 과대 포장되어 정원 혹은 공원 디자인 능력이 과소 평가되었다고 한다. 이에 대하여 나카무라(中村 一)교수는 다음과 같이 설파하였다.

"과거의 정원에 비하여 오늘날의 환경은 세계적인 규모로 확산되어 감성적인 파악을 곤란하게 함으로써 우리는 무엇인가 커다란 계획에 의해 환경 디자인 문제를 해결하려는 환상을 가지고 있다. 조경의 경우에도 광의의 조경 안에 환경디자인이나 수경이라는 측면만이 머리 속에 팽배하여 정원이나 공원을 만드는 디자인 능력이 과소 평가되는 경향"(을 비판하면서)… "이론적으로 또 실질적으로 협의의 조경능력 없이는 광의의 조경문제를 감성적으로 포착하고 환경을 재창조하는 디자인은 불가능하다. 비유적으로 말하면 화단을 만들지 않고서는 정원을 만들 수 없다"(p. 4).

나카무라의 주장에 따르면 정원의 현대적 의미는 <옥외생활공간> 또는 <옥외환경>이라고 할 수 있으며, 결국 우리가 만드는 정원은 결국 협의의 옥외환경조성을 의미한다고 하겠다. 근대적 조경에 의하여 퇴색되어 버린 정원의 가능성을 환경의 시대에 새롭게 재조명할 필요가 있다고 하겠다.

한편, 오웅성은 그의 글 <환경, 문화, 21세기>에서 정원가꾸기를 통하여 환경과 생명을 되살리는 문화운동을 제안하고 있다. 환경으로서의 정원의 역할에 대한 새로운 가능성을 제시한 것이다. 그는 우리의 고유한 '느낌'의 회복과 새로운 문화와 예술의 수용이 절실히 필요한 지금, 온고와 지신의 철학적, 사회적, 역사적 어울림과 이를 위한 사회적 공감과 연대, 지혜와 지식, 문화적 행동과 운동 그리고 용기를 주장하며 환경의 문화화로서의 정원운동을 주장하였다. 그는 정원운동을 통한 문화의 사회화, 환경의 문화화를 제창하는 이유를 다음과 같이 말했다.

"첫째로 한국사람에게 있어서 자연은 그 자체로서 하나의 정원이었으며 반대로 정원은 곧 자연이자 생활공간이었고 존재의 기반으로서 환경 그것이었다는 환경 문화의 역사적 사실에서 구해져야 한다는 것과 둘째로, 우리의 문화는 정의 문화로서 본질적인 특징이 있다고 할 때, 가장 은유적인 방식, 물리적인 모델, 순수한 자연의 소재로 사람의 정에, 마음에 호소함으로써 궁극적으로 정신과 육체를 동시에 감동시키고 승화시키는 문화적 행위 내지 장치는 다른 무엇보다 "정원"이라 할 수 있을 것이다. … 양옥집과 시멘트 상자곽 현대식 아파트에 길들여진지 오래인 우리에겐 이제 옛 집의 마음, 옛 마당과 뜰의 그 본래의 인정과 분위기의 회복 그리고 재현이 절실히 필요하다. 왜냐하면 앞으로의 새로운 세기에는 정말로 "인간적인 삶", "인간다운 환경"을 영위하는 것이 참 생활, 참 문화일 것이기 때문이다"(pp. 145~146).

그는 이러한 인간다운 환경을 되찾고, 인간다운 삶을 회복하기 위해서 <국민정원운동>을 제안하고 있다. 국민정원이란 21세기의 본격적인 민주화 시대에 있어 모든 국민은 정원녹지를 향유하고 국가의 환경녹지정책에 참여할 수 있는 권리를 가지며 이러한 국민 모두를 위한 정원을 말한다. 결국 그는 국민정원운동을 통하여 환경을 문화화하고 이를 우리의 문화 되살리기, 우리 환경가꾸기 그리고 생명지키기로 승화 발전시켜야 함을 제창하였다. 정원의 21세기적 개념을 잘 나타낸 주장이라고 생각된다.

현실적으로 21세기 정보화사회에서 정원의 재조명은 인터넷의 영향으로 조경업의 주요한 투자사업으로 떠오를 것이다. 특히 도시의 기반시설로 구축된 초고속 정보망은 우리에게 출퇴근의 개념 대신 재택근무라는 혜택을 가져다줄 것이다. 그리고 이는 박승진의 주장처럼 재택근무자를 위한 교외형 전원주택의 확산으로 이어질 것이며 이러한 주택의 정원을 설계하고 시공 그리고 관리하는 업체의 수요가 늘어날 것이다. 따라서 정보화 시대의 정원은 환경적인 측면에서 뿐만 아니라 조경업체에서 투자되고 연구되어야 할 수익성 높은 벤처사업의 대상이 아닐까 생각해 본다.

결론적으로 환경계획이란 환경계획의 주 대상인 공원녹지(greenspace)의 하나인 우리 주위의 정원 가꾸기에서부터 시작된다고 하겠다. 따라서 현대적 의미에서의 정원의 재해석 혹은 재조명은 조경학을 넘어서 21세기 정보화 시대의 환경계획으로 한발 더 다가서는 첩경이 될 것이다.

생태도시

6

1. 생태도시의 개념

도시문명의 발달로 인간에게 필요한 자연환경이 파괴되면서 자연과 인간이 조화를 이룰 수 있는 환경이 중요한 과제로 떠오르고 있다. 이러한 상황에서 도시환경문제의 해결을 위한 여러 가지 대안적 방안과 정책들이 제시되고 있는데 이 중 이른바 '생태도시'개념과 관련된 논의들이 주된 관심을 끌고 있다.

외국에서는 생태도시라는 용어를 굳이 쓰지 않았지만 그와 유사한 개념들이 과거 도시계획이나 공동체 운동 분야에서 여러 차례 제기되어 왔다.

이렇게 서구 학계에서는 오랫동안 논의되어 왔거나 도시계획분야에서 적용되었던 생태도시 유사개념들에는 전원도시(Garden City), 자족도시(Self-sufficient City), 자립도시(Self-reliant Cites), 녹색도시(Green City), 그리고 독일의 외코폴리스(Ocopolis) 등이 있다. 또한 가까운 일본에서도 80년대 이후에 유사한 논의 및 실행이 있었는데 여기에서 자주 사용된 개념은 에코시티, 에코폴리스, 어메니티 도시, 그리고 환경보전형 시범도시와 환경보전형 도시 등이 있다. 이와 같은 다양한 의미로 설명되는 생태도시의 개념을 정확하게 이해하기 위해서는 보다 구체적인 논의가 필요한데 먼저 생태학이란 무엇인지에 관한 정리가 필요하다.

생태학이란 원래 유기체와 그 주변의 생존과 밀접한 관계가 있는 모든 조건과의 상호 관계를 연구하는 학문으로 그 연구대상을 어느 한 단위 지역 내에서 함께 살고 있는 모든 생물체의 상호 영향관계로 한다.

이와 같은 측면에서 보면 생태도시는 "도시를 하나의 유기체로 보고 도시의 다양한 활동이나 구조를 자연의 생태계가 지니고 있는 다양성, 자립성, 순환성에 가깝도록 계획하고 설계하여 인간과 환경이 공존하는 도시"라고 정의할 수 있다. 다시 말해서 생태도시란 인간과 자연환경이 조화를 이루면서 자원을 활용, 순환적으로 이용함은 물론 녹지를 조성하는 것 등을 중요하게 다루고 있다.

생태도시계획의 관점에서 본 도시의 구조와 기능에 관한 지금까지의 논의를 간단히 설명하면 다음 <그림 6-1>과 같다.[1]

기존의 도시체계는 도시활동 및 유지에 필요한 자원을 자연환경을 포함한 도시외부환경에서 유입하여 사용하고 그 결과로 발생하는 폐기물을 다시 외부에 배출하는 일방적 소비체계로 이루어졌다. 그러나 이러한 도시활동은 대기오염, 수질오염 등 환경의 파괴와 교통, 주택, 상하수도, 오물처리, 거주공간 확보를 위한 녹지공간의 부족 등의 문제를 초래하였다. 이로 인해 환경오염과 함께 도시생태계의 균형과 다양성을 파괴하는 결과를 가져왔다. 결국 생태도시는 이와 같은 도시생태계의 균형과 다양성이 파괴되지 않고 자연생태계가 가지고 있는 다양성, 자립성, 안전성, 순환성 등을 특징으로 하는 환경공생형 도시라 정의할 수 있다.

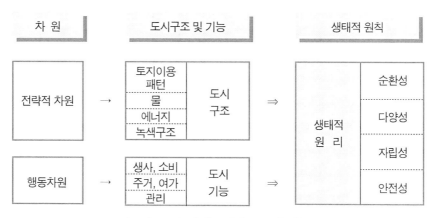

〈그림 6-1〉 생태도시의 구조와 기능

자료: 사단법인한국환경정책학회, 1999, 환경정책론, 서울: 신광문화사

---

1) 사단법인한국환경정책학회, 1999, 환경정책론, 서울: 신광문화사

생태도시를 조성함에 있어서 생태도시계획과 기존도시계획과의 차이점 규명은 기존도시계획에 지속가능한 개발개념을 포함시키고 해당도시를 생태도시로 조성하기 위하여 해야 할 첫 번째 단계라고 할 수 있다 <표 6-1>.[2]

〈표 6-1〉 종래의 개발과정과 생태적 개발과정의 비교

	종래의 개발과정(이득지향형)	생태적 개발과정(커뮤니티 지향적)
목 표	단순히 이익의 최대화 추구	커뮤니티 욕구와 열망의 충족
수 단	토지투기 및 이익을 위한 커뮤니티 개발	토지관리와 커뮤니티에 관한 위임
재정자원	어디에선가 – 주로 은행으로부터 – 돈의 차용	윤리적 투자 – 자원을 커뮤니티에 돌려줌
물질자원	무엇이든 "편리한 것" – 시장지향적, 편의주의적, 자본집약적	신중하게 선정된 것 – 건강하고 환경친화적이며 노동집약적
정 치	배타적, 편의주의적, 자기 중심적	포괄적, 윤리적, 개방과정, 생태중심적
	경제활동의 연료로 자연과 사람을 취급함	커뮤니티와 생태에 서비스하는 관점에서 경제를 봄

자료: 사단법인한국환경정책학회, 1999, 환경정책론, 서울: 신광문화사

외국에서는 상당히 오래 전부터 환경친화적 도시상에 대한 고민이 있어 왔지만 우리 나라에서는 1990년대 들어서 그 논의가 시작되었다.

우리 나라의 생태도시라는 용어는 일본환경청에서 에코폴리스(Eco-polis)라고 사용했던 용어가 그대로 번역되어 사용된 것이다. 우리 나라의 생태도시와 관련된 논의와 사례를 보면 제3차 국토종합개발계획에서 건설부는 환경보전도시(Ecopolis) 건설을 사업내용으로 도입하였고, 뒤이어 환경부도 1991년 11월 용인군과 포항시를 환경보전시범사업 지역으로 확정하여 환경관리공단에서 환경보전시범도시 조성계획을 작성하였다. 이어서 1992년의 신경제 5개년계획은 '한국형 ESSD모형개발을 위한 시범사업지역 확대'라는 내용으로 생

---

2) 사단법인한국환경정책학회, 1999, 환경정책론, 서울: 신광문화사

태도시의 개념을 반영하였다. 그리고 1994년 4월에 환경부는 오산시와 원주시를 추가로 선정하여 시범지역을 조성한다는 계획을 내놓았다<표 6-2>.[3]

〈표 6-2〉 우리 나라 환경보전시범도시의 사업내용 및 계획

도시	·사람과 물자의 이동을 배려한 도시구조와 토지이용기술 ·자연의 기능을 배려한 토지이용기술 ·녹화의 추진을 배려한 토지이용기술 ·생태적 이동통로의 네트워크 조성기술		
포항	·대기질 개선사업 ·도시림관리시범사업 ·시범사업장운영사업	·수질관리개선사업 ·소음관리시범사업 ·주민참여유도	·폐기물관리시범사업 ·홍보·환경교육사업
용인	·경안천수질개선사업 ·시범기술도입사업 ·환경보전홍보/교육사업	·축산폐수종합관리사업 ·시범사업장운용사업	·폐기물관리시범사업 ·유기농업단지조성사업
오산	·대기오염도측정소/홍보전광판설치 ·오염물질 자동감시측정망 설치운영 ·분뇨처리시설개선사업 ·하수도(분류식)설치		·오산천가꾸기 ·오염하천정화사업
원주	·원주권광역위생매립지 조성 ·재활용촉진사업 ·축산폐수처리시설사업 ·환경기초선진시설견학		·하수종말처리장건설사업

자료: 한국도시연구소, 1998, 생태도시론, 서울: 박영사

또한 1995년 말 환경부는 '환경비전 21'을 발표하여 종합적 환경행정을 펼치려는 시도를 하였다. 그 정책내용 중에는 생태도시 건설을 10개 시범지역으로 확대 실시할 것을 내용으로 하는 녹지조성계획도 포함되어 있다<표 6-3>.[4]

국내외에서는 생태도시와 관련된 개념으로 친환경적 도시, 환경보전형 도시, 녹색도시, 지속가능한 도시 등이 사용되어 그 용어의 차이가 불분명하지

---

3) 한국도시연구소, 1998, 생태도시론, 서울: 박영사
4) 한국도시연구소, 1998, 생태도시론, 서울: 박영사

만 생태도시는 다른 개념에 비해 도시를 하나의 생태계로 파악하여 도시에서
의 다양한 활동이 지속가능하게 발전할 수 있도록 모색하여 인간과 자연이
공존하는 도시라고 할 수 있다.

여기서 지속성이 무엇을 수반하는가에 대해서는 여러 견해들이 있지만 도
시개발과정에서도 지속가능한 도시를 조성해야 한다는 데는 의견이 일치되고
있고 이 목표를 달성하기 위한 방안의 하나로 최근 들어 각광받고 있는 것이
생태도시다.

즉 생태도시는 도시의 다양한 활동이나 구조가 자연의 생태계가 지니고 있
는 안정성, 다양성, 자립성, 순환성에 가깝도록 계획, 설계하는 도시를 의미한
다.

〈표 6-3〉 환경부 「환경비전 21」의 생태도시 관련부문

생태도시(Ecopolis) 모형의 개발과 보급
○지역특성에 맞는 생태도시 모형의 개발 -도시의 다양한 활동이나 구조를 자연생태계가 가지고 있는 다양성, 자립성, 안정성 그리고 순환성에 가깝도록 한국형 생태도시의 모형을 개발함. (대도시에는 질 높은 자연환경을 재생시킨 지속가능한 도시의 구현이, 신도시지역에 서는 환경부하가 적고 자연과 공생하는 도시의 출현이 필요함) -생태도시 조성사업의 추진 -생태도시 작성지침을 수립하고 도시계획 관련법규를 보완하여 생태도시계획 개념을 적극적으로 도입하며, 신도시는 환경오염이 없고 생태적으로 잘 보전된 생태도시로 개발하고 기존도시는 지역특성을 감안하여 단계적으로 생태도시로 전환함. ○선정된 도시에 대한 다각적인 재정지원 방안을 강구함. (외국의 주요 생태도시로는 에르랑겐(독일), 데이비스(미국), 고베(일본) 등이 있음.)

자료: 한국도시연구소, 1998, 생태도시론, 서울: 박영사

앞에서 언급한 것과 같이 생태도시는 이러한 도시의 구조와 기능, 사람들의
생활양식을 친환경적으로 변화시키지 않고서는 인류의 생명의 위협과 지구환
경위기를 맞을 것이라는 공동의 인식 속에서 제기되었다.

2. 생태도시계획의 원칙

현재 도시는 전지구적인 환경문제를 유발하는 원천이 되고 있다. 도시의 높은 인구밀도, 환경용량을 초과하는 대량생산과 대량소비, 그리고 주택, 도로 등 무분별한 개발은 심각한 환경오염과 자원고갈을 야기하고 있다. 이러한 환경문제와 인간의 환경에 대한 관심이 고조되면서 환경을 보전하고 삶의 질을 향상시키기 위한 다양한 방안들이 제시되고 있다. 이런 점에서 1990년대 들어 유엔이 주최한 몇 가지 중요한 국제회의에 대하여 살펴볼 필요가 있다. 특히 도시문제와 직접 연관된 회의로는 1992년 리우에서 열린 환경과 개발에 관한 유엔회의와 1996년 이스탄불에서 열린 유엔인간정주회의(HABITAT Ⅱ)가 대표적이다. 이 회의들은 환경문제와 도시문제를 중요하게 다뤘으며 생태도시의 개념을 정립하는 데 시사하는 바가 매우 크다고 하겠다. 특히 리우회

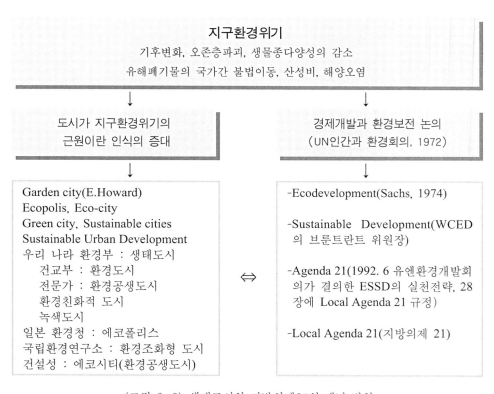

〈그림 6-2〉 생태도시와 지방의제21의 개념 변천

의에서 제기된 '지방의제21'은 각각의 도시와 지역의 환경오염과 도시문제에 대한 관심을 촉구하고, 생태도시에 대한 관심을 지방도시 차원으로 확산시켰다는 데 의의가 있다<그림 6-2>.

지난 1992년 브라질의 리우 데 자네이로에서 개최된 환경과 개발에 관한 유엔회의는 지구환경질서의 기본원칙을 규정한 '리우선언'과 구체적인 환경보존과 지속가능한 개발을 위한 행동계획을 담은 '의제21'을 채택하였다.

〈표 6-4〉 의제21 제28장의 내용

계획 분야	의제 21을 지원하기 위한 지방정부와 역할
정 책 방 향	28.1 지방정부의 참여와 협조가 의제21의 목적달성의 결정적 요인임. 지방정부는 경제, 사회, 환경의 조직을 구성, 운영, 유지하고 지역환경 정책과 규제방안의 수립과 국가적 광역 환경정책 수행을 지원함. 지방정부는 지속가능한 개발촉진을 위해 국민을 교육, 동원 그리고 책임을 지우는 데 실제 역할을 수행함.
목 표	28.1 다음 목표는 계획분야를 위해 제시된 것임. (a) 1996년까지 지방정부는 주민협의를 거쳐 지역사회를 위한 "지방의제21" 합의 도출 (b) 1993년까지 국제기구는 지방정부 사이의 협력증진을 위한 협의과정 주도 (c) 1994년까지 시연합체 및 지방정부협의회 대표는 지방정부 사이의 경험과 정보교환 확대를 위한 협력과 조정 강화 (d) 지방정부는 의사결정, 계획, 집행과정에 여성과 청소년이 참여하도록 계획분야의 수행과 조정 실시
정 책 수 단	28.3 각 지방정부는 주민, 단체, 민간기업과 대화를 통해 지방의제21을 채택해야 함. 협의와 공감대 형성과정을 통해 지방정부는 최적의 전략을 얻을 수 있을 것임. 협의과정은 지속가능한 개발문제에 관한 생활지혜를 증진시킬 것임. 의제21의 목적을 위한 지방정부의 계획, 시책, 규제 등은 채택된 지역계획에 의거 평가, 수정되고 그 전략은 지방, 국가, 국제적 기금 확보에 도움이 될 것임. 28.4 국제관련기관, 조직간 즉 UNDP, UN인간정부위원회(Habitat), UNEP, 세계은행, 지방정부, 국제연합, 세계주요대도시연합회, 세계대도시정상회의 등간의 협력관계가 신장되어야 함. 중요목표는 지방정부 능력보강과 지방환경관리 분야의 기존 기구들을 지원, 확충, 발전시키는 것임. 이 목적을 위해; (a) Habitat와 기타 UN산하기구 및 조직은 지방정부 전략에 대한 정보, 특히 국제적 지원이 필요한 정보, 수집기능을 강화할 것이 요청됨.

　　　　　　(b) 국제기관과 개도국을 포함한 정기적 협의를 통해 전략을 검토하
　　　　　　　　고 효과적인 국제지원방안을 고려하여야 함. 이러한 분야별 협의
　　　　　　　　는 현행 국가중심의 협의방식을 보완할 것임.
　　　　28.5 지방정부연합체 대표는 지방정부간 정보, 경험의 교환, 상호 기술지
　　　　　　원을 증진시키는 체계를 확립하여야 함.

　　　　(a) 재원 및 비용평가
　　　　28.6 모든 기관, 단체에 이 분야에 대한 자금 수요를 재평가할 것이 요
　　　　　　청됨. UNCED 사무국은 이 장(章)의 활동을 실행하기 위한 국제사
시　행　　무국의 봉사활동 강화 비용을 연평균(1993~2000) 백만 불로 추산
방　법　　하고 있음. 이는 단지 규모평가의 표시로 정부간에 검토되지는 아니
　　　　　　하였음.
　　　　(b) 인적자원의 개발과 능력 보강
　　　　28.7 이 계획은 의제21의 다른 장(章)에 포함된 능력제고와 훈련 활동을
　　　　　　촉진하여야 함.

　이 회의에서는 그 동안 대립의 개념으로만 여겨왔던 환경보존과 경제개발
을 어떻게 조화시킬 것인가에 대해 논의하였으며, 그 중심개념이 지속가능한
개발이었다. 이 개념은 한정되어 있는 자원을 현재 환경이 감당할 수 있는 범
위에서 환경적으로 건전하게 개발할 때만이 현세대뿐 아니라 미래세대가 지
속적으로 생존할 수 있다는 것이다.

　또한 '의제21'의 28장에 언급된 '지방의제21'은 생태적으로 건전하고 지속
가능한 지역발전 전략을 수립하고 이 계획을 실행에 옮기기 위한 지방자치단
체의 행동계획을 수립하도록 되어 있다<표 6-4>.

　환경을 보전하면서 현세대뿐만 아니라 미래세대까지 삶을 영위하기 위해서
는 인간과 자연이 공존할 수 있는 생활과 환경이 조화된 도시구조를 구비한
'사람과 환경이 공생하는 도시'를 목표로 하는 계획이 필요하다. 이러한 생태
도시의 바람직한 미래상을 수립하는 과정은 환경분야 뿐만 아니라 정치·경
제·사회·문화분야 등의 여러 가지 요소들을 재구성하는 작업을 통해 진행
되어야 한다. 이를 위해 필요한 기본적인 접근방법을 정리하자면 다음 <그림
6-3>과 같다.

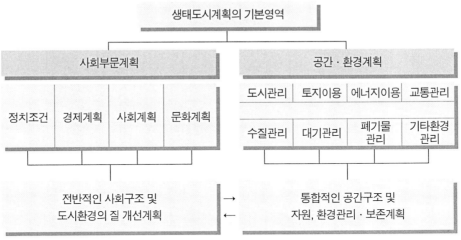

〈그림 6-3〉 생태도시의 개념설정과 내용구상을 위한 접근방법

위 <그림 6-3>과 같이 생태도시를 위한 계획의 내용을 보면 사회부문계획
과 공간·환경계획으로 구분할 수 있다. 여기서 사회부문계획은 생태도시 건
설을 위한 정치적 부문 및 경제, 사회, 문화의 각 측면의 구체적 계획을 포괄

〈표 6-5〉 생태도시를 위한 사회부문계획의 주요원칙

계획부문	계획목표	주요원칙	목표달성
정치부문	평등·민주적 정치과정의 활성화	·지속가능한 경제개발 전략의 채택 ·권한의 지역적 배분과 재정 자립 ·자원재분배와 사회적 형평성 제고 ·주체적 정치참여와 공동체적 의사결정 확립 ·종합적 환경관리체계의 구축	정치과정의 평등·민주성 확보
경제부문	자기 순환적 경제체계의 구축	·내발적 생산 지원체계의 확립 ·환경비용의 내부화와 자발적 규제 유도 ·기업의 사회공공적 기능의 강화(협동조합) ·기업의 유통·판매구조 전환 ·자기 순환적 자원동원체계의 구축	경제체계의 자기 순환성 달성
사회부문	공동체적 사회관계의 형성	·정보공유를 통한 사회적 의사 소통능력의 제고 ·생활수단의 공동사용을 지향하는 근린 사회의 형성 ·안정된 사회생활 및 여가생활 보장	사회관계의 공동체성 구축

| 문화부문 | 지역정체적 생활문화의 함양 | · 생태환경보전 실천을 위한 사회운동 활성화
· 환경보전과 시민참여를 위한 교육활동 강화
· 탈소비지향적 생활양식의 구축
· 자연환경적 발상과 창조적 상상력의 고양
· 환경친화적 지역고유 문화계승
· 환경윤리의식과 가치관 형성 | 생활문화의 지역정체성 고양 |

자연과 사회가 공생적으로 발전하는 생태도시

한다.

<표 6-5>는 생태도시를 위한 사회부문계획으로서 정치, 경제, 사회, 문화 영역별계획목표와 주요원칙, 그리고 목표가 달성된 생태도시의 구체적인 모습 등에 대하여 정리한 것이다. 여기서는 각 영역별로 독립적인 계획목표와 원칙들을 갖지만 생태도시를 위한 전체목표에 연관된다고 할 수 있겠다.

그리고 공간 환경계획은 도시관리와 토지이용, 에너지, 교통 및 환경보전, 관리계획 등을 포함한다<그림 4-5>.

5) 사단법인한국환경정책학회, 1999, 환경정책론, 서울: 신광문화사

물리적 공간계획					환경관리 · 보전계획		
계획부문	계획목표	주요원칙			주요원칙	계획목표	계획부문
도시관리계획	환경친화적이고 균형된 도시건설	· 도시/농촌간, 도시간 균형발전 · 분산집중형 도시설계 · 활력있는 공공 공간 및 쾌적한 경관의 창조 및 보전			· 물순환체계의 정비 · 물가 주변환경의 회복과 보전 · 수질오염 정화의 고도화	자기 순환적인 수자원 이용관리	수질관리계획
토지이용계획	지역환경용량에 적정한 토지이용	· 환경용량을 고려한 토지개발과 입지 · 토지 소유 및 이용제도의 합리화 · 토지이용밀도 조정과 녹지공간 확충			· 대기오염물질의 배출 저감 · 도시 미기후에 대응체계 확립 · 대기오염 통제관리의 효율화	미기후에 대응하는 배출량 저감중심 대기관리	대기관리계획
에너지이용계획	효율적 절약적 에너지 수급	· 에너지 지역자립구조의 기반조성 · 에너지 효율적 도시 및 건물 설계 · 도시 에너지 수요관리의 강화			· 자원관리와 폐기물 관리의 통합 · 재활용 중심의 폐기물 관리계획 수립 · 도시폐기물관리의 효율화	절약 · 재생 중심의 자원이용 및 폐기물 관리	폐기물관리계획
교통관리계획	환경부하를 저감시키는 교통체계	· 대중교통 중심의 통합적 교통관리 · 자동차의 에너지 절약 · 저공해화 · 인간적인 · 거리문화 · 의 회복			· 소음 · 진동 및 악취 관리 · 토양오염 및 식품 관리 · 일조, 방사선, 기타 오염 관리	쾌적한 생활의 유지 · 향상을 위한 환경관리	기타환경관리계획

중앙: 자연과 사회가 공생적으로 발전하는 생태도시

〈그림 6-4〉 생태도시를 위한 공간, 환경부문 계획의 주요원칙

그러나 이러한 두 가지 부문의 계획은 분리되는 것이 아니라 상호 밀접하게 연결되어 있다. 그러므로 생태도시를 위한 이러한 사회부문계획과 공간 · 환경계획의 세부내용들은 각각 전반적 사회구조 및 '삶의 질' 개선계획과 종합적

인 도시공간구조 및 자원, 환경관리계획에 의해 조정, 통합되어야 할 것이다.

3. 생태도시의 구성요소[6]

생태도시계획의 주요내용을 세 가지로 분류해 보면 다음과 같다.

첫째, 쓰레기 감량 등, 환경에 과다한 부담을 주지 않는 공생을 위한 생활태도와 지역사회를 조성한다. 둘째, 자연과의 접촉을 통하여 보다 풍요로운 생활을 지향하기 위한 공원 등 친근한 자연의 활용, 즉 도시 내 자연생태계의 건전성을 고려한 토지이용계획을 한다. 셋째, 도시의 구조 및 기능에 있어서 환경에 대한 부하를 최소화하고 자원에너지 절약을 위한 적정한 물질순환의 실현, 즉 물 등의 순환시스템의 구축이다.

이 같은 생태도시 조성을 위해서는 이를 물리적으로 구체화할 수 있는 기술의 개발 및 적용이 필수적이다. 이것을 생태도시의 주요 구성요소인 물 분야, 에너지 분야, 녹지 · 생물 분야로 나누어 보면 다음 <표 6-6>과 같다.

〈표 6-6〉 생태도시 조성을 위한 적용 가능한 기술

분 야	적용 가능한 기술
토지이용	· 사람과 물자의 이동을 배려한 도시구조와 토지이용기술 · 자연의 기능을 배려한 토지이용기술 · 녹화의 추진을 배려한 토지이용기술 · 생태적 이동통로의 네트워크 조성기술
물	· 수자원을 보호하고 물의 대사과정에서 무리 · 낭비를 없애는 기술 · 강우 유출을 제어하고 도시하천의 범람 · 토사재해를 막는 기술 · 자연수계의 수질을 보전하는 기술 · 물환경을 형성하는 기술
에너지	· 에너지 수요를 억제하는 기술 · 에너지 순환형 이용을 도모하는 기술 · 에너지의 효율적 이용을 도모하는 기술

6) 박정희, 2001, 생태도시조성과 주민참여, 한국생활환경학회지 제8권 제1호

	· 환경부하를 억제하는 기술
	· 자연에너지, 미이용에너지 이용을 도모하는 기술
녹지 · 생물분야	· 생태계를 배려한 녹화기술
	· 자연의 다양성에 직접 접촉하는 거점시설 조성기술
	· 생물을 기르는 다양한 생육기반 조성기술

자료: 사단법인한국환경정책학회, 1999, 환경정책론, 서울: 신광문화사

이와 같이 생태도시 조성을 추진하기 위해서는 장기적인 시간과 막대한 경비가 소요된다. 이런 이유로 각 시행주체마다 원칙, 목표 등을 세우고 이를 달성하기 위해서 연차적으로 단계별로 추진하는 것이 바람직하다고 할 수 있겠다. 일반적으로 생태도시 계획에서 사용되었던 전략들은 토지이용, 물, 에너지, 환경관리, 생물다양성의 측면으로 나누어 볼 수 있는데 이를 소개하면 다음과 같다.

1) 토지이용

토지는 많은 생물에게 식량과 물, 그리고 에너지를 공급하는 필수적이며 인간활동에 있어서 결정적인 역할을 한다. 따라서 제한된 토지자원을 더욱 합리적이고 지속가능한 방식으로 이용하기 위해서는 공해와 산업시설의 오염이 확산되는 것을 최소화하고 지방차원에서도 모든 관련집단이 참여하는 가운데 종합적이고 환경친화적인 토지이용이 필요하다.

또한 적절한 토지이용과 통신정책을 통해 불필요한 이동을 줄이고, 자동차 이외에 대체수단을 강화하거나 모든 사람이 일하는 곳에 쉽게 접근할 수 있고 사회적 교류나 여가활동이 용이하며 경제활동을 촉진할 수 있는 방식으로 이루어져야 한다<표 6-6>.

〈표 6-7〉 생태도시계획의 토지이용부문

원 칙	목 표	목 적	실험사업
환경친화적인 토지이용	도시전체의 조화된 효율성이 높은 토지이용	도심지역의 다양성, 활력 등을 증진시킴	지역중심센터의 건설 보행자 전용지역의 건설
	효율적인 토지이용을 통한 교통수요 충족	교통집중을 억제하고 이용자의 편의도모	종합환승센터의 건설

자료: 박정희, 2001, 생태도시조성과 주민참여, 한국생활환경학회지 제8권 제1호

2) 물

<표 6-8>은 생태도시계획을 위해 수자원을 어떠한 원칙을 가지고 어떠한 목표와 목적으로 사용해야 하는지를 보여 주고 있으며 그와 관련된 실험사항 등을 제시하고 있다. 수자원의 이용에서 가장 중요한 것은 기존의 하천, 연못, 호수, 개천 등의 수자원을 적극적으로 보존함을 원칙으로 한다. 그리고 토지 개발과정에서 수자원을 모을 수 있는 곳은 최대한 집수하여 호수, 저수지 등을 조성하고 이를 실개천 등으로 체계적으로 연결하여 물순환 체계를 확립함으로써 생물의 서식지를 공급하고 생태계의 연결고리를 확보함은 물론 지역의 미기후 조정, 관개 등 수자원의 효율적 이용, 경관의 향상 효과 등을 도모하는 것이라고 하겠다.

다음으로 중요한 것은 수자원의 절약 및 효율적 이용을 위하여 우수 및 중수를 최대한 이용하는 것이다. 우수는 일단 가정에서는 우수저장탱크 등 우수 집수시설을 이용하여 최대한 집수함으로써 생활용수, 관개용수 등으로 이용하고 단지 차원에서는 홍수 등을 대비하여 유수지나 저수지를 조성하여 생물의 서식처, 관개 등 다목적으로 이용한다.

〈표 6-8〉 생태도시계획의 물 부문

원 칙	목 표	목 적	실험사항
자연적인 물순환과정 수립	폐수의 재순환 (재활용)	자연적인 과정에 기초를 두고 하수의 재처리	중수도 시설의 설치
			자연정화 하수처리장의 건설
	자연적인 물순환 과정수립	지표수의 유출을 지연시키고 최소화함	투수성 포장의 도입
			우수저류 침투시설의 도입
수환경과 인간의 공존을 추구	수변생태계의 보호	생태계의 원리에 바탕을 둔 하천관리 친수환경의 조성	친자연형 하천정비
			하천수질정화시설의 도입
지역단위의 물관리체계 수립	지역차원에서의 소규모 물관리체계의 수립	지역단위의 소규모 하수처리능력의 보유	소규모 하수처리장의 건설

자료: 박정희, 2001, 생태도시조성과 주민참여, 한국생활환경학회지 제8권 제1호

3) 에너지

에너지 이용은 교통·산업생산, 가사, 사무활동 등이 일어나는 주거단지에서는 꼭 필요한 것이다<표 6-9>. 현재 대부분의 주거단지에서는 재생불가능한 에너지에 의존하고 있으며 이로 인해 기후변화, 대기오염과 그 결과로 나타나는 환경문제와 사람의 건강문제에 심각한 위협을 주고 있다. 이를 위해서는 대규모 아파트나 초고층 건물에서는 자연에너지를 활용하고, 효율적이고 경제성이 높은 냉난방 기술, 축열기술, 태양에너지를 이용한 에너지 절약시스템 등의 에너지 절약과 재생에너지를 활용하는 등의 노력이 필요하다.

〈표 6-9〉 생태도시계획의 에너지부문

원 칙	목 표	목 적	실험사항
통합적인 에너지 관리 체계의 수립	에너지 이용효율을 최대화 함	미이용되고 있는 에너지의 재이용	바이오메스 에너지 시설도입
			쓰레기 및 폐기물을 이용한 열 병합 시설 도입
		효율적인 에너지 흐름체계 수립	집단에너지 공급시설 확대
대체에너지원의 개발 및 이용	재생가능한 에너지원의 개발	현존하는 재생가능한 에너지 기술(태양, 풍력)의 이용율을 최대화	태양열 이용시설의 보급
			풍력발전 시스템의 도입

자료: 박정희, 2001, 생태도시조성과 주민참여, 한국생활환경학회지 제8권 제1호

4) 환경관리

다음의 <표 6-10>과 같은 환경관리는 도시의 순환성 측면에서 대단히 중요한 부분이다. 생산된 물질이 가공과정을 거쳐 상품으로 생산되고 도시의 소비과정을 거치면서 폐기되는 과정에 이르는 각 단계마다 재활용을 강화함으로써 원료물질의 사용과 이에 뒤따르는 에너지 소비를 줄일 수 있다. 따라서 환경관리는 자원관리 및 에너지 정책과의 연계 속에서 통합적으로 수립되고 실행되어야 한다. 그리고 한번 발생한 폐기물은 최대한 재활용하는 것도 중요하지만 도시에서 폐기물이 적게 발생하도록 산업의 생산구조나 시민들의 소비양식 등을 근본적으로 바꾸어 나가는 노력이 필요하다.

〈표 6-10〉 생태도시계획의 환경관리 부문

원 칙	목 표	목 적	실험사업
자원의 순환 및 절약형 도시건설	자원의 재활용체계 구축	·폐기물 발생량의 최소화 ·자연환경과 인간에게 바람직한 쓰레기 처리방안 강구	쓰레기 퇴비화사업
			폐기물의 청정에너지화
			종합적 폐기물의관리
			특정폐기물, 병원폐기물, 가정유해폐기물 적정관리

자료: 박정희, 2001, 생태도시조성과 주민참여, 한국생활환경학회지 제8권 제1호

5) 생물다양성

녹지자원은 생태계질서의 기반일 뿐 아니라 대기정화, 미기후 조절, 경관향상 등의 기능적 역할을 하고 있어 주거단지계획에서는 대단히 중요한 요소이다. 녹지자원의 계획에서 가장 중요한 것은 기존의 산림, 구릉, 초지, 습지 등의 녹지를 최대한 보존하는 것이다〈표 6-11〉.

〈표 6-11〉 생태도시계획의 생물다양성부문

원 칙	목 표	목 적	실험사업
도시개발에 있어서 자연과 조화 및 균형유지	도시 내 녹지를 최대한 확보하고 도시전체에 걸친 녹지의 네트워크화	도시외곽의 녹지와 도시내 녹지를 연결	Eco-bridge의 조성
			옥상녹화를 통한 Stepping Stone 조성
			자연과의 접촉기회 확대
			지하주차장 상부녹화
			도로 중앙분리대 녹화
			분구원 조성
	우수한 생태계나 자연자원의 보호	환경적으로 민감한 지역의 보호	고유식생 천이실험
			댐 주변의 자연학습공간 조성
			Eco-dam의 조성

		자생종을 보호하고 개발·보급	자생식물군락 조성 인공경량 토양에서의 자생초화류 재배실험
도시 내 생물종의 다양성과 안정성 유지	도시 내 생물서식공간 의 보전·복원·창조	도시 내 생물서식공간 의 창출 및 생물다양성 의 유지	Local Nature Reserve 조 성 인공지반의 서식지 조 성을 위한 실험 도시환경림의 조성 공단주변의 환경보전림 소성
	도시 내 biotop의 네트 워크 형성	도시외곽으로부터 도시내 로 야생동물의 유인도모	새와 녹지를 위한 근린 공원조성

자료: 박정희, 2001, 생태도시조성과 주민참여, 한국생활환경학회지 제8권 제1호

이와 같이 보존된 녹지와 새롭게 조성되는 녹지들은 생물이동통로 등을 통하여 체계적으로 연결함으로써 단지 내 생태계 연결을 도모하는 것이 필요하다. 또한 건물의 옥상이나 인공지반 위에 옥상녹화, 벽면녹화, 인공지반 녹화를 실시하여 녹지면적을 확대하고 비오톱으로서 기능을 할 수 있도록 하는 것이 바람직하다.

4. 생태도시의 사례[7]

우리의 도시는 인간을 포함한 주거, 교통, 노동 등으로 인간이 기술에 의지하여 창출한 인위시스템(Technical System)과 산림 및 녹지, 토양, 대기, 물 등의 자연시스템(Natural System)으로 구분되는 2가지의 큰 부분시스템(Subsystem)으로 구성되어 있다. 결국 서로 상호간의 물질 및 에너지의 교환에 의해 그 기능이 유지되는 하나의 거대한 영향조직체라 정의할 수 있다. 한

---

7) 2002년 5월 27일자 계명대신문

편, 도시생태계는 이를 구성하는 두 부분 시스템인 자연시스템과 인위적 시스템 상호간의 에너지 및 물질의 교환에 의해 그 기능이 유지되고 있다. 그러나 이 두 시스템은 서로 지극히 상반된 특성을 갖고 있다. 산림, 녹지, 대기, 물 그리고 토양 등으로 구성된 자연시스템은 태양의 도움을 받아 광합성작용에 위해 스스로 에너지를 생산해 내고 그 부산물을 처리할 수 있는 능력을 갖추고 있다. 반면에, 인간생활의 복합체라 할 수 있는 인위시스템은 그 기능을 유지하기 위해 자연시스템으로부터 많은 양의 에너지와 물질들을 조달받고 있다. 이와 같은 두 시스템의 관계는 곧 인위적 시스템이 자연시스템에 종속되어 있다는 사실을 말해 준다. 실제로 경제, 상업, 기술, 문화, 정보 등의 주된 활동공간으로서의 대도시는 매일 엄청난 양의 에너지와 원자재를 인위적 시스템의 원활한 유지를 위하여 자연시스템(농촌)으로부터 수입하고 있으며, 이러한 원자재와 에너지 등은 우리의 일상 생활에서 소비되어 마침내는 열, 배기가스, 쓰레기 등 더 이상 쓸모 없는 에너지의 형태로 변환된다. 쓰레기와 토양오염, 교통체증 및 대기오염, 하수 및 산업폐수, 소음 등 우리가 늘 일상생활에서 접하는 환경문제는 결국 이러한 유형과 무형의 결정체로서 대도시의 환경의 질을 저해하고 자연시스템의 기능을 파괴시키는 원인이 된다. 이와 같은 현상은 근본적으로 위의 두 상호시스템간의 에너지 및 물질순환관계의 불균형에 기인한다. 따라서 도시생태계의 특징은 인간의 영향력과 역할, 즉, 인위시스템의 활동이 두드러지는 특성을 지니고 있다 하겠다. 과거 수년간 계속된 경제성장 우선 정책은 우리의 대도시를 산업 및 공업형 도시로 변모시켰고, 이로 말미암아 대도시의 자연시스템의 영역은 흔적조차 발견하기 힘들 정도로 파괴되고 말았다. 이러한 현상은 날로 증가하는 개발수요를 충족하기 위한 토지의 무절제한 사용, 건설 및 건축물의 밀집 그리고 토양의 포장에 따른 당연한 결과로써 오늘날 대도시의 생태계를 구성하는 자연시스템의 요소인 대기 및 기후, 토양, 지하수 등에 막대한 악영향을 초래하고 있다. 현재 우리 나라의 대도시가 공통적으로 당면하고 있는 대기오염, 폐기물문제 등 여러 가지 유형의 환경문제는 결국 생태계의 기본원리에 상반되는 그 동안의 도시계획에 그 원인이 있다고 볼 수 있다. 이에 도시에서의 인간활동과 환경관계를 하나의 유기적인 관계로 보고 도시에서의 다양한 활동구조를 자연생태계가 가지고 있는 안정적이고 순환적인 구조에 가깝게 계획하는 생태도시개념이 대두되었다. 이와 같이 생태도시계획의 내용에는 물리적인 환경계획의 측면을 넘어서 도시민의 생활태도에 대한 실천방안까지도 포함하고 있다. 이러한 조건을 만족하는 생태도시를 조성하기 위해서 전세계적으로 많은 도시들이 계획되고 조성되어지고 있으며 그 예를 살펴보겠다.

1) 숲속의 도시, 밀턴 케인스

영국의 신도시 가운데 밀턴 케인스(Milton Keynse)는 가장 성공한 전원 도시로, 영국의 마지막 신도시이자 '나무 도시', '자족 도시'로 알려져 있다. 이 도시는 런던에서 M1고속도로를 따라 북쪽으로 84㎞에 위치해 있다. 인구 16만의 비교적 큰 도시인데도 주택들이 빽빽히 늘어선 나무 속에 숨어 있어 마치 농촌마을처럼 보인다. 이 도시는 중심지로부터 약 1시간 거리, 약 80km에 주거 지역을 조성하였는데, 그린벨트를 살려 도시로부터의 환경 영향을 최소화하고 쾌적성을 유지하였다.

이 도시는 녹지를 먼저 조성한 뒤 건물을 배치한 점이 다른 도시와는 다르다. 건물은 나무보다는 높아서는 안 되며 최대한 오픈스페이스를 살려 열린 공

〈그림 6-5〉 밀턴 케인스
(좌로부터 red way, campbellpark, willen lake, cricket 경기장)
자료: http://home.kg21.net/user2/cing/namoo02.html

간을 지향하고 있다. 이러한 도시 구조적 토대로 하여 지속가능한 환경정책을 수립하여 시행하고 있다. 그 예로 교통체계와 에너지절약 정책을 들 수 있다.

'라운드 어바웃(Round About)'이라는 신호등 없는 교통체계인데, 자동차는 둥근 라운드 어바웃을 돌아 어디로든 원하는 방향으로 갈 수 있다. 교통량이 늘어날 경우 언제라도 도로를 확장할 수 있도록 '보유지'를 만들어 두었으며, 보행자와 자전거 이용자를 위한 '레드웨이(Red Way)'도 만들었다. 레드웨이는 자동차와 사람이 아예 만날 수 없도록 설계되었으며, 자전거라 하더라도 엔진이 달린 것은 레드웨이를 이용할 수 없다.

교통 체계가 잡히자 에너지 고효율 주택에 관심을 가졌다. 에너지 고효율 주택은 1986년에 시작되었는데, 시 정부는 에너지 효율이 높은 주택을 실생활에 적용하기 위해 건축업자들에게 에너지 고효율 주택을 짓게 했다. 에너지 효율 등급은 건물의 단열 효과를 10등급으로 나누고 있는데, 1990년대 이후 밀턴 케인스의 주택은 에너지 효율이 7등급 이상이 되도록 규정하고 있다. 뿐만 아니라 사무용 건물에도 이 같은 노력이 확산되었다. 새롭게 건설되고 있는 '놀 힐' 취업지구에는 에너지 효율이 높은 건물만 지을 수 있는데 주로 내부 기온에 따라 열을 흡수하거나 배출하는 특수 유리와 태양열 지붕이 사용되고 있다.

밀턴 케인스가 이런 면모를 갖추게 된 것은 '균형과 다양성'이란 기본개념에 따라 계획되었기 때문이다. 녹지와 공원들이 하나의 띠를 이루어 고립된 녹색 섬은 없고, '레드웨이'라는 보행자 전용 도로가 도시를 거미줄처럼 엮고 있으며, 모든 건물이 에너지 절약형으로 건설되었다. 이 도시가 명성을 얻게 된 데에는 뛰어난 전원 풍경도 있지만 베드타운이 아닌 자족 도시를 이루고 있는 것이 가장 큰 이유이다.

2) 인간도시 실현, 고베시

일본의 고베시(神戸市)에서는 이러한 "인간 도시만들기"의 계획 아래에서 도시경관 을 형성하기 위한 도시정책을 폈다. 경관 형성의 실현을 위해서는 개발의 목적과 지역, 지구(地區)의 성격을 고려한 기법이 필요하고, 이를 위하여 고베시는 숲과 물, 도로와 광장, 공공시설 등을 전반적으로 검토하는 계획의 수

〈그림 6-6〉 포트 아일랜드와 고베항

립하고 지속적으로 실행하고 있다.

고베시를 둘러싸고 있는 산(六甲山)의 개발은, 1953년 산 정상 부분에 영국인 무역 상인이 별장을 세우면서 시작되었다. 이러한 육갑산(六甲山)의 개발은 1950년대 후반기부터 유료도로, 목장, 삼림식물원 등을 개발하면서 시작되었다. 그 이후 고도성장정책에 따른 도시화로 산의 일부분이 황폐화되기 시작하면서 여론은 산을 보전해야 한다는 방향으로 전환되었다. 이에 따라 녹지보전을 위한 조례, 국립공원 육갑산(六甲山)지구 환경보전개요, 골프장 등의 개발사항 지도개요 등을 정하여 자연환경 파괴의 요인이 되는 개발행위를 규제하기 시작했다.

한편, 매립지를 이용한 포트 아일랜드(Port Island)로 인한 공원의 기능은 녹지공원과 놀이공원, 박람회장, 다양한 전시관 등을 갖추고 자연적인 공원역할과 여가를 활용할 수 있도록 하고 있다.

고베시에서는 1971년부터 풍부한 녹지와 살기 좋은 고베시를 목표로 녹화사업을 강력히 추진하기 위해 "그린 고베 작전"을 전개하였다. 고베시의 전지역 가운데 70%를 자연녹지로 보존하고 시가지의 30%를 녹지화 한다는 것으로 시가지의 녹화, 인근 산의 녹화, 각종 시설물의 녹화, 임해지역의 녹화, 시민이 참가하는 녹화 등의 기본골격을 마련하였다. 또한 이를 위하여 "그린 네트워크(Green Network)계획"을 중앙분리대, 가로수 조성, 도로 곳곳의 녹화, 하천 변의 녹지대 조성, 가로수의 계획적 조림 등으로 실천프로그램을 마련하였다.

해상문화도시를 창출하고자 "육갑(六甲) 아이랜드 계획"을 마련하여 새로운 마을(New town)의 건설과 문화 레크리에이션시설, 정보시설과 국제항만 대학의 설립, 해상운송 체계의 효율성을 높이는 항만기능 등 각종 사회간접시설 및 공공시설을 마련하였다.

하천변에서는 수영장, 공원 기능을 담당할 수 있도록 다양한 프로그램을 개발하여 시민이 안심하고 즐길 수 있도록 하였으며, 해상 낚시공원, 해안의 정비를 통해 해안의 친수성을 도모하여 시민들이 여가를 즐길 수 있도록 하였다.

　도시구조의 골격은 동서 방향으로는 광역 자동차 도로를 주축으로 하고, 남북 방향으로는 보행자의 지역교통을 주축으로 하는 형태로 만들었다. 이러한 구조는 도시 전체의 주요 공공시설과 녹지를 연결하는 도시 또는 지구(地區)를 상징하는 의미를 갖기도 하는데, 역사성과 지리적 특수성을 고려하여, 공원녹지와 하천녹지를 연결한 시가지의 녹지 네트워크를 형성하였다.

　한편, 광장은 도로의 요소 요소에 위치하여 녹지대를 형성, 시민들의 휴식처를 제공하고 있다.

　공공건축물은 시민공유의 재산으로 복지사회조성, 환경도시조성, 문화도시조성, 국제항만 도시조성이 중점적으로 추진되고 있고, 또한 공공건축물 이용에 대해서 시민을 위한 서비스와 각종 편리성의 제공, 장애인을 위한 세심한 배려 등에 대한 일반인들의 요구를 수용해야 하는 과제가 남아 있다. 따라서 사회복지시설, 문화 레크리에이션시설, 교육시설, 관청 및 기타 부대 시설을 갖추어 나가고 있다.

　도시의 지속적 발전을 위해서 물, 에너지, 폐기물 등의 문제를 해결하지 않으면 안된다. 고베시의 상하수문제에서는 육갑산(六甲山)계의 수맥으로 인하여 풍부한 상수원과 오수(汚水)와 우수(雨水)로 구분한 하수계획을 마련하여 하천오염에 대한 철저한 대비를 하고 있다. 특히, 하수처리 시설물의 일부를 시민에게 개방함과 동시에 처리장 주변의 도로 일부를 공원화하여 시민이 이용토록 하고 있다.

　또한 1969년에 클린 센터(Clean Center)의 이용으로 인근 지역의 수영장에 폐열을 이용토록 하고, 지하철의 내리막 운전시 잔여 전력을 이용한 전력의 효율성 제고, 태양력을 이용한 동물원의 운용, 육갑산(六甲山)의 풍력을 이용한 풍력 발전 등 수많은 대체에너지 정책을 추진해 왔다.

　이상으로 고베시의 도시공간 만들기에 대한 세부 사항을 살펴보았는데 여기서 도시의 기능만을 위한 도시 만들기보다는 인간과 환경이 공생하는 도시 만들기가 우선되었다는 것을 알 수 있다.

3) 끊기지 않는 녹지, 하노버시

독일 연방정부 산하 16개 주 가운데 하나인 니더작센(Niedersachsen) 주에 속하는 하노버시(Hannover)는 인구 약 60만 명, 면적 약 20,408ha로서, 빙하기의 영향을 받아 지형은 고도가 낮고 대부분이 평지를 이루고 있다. 전체 도시 면적 중 시가화 면적과 도로 면적은 48%, 도시 내 녹지의 개념으로 파악될 수 있는 공원(13.8%), 삼림지역(17.1%), 농업지역(17.8%), 하천지역(3.3%) 등 도시 내 녹지 면적이 46%에 달하여 독일 내에서도 녹지 면적의 비율이 높은 도시이다.

〈그림 6-7〉 우수(雨水) 저장연못과 우수 집수(集水) 시스템
자료: http://www.treeinfo.co.kr/gunsul21

하노버시 도시녹지 체계의 근간은 도시 면적의 1/2에 해당하는 녹지를 끊기지 않게 연결하는 것이며, 한마디로 "집을 나서면서부터 자연과의 만남"을 추구하는 것이다. 하노버시 도시녹지를 광역적으로 연결하는 주요 구성요소는, ① 주택지나 상업지의 확산을 막기 위한 녹지 지역에 대한 규제인 독일연방 및 주의 자연보전법에 따른 "자연보호지역", "경관보전지역"의 설정, ② 도심 한 가운데의 대규모 공원을 기점으로 한 중심 녹지축의 설정, ③ 도시 한 가운데를 관통하는 중심 하천과 지천을 공원, 삼림지역과 연결시키며 하천생태계의 복구를 통한 생물다양성의 추구, ④ 도심 외곽 지역의 도시농원 조성, ⑤ 자전거 전용도로를 통해 위와 같은 도시녹지를 시민들이 자유롭고 안전하

게 접근할 수 있도록 하는 교통체계 및 도로의 가로수를 이용한 녹지축 설정이라 할 수 있다.

도시 내에 보호지역을 설정하고 도시 속에 자연을 유지하기 위해 노력하고 있다. 자연보호지역은 보호종(희귀종)이나 야생 동식물의 서식처로서 중요한 식물사회를 이루는 곳과 자연학 혹은 향토학상 중요한 지역에 설정하여 절대적인 보호를 요하는 지역이다. 경관보호지역은 자연보호지역보다는 생태학적 중요성은 떨어지나 자연 생태계의 능력을 회복하고 복구해야 할 지역과 경관이 수려한 지역에 설정하며 시민들의 여가활동과 휴양의 장소로서의 기능을 동시에 수행할 수 있는 곳이다. 이들 지역의 녹지관리 목표는 자연 및 문화자원의 보호와 이들 자원이 훼손되지 않는 범위 내에서의 이용을 조화시키는 것으로서 이용의 적합성은 철저한 영향평가를 통해 이루어진다.

영국, 일본, 독일의 생태도시 사례는 단순하게 이루어진 것이 아니다. 쾌적하고 건강한 삶을 영위할 수 있도록 주변을 청결하게 하고 도시 계획과 설계를 과학적이고 체계적으로 세운다면 생태 도시로 가는 길은 그리 어렵지 않을 것이다.

생태도시 사례에서 주목해야 할 점들은 1) 생태도시는 그 주체가 시민이어야 한다. 도시구조의 모든 것은 시민과 환경의 공생관계를 이어주는 매개체 역할을 하고 있고 또한 환경적 위험지수를 초과하지 않아야 한다. 2) 생태도시 계획은 장기적인 안목을 가져야 한다. 생태도시 조성을 위해서는 단기적이 아닌 장기적인 비전을 제시하고 그 이후에 구체적인 세부사항을 마련하여 계획을 시행해야 한다. 장기적인 안목을 가지고 정부, 기업, NGO, 지역 주민이 서로 협조하여 지속 가능한 생태도시를 건설해야 하겠다. 3) 생태도시는 도시가 갖는 특수성을 최대한 반영해야 한다. 도시는 인구, 산업, 면적, 자연자원, 지리적 조건 등 다양한 형태를 가지고 있으므로 지역의 특수성을 고려한 생태도시가 바람직하다. 4) 생태도시는 지속가능한 개발 개념을 고려하여야 하며 미래지향적이어야 한다. 인간과 환경이 공생하는 도시, 즉 안정성과 자립성, 순환성을 충분히 고려한 도시개발이 이루어져야 할 것이다.

비오톱의 개념이해와 사례

7

1. 머리말

우리 나라의 도시공간은 급속한 도시화에 따른 개발수요의 압력에 의해서 생물의 서식처가 되는 자연지역이 급속히 줄어들고 있으며, 도시 내의 생물종의 서식조건은 더욱더 열악해져 가고 있는 실정이다. 생태학적 측면에서 볼때 이러한 자연생태계의 파괴와 교란에 의해서 도시의 인공생태계는 주변 자연생태계에 대한 종속성이 더욱 심화되어지고, 궁극적으로 인공생태계의 안정성은 더욱더 낮아지게 된다. 이러한 상황이 장기적으로 지속되면 결국 인간의 생존조건을 위태롭게 하는 차원으로 전개되어지게 된다.[1]

도시지역에 서식하는 생물종의 다양성은 도시의 환경질을 가늠할 수 있는 생태적 지표가 될 수 있기 때문에 최근 우리 나라에서도 독일의 비오톱 (Biotop)개념을 도입하여 도시지역에서의 생물서식공간을 조성하여 자연생태계의 보존과 복원수단으로 활용하기 위한 연구가 진행되고 있다(최근 대전광역시와 서울특별시에서 관련연구를 수행한 바 있다). 그러나 도시 내의 생물서식공간조성에 관한 연구는 아직 시범적 단계로서 도시전체에 대한 생물서식공간의 조사와 유형분류에 의한 종합적인 생물서식공간의 조성과 복원보다는 부분적이고 소규모 공간단위별 조성기술개발위주와 단기적인 효과에 중점을 두고 있는 실정이다. 비오톱의 생태적 특성상 단독의 비오톱을 개별적으로 조성하게 된다면 그 본래의 의미와 기능을 기대할 수 없게 된다. 특히 무분별

---

1) Kreeb, K-H., 1973, Ökosystem, Stabilität durch Spezialisierung, in: Bild der Wissenschaft(10), Berlin.

한 개발로 인해 인공적인 요소로 구성된 도시공간에서의 효율적인 비오톱조성을 위해서는 도시공간전체지역에 걸쳐 다양한 형태로 존재하는 비오톱(여기에는 인간활동이 우세하여 자연적인 요소가 빈약한 지역도 포함된다.)에 대한 유형분류 및 조사가 선행되어져야 하는데, 이를 위해서는 다양하고 방대한 비오톱 관련자료를 보다 체계적이고 효과적으로 종합관리하는 것이 요구된다.[2] 이제는 도시에서의 생물서식지를 배제하는 도시계획에서 벗어나 자연과 공존할 수 있는 도시공간조성을 위하여 비오톱의 개념을 적극적으로 도입해야 하는 시기에 있다. 따라서 본 장에서는 비오톱의 개념적 이해와 특성 및 조성기법사례 등에 대해 정리하여 보고자 한다.

2. 비오톱의 개념과 발전

1) 비오톱의 개념

비오톱의 개념을 유추하기 위해서는 경관생태학(Landscape ecology)이 대상으로 하는 경관의 최소 단위인 에코톱(Ecotope)에 대한 개념이해가 필요하다. 에코톱이란 경관 형태와 지형요인의 상호작용으로 기능적 구조가 동질인 최소의 공간단위를 일컫는다. 즉, 비오톱이 통합된 생물공동체에 우점하는 공간단위인 것에 반해 에코톱은 생태계요소가 유기적으로 연결된 공간단위로서, 특히 인간의 이용가능성을 고려한 포괄적 개념을 가지고 있다.[3]

Leser[4]는 유기적 단위의 생물적 최소단위인 비오톱(Biotope)과 무기적 단위인 지학적 최소 단위로서의 게오톱(Geotope)이 조합된 상위개념으로서 에코톱(Ecotope)을 정의했다. 비오톱은 게오톱(지리학적 단위)과 합쳐져 에코톱(생태적 단위)을 구성하고 더욱이 다른 에코톱과 결합되어 생태계

2) Sukopp, H., Schulte, W., Werner, P., 1993, Flächendeckende Biotopkartierung im besiedelten Bereich, in: Natur und Landschaft 68.
3) Sukopp, H., Wittig, R.(Hg.), 1993, Stadtökologie, Stuttgart, p. 303
4) Leser, H., 1984, Zum Ökologie-, Ökosystem- und Ökotopbegriff, Natur und Landschaft, 59(9), pp. 351~357.

(Ecosystem)를 구성한다.

비오톱은 지역의 중심이 되는 면적 자연보호지역을 유기적으로 연결해서 야생생물의 서식과 이동역할을 행함과 동시에 지역생물생태계 전체의 질적 향상에 기여하는 공간필요성을 가진 작은 생물서식공간을 의미한다. 최소 공간으로서의 비오톱은 단독으로는 존재할 수 없으며, 단독의 비오톱을 개별적으로 보전하게 된다면 그 본래 의미와 기능을 상실하게 된다. 따라서 이의 보호와 창조를 생각할 때, 비오톱 결합과 연계 시스템을 항시 염두에 두고 개개의 비오톱 정비계획을 추진하여야 할 것이다.

비오톱이란 용어는 1908년 독일의 생물학자 Dahl에 의해서 최초로 사용되어졌으며, 어원적으로는 비오(bio)는 "생물군집", 톱(top)은 "높은 균질성을 가지는 지리적 최소의 공간단위"를 의미한다. 즉, 비오톱이란 특정 생물군집이 생존할 수 있는 비교적 작은 규모의 생물서식공간을 일컫는다. 이러한 비오톱의 개념은 동물종 위주의 서식 또는 출현장소로서 다루어지는 서식지(habitat)와는 다르게 설명된다. 즉, 비오톱은 어떤 생물이라도 그 종족을 유지하기 위한 유전자 풀의 다양성 유지를 위한 일정한 개체수 이상의 개체군, 진화과정에서 획득한 그 종이 지니는 특유한 습성에 따라서 먹이사냥, 수면, 은신, 성장, 번식, 새끼를 키우고 때에 따라선 이동 등의 생활이 보장되는 서식장소를 의미한다.[5] 이러한 측면에서 본다면 비오톱의 공간적 형태는 여러 종류의 생물적, 무생물적 요소를 포함하는 3차원적이라고 할 수 있다.

또한 비오톱은 생물군집, 생존을 보장하는 환경조건, 최소의 지리적 공간단위 등 이 세 가지 요건을 갖추고 있어야 하는데, 독일에서 환경정책의 중요한 과제로 들고 있는, 습지의 비오톱은 위의 세 가지 요건에 상응하는 예가 될 수 있겠다. Blab[6]은 독일 각지에 '기준 비오톱'을 구분하고 있는데, 이 속에는 건조·반건조 초지, 습성습원, 암벽지 등 특이한 자연입지 이외에 인간활동이 간여하는 영역도 포함시키고 있다. Troll[7]은 수평적 관계로 언급했지만,

5) Sukopp, H., Weiler, S., 1986, Biotopkartierung im besiedelten Bereich der Bundesrepublik Deutschland, in: Landschaft und Stadt 18, Stuttgart.
6) Blab, J., 1986, Grundlagen des Biotopschutzes für Tiere, Schriftenreihe für Landschaftspflege und Naturschutz, pp. 24, 234
7) Troll. C., 1968, Landschaftsökologie: in Tuxen, R.(Hg.), Pflanzensoziologie und Landschaftsökologie, Denn Haag, pp. 1~21, 40~43.

비오톱 개념에는 환경조건이 수평적인 공간배열의 규칙성에 규정되는 것만이
아니라 비오톱 자신의 공간배열이 이동성 동물 군집생존에 큰 영향을 미친다
(<그림 7-1 >참조).

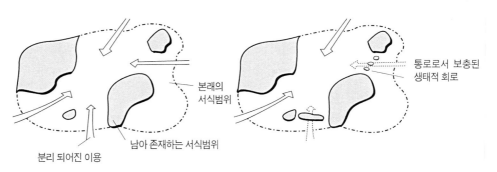

본래의
서식범위

통로로서 보충된
생태적 회로

분리 되어진 이용

남아 존재하는 서식범위

〈그림 7-1〉 통로역할 비오톱의 상호연계기능

자료: Blab, Grundlagen des Biotopschutzes für Tiere, Schriftenreihe für Landschaftspflege und Naturschutz, 1986

2) 비오톱의 발전

비오톱은 원래 자연보호 분야에서 그다지 사용되지 않았지만, 독일 바이에른 주의 비오톱 조사를 계기로 전독일에 확산되게 되었다. 지금은 독일에 있어 농촌, 도시생태계 재생을 생각할 때는 물론이고, 자연환경보전에 관심을 가진 이들의 일반용어로서 사용되게 되었다. 자연보호에서도 특히 동물보호 시점에서 강조되었음이 뚜렷하다.

바이에른 주의 비오톱 조사를 추진한 하버 교수에 의하면 "동물생태학에서 비오톱은 일반적으로 동물의 서식장소를 의미한다. 이는 비오톱이 동물이 분포하는 장소인 동시에, 그 동물들이 각각 그리고 공동체적으로 서식할 수 있는 입지이기도 하기 때문이다. 보다 엄밀히 정의한다면 비오톱은 공동체로서 생물의 서식장소로서 뿐만 아니라, 각각의 개별 생물 서식장소임을 의미한다."고 정의했다. 이렇게 동물의 서식장소로서의 기능적 개념을 강조하게 된 것은, 이제까지의 자연환경보전이 녹지나 경관보전에 역점을 두었기에, 그곳에 서식하는 동물보전의 시점에선 불충분했기 때문이라 할 것이다. 이처럼 비오톱 보호에는 식물이나 식생보호가 포함되지만, 이 경우에도 동물의 생존이

나 다양성과 관련되어 보호가 필요함을 주장하는 경우가 압도적이다.

비오톱이 하나로 융합되어져 면적인 자연을 연결하게 된다면, 조류나 곤충 등의 야생생물은 비오톱을 통해 이동하는 것이 가능하게 됨으로써, 종의 유전적 다양성이 높아질 것이고 따라서 생물종다양성 확보에 큰 역할을 하게 됨은 물론이다.

한편 지상을 이동하는 포유류 같은 야생생물은 회로형의 비오톱을 요구한다. 회로상의 비오톱이란 영어로 'corridor(생태학적 회로)'로 통로 역할을 의미하며, 하천이나 구릉지, 논밭 주변의 산림들은 자연의 중요한 통로 역할을 한다. 이러한 회로 즉, 통로 역할 기능을 높이기 위해서는 적극적으로 자연·반자연 식생을 회복시키고, 자연회로로서의 생태적 질을 향상시킬 필요가 있다.

3. 비오톱의 생태적 기능

앞서 언급한 바와 같이 비오톱조성의 가장 주된 목적은 생물종의 다양성을 보존하는데 있기 때문에 비오톱은 기본적으로 생물들이 살 수 있는 가장 자연적인 요소로 조성되어야 함은 당연하다. 따라서 비오톱조성에 따른 가장 큰 효과는 도시지역에서 자연지역의 확대로 풍부한 생물상을 가져올 수 있음으로 도시전체의 자연환경의 질을 확보할 수 있는 것이다. 이 밖에 비오톱은 비오톱을 구성하는 다양한 종류의 생물적, 무생물적 요소들의 생태적 상호작용에 의해서 다음과 같은 매우 다양한 생태적 기능을 지니고 있다.[8]

첫째, 생태자원 및 환경보호기능(즉, 지하수보호 및 지표수에 대한 생물학적 작용, 대기정화 및 미 기후요소조절, 토양유실방지 및 토양의 생물학적 기능 유지, 소음방지 등)

둘째, 환경변화와 오염에 대한 생태적 지표로서의 기능

셋째, 생태학적 연구대상 및 자연학습 체험장으로서의 기능

---

8) Sukopp, H., Weiler, S., 1986, Biotopkartierung im besiedelten Bereich der Bundesrepublik Deutschland, in: Landschaft und Stadt 18, Stuttgart 1986 및 Blab, J., Grundlagen des Biotopschutzes für Tiere, Schriftenreihe für Landschaftspflege und Naturschutz.

넷째, 여가 및 휴식공간으로서의 기능

다섯째, 자연경관적 요소로서의 기능

예를 들어 비오톱의 환경보호기능 가운데 대기정화기능은 비오톱 구성요소 중 수목에 의해서 이루어지는데, 이에 대한 연구결과를 살펴보면 다음과 같다. 즉, 수목별 오염물질 정화량을 조사한 환경부자료에 따르면 수령이 낮더라도 활엽수가 침엽수보다 오염물질 정화량이 훨씬 더 많은 것으로 나타났다(<표 7-1>참조). 이는 활엽수가 침엽수에 비하여 엽표면적이 넓고 기공수가 많아 대기오염물질을 더 많이 흡수하는 데서 기인한다. 활엽수 중 가장 정화력이 높은 수종은 가중나무로서 1그루가 연간 SO_2 288mg, NO_2 183mg 씩 정화시킬 수 있는 것으로 나타났으며, 침엽수중에는 일본전나무의 정화력이 가장 크지만 수령을 고려한다면 SO_2는 곰솔이, NO_2는 테다소나무가 가장 많이 정화할 수 있는 것으로 나타났다.

〈표 7-1〉 수목별 오염정화량

단위:mg/그루/년

수 종		수령(년)	SO_2	NO_2
활엽수	능수버들	10~15	168	54
	양버즘나무	10~15	120	54
	은단풍나무	10~15	235	158
	가중나무	10~15	288	183
	은행나무	10~15	237	91
침엽수	소나무	26	12.6	4.7
	곰솔	26	38.7	10.0
	잣나무	24	23.6	9.6
	리기테다	30	14.9	3.6
	테다소나무	30	21.6	15.2
	일본전나무	60	54.6	17.2

자료: 한국자연보존협회, 자연보존, 제82호, 1993, p. 11

이러한 비오톱의 다양한 생태적 기능을 지속적으로 생성하기 위해서는 무엇보다도 비오톱의 규모가 일정면적 이상 유지되어야 하는데 이는 일반적으로 비오톱의 유형과 그 곳에 서식하는 생물종에 따라서 결정된다. <표 7-2>에는 독일에서의 연구결과로 중부유럽 동물의 한 쌍이 필요로 하는 평균서식지의 크기를 예시적으로 보여 주고 있다. 그러나 문제는 앞에서도 언급하였듯이 소규모로 개별적으로 존재하는 비오톱일 경우에는 그 기능상의 문제가 발생될 수 있기 때문에 소규모의 비오톱의 경우에는 다른 비오톱과 상호 보완적 측면에서 서로 연결되어 충분한 비오톱 연계망을 형성하는 것이 요구된다.[9]

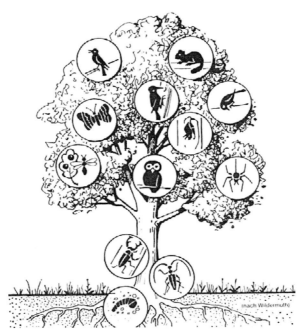

〈그림 7-2〉 비오톱으로서의 수목의 역할
수목은 뿌리부터 줄기, 잎까지 매우 다양한 생물종의 서식장소로 제공되어
비오톱으로서의 아주 중요한 역할을 한다.
자료: Bayerisches Staatsministerium des Innern Oberste Baubehörde, 1991. p. 30

---

9) Bergstedt, 1992, Handbuch angewandter Biotopschutz. 1992

〈표 7-2〉 종별 최소 서식공간규모

종 류	생활장소	면 적
수달	하천 비오톱	14000~20000ha의 수면 또는 50~75㎞의 강변
파충류(특히 살모사)		1000~2000ha
흙두꺼비	알 낳은 하천과 나무가 많고 비오톱의 결합	1520ha
개구리	늪초지와 숲	380ha
마늘두꺼비	모래 토양	50ha
실도롱뇽, 산도롱뇽, 연못도롱뇽	나무가 많은 습기 있는 비오톱	20~100ha
파충류, 작은 포유동물, 작은 새, 일반 청개구리	늪지와 같은 곳의 나무와 갈대가 많은 환경	28ha
숲 비오톱의 거미 일반		20ha
작은 포유 동물 일반		10~20ha
토양 위를 기어가는 거미	떡갈나무와 서양소사나무 숲	10ha(2.5~20ha)
평야 나무들의 덤불새		5~10ha
딱정벌레	떡갈나무와 서양소사나무 숲	2~3ha
나비, 직시류		1ha
초지거품매미		1ha
미세동물군(0.3㎜의 몸체 크기)	토양	<1ha
넓은 잎의 난초	습기있는 초지 비오톱와 평평한 늪 비오톱	0.5ha

자료: Jedike, E., Biotopverbund, Ulmer, Germany 1994

---

10) Müller, N., Stadtbiotopkartierung als ökologische Grundlage für die Stadtplanung in Augsburg, in: Adam, K., u.a.(Hg.), 1984, Ökologie und Stadtplnaung, Köln.

4. 비오톱의 유형

1) 도시비오톱 유형분류방법

비오톱의 유형을 분류하기 위해서는 무엇보다도 비오톱에 대한 조사가 선행되어져야 하는데, 생물서식환경이 잘 보존된 농촌과는 전혀 다른 열악한 생물서식환경조건을 가지는 도시지역에서의 비오톱조사방법은 특히 독일에서 1970년 초부터 다양하게 연구되어져 왔다.[10]

독일에서의 비오톱조사의 법적 근거는 연방자연보전법(Bundesnaturschutzgesetz)에 있는데, 이 법에서는 도시를 자연보전의 대상지로 포함시키고 있으며, 아울러 도시지역에서의 비오톱보존을 법적으로 명시해 놓고 있다. 1978년부터 독일에서는 160여 개가 넘는 도시에서 각기 다양한 방법으로 비오톱조사가 수행되어졌는데, 이들 조사방법은 기본적으로 부분적(selektiv)조사방법과 전면적(flächendeckend)조사방법 그리고 대표적(repräsentativ)조사방법으로 대별되어진다.[11]

먼저 부분적 비오톱조사방법은 단기간에 일부지역의 비오톱의 상태를 파악하기 위한 방법으로 시간과 비용을 절약할 수 있는 장점이 있는 반면에, 비오톱의 보존가치유무를 판단하기가 쉽지 않기 때문에 처음부터 도시의 일부지역(특히 고밀지역)을 평가에서 제외시키거나, 또한 대규모 비오톱의 연결기능을 하는 중요한 선 형태의 비오톱에 대한 평가를 소홀히 할 단점이 있다.[12]

전면적 조사방법은 조사대상 전지역을 비오톱유형으로 분류하여 지역전체의 자연생태현황을 파악하는 방법이다. 이 방법의 장점은 전체지역의 모든 계획프로그램들을 위해서 매우 중요한 (생태)정보시스템을 제공할 수 있다는 것이다. 단점으로서는 시간과 비용이 많이 소모되며, 또한 수집된 대량의 자료는 다시 가공되어져야 하며, 그리고 전수조사에 요구되는 다양한 분야의 전문지식부족으로 인한 조사의 어려움이 야기될 수 있다. 대표적 조사방법은 모든 비오톱유형 또는 비오톱유형군집을 대표하는 예시지역을 조사하여 이의

11) Sukopp, H., Schulte, W., Werner, P., 1993, Flächendeckende Biotopkartierung im besiedelten Bereich, in: Natur und Landschaft 68.
12) Kaule, G., 1986, Arten-und Biotopschutz, Stuttgart.

조사결과를 동일한 비오톱유형에 적용하는 방법으로 시간과 비용이 절감되는 장점이 있다.[13]

위의 3가지 조사방법은 대체로 혼용하여 사용되어져 왔으나, 최근의 수년 간에 걸친 경험에 의하면 도시지역에서의 비오톱유형분류를 위한 조사방법으로는 전면적조사가 보다 효과적인 것으로 나타나고 있으며, 선택적 조사는 전통적인 자연보호의 시각에서 접근할 경우에 유리한 것으로 보고 있다.[14]

국내에서의 비오톱유형분류를 위한 연구는 이상과 같은 독일의 방법을 바탕으로 하여 지난 1992년부터 추진되고 있는 G-7 프로젝트의 18개 사업 중 환경생태기술분야의 일부과제로서 진행되어져, 최근까지 몇 차례에 걸쳐 시범적 조사가 시도되어졌다. 그러나 도시지역 내의 비오톱유형분류를 위한 조사사례는 경기도의 주요도시를 대상으로 한 것과[15] 서울시가 도시생태계 개념의 도시계획에의 적용을 위한 것과[16], 그리고 대전시가 수립한 자연보전기본계획과 생태도시조성계획 등에서 제한적으로 찾아볼 수가 있다. 그나마 이들 유형분류의 대부분은 시가지 내의 토지이용특성에 따른 전면적 생물종 보존이나 비오톱의 유지 및 조성을 목적으로 하기보다는 대부분 녹화사업과 공원관리사업, 특히 공원시설물에 대한 유지보수에 중점을 두고 있거나, 원래부터 자연적 요소가 우세하여 보전가치가 높은 일부 특정지역의 보전에 치우치고 있어[17] 도시 내의 비오톱을 활용한 생물종의 유입이나 네트워크구축을 통한 도시생태계의 전반적 개선이라는 기본목표와는 거리가 멀다고 하겠다.

우리 나라 도시에서의 보다 효율적인 비오톱보전과 조성을 위해서는 부분적이고 단기적으로 활용하기 위한 기술개발위주의 접근방법은 지양되어야 하며, 도시전체에 대한 계획적인 안목하에 토지이용과 부합되는 비오톱의 유형

---

13) Schulte, W., Voggenreiter, V., 1986, Flächendeckende Biotopkartierung im besiedelten Bereich als Grundlage für eine stärker naturschutzorientierte Stadtplanung, in: Natur und Landschaft 61.

14) Sukopp, H., Schulte, W., Werner, P., 1993, Flächendeckende Biotopkartierung im besiedelten Bereich, in: Natur und Landschaft 68.

15) 경기개발연구원, 1996, 녹지네트워크에 관한 연구

16) 서울특별시, 도시생태계개면의 도시계획에의 적용을 위한 서울시 비오톱 현황조사 및 생태도시 조성지침 수립(1차년도 연구보고서), 2000.2

17) 조강현, 방동저수지 주변 수생식물 조사결과 및 도시지역에서의 생물서식공간 조성시 도입방안; 서울대학교, 도시지역에서의 효율적인 생물서식공간 조성기술의 개발을 위한 국제워크샵, 1996 및 최일기, 도시지역 내에서의 생물다양성증진기법에 관한 연구, 서울대 환경대학원 석사논문, 1997

화를 위한 체계적이고 종합적인 접근방법이 필요하다. 이를 위해서는 우선적으로 도시지역전체를 대상으로 하는 각종 유형의 비오톱분포와 잠재력을 지니는 비오톱현황을 전면적으로 파악하는 것이 요구된다. 그러나 지금까지 도시지역 내의 생태 관련조사는 각기 다른 필요에 따라 내용적, 공간적으로 극히 제한적으로 수행되어져 왔을 뿐 아니라, 조사자료도 비공개 내지는 조사목적에 따라 고도의 전문적 내용으로 가공되어져 있는 실정이다. 또한 도시전역에 걸친 비오톱조사는 방대하고 복잡한 데이터가 생성되며, 비오톱은 생태적 특성상 그 환경적 특성이 자주 변할 수도 있기 때문에 연속적인 관찰도 수반되어야 한다.

2) 도시 비오톱의 기본유형분류

비오톱유형분류는 독일의 선행연구결과를 많이 참고하고 있다. 대표적으로 베르크슈테트(1992)가 제시한 분류에서는 비오톱을 7개 분야로 대분류하고 이를 다시 몇 개로 소분류하고 있다(<표 7-3>참조). 이외에도 하이데만과 노바크가 제시한 비오톱은 일종의 에코시스템을 말하는 것으로 모두 15개 대분류로 구분하고 있

〈표 7-3〉 비오톱유형분류 예(베르크슈테트 제시안)

대분류	소분류
습지지역	계류/개천, 강/하천, 갈대와 갈대숲, 습한녹지, 소택지고지대, 고립림, 웅덩이/연못/늪, 호수
건조지역	건조-/반건조-/마른 잔디밭(초지), 포도단지, 건조산림과 관목림, 자갈-/모래채취장, 채석장
산림과 관목숲	산림(숲), 산림선, 생울타리, 전답지역의 수목
전답녹지지역	전답, 녹지, 초지선 및 경계풀밭, 길
절성토 채굴지역	모래 및 자갈 구덩이(채취장), 채석장, 노천굴/지상작업장, 적치장
마을과 도시지역	정원, 오픈스페이스, 도로와 담장, 벽면, 담, 옥상
해안지역	모래톱과 염분초지, 모래해안선과 사구, 반함수

자료: Bergstedt, 1992, Handbuch angewandter Biotopschutz.

다.[18] 그리고 이들 대분류 아래에 130여 개의 비오톱으로 나누어 세분류하고 있다. 그러나 이들 분류기준은 중부유럽의 생태조건을 기초로 하고 또한 지역의 공간적 생태조건이 상이한 우리의 실정에 비추어 볼 때 기본적인 참고기준으로의 의의만 지닌다 하겠다. 물론 독일에서도 도시지역만을 대상으로 하여 비오톱유형을 구분해 놓은 사례는 있으나(대표적으로 베를린시) 토지이용형태와 도시의 기본적인 생태적 조건이 우리와 다른 요소가 많아 우리 나라의 도시지역 비오톱유형분류에 그대로 적용하기에는 무리가 있다.

도시지역에서의 토지이용은 규모 및 형태에 있어서 매우 다양하나, 크게 시가화지역과 비시가화지역으로 대별된다. 우리 나라 도시지역에서의 토지이용 특색은 무엇보다도 이러한 시가화지역과 비시가화지역이 공간적으로 확연히 구분되는 데 있다고 하겠다. 즉, 시가화지역에는 극도의 개발위주의 토지이용으로 인하여 자연적 요소의 토지는 거의 전무한 상태인 반면, 비시가화 지역은 상대적으로 외곽지에 분포하며, 비교적 양호한 생태조건을 나타내고 있다. 여기에서 유의할 것은 시가화지역에서의 토지의 이용과 개발형태는 도시별로 정도의 차이는 있겠으나 기본적으로 거의 같은 유형을 보이고, 비시가화지역에서의 생태적 특성은 비생물적 구성인자(토양, 기후, 지형적 조건 등)들이 다르기 때문에 도시별로 상이하다는 점이다. 따라서 도시지역 내의 비오톱 유형분류에 있어서 시가화지역의 경우에는 거의 유사한 유형으로 분류가 가능할 수 있겠으나, 비시가화지역의 경우에는 각각의 유형분류가 되어져야 할 것이다. 이러한 관점에서 본다면 우리 나라 도시지역 내에서의 비오톱 유형분류의 기본틀은 토지이용의 특성에 따라 <표 7-4>에서 보는 바와 같이 시가화지역과 비시가화지역으로 구분하여 설정할 수 있겠다.

시가화지역에서의 비오톱 유형은 앞서 언급한 바 있듯이 거의 동일한 자료를 취득할 수 있을 것이므로 유사한 유형으로의 분류가 가능할 것이다. 즉, <표 7-4>에서 예시적으로 제시한 바와 같이 주거지역(다시 고밀, 중밀, 저밀지역으로 분류할 수 있음)과 상업·공업·교통시설지역, 그리고 유휴지 및 기타 비건축지 등으로 분류할 수 있을 것이다. 비시가화지역에서의 비오톱 유형분류는 앞서 언급한 바를 고려하여 환경부에서 제시한 사례를[19] 참고하여 산림

---

18) Heydemann, B., Nowak, E., 1980, Katalog der zoologisch bedeutsamen Biotop(Ökosysteme) Mitteleuropas, Natur und Landschaft 55, pp. 7~9

19) 환경부, 1996, 사람과 생물이 어우러지는 자연환경의 보전, 복원, 창조기술개발.

지역, 해양 및 해안지역(해안도시에 한함), 하천 및 습지지역, 녹지 및 농경지역 등으로 분류하여 볼 수 있겠으나, 이는 각 도시별로 비시가화지역이 내포하고 있는 생태적인 특성에 따라 달라질 수 있다.

〈표 7-4〉 도시지역 비오톱 기본유형분류의 예

토지이용의 공간적 특성	기본유형분류	선정기준
비시가화지역	산림지역 해양/해안지역 (해안도시에 한함) 하천/습지지역 녹지/농경지역	비생물적 인자(토양, 기후, 지형, 물 등) / 식생군집구조·년도/규모/물리적 구조/서식생물종 등
시가화지역	주거지역(고밀/중밀/저밀)	시설물(건물용도 및 유형)
	상업/공업/교통시설지역	수계(하천, 호수, 유수지, 연못, 하천시설 등의 도시 내의 모든 수계)
	유휴지/비건축지	식생(도시 내의 면적형태의 식생: 경작지, 공원, 수림, 묘지 등) (도시 내의 선적 형태의 식생: 담장, 울타리, 하천식생 등) (도시 내의 점적 형태의 식생: 가로수, 정원수 등) 주차장, 도로, 분리대

5. 비오톱복원 및 관리대책

다양한 형태의 비오톱이 만들어지는 것은 도시생태계회복을 위해서 바람직한 것이지만 거기에 생물이 서식할 수 있는 적절한 공간이 확보되어 있지 않으면 그건 비오톱을 조성한 것이 아니라 또 다른 형태의 인간위주의 이용공간에 지나지 않게 될 것이다. 따라서 비오톱복원은 매우 신중하게 시행되어야 하는데, 이 분야의 선진국인 독일에서는, 비오톱 만들기의 오랜 경험 속에서 확립된 다음과 같은 7원칙을 정하여 엄격한 자세로 임하고 있음을 참고로 할 만하다.[20]

---

20) 김성준 외 3인 역, 2002, 비오톱(Biotop) 환경의 창조, 전남대학교 출판부, p. 9

① 정비 대상지 본래의 자연환경을 복원하고 보전한다. 그러기 위한 자연환경의 파악은 필수조건이다(이 복원 중에는 창조도 포함된다. 창조의 경우에는 "이 땅의 본래"가 된다).

② ①의 이유에 따른 설계에 있어서는, 이용소재(생물과 비생물 모두를 포함한다)는 그 땅의 본래의 것으로 한다.

③ 회복, 보전할 생물의 계속적 생존을 위하여, 그에 상응하는 수질의 용수를 확보한다.

④ 순수한 자연 생태계의 보전, 복원을 위하여 사람이 들어가지 않는 중핵(中核)존을 설정한다.

⑤ 설계도면에 따라 정비한 당초의 비오톱은 완성의 도중에 있으며, 그 후 자연이 복원시켜서 완성상태가 된다는 계획이 설계기술에는 필요하다.

⑥ 비오톱정비는 행정의 계획만으로 진행시키지 말고, 어떤 형식으로든 시민참가를 도모한다.

⑦ 비오톱 네트워크 시스템 구축을 위해 해당 비오톱 정비 후 모니터링을 충분히 실시한다.

다음 <표 7-5>에서는 독일의 사례를 중심으로 베르크스테트가 제시한 유형별 비오톱복원 및 관리대책을 요약 정리하였다.

〈표 7-5〉 비오톱복원 및 관리대책

대분류	소분류	복원 및 관리대책
습지지역	계류/개천	-양 안에 넓은 식생띠 확보 -안의 안쪽에도 식생띠 확보 -인공적인 포장은 하지 말 것 -덤불숲이나 갈대숲으로 된 하안 조성 -진행되고 있는 모든 갈대 제거 -모든 오염 행위 중지 -직선화된 곳 다시 자연스럽게 원상 처리 -호안의 붕락과 역동성을 방치 -제방, 물고이는 곳, 물넘이의 재복구 -전체 계곡 공간을 다시 자연스럽게 원상 처리
	강/하천	-양 강 안에 넓은 식생띠 확보 -습한 초지나 강안림과 접하게 -모든 오염 행위 중지 -범람공간 확보

	-옛날 지류 다시 자연스럽게 원상 처리 -전체 계곡 공간을 다시 자연스럽게 원상 처리
갈대와 갈대숲	-방목 가축(젖소 등)에 의해 뜯기거나 짓밟는 것으로 　부터 보호할 것 -배수 방지 -비배처리된 지역에 초지선 -무질서하거나 교란되지 않도록 보호 -너무 웃자라지 않도록 조절 -사정에 따라서 강도의 보호와 이용 -가장자리에 연못이나 덤불 등을 부가적으로 조성하 　여 구성
소택지고지대 (Hochmoor)	-더 이상의 확장 중지 -포장된 길은 뜯어낼 것 -다시 습하게 하고 보호 보장 -주위에 습한 초지와 습한 관목-/덤불숲 조성
웅덩이/연못/늪	-넓은 가장자리 식생선 확보 -기존의 두목처리된 입목 보호와 관리 -침엽수 제거 -오염 중지 -개천, 경계풀밭, 생울타리와 연결하여 망 형성 -쓰레기 적치장이나 사토장 제거 -가축방목으로 인한 훼손으로부터 보호 -낮은 저지대엔 새로이 신설
습한 녹지	-수확시 강도의 이용 -모든 배수 중지 -습한 Biotop에 야생 초지선 확보 -연못, 덤불, 갈대숲으로 부가적인 구조
호　수	-작은 호수에 대한 총체적인 보호 -기타: 이용된 면적은 차폐 -수상 스포츠로부터 호안 보호 -넓은 호안 식생선(숲, 갈대숲, 녹지대)
건조-/반건조-/마른 잔디밭(초지)	-관목숲 자생을 위한 구역 확보 -이용된 면적에 대한 가장자리 식생선 확보 -모든 퇴적물의 제거 -교란, 차량통행, 답압 등으로부터 보호 -기존의 과수목 관리와 보호 -적당한 곳에 과수 식재

건조지역	건조 산림과 건조 관목림	-산림(숲) 주변에 초본선 및 관목림선 확보 -교란과 가축방목으로부터 보호 -입지에 이질적인 나무 제거 -건조초지 등지의 가장자리에 식물이 자생하도록 유도
	자갈-/모래채취장, 채석장	-다양한 모양의 가장자리/모서리를 두거나 없을 경우 조성 -가파른 절벽의 보호와 조성 -교란과 차량 통행으로부터 보호 -친자연적인 산림경영(조림) -거름주기, 유독성 물질, -자연림은 핵심지대 -포장된 도로(임도)는 복구 -입지에 이질적인 수종은 제거 -노목 및 고목은 보전
	생울타리	-늘 가능한 곳은 새로운 Biotop 시설 도입 -넓고 여러 열로 된 관목 지역 확보 -생울타리 양쪽에 넓은 초본선 -가축방목, 차량통행, 답압 등으로부터 보호 -입지 이질적인 종 제거 -절단 관리는 개체목 단위나 소규모 절편 -생울타리를 따라서 추가적인 구조 -보잔목(보잔목:생울타리 안에 서 있는 교목) 조성
	독립수와 독립 관목숲	-수관폭만하게 수목 주위에 초본면적 확보와 조성 -경작과 훼손되는 것으로부터 보호 -생울타리와 경계풀밭과 연결되게 망 형성 -모든 종류의 퇴적물을 제거 -비탈면 상부 가장자리/모서리 부분에 식생선
	전답지역의 수목	-휴경지에 새로운 시설 -덤불 식생선으로 층계식 구조형성 -주변에 넓은 초본선 확보 -입지에 이질적인 종은 제거 -노목 및 고목은 보전
	전 답	-친자연적인 경영 -주변을 에워싸는 보호 식생선 -분무나 거름없이 꽃이 풍부한 전답 식생선 -비탈면과 평행하게 경운(이랑 형성) -소규모 구조 보건 -다년간의 경작 휴한지 확보

전답- 녹지지역	초지선 및 경계 풀밭	-모든 길/도로와 경계구역을 따라 시설 -차량 통행, 답압, 경운 등으로부터 보호 -강도의 관리/예초 작업
	녹 지	-친자연적인 경영 -주변을 에워싸는 보호 식생선 -소규모 구조 보전 -녹지 안에 나무와 Biotop 보전과 조성 -가치 있는 지역은 아낄 것
	길/도로	-덜 이용되는 곳: 초지 및 토사도(흙길) -많이 이용되는 곳: 차륜길 -양쪽에 초본선이나 생울타리 -개천을 지나가는 관수로 매설 대신에 다리 가설
마을과 도시지역	정 원	-유독성 혹은 인공(화학) 비료 사용 금지 -나지를 보이지 말고 항상 지피식생이 있게 피복시킬 것 -잔디 대신 초화류 초지 조성 내지는 천연 덤불 조성 -벽과 옥상을 녹화시킬 것 -생물학적인 정원 손질 -향토식물, 자연 식생구조 유지
	오픈스페이스	-유독성 혹은 인공(화학)비료 사용 금지 -나지를 보이지 말고 항상 지피식생이 있게 피복시킬 것 -잔디 대신 초화류 초지 조성 내지는 천연 덤불 조성 -향토식물, 자연 식생구조 유지 -가치 있는 곳은 차폐 -Biotop간 연결
	도로와 광장	-초본 지피식생이 딸린 향토목본 식물 -근주 보호 -전면적인 포장 지양 -교통 소통 격리는 새로운 공간 창조 -모든 구조물은 녹화 유도 -염화칼슘 사용 금지 -야생덤불 지역 조성
	벽면, 답, 옥상	-담장, 옹벽. 울타리는 덩굴식물로 처리 -옥상은 녹화시킬 것 -가능한 향토종 활용

6. 비오톱복원 및 조성사례

1) 주거단지

주거단지차원에서의 비오톱복원 및 조성은 도시전체의 비오톱확대에 있어서 매우 중요한 의미를 가진다. 대체로 대부분의 도시토지이용에 있어서 평균적으로 약 70%가 주거지역이 차지하고 있기 때문에 소규모 혹은 대규모의 면적인 측면의 비오톱 확보에 있어서 절대적인 부분을 차지하게 된다. 주거지에 있어서 비오톱복원 및 조성의 가장 중요한 핵심은 개발밀도의 수준을 어느 정도로 하는가에 달려있다. 즉, 건폐율과 비건폐지에 대한 포장면적의 제한을 통해서 비오톱조성의 기본 요건인 자연상태의 토양이 확보되어야 한다. 이에 대한 대표적인 사례로 독일에서는 지구상세계획(B-Plan)에서 건폐율과 포장면적을 제한하고 있는데, 건폐율은 40%로 제한하고, 또 다른 포장면적인 차고와 도로를 20%로 제한하도록 하여 나머지 40%를 투수가 가능한 녹지면적으로 확보하게끔 하고 있다(<그림 7-3>참조). 또한 면적인 녹지(대분 정원 또는 텃밭)조성 외에도 지붕 및 벽면녹화 등을 통해 입체적인 녹지조성을 통하여 비오톱조성의 효과를 제고시키고 있다(<그림 7-4>참조). 그리고 보다 효과적인 비오톱관리를 위한 사례로 정원관리(<그림 7-5>참조)에 대해서는 다음과 같은 기준에 준해 관리를 하도록 하고 있다.

- 유독성 혹은 인공(화학)비료사용금지
- 나지를 보이지 말고 항상 녹지화시킬 것
- 잔디대신 초화류 초지조성 내지는 천연덤불조성
- 생물학적인 정원손질
- 향토식물, 자연식생구조유지

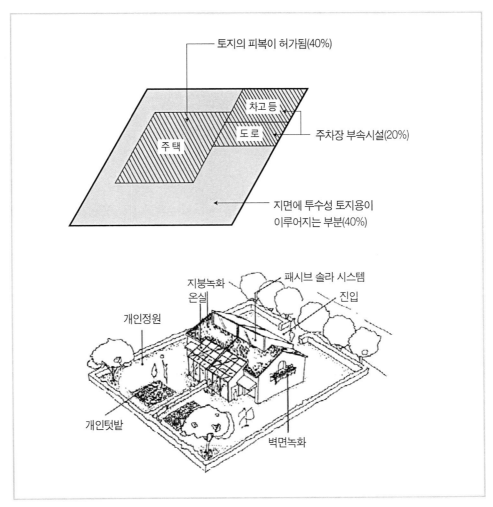

〈그림 7-3〉 비오톱을 고려한 주거지에서의 토지피복도와 조성이미지

자료: 환경부, 1996, 생태도시조성기본계획수립을 위한 용역사업, p. 43 및 이관규, 양평군, 서종면, 1997, 생태적 주거환경기본계획, 서울대학교 환경대학원 석사학위논문, p. 108

〈그림 7-4〉주거지역의 옥상녹화사례
자료: 환경부, 1995, 전국그린네트워크화 구상, p. 100 및 ILS(Hg.), 1993, Entsiegelung von
Verkehrsflächen, Bausteine für die Planungspraxis in Nordrhein-Westfalen 14, Dortmund, p. 67

〈그림 7-5〉비오톱으로 조성된 가정 내 소정원의 예
자료: 환경부, 1995, 전국그린네트워크화 구상, p. 93

2) 학 교

(1) 효 과

학교비오톱이란 야생생물의 서식장인 비오톱을 환경교육의 장으로 학교에 설치하는 것이다. 학교비오톱은 학생들에게 환경교육의 장으로 생물과의 교류를 통해서 생명의 소중함을 배움과 동시에 지구환경의 황폐에 대한 현실을 알게 되며, 나아가 자연환경의 보전이나 복원의 중요성에 대한 인식도 높일 수 있을 것이다. 구미에서는 이러한 학교비오톱은 이미 일반적인 것이 되었다. 그리고 지역의 학교비오톱을 공원이나 하천 등의 비오톱과 연결함으로써 지역전체의 비오톱네트워크가 형성될 수 있는 효과를 기대할 수 있다.[21]

(2) 학교비오톱조성안과 관리예

① 조성안
· 생물의 다양성을 높이기 위해 연못, 습지와 작은 시냇물에 따라 물가환경을 갖춘다. 그늘, 양지, 수심의 깊이 등 환경의 변화를 만든다.
· 물을 펌프로 올려 순환이용을 한다. 보조적으로 수도펌프를 갖춘다.
· 소농원(밭, 논, 농기구보관소, 퇴비저장소)을 만들어 농업체험의 장으로 한다. 벼의 그루갈이로 연꽃을 심는 등 유기농법을 쓴다.
· 각 저장 장소의 지부에도 풀을 기른다.
· 새집을 만들고 조류의 먹이는 비오톱 내에서 조달한다.
· 특별히 나무를 심지 않은 민둥산을 만들어서 거기에서 자라는 식물의 환이(還移)를 관찰한다.
· 국어나 자연관련교재로서 교과서에 이름이 나오는 식물의 견본 원을 만든다.
· 나비가 좋아하는 식물을 심거나 또는 이식해 본다.

② 관리 예
이상과 같은 조성안에 따라 구성되어진 학교비오톱의 구성요소별 특성에 따른 비오톱관리의 예를 도식화하여 설명한 것이 <그림 7-6>이다. 또한 구성된 전체 학교비오톱의 이미지를 도식화하여 보면 <그림 7-7>와 같다. 학교

---

21) 김성준 외 3인 역, 전게서, pp. 38~39

내의 비오톱의 구성도 중요하지만 학교외의 비오톱과의 연계성도 매우 중요
하게 고려되어야 할 것이다.

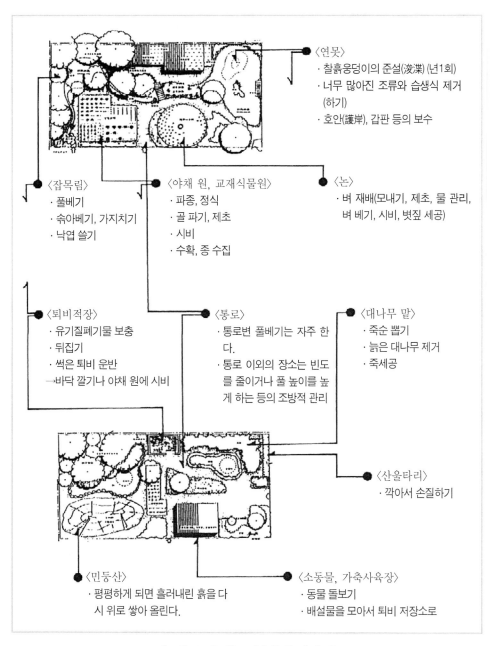

〈연못〉
· 찰흙웅덩이의 준설(浚渫) (년1회)
· 너무 많아진 조류와 습생식 제거
  (하기)
· 호안(護岸), 갑판 등의 보수

〈잡목림〉
· 풀베기
· 솎아베기, 가지치기
· 낙엽 쓸기

〈야채 원, 교재식물원〉
· 파종, 정식
· 골 파기, 제초
· 시비
· 수확, 종 수집

〈논〉
· 벼 재배(모내기, 제초, 물 관리,
  벼 베기, 시비, 볏짚 세공)

〈퇴비적장〉
· 유기질폐기물 보충
· 뒤집기
· 썩은 퇴비 운반
→바닥 깔기나 야채 원에 시비

〈통로〉
· 통로변 풀베기는 자주 한
  다.
· 통로 이외의 장소는 빈도
  를 줄이거나 풀 높이를 높
  게 하는 등의 조방적 관리

〈대나무 맡〉
· 죽순 뽑기
· 늙은 대나무 제거
· 죽세공

〈산울타리〉
· 깍아서 손질하기

〈민둥산〉
· 평평하게 되면 흘러내린 흙을 다
  시 위로 쌓아 올린다.

〈소동물, 가축사육장〉
· 동물 돌보기
· 배설물을 모아서 퇴비 저장소로

〈그림 7-6〉 학교비오톱의 관리 예
자료: 김성준 외 3인 역, 전게서, p. 50

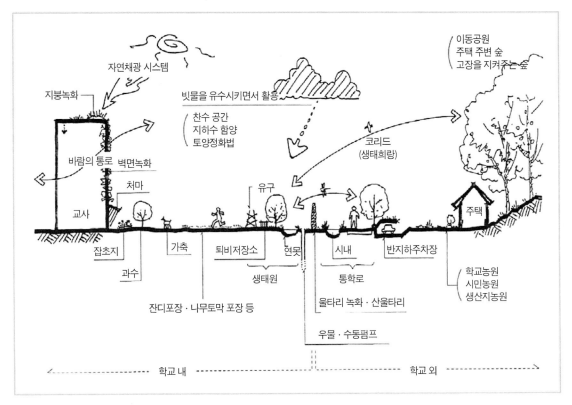

자연채광 시스템

지붕녹화

빗물을 유수시키면서 활용

이동공원
주택 주변 숲
고장을 지켜주는 숲

친수 공간
지하수 함양
토양정화법

바람의 통로 벽면녹화

코리드
(생태회랑)

처마

교사

유구

주택

잡초지

가축

퇴비저장소

연못

시내

반지하주차장

과수

생태원

통학로

학교농원
시민농원
생산지농원

잔디포장 · 나무토막 포장 등

울타리 녹화 · 산울타리

우물 · 수동펌프

학교 내 ― ― ― ― ― ― ― 학교 외

〈그림 7-7〉 학교비오톱의 단면이미지(예)

자료: 김성준 외 3인 역, 전게서, p. 53

3) 기타 오픈스페이스(도로와 광장 및 주차장)

도시지역 내의 다양한 오픈스페이스 가운데 도로와 광장, 주차장에서의 비오톱조성이 갖는 의미는 매우 크다 할 것이다. 즉, 앞의 두 가지 사례에서는 면적인 측면의 비오톱조성 의미가 있으며 또한 사유성(주거지) 또는 제한적 공유성(학교)을 가지는 비오톱이라 하겠다. 그러나 도시전체의 비오톱조성의 효과를 높이기 위해서는 이러한 면적인 비오톱의 효과적 연계가 필수적이라 하겠다.

이러한 관점에서 볼 때 도로와 광장 및 주차장의 비오톱은 도시전체의 비오톱연계에 매우 훌륭한 매개역할을 할 수 있다. 뿐만 아니라 도로와 광장 및 주차장 같은 공공적 공간에서의 비오톱조성은 대시민적 환경교육 및 홍보의 기능도 가질 수 있으며 미관적, 경관적 측면의 환경개선효과도 거둘 수 있다. 실제로 유럽에서는 가로수의 뿌리 주변의 관리를 인근 주민에게 위탁하기도 하고 도로의 여유공간에서 자연의 복원, 창출 등을 시도하고 있다. 즉, 종래 화단 등으로 장식되었던 도로의 여유공간을 자연스럽게 야생지화하거나 벌채목을 세워 다른 생물의 서식지로 만드는 시도 등이 그 예라 하겠다(<그림 7-8><그림 7-9>참조). 다음은 도로와 광장 및 주차장(<그림 7-10><그림 7-11>참조)에서의 비오톱조성을 위해 고려될 수 있는 대책을 선진사례들을 참고하여 요약 정리하였다.

- 초본 지피식생이 딸린 향토목본 식물을 조성한다.
- 가로수의 근주를 보호하도록 한다.
- 전면적인 포장지양(투수성포장확대)
- 모든 구조물에서의 녹화 유도(분리대, 교각, 데크 등)
- 야생덤불지역조성(가급적 개발전 고려하도록 함); 도로변에 야생초본류로 조성된 비오톱은 시각효과와 함께 종다양성 확보에도 강점이 있다.
- 겨울철 도로결빙방지를 위한 과도한 화학약품(염화칼슘) 사용은 비오톱의 생육을 저해한다.
- 도로변의 선적인 비오톱을 활용하여 비오톱의 네트워크화를 조성한다.
- 나지를 보이지 말고 항상 피복상태를 유지하도록 한다.
- 가급적 향토식물과 자연식생구조를 유지한다.

〈그림 7-8〉 도로공간의 녹화를 통한 비오톱조성사례
자료: ILS(Hg.), 1993, Entsiegelung von Verkehrsflächen, Bausteine für die Planungspraxis in Nordrhein-Westfalen 14, Dortmund, p. 98

〈그림 7-9〉 가로변에 조성된 비오톱의 사례

자료: ILS(Hg.), 1993, Entsiegelung von Verkehrsflächen, Bausteine für die Planungspraxis in Nordrhein-Westfalen 14, Dortmund, p. 98

〈그림 7-10〉 비오톱 연계매체로서 교량녹화사례

자료: ILS(Hg.), 1993, Entsiegelung von Verkehrsflächen, Bausteine für die Planungspraxis in Nordrhein-Westfalen 14, Dortmund, p. 72

〈그림 7-11〉 투수성재질로 조성된 주차장
자료: ILS(Hg.), 1993, Entsiegelung von Verkehrsflächen, Bausteine für die
Planungspraxis in Nordrhein-Westfalen 14, Dortmund, p. 68

4) 농촌지역[22]

(1) 농촌에서 비오톱 조성의 필요성

농촌은 풍부한 자연의 복원을 통한 인간성 회복의 장(場)이 될 수 있으며, 농촌은 농촌으로서의 매력 있는 모습을 가져야 한다. 또한 농촌은 도시의 환경적 배후지역으로 도시의 생태계회복과 유지에 기여함으로써 균형된 국토환경조성에 큰 역할을 할 수 있다. 이미 농촌에서도 과다한 농약과 비료가 사용되고 인공화가 진행되고 있기 때문에 많은 야생동물들이 사라지고 있는 실정이다. 따라서 농촌에서도 농촌실정에 맞는 자연환경의 복구와 창조가 필요하다. 그러므로, 농촌에서 다양한 생물서식지를 창조하여 다양한 생물이 서식할 수 있는 공간으로 관리하는 것은 상당한 의미가 있다. 이를 위해서 일반적으로 고려될 수 있는 비오톱 조성방안으로서는 다음과 같은 것이 있다.

① 다양한 형태의 이동통로 즉 덤불, 관목숲, 농로의 숲 등을 조성

② 묵혀둔 농경지의 일부를 비오톱 조성을 위한 공간으로 관리

③ 유기농법, 생물학적 해충통제 등의 방법으로 생태적으로 건강한 생산의

---

22) 환경부, 1995, 전국 「그린네트워크화」 구상, pp. 186~187 참고하였음.

장이 되도록 함.

(2) 농촌지역의 비오톱 관리 방안 개요

농촌지역도 도시에서와 같은 원리로 배후의 산을 핵으로 하여 각종 소규모 생물서식 공간(據點, 点)을 조성하고 과다한 화학제품의 사용을 지양하며, 생태통로를 조성함으로써 야생동식물의 서식에 적절한 공간으로 만들 수 있다. 또한 농약과 비료가 함유된 농업용수가 직접 하천으로 유입되지 않도록 농지와 소하천 등과의 사이에 수림대, 습지, 늪 등을 조성하면 수질정화 및 생물서식에 좋은 역할을 하도록 할 수 있다.

(3) 농촌지역에서 생물의 서식을 높이기 위한 조치

① 서식지 개선 방안
- 농촌에서 다양한 형태의 비오톱(곤충비오톱, 조류비오톱 및 생태공원 등)을 조성(<그림 7-12>참조)
- 숲과 초지 사이의 관불 숲은 다양한 생물의 서식처를 제공하므로 보전하며, 다양한 형태의 자연초지를 창조하여 곤충과 소동물의 서식지 확보
- 묵논과 묵밭을 가급적 비오톱조성공간이나 생물서식공간으로 활용
- 농촌의 단순한 평면적 구조를 못, 논, 밭, 덤불숲, 산림 등의 혼합 배치하면 생물다양성이 증가됨.
- 늪지 및 못은 화학제품 등의 사용이 적으면 많은 생물의 서식지가 되므로 습지, 작은 못, 관목림 및 덤불숲 등을 보전하고 유기농법 등을 육성
- 열매를 맺는 관목림은 유지시켜 겨울에 야생조류에게 먹이를 제공하게 하며, 식재시 다양한 곤충과 조류를 유인하기 위한 식이식물과 밀월식물을 심음.

② 생물의 이동을 촉진하는 생태통로 건설 검토
- 농로 주변에 덤불숲을 조성하여 야생동물 이동통로를 제공하며, 특히, 열매를 맺는 식물로 구성하고 겨울에 야생조류에게 먹이를 제공(<그림 7-13> 참조)
- 소하천, 수로 및 소로 주변에 관목림 및 덤불숲을 유지시키거나 새로운 숲을 조성하여 동물의 이동통로, 은신처 및 서식지를 제공

- 숲의 방풍효과는 숲높이 10배 이상의 거리에 미침. 모충, 쥐 토끼 및 경작지에 해충이 되는 곤충과 동물을 먹이로 하는 동물이 서식하여 농업생산에 상당한 이익을 가져다 줌.
- 소하천 및 농로를 과대하게 콘크리트와 아스팔트로 포장하지 말고 가급적 자연스런 구조로 유지시킴.
- 전통적인 농촌의 구조와 생활양식, 예를 들면 논 모퉁이의 샘, 돌담, 초가집, 생울타리 등이 다양한 생물에게 서식처를 제공한다는 사실을 인식시킴.
- 생울타리를 설치하여 곤충의 서식처를 제공함.

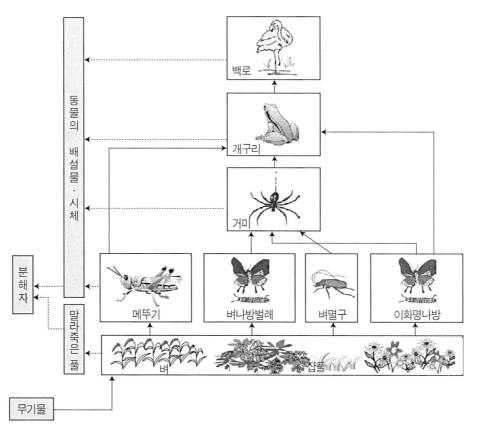

〈그림 7-12〉 비오톱기능으로서의 논의 먹이사슬
자료: 웅진출판사, 한국의 자연탐험, 1993.

〈그림 7-13〉 농지에 조성된 수림대-생태이동통로로 제공됨.
자료: Bayerisches Staatsministerium des Innern Oberste Baubehörde, 1991,
Biotopgestaltung an Strassen und Gewässern, p. 9

7. 맺음말

비오톱조성의 주된 목표는 생태적으로 자연적 지역에서 인위적 영향을 강하게 받는 지역으로 생물종의 이동을 보장하는 것이다. 이로써 얻어지는 두 가지 효과는 첫째, 인위적 영향을 강하게 받는 지역에 자연지역으로부터 풍부한 생물상을 가져오는 결과를 취할 수 있고, 둘째로는 한 자연지역만으로 충분히 개체군을 유지할 수 없는 생물종 군집의 유지를 위해 자연지역 외부에서 내부로의 이동을 확보하고 종의 서식을 확보하는 일, 즉, 자연지역의 질을 확보하는 것이다.

생물의 보호를 위해 현재 남아 있는 비오톱을 유지하는 것으로는 충분할 리 없다. 물론 비오톱을 인위적으로 만들어 내 야생생물의 서식만을 확보하는 것이 아니며, 본래의 장소에 어울리는 환경을 만들어 낼 필요가 요구된다. 또한 이와 함께 자연과 사람이 공유하고 공생할 수 있는 공간을 만들어야 할 것이다. 이것이 비오톱 창조의 대안이다. 본래의 자연과 동떨어진 비오톱을 창출하는 것은 지역의 자연생태계를 왜곡시킬 위험성도 있다. 이런 의미에서 몇몇 특정생물에 한정하거나 또는 보호구의 조성도 습지, 하천 등과 같이 원래 생태적 성격과 기능이 높은 곳으로 국한할 경우 비오톱 창출에 모순이 야기될 것이다. 인구밀도가 높은 우리 나라에서의 비오톱 창출이 보다 필요함은 지극히 당연하지만, 그 본래의 이념이 정확히 정의되어져, 선진국 사례의 일방적 모방과 도입이 아니라 우리 환경에 맞는 비오톱을 창출할 수 있는 방법을 신중히 검토하여야 할 것이다.

인공지반 녹화

1. 인공지반 녹화의 개념

1) 인공지반의 정의

인공지반은 자연상태 그대로의 지반이 아니라는 점에서 자연지반과 구별된다. 도시지역에서 인공지반은 개발 과정에서 고밀도 토지이용의 결과로 많이 나타난다. 다양한 인공지반의 발생은 건설기술의 발달이나 재료의 개발, 수요자의 요구 및 도시의 고밀도한 개발 등으로 기인하는 것이다. 특히, 콘크리트의 발명은 건설기술에 신기원을 이루었던 것으로 평가될 수 있으나, 도시지역에서 자연지반을 인공지반으로 대체하는 데 큰 역할을 하였다는 비판을 받을 수도 있다.

인공지반은 「인공」이라는 말과 「지반」이라는 말의 합성어이다. 「인공」[1]이란 인조 또는 인위라는 단어와 유사어로서 ① 사람이 하는 일 또는 ② 사람이 자연물에 가공하는 일을 가리키며, 「지반」[2]은 ① 땅의 표면 또는 ② 공작물 등을 설치하는 기초가 되는 땅이나 ③ 일을 이루는 근거지, ④ 성공한 지위 또는 장소를 가리킬 때 사용되는 말이다. 이렇게 볼 때, 인공지반은 「인공」 및 「지반」에서 모두 ②의 개념으로 받아들일 수 있으며, 여기에서는 다음과 같이 정의할 수 있다.

---

1) 이희승 감수, 1998, 엣센스 국어사전, 민중서관, p. 1838
2) 이희승 감수, 1998, 앞의 책, p. 2111

인공지반은 자연지반이 아니면서 그것과 유사한 상태로 만들어 인간의 활동을 지원해 주는 지반[3]이다. 즉, 자연적인 지반이 가지고 있는 것과 유사한 재료나 형태 등으로 만들어 인간이 그 지반을 적극적으로 이용할 수 있도록 제공되는 공간이라고 말할 수 있다. 이것은 토목구조물이나 건축구조물과 관련되어 주로 나타나고 있으며, 그 대부분이 도시개발의 과정에서 발생한다.

우리 나라의 경우, 1960년대 이후 급격한 산업화 및 도시화의 과정에서 콘크리트의 사용량이 급증하였는데, 이에 따라 도시의 토지피복 상태도 기존의 자연상태에서 인공적으로 크게 변화되었다. 최근의 한 논문[4]을 보면, 대구광역시에서 도시화된 지역의 면적은 1985년부터 약 12년 사이에 그 면적은 41.3% 정도 늘어났으며, 도시화가 계속 진행 중에 있기 때문에 앞으로 계속하여 인공지반이 늘어날 것으로 전망된다.

2) 인공지반 녹화의 의의

도시공간이 점점 인공지반화되어가는 시점에서 볼 때, 인공지반의 녹화는 도시녹화의 한 부분으로서 도시의 일반녹지와 비슷한 의의를 가진다고 판단되며, 특히 환경의 보전이나 개선이라는 측면에서 도시문제를 해결해 나가는 데 중요한 역할을 하고 있다.

최근 도시지역에 들어서는 대형 건축물은 기존의 도시건축물과는 달리 그 기능뿐만 아니라 도시 미관의 증진 및 상징성의 부여 등 모든 면을 강조하고 있다. 단순한 형태나 기능을 강조한 무미건조한 양식에서 주변의 경관이나 환경을 존중하는 양식으로 변하고 있으며, 그에 따라 이전에 없었던 - 설사

---

3) 토목관련 용어사전을 보면 인공지반을 artificial ground로 표현하고 있고, '지표 혹은 수면보다 상부에 두어진 지면으로 간주할 수 있는 대규모 상판'이라고 정의하고 있다.(토목관련용어사전편찬위원회, 1997, 토목용어사전, 탐구원, p. 40)

4) 현재의 대구광역시 경계를 중심으로 대구광역시의 토지피복 상태를 인공위성 사진을 분석한 결과에 따르면, 도시화된 지역의 면적은 1985년에 약 94.18km²(10.7%)이었지만, 도시가 계속 확장됨에 따라 1997년에는 133.03km²로 늘어났고, 이는 대구광역시 면적의 15.1%를 차지하고 있다. 이러한 대구광역시의 도시화과정은 도심을 중심으로 집중되어 일어나 점차 도시의 외곽으로 확산되고 있다. (박경훈, 1998, 환경보전을 위한 종합적 녹지평가 방법론, 경북대 대학원 조경학과 석사논문 참조)

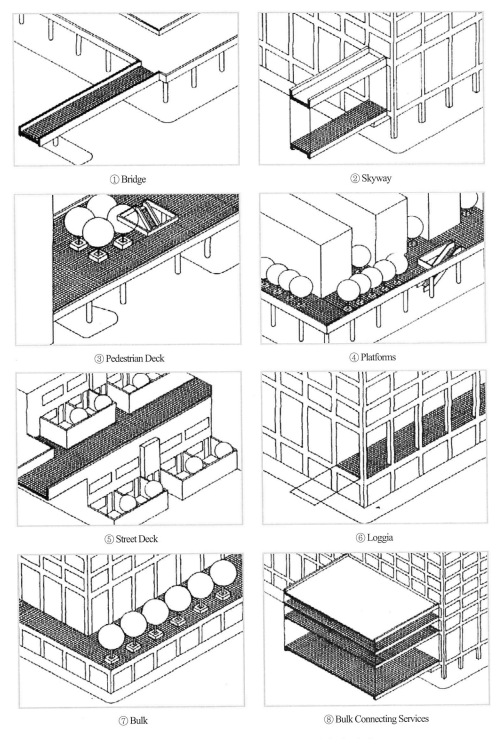

① Bridge

② Skyway

③ Pedestrian Deck

④ Platforms

⑤ Street Deck

⑥ Loggia

⑦ Bulk

⑧ Bulk Connecting Services

〈그림 8-1〉 건축물과 관련된 인공지반의 형태

있었다고 하더라도 그렇게 중요시되지 않았던 – 다양한 녹화공간이 나타나거나 새롭게 인지되고 있다. 이러한 인공화된 도시공간을 녹화하는 것은 과밀하고 악화된 도시의 환경을 보다 쾌적하게 변화시켜 도시환경의 질을 높이고 도시미관을 증진시키는 데 도움을 준다. 특히, 인공지반의 녹화는 기존의 도시녹지가 점적인 형태로 산재해 있었던 것을 면적인 형태뿐만 아니라 입체적인 것으로 전환시키는 데 기여한다는 측면에서 매우 큰 의의를 갖는다. 이는 최근 유행어처럼 퍼져 있는 생태도시의 건설, 도시의 생태시스템 구축 또는 생태학적 도시조성이라는 측면에서도 커다란 공헌을 할 수 있을 것으로 판단된다.

현재 도시녹지의 근간을 이루는 도시공원은 유치거리[5] 등에 따라 5가지로 분류되고 있지만, 실제로 공원은 사람들의 이용이 빈번하지 못한 곳, 즉 택지개발과정에서 상대적으로 지가가 싼 외곽지에 배치되기 때문에 생활공간의 녹으로 기여하지 못할 때가 많다.[6] 그렇기 때문에 인공지반 녹화의 활성화는 생활공간 가까이 녹지공간을 둠으로써 그 효과를 충분히 발휘하게 된다.

3) 인공지반 녹화의 효과

인공지반을 녹화한다는 것은 도시녹지와 비슷한 효과를 발휘하지만, 여기에서는 특히, 구조물 자체에 대한 효과와 이용자 및 도시민에 대한 효과, 그리

---

[5] 도시공원법 제3조에 의하면 도시공원은 어린이공원, 근린공원, 도시자연공원, 묘지공원, 체육공원으로 나뉘어지며, 동법 시행규칙 제4조(도시공원의 설치 및 규모의 기준)의 별표 2를 보면, 근린공원은 근린생활권근린공원, 도보권근린공원, 도시계획구역근린공원, 광역권근린공원으로 세분하고 있으며, 그 유치거리는 다음과 같다.
　-어린이공원 : 250m 이하
　-근린공원
　　·근린생활권근린공원 : 500m 이하
　　·도보권 근린공원 : 1,000m 이하
　　·도시계획구역근린공원 : 제한 없음
　　·광역권근린공원 : 제한 없음
　-도시자연공원, 묘지공원, 체육공원 : 제한 없음
[6] 양헌석, 1998, 택지개발지구 내의 공원녹지 배치실태와 이용성, 경북대학교 농업개발대학원 석사학위논문

고 주변환경에 대한 효과[7]로 나누어 정리한다.

① 구조물 자체에 대한 효과

-경관향상

· 장식 / 외관의 미화, 이미지 향상(Image Up)

· 차폐 / 좋지 않은 것은 은폐

· 주변과의 조화로 인한 구조물의 개성화

-방재

· 화재연소방지(건축물의 경우)

· 화재로부터의 건축물의 보호

-경제성

· 건축물의 보호 / 구조물의 온도변화에 따른 영향 경감 / 자외선 등의 영향으로부터 방수층을 보호

· 에너지 절약 / 여름철 태양광선에 의한 구조물 바닥면이나 벽면으로부터 실내로의 전도열 감소로 인한 냉방비 절약 / 겨울철의 보온 효과

· 오픈 스페이스제공 / 집객(集客)효과 / 상권 형성

· 미이용(未利用) 공간에 대한 이용 활성화

경관향상효과

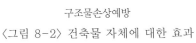
구조물손상예방

에너지 절약

〈그림 8-2〉 건축물 자체에 대한 효과

---

7) 인공지반녹화의 효과에 대해서는 東京都 新宿區가 분류한 것을 참고(東京都 新宿區, 1994, 都市建築物の綠化手法, 彰國社, pp. 6~7)하여 필자의 의견을 더하여 기술하였다.

② 이용자(도시민)에 대한 효과

− 경관향상

· 장식 / 내부로부터의 경관향상(정원으로서의 역할)

· 차폐 / 외부로부터의 보기 싫은 물체 은폐

− 생활환경의 보전

· 소음저감

· 미기후의 완화 / 녹음, 반사광으로 인한 눈부심 방지, 방풍, 건조방지

− 심리

· 안락함 / 피로감의 회복

· 취미생활공간의 제공 / 재배, 수확

· 스트레스 해소 / 일상생활에서의 해방감 / 정서적 안정

− 기타

· 건강 및 체력 증진

· 교육 / 자연과의 교감

경관 향상 효과   생활환경보전   심리적 효과

〈그림 8-3〉 이용자에 대한 효과

③ 주변환경에 대한 효과

- 경관향상

· 경관형성 / 가로의 경관형성

· 환경조화 / 주변환경과의 조화

· 아름다운 도시경관 창출

- 생활환경보전

· 쾌적성 증진

· 도시기후의 개선 / 온도, 습도 조절

· 대기정화 / CO_2 흡수, 산소 방출, 오염물질의 흡착

· 우수의 여과

· 벽면이나 기둥으로부터의 반사광 완화 또는 차단

- 방재

· 우수의 급격한 유출억제

- 자연환경회복

· 조류의 서식처 / 먹이 공급 / 조욕장(鳥浴場)

· 곤충류의 서식처 및 번식처

· 조류나 곤충의 이동 코스 형성

· 다양한 생물종의 확보와 그에 따른 천적의 출현

경관 향상

생활환경보전

자연환경회복

〈그림 8-4〉 주변환경에 대한 효과

2. 인공지반의 녹화환경

1) 일조(日照)환경

(1) 일조의 중요성

일조, 즉 태양광선은 인간 생활뿐만 아니라 식물을 포함한 모든 생물에게 필요한 에너지를 공급하는 근원이다. 생태계에서의 태양의 역할은 에너지를 공급하는 것 이외에도 생물의 형태·생리·행동·생활사 등을 결정한다. 태양광선은 해발고, 위도, 계절, 밤과 낮에 따라 변화될 뿐만 아니라 공기와 토

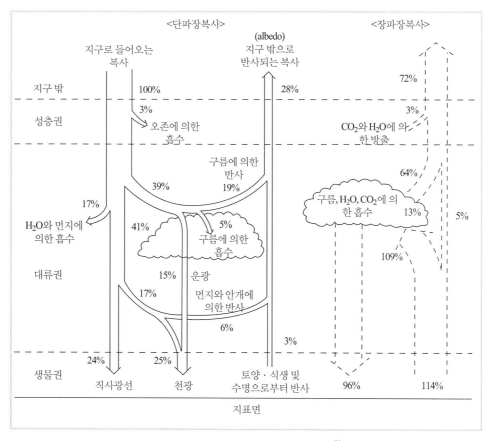

〈그림 8-5〉 태양복사에너지의 균형[8]

자료: Schneider & Londer, 1984

---

8) 이경준 외, 1996, 산림생태학, 향문사, p. 38에서 재인용

양의 온도, 물(강우), 바람 등의 기후에도 영향을 끼침으로써 지구상에 식물의 분포와 적응을 결정하는 가장 중요한 환경요인이다.

　식물, 특히 녹색식물은 태양에너지를 이용한 광합성을 통해 탄수화물을 생성함으로써 생태계에서 먹이사슬이 시작될 수 있도록 한다. 일반적으로 식물이 생육한다는 것은 탄소동화작용을 한다는 의미이다.

〈표 8-1〉 광선의 식물에 대한 작용

복 사 열	파 장 구 역	식물에 대한 작용
X 선	$0.1 \sim 24 Å(100 \sim 24,000X)$	극히 강한 害 作用
자외선	$120 \sim 4,000 Å$	강하면 해로우나 합성과정에서 중요한 작용을 하기도 함.
자색광선, 청색광선	$4,000 \sim 4,900 Å(400 \sim 490mμ)$	屈光性, 광에 의한 형태형성, 광합성
녹적색광선	$4,900 \sim 7,600 Å(490 \sim 760mμ)$	
적외선	$7,600 Å \sim$ 약 $0.3mn$	일반적으로 온도요인으로 작용, 잘 알려져 있지 않음.
전 파	$2mn \sim \infty$	

　태양광선 즉, 일조는 영양생리과정의 중심을 이루는 광합성의 요인으로서 식물에 있어서는 대단히 중요한 생태학적 의의를 지니고 있으며 광합성뿐만 아니라 수형의 형성이나 개화, 결실, 화아 형성 등과 같은 생리적인 움직임에도 관여한다.

(2) 일조와 식물생육

　모든 녹색식물은 태양으로부터 광선을 받아 광합성을 통해 식물체가 살아갈 수 있는 영양분을 생산하고 호흡한다. 광합성은 엽록소를 가진 식물이 태양에너지를 이용하여 공기 중의 CO_2가스를 H_2O의 존재하에 탄수화물의 일종인 당류로 합성하는 과정을 말한다. 이 때의 부산물로서 산소가 생기게 되는데, 수목의 광합성량은 수종이나 수령, 계절과 기상조건, 주변환경에 따라 다르다.

　일반적으로 일조가 풍부하면, 수목은 줄기와 뿌리의 생장이 균형을 이룬다.

그러나, 일조가 부족하게 되면 수목은 충분한 광합성을 하지 못하므로 생장이 크게 둔화된다. 음지에서 자란 식물의 경우, 키는 크지만 뿌리의 발달이나 조직의 발달은 미약하다. 이처럼 일조는 식물이나 수목의 생육환경에 많은 영향을 미치고 있다.

식물의 생육에 필요한 일조 요인은 크게 빛의 강도, 빛의 성질, 빛의 지속 시간 등 세 가지로 나누어 생각할 수 있다. 이러한 요인들은 위도와 계절, 태양의 고도 등에 따라 달라지지만, 비슷한 조건하에 있다고 하더라도 주위의 인공구조물이나 장치물 등에 따라 달라질 수 있다.

식물이 생장을 하기 위해서는 춘분과 추분을 기준으로 할 때, 하루 4시간 이상의 일조가 가능해야 양수(陽樹)의 사용이 가능하다. 그리고 아무리 일조환경이 나쁘더라도 최소한 1일 1시간 이상의 일조는 확보되어야만 음수(陰樹)를 심을 수 있으며, 1일 1시간 이하의 일조가 있는 곳에서는 강한 음수만이 녹화를 할 수 있으나, 이러한 공간조차도 날이 갈수록 식물의 생기가 떨어지게 되므로 사실상 식재하기란 어렵다. <그림 8-6>은 계절별 태양광선의 조사방향과 범위를 나타낸 것이다.

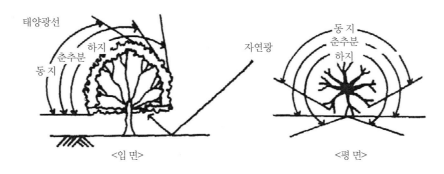

〈그림 8-6〉 태양의 조사방향과 범위

(3) 인공지반의 일조환경

도시 내의 공간에서는 수목이 잘 자라고 있는 자연지반 상태라고 하더라도 새로운 건축물이나 토목구조물이 들어서면서, 일조문제로 생육에 지장을 받는 경우가 종종 발생한다. 더구나 인공지반은 이러한 일조조건을 포함한 생육환경이 열악하기 때문에 수목의 정상적인 생육을 기대하기 어려운 형편이다.

일조환경은 인공지반이 어디에 위치하는가에 따라 다르다. 일반적으로 인공지반은 건축물이나 토목구조물에 인접하여 설치되는 경우가 많기 때문에 앞에서 우려한 바와 같이 일조에 있어서는 상당히 부적절한 환경을 제공할 때가 많다.

옥상과 같은 인공지반은 상당히 많은 시간에 걸쳐 빛을 받을 수 있으나, 반대로 썬큰 가든(Sunken Garden)이나 교각 또는 교대하부 등 구조물의 하부공간은 일조량이 상당히 부족하다. 이러한 일조량이 부족한 공간에 일반 지역과 같은 녹화수법이나 수종을 적용시켜 녹화하게 되면 수목이 정상적으로 자랄 수 없을 뿐더러 향후 관리나 보식에 막대한 비용이 추가될 위험이 있다. 그렇기 때문에 녹화배식설계에 있어서는 해당 인공지반의 일조량을 사전에 충분히 고려한 다음 이루어져야 한다.

옥상이나 남쪽으로 향한 베란다, 발코니, 스카이웨이(Skyway), 주변에 고층건물이 없는 지하주차장 상부 등은 충분한 일조조건이 확보되는 곳이다. 이러한 곳은 일조량은 풍부하나, 강한 복사열이나 강한 광도에 비해 상대적으로 토양의 깊이가 깊지 않아 구조물이 쉽게 열을 받을 때가 있으며, 그에 따른 표면이나 식재기반의 온도가 상승하여 전체적인 식물의 생장 조건에 다소 불리한 측면이 발생할 수도 있다. 이러한 공간에는 강한 양수이면서 건조에 강한 수종을 선택하는 것이 바람직할 것이다.

이와는 반대로 햇빛이 잘 들지 않는 건축물 북쪽 또는 서쪽의 인공지반이나 교각 하부 등과 같이 햇빛이 잘 들지 않는 곳에는 음수나 중용수가 적당하다. 음수와 중용수는 일반적으로 양수보다 광보상점이 낮으며, 이들 식물들을 잘 응용하는 것은 일조량이 부족한 공간에 대하여 효율적으로 대처할 수 있는 방법이 된다.[9] 그리고, 음수 즉 내음성 수종은 녹화계획에서 중요한 의의를 가질 수 있으며, 이러한 수종에 대한 지식은 수종 선정이나 녹화환경의 개선을 위해 중요한 구실을 한다.

---

9) 일부에서는 인공조명으로 일조량의 부족을 보완하는 사례가 있긴 하지만 이 경우는 특수한 경우에 한정되며, 많은 관리비용이 소요된다.

2) 수(水)환경

(1) 물 순환의 변화

지표나 수면으로부터의 증발이나 식물의 잎으로부터의 증산작용으로 대기 중에 상승한 수분은 응축하여 비·눈·우박 및 서리 등과 형태로 다시 지표면이나 수면으로 내려오게 되고, 이 물은 지표면을 따라 계곡이나 하천으로 흘러 바다나 호수와 같은 곳으로 유입되거나, 일부는 땅 속으로 침투하여 토양 수분으로서 토양 중에 보유되어 증발산하거나 그렇지 않으면 더욱 깊이 침투하여 지하수로서 존재하게 되고, 그 중 일부는 또 다시 자연적 또는 인공적으로 지표면에 유출되거나 바다 등으로 유입되기도 하고 증발되기도 한다.

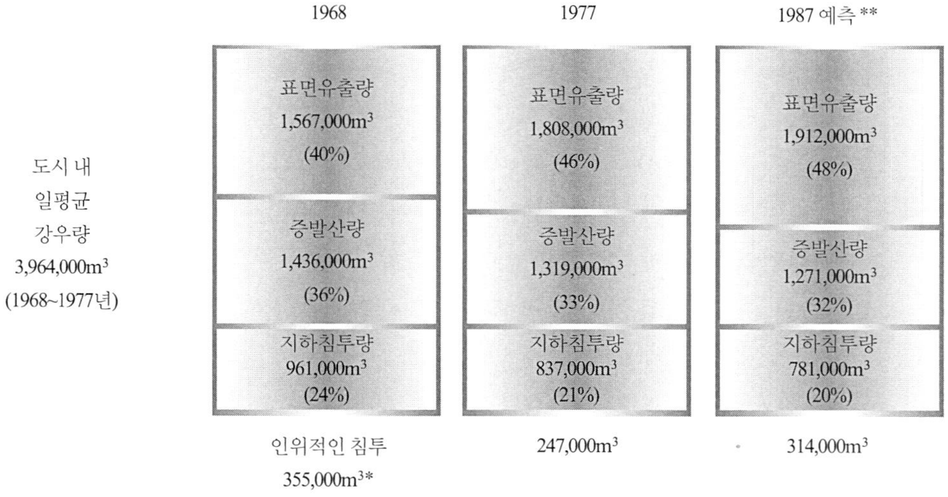

	1968	1977	1987 예측**
도시 내 일평균 강우량 3,964,000m³ (1968~1977년)	표면유출량 1,567,000m³ (40%)	표면유출량 1,808,000m³ (46%)	표면유출량 1,912,000m³ (48%)
	증발산량 1,436,000m³ (36%)	증발산량 1,319,000m³ (33%)	증발산량 1,271,000m³ (32%)
	지하침투량 961,000m³ (24%)	지하침투량 837,000m³ (21%)	지하침투량 781,000m³ (20%)
	인위적인 침투 355,000m³*	247,000m³	314,000m³

*인위적인 침투량은 수도누수량, 하수관으로의 침투량, 지하철로의 침투량, 양수량 수지 등의 합계를 말함.
**1987년의 예측은 하수도가 계획되어 보급되고, 지표면의 피복율이 과거와 같은 증가율로 상승하며, 多摩지역의 수도배수량이 계획과 같이 신장할 때를 상정한 것임.

〈그림 8-7〉 도시의 물순환 변화(일본 동경시의 경우)[10]
자료: 地下水收支調査報告書, 1980

---

10) 和田安彦, 앞의 책, p. 4에서 재인용

이와 같이 물은 지표면이나 대기 중, 지 중 또는 수면(바다, 호수, 강 등) 등을 끊임없이 순환하게 되는 데 이를 물의 순환이라 한다.

이러한 물 순환 체계는 도시화가 진전되면서 현재 도시공간의 지표면이 기존의 그것과는 상당히 다른 구조로 되어 있기 때문에 다소 차이를 보이고 있다. 도시화가 진행됨에 따라 아스팔트나 콘크리트 바닥면적은 지속적으로 증가하고 있으나, 식물 피복율은 감소하고 있다. 따라서 도시 내 물의 표면 유출량이 증가하게 되는 반면, 상대적으로 지하 침투량이 감소하게 된다.

지하 침투량의 감소는 지하수의 개발과 더불어 지하수위가 낮아지는 원인이 된다. 즉, 도시지역에 내리는 비는 단시간에 하수구나 하천 등으로 흘러가게 되면서, 땅 속으로 침투하여 지하수로 순환하는 것은 상당히 줄어들게 되었다. 더군다나 공업용이나 냉난방, 음수용 등으로 많은 지하수가 개발됨으로써 지하수위는 상당히 낮아지게 되었다.

수목이나 식물, 특히 주변이 포장되어 있는 경우는 여름철 건조기에 심각한 수분 부족현상이 일어난다. 이러한 현상은 인공지반에 식재되어 있는 수목일 경우 더욱 심하다. 즉, 인공지반은 그 자체가 인공의 구조물상에 만들어진 것이기 때문에, 식재되지 않은 아스팔트나 콘크리트와 어느 정도의 차이는 있지만 유사한 식재환경을 가지고 있다고 할 수 있다. 다만, 녹화가 이루어진 인공지반일 경우는 지표면에 흙이나 인공토양 등으로 덮여 있고, 식물이 심겨져 있기 때문에 다소간 차이가 있을 뿐, 대다수 강우는 배수구를 통해 빠져나가게 된다. 녹화를 한 인공지반도 그 위에 토양이 함유하고 있는 수량만큼 물을 보수하고 있을 뿐이다. 이것은 자연지반과는 달리 지하수가 없고, 토양층이 얇기 때문이다.

(2) 식물과 물

① 식물생육과 물

물은 흔히 생명의 근원이라고 말한다. 우리의 인체도 거의 물로 채워져 있으며, 모든 살아 있는 생명체는 물로 살아간다고 해도 과언이 아니다. 이것은 물이 전체의 90%를 차지하는 수목에 있어서도 예외가 될 수 없다. 물은 수목을 곧바로 서게 하며, 잎에 생기를 불어넣어 줄 뿐만 아니라 팽연(膨軟)한 상태로 만들어주며 영양성분 중 대부분이 물을 흡수함으로써 공급된다.

그렇기 때문에 물은 수목에 있어서 가장 중요한 요소의 하나라고 할 수 있다.[11]

식물구조를 보면, 뿌리는 쉽게 물을 흡수할 수 있는 구조로 되어 있고, 줄기나 가지는 물을 방출하기 어려운 구조로 되어 있다. 강수량이 매우 적으며, 공기 중의 공중습도가 낮고, 토양 내의 수분이 적은 사막과 같이 건조지역에서 자라는 식물구조는 체내에 많은 수분을 저장할 수 있도록 되어 있다. 이들 건조지역에 잘 자라는 식물은 선인장이나 용설란과 같은 다육식물로서 물이 외부로 쉽게 방출되지 않게 잎이 퇴화되어 있다. 물이 풍부하지 않은 지역에서 자라는 식물은 수관폭보다 훨씬 넓게 뿌리가 퍼져 있다. 이는 식물의 뿌리가 조금이라도 더 많은 물을 확보하기 위한 것이다. 일반적으로 토양 내의 수분종류와 식물이 이용할 수 있는 범위를 pF 값으로 나타내는데 이에 대해서는 후술하기로 한다.

② 식물과 토양수분

수건을 물에 적셔 두었다가 건져내면, 물이 아래로 흘러내리게 되며, 이것을 손으로 짜게 되면 많은 물이 떨어지게 되고, 탈수기에 넣으면 물은 탈수되지만 아직 이 수건에는 많은 수분이 남아 있는 상태가 된다. 이것을 햇볕에 말리거나 건조기에 건조시키면 습기를 느낄 수 없는 마른 상태가 된다. 이와 같이 물은 다양한 힘에 의하여 물질에 붙어 있게 되는데, 이것은 식물을 지탱하게 하는 토양에 있어서도 마찬가지이다.

물 분자가 토양입자에 붙어 있는 힘을 수분장력이라고 한다. 이러한 수분장력은 보통 pF 값으로 나타낸다. 수분장력은 조건에 따라 계속 변화하지만, 물의 운동성이나 식물의 흡수에 미치는 영향 등 비교적 명확한 값이 있는데 이를 토양의 수분항수라고 한다. 토양수분은 수분항수의 차이를 기초로 하여 식물체와 관련시켜 크게 중력수(重力水), 모관수(毛管水, 또는 모세관수) 및 흡습수(吸濕水) 등으로 나눌 수 있다.

---

11) 輿水 肇, 1985, 建築空間の綠化手法, 彰國社, 日本 東京, p. 20

〈표 8-2〉 토양수분의 흡착력에 의한 토양수분의 구분

단위수주의 높이 (cm, mbar)	압력 (bar)	수주의 log(pF)	토양수의 구분	작물의 생육면으로 본 토양수의 구분	물이 차지한 공극량 (약 %)
1	0.001	0	최대용수량		100
10	0.01	1			
100	0.1	2			
346	1/3	2.54	포장수용량 수분당량·모관난동점		50
501	0.5	2.7			
1,000	1	3			
10,000	10	4			
15,849	15	4.18	위조점	생장저해수분 / 초기위조점 / 영구위조점	25
31,632	31	4.50	흡습계수		15
100,000	100	5			
1,000,000	1,000	6			
10,000,000	10,000	7	화합수		0

토양수의 구분(세로): 중력수(배수대상), 모관수(식물에 유효), 흡습수, 화합수 / 식물에 무효 / 전유효수, 비유효수
작물의 생육면으로 본 토양수의 구분(세로): 정상생육, 유효수, 물유효수분

a) 중력수

토양에 물이 많아지면 모세관을 채우고 남은 물은 큰 공극으로 이동하고 중력에 의하여 흘러내리게 되는데, 이를 중력수 또는 유리수라고 하며, 이 물은 pF 2.54 정도이다. 이와 같은 중력수의 이동이 거의 정지한 시점 즉 물이 빠져나가고 모세관수로 포화된 상태의 토양수분량을 포장용수량이라고 한다. 이는 토양이 중력에 견디내어 저장할 수 있는 최대의 수분함량을 말한다. 중력수에 의해 차지하는 공극, 즉 포장용수량의 시점에서 기상(氣相)이 되는 공극을 조공극(組孔隙) 또는 비모세관 공극이라고 한다. 중력수는 식물에게 대부분 불필요한 수분으로서 적절한 배수에 의해 제거될 수 있다.

b) 모관수(모세관수)

모관수는 토양입자 사이의 작은 공극인 모세관에 채워지는 물로서 표면장력에 의하여 흡수·유지되며, pF 값은 1.8~4.5이다. 이는 외부 모세관수와 내부 모세관수로 다시 구분되며, 내부 모세관수는 식물에 거의 이용되지 않고 pF 값이 3 이하인 물만이 식물의 생육에 정상적으로 유효하게 사용된다.

중력의 약 1,000배 정도 원심력으로 탈수시켰을 때에 토양 내에 남아 있는

수분량을 수분당량(水分當量)이라 하며, 이 때 pF 값은 2.7에 이른다. 여기에서 수분이 더욱 감소하게 되면, 식물은 수분을 이용할 수 없는 상태에 이르러 처음으로 시들기 시작하는데 이를 초기위조점(初期萎凋點, pF 3.8)이라고 한다.

초기위조점에서 토양이 더 건조해지게 되면 식물은 충분한 수분을 공급하여도 되살아날 수 없는 상태에 빠지게 되는데 이 점을 영구위조점(永久萎凋點)이라 하고 이 때의 pF 값은 약 4.2 정도이다.

일반적으로 포장용수량에서 영구위조점 사이(pF 1.8~4.2)의 수분을 유효수분이라고 하며, 식물체가 이용하기 쉬운 수분은 포장용수량에서 수분당량 사이의 수분 즉 pF 1.8~2.7 정도의 수분이다.

c) 흡습수

흡습수는 건조한 토양입자의 표면에 흡착되는 물로서 토양을 100~110℃로 8~10시간 가열하면 제거되며, pF 값은 4.5~7로서 식물이 전혀 이용할 수 없는 토양수분이다.

3) 인공지반의 수(水)환경

인공지반은 자연지반에 비해 상당히 열악한 수분환경을 가지고 있다. 비 등의 강우는 쉽게 유출되고, 건조되기 쉽기 때문에 관수를 하더라도 잦은 관수가 필요하고, 보수력이 약하기 때문에 관수를 하더라도 배수관거로 유출되기 쉽다. 또한, 관수를 많이 하였거나 비가 계속해서 내렸을 때 신속한 배수체계를 마련하지 않았다면, 구조물의 안전에 심각한 피해를 끼칠 우려가 있기 때문에 이에 대한 주의가 필요하다. 그리고 이러한 것은 인공지반상에 녹화를 하였을 때 보다 주의가 요망되는 부분이다. 특히, 건축물의 옥상이나 발코니와 같이 건물에 맞닿은 부분은 직접 건축물에 그 영향을 미치기 때문에 각별한 주의가 요망된다.

식물의 뿌리는 지하부에서 수분 및 영양분을 흡수하고 호흡작용을 한다. 식물의 뿌리가 수분을 흡수하여 정상적으로 생육하기 위해서는 적당량의 물이 토양 내에 있어야 한다. 즉, 식물이 건전하게 자라기 위해서는 물이 부족해서도 안 되며, 너무 많은 물이 고여있어서도 안 된다. 그러나, 인공지반은 토양이 종적으로나 횡적으로 연속되지 않고 구조물에 의해 차단되어 있기 때문에 지하수가 없고 항상 물 부족현상이 일어날 수 있다. 이러한 것을 개선하기 위해서는 충분한 토양층과 관수시설이 필요하다.

인공지반 위에 내리는 비나 관수된 물의 일부는 토양 속에 침투되지 않고 그대로 배수관을 통해 지하로 흘러가는 경우가 많다. 또한, 토양 중의 수분증발은 배수층의 공극을 통해서도 이뤄지기 때문에 예상하지도 못한 건조해(乾燥害)를 받을 수 있다. 즉, 관수 등을 통해 표면에 가까운 부분은 습하게 보이지만, 아래쪽은 건조할 경우가 많으므로 이에 대한 각별한 주의가 요망된다.

3) 토양(土壤)환경

(1) 토양 생성과 발달

토양은 암석이 풍화되어 생긴 무기질 입자의 집합체이다. 여기에 동식물의 사체나 배설물 등과 같은 유기물이 작용하여 물리적, 화학적, 생물학적으로 성질이 다른 층을 형성하였다. 자연토양은 토양의 고유한 층위(profile)를 가지고 있으며, 이는 토양층의 구성, 토성 및 구조를 수직적인 순서로 기술한 것이다. 인간의 의해 교란되지 않은 자연림이나 초원과 같은 지역의 토양단면을 관찰해 보면 O층, A층, B층, C층 등으로 토양층을 구분할 수 있다. 일반적으로 자연상태의 토양 단면은 크게 유기물층과 무기물층으로 구분할 수 있다. 유기물층(O층, organic층)은 지표면에 무기질 토양입자를 포함하지 않은 층으로 주로 낙엽이나 가지, 초본의 유체 및 그것들의 부식물질로 구성되어 있다. O층은 유기물의 분해정도에 따라 L층(낙엽층), F층(식물조직이 분평한 유기물층), H층(식물조직이 불분명한 유기물층)으로 나뉘어진다. O층은 무기질 토양층으로 부식물의 공급원이 되고 빗물의 충격을 직접 받으며 토양 표면으로부터 수분증가를 억제하는 피복(mulching)의 역할도 담당하고 있다.

무기물층은 O층의 하부에 위치해 있는 층으로서 암석의 풍화물로 구성되어 있으면서 유기물층으로부터 분해산물인 부식과 물을 공급받는 층이다. 이 층은 O층의 영향을 많이 받아 부식물이 풍부하고 색깔도 약간 검은 빛을 띠고 있으며, 부식물이 풍부하기 때문에 토양 내 동물이나 미생물의 활동이 활발하고 식물의 뿌리활동도 이 층에서 가장 왕성하다. 무기물층은 A층, B층 및 C층으로 구분할 수 있다.

O층을 거쳐 빗물이 밑으로 이동할 때 토양 내에 여러 가지 물질을 빼앗아 가는 용탈현상으로 인해 A층을 용탈층(溶脫層)이라고 한다. B층은 A층 밑에 있으며, A층만큼 부식물이 존재하지 않고 O층의 영향이 적은 토양층이다. B층에는 A층으로부터 용탈된 점토질, 철분, 알루미늄 등의 물질이 축적되어 있는 경우가 많으므로 집적층(集積層)이라고 한다. C층은 B층 아래에 있으며 아직 토양화가 제대로 이루어지지 않았고 암석이 풍화된 작은 입자의 토양모재층이다.

일반적으로 표토 또는 표토층은 A층을 의미하며[12], 표토의 아래층을 하토층(下土層) 또는 심토층(心土層)이라고 하고 여기에는 주로 B층이 해당된다.

(2) 토양구성

① 토양의 입경구분

토양은 다양한 크기의 유기물과 광물질로 구성되어 있다. 일반적으로 광물질의 지름이 2mm 이상인 것을 자갈이라 하고, 2mm 이하를 모래(sand), 미사(silt), 점토(clay)로 구분하는데, 모래는 조사(coarse sand)와 세사(fine sand)로 다시 구분한다. 이러한 입자의 크기에 따른 구분을 입경구분이라 하며, 국제토양분류체계에 따른 토양의 입경구분은 <표 8-3>과 같다.

토양의 입경이 작을수록 물이나 공기 및 무기이온과 접촉하는 표면적이 크고, 그 입경이 클수록 공기 및 무기이온과 접촉하는 표면적이 작아진다. 따라서 토양의 입경은 토양의 여러 가지 특성을 결정하는 중요한 인자가 된다.

〈표 8-3〉 국제토양분류체계에 따른 토양의 입경구분

입경구분	크기(mm)	입경구분	크기(mm)
점 토	〈 0.002	세 사	0.02~0.2
미 사	0.002~0.02	조 사	0.2~2.0

---

12) O층을 포함하여 표토라고 하기도 한다.

② 토성과 밀도 및 토양경도

식물을 심을 때, 식재지에서 그 식물이 뿌리를 내릴 수 있는지의 여부는 매우 중요한 문제이다. 표면의 흙이 적당하고 양분이 적절하다고 하더라도 직접 식물의 뿌리와 맞닿은 부분의 토양이 식물의 생육에 적당하지 않다고 한다면, 식물은 제대로 자랄 수 없으며 많은 하자가 발생하게 된다. 즉, 수목이 심겨져 있는 곳의 토양층에 점질 성분이 많은 토양이 있으며, 배수가 불량해지게 되고 배수되지 않은 물은 고이게 마련이다. 이러한 것은 토양의 성질과 관련된 것들이다.

이렇듯 토양의 성질은 수목의 생육에 많은 영향을 미치며, 이러한 토양의 성질을 토성(土性)이라 한다. 토성은 토양 중에 있는 모래, 미사, 점토의 함량비에 따라 결정되며<그림 8-8>, 그 입자가 가늘어짐에 따라 크게 사토(砂土, sand), 사양토(砂壤土, sandy loam), 양토(壤土, loam), 미사질양토(微砂質壤土, silt loam), 식양토(埴壤土, clay loam) 및 식토(埴土, clay) 등으로 구분한다. 이와 같이 구분한 토성은 토양의 통기성, 배수성, 뿌리발달, 토양구조 및 토양의 비옥도 등과 밀접한 관련이 있다.

토양의 밀도는 용적밀도와 입자밀도로 구분되며, 전자는 고상·액상 및 기상으로 구성된 공극이 있는 자연상태에서의 토양밀도를 의미하고, 후자인 입자밀도는 공극이 없는 상태에서의 토양고체의 밀도를 말한다. 일반적으로 식물이나 수목의 생육과 관련된 밀도는 용적밀도이며, 이것은 토양 내의 유기물뿐만 아니라 토양의 구조, 토성, 공극의 양 등에 의하여 결정되고, 공극률을 결정하는 데 널리 사용된다.[13]

---

13) 이경준 외, 앞의 책, p. 119

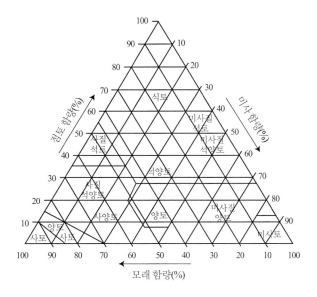

〈그림 8-8〉 미국 농무성의 토양구분도

    그리고 토양의 굳기 정도를 나타내는 방법으로 토양경도라는 용어를 사용한다. 토양경도는 토양의 종류나 건습(乾濕)의 정도에 차이가 있다. 점토와 같은 성질의 토양은 습할 때는 물렁하지만, 건조할 때에는 돌덩이처럼 딱딱해지며 이러한 토양은 식재시 작업이 어려울 뿐만 아니라, 수목이 잘 자랄 수 없기 때문에 토양 경도는 수목의 생육에 많은 영향을 미친다.

③ 토양의 3상구조

    토양은 식물생장을 물리적으로 지지하고 수분과 양분을 공급하는 것 외에도 독성물질을 완화하는 완충능(緩衝能)의 역할과 식생의 분포를 결정하는 요인으로 중요하다.[14] 토양은 유기물과 무기물의 고상과 토양수분을 이루는 액상, 토양공기인 기상으로 되어 있으며, 이를 토양의 3상이라 하고 일반적인 토양은 이러한 3상을 다 가지고 있다. 토양 3상의 비율은 식물에 공기와 물 공급의 가능성과 그에 따른 식물 뿌리의 신장 등 식물의 생육과 밀접한 관련을 맺고 있으며, 액상과 기상의 비율은 외적 상황에 의하여 좌우될 수

---

14) 李天龍, 1996, 산림환경토양학, 보성문화사, p. 15

있다.[15]

일반적으로 토양에서 고상이 차지하는 비율은 50%이고, 액상이 20~30%, 기상이 20~30% 정도이다. 토양의 3상 분포와 수목의 뿌리신장은 서로 많은 관련이 있다.[16] 고상율이 50% 이하이고 기상율이 20% 이상이면 근계 발달에는 거의 지장이 없으며, 고상율이 60% 이상이고 기상율이 10% 이하이면 식물의 근계 발달에는 현저한 문제가 나타나게 된다.

(3) 유효토층

일반적으로 수목이 정상적으로 자라기 위해서는 부드러운 토양층이 어느 정도 깊은가가 중요하며, 이러한 토양층을 유효토층이라고 한다. 유효토층은 일반적으로 식물의 식재 토양이 좋고 나쁨을 판별하는 기준이 되는 토양이 될 수 있다.

자연토양에서 교목(특히, 키 큰 심근성 수종)이 정상적으로 생육하기 위해서는 일반적으로 150cm 정도의 토양 깊이가 필요하고, 생존을 위해서는 최소 90cm 정도의 토양층이 필요하다. 그리고, 잔디와 같은 초본이 생존하기 위해서는 최소 15cm 이상의 토양 깊이가 필요하며, 정상적인 생육을 위해서는 30cm 정도의 토양층이 필요하다.(<표 8-4>)

<표 8-4> 식물크기에 따른 토양 깊이

구 분	생존을 위한 최소 토심(cm)	생육을 위한 최소 토심(cm)	배수층의 두께 (cm)
잔디 및 초본류	15	30	10
소 관 목	30	45	15
대 관 목	45	60	20
천 근 성 교 목	60	90	30
심 근 성 교 목	90	150	30

15) 李天龍, 앞의 책, p. 17
16) 小橋澄治 外, 1992, 環境綠化工學(안영희 역, 환경녹화공학, 1997, 태림문화사, pp. 38~39)

녹화를 위해서는 충분한 유효토층을 확보하는 것이 가장 이상적이지만, 옥상과 같은 인공지반의 녹화에 있어서는 항상 하중의 문제가 따르기 때문에 유효토층의 확보에 어려움이 있을 뿐 아니라, 토층이 얇으면 건조해지기가 쉽고 수분이나 양분의 지속적인 유지가 어렵기 때문에 최근에는 보비력과 보수력을 갖춘 경량토가 많이 개발되고 있다.

(4) 인공지반의 식재 토양

토양은 식물이 뿌리를 자라게 하고, 식물을 지지하는 기반이다. 식재지의 토양은 한번 시공하고 나면, 거의 영구적으로 사용되기 때문에 식물의 생육에 적합한 토양이어야 한다. 특히 보비성, 보수성, 통기성, 배수성 및 투수성이 우수한 토양을 선정할 필요가 있으며, 가능한 한 다량의 부식질이 함유된 토양 또는 식재지 토양에 부식질을 공급하여 주는 것이 바람직하다.

〈표 8-5〉 인공토양과 일반토양의 비교[17]

구 분	인공토양	일반토양
하중(토층 30mm)*	300×0.65(비중)=195kg/m²	300×1.6(비중)=480kg/m²
공사기간의 단축	30m³/1대/4t 1일 간	30m³/4대/11t 3일 간
우천시의 시공	강우시에도 시공 가능	액상화현상을 일으켜 시공 불가능
현장의 오염	작업후의 청소가 용이	작업후의 청소가 어렵다.
동절기의 시공	보온성이 높으며, 동절기에도 활착물이 높아 시공성이 좋다.	동절기 식재 부적절
비료효과	시공 후 1년은 시비 불필요, 그후로도 통상의 1/3 정도의 시비량	
병충해	병충해에 강하여 농약의 사용 불필요	
관수시설	우수로 유지(건기에는 관수)	샤워방식(1회/1주)
흡음효과	흡음효과가 높다	
단열효과	단열효과가 높아 동결에 강함	

*기존건축물의 평균허용 하중을 240~300kg이라고 봄.

---

17) 이상호, 1997, 서울시 녹색네트워크 형성을 위한 녹지 확충방안, 서울시정개발연구원, p. 123

인공지반은 대부분 콘크리트 구조물로 되어 있고, 인공지반 위의 식재지는 이러한 구조물로부터 Ca 용탈에 의해 토양의 알칼리화가 문제시되기도 한다. 최근에는 토목이나 건축공사에서 발생하는 토양 자체에 시멘트 조각이 혼입되고 시멘트방수공사나 레미콘공장에서 유출되는 물을 사용하는 등 인위적인 알칼리화가 지적되고 있다. 이러한 알칼리화는 토양 내에 부식질의 함량 여부에 따라 어느 정도 완화할 수 있다. 부식질은 CEC(양이온교환용량)가 크기 때문에 양이온(Ca 등) 유입에 대한 완충작용이 크게 나타난다. 콘크리트 구조물로 둘러싸인 인공지반의 식재지 토양에서는 부식질을 충분히 공급하는 것이 바람직하다.[18]

이외에도 인공지반은 토심이 적어 쉽게 건조될 뿐만 아니라 인공적인 관수나 비 등에 의해 토양층의 양분이 쉽게 유실될 수 있으며, 열의 전도율이 크고 토양의 온도를 일정하게 유지하는 데 어려움이 많다. 이러한 것은 결국 식재지의 토양을 척박하게 하며, 토양미생물의 활동을 억제시키는 원인이 되기도 한다. 토양 속의 미생물의 수는 부식질의 함량에 밀접한 관련이 있으며, 부식질은 토양생물의 활동을 활발하게 해 주고 토양구조를 발달시켜 준다.

4) 풍(風)환경

(1) 바람의 영향

바람은 태양에너지가 열에너지를 거쳐 운동에너지로 바뀐 형태이며, 태양에 의해 지구의 표면온도가 서로 다르게 데워지면서 발생한 현상이다. 이러한 바람은 식물에게 있어서 대단히 중요한 역할을 하며, 때로는 식물이 생육하는데 도움을 주기도 하나 때로는 생장을 저해하거나 고사시키기도 한다.

바람이 식물에 미치는 영향은 다양하지만, 그 중에서도 화분이나 종자의 비산(飛散)을 돕고, 오염된 대기물질이나 CO_2 가스를 이동시키며, 식물의 증산작용을 촉진시키고 병해충을 억제시키는 역할을 한다. 그러나 강풍이 불면, 수목에 기형유도나 풍도(風倒) 및 잎의 손상 등을 초래하기도 한다.

일반적으로 식물에게 적합한 바람의 강도는 0.5~0.6 m/sec 이다. 바람이 이

---

18) 小橋登治 外, 앞의 책, p. 43~44

것보다 아주 강할 경우, 수목은 조직이 파괴되거나 과다한 증산작용이 발생하게 되며, 심지어는 도복하기도 한다. 즉, 토양 속에 수분이 충분한 경우라 하더라도 직사광선을 받아 고온에다가 강한 바람까지 불 때는 처음 수목의 조직은 탈수증상을 보이다가 조직이 파괴되어 흡수능력을 잃게 되고 결국에는 고사해 버리게 된다.

특히, 여름철이나 겨울철 건조기에 강풍은 수목에게 커다란 피해를 유발한다. 이것은 뿌리에서 물을 흡수할 수가 없는 상태에서 가지나 잎에서는 강풍에 의해 강제적인 증산이 촉진되어 수분을 잃어 고사되기 때문이다.[19)]

바람은 지형이나 지물, 지표면의 구조 등에 많은 영향을 받게 되는데, 도시공간에는 빌딩이나 구조물 등이 많아 독특한 형태의 바람이 일어난다. 이러한 바람이 빌딩 등 건축물과 관련하여 생기는 것을 빌딩풍이라 하며, 이는 도시의 대표적인 국지풍(局地風, 또는 국부풍)이다.

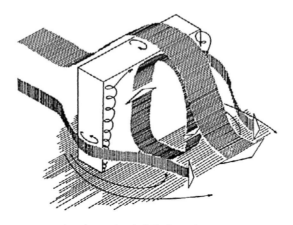

〈그림 8-9〉 빌딩풍의 모식도

빌딩풍은 바람의 이동통로가 건축물 등의 장벽에 막혀 일어나며, 바람이 한쪽으로 몰려 불기 때문에 강한 국지풍을 일으킨다. 고층아파트의 모서리를 돌아갈 때 갑자기 강한 바람을 맞게 되는데 이는 빌딩풍이 형성되었기 때문이다. 이러한 국지풍이 부는 곳에 식재된 수목은 바람의 영향이 크고, 가지나

19) 中島 宏, 改訂 植栽の設計・施工・管理, 1997, 經濟調査會, 日本 東京, pp. 85~86

줄기 등의 피해를 입히기 쉬우므로 상당한 주의가 요망되며, 아울러 토양도 쉽게 건조될 수 있으므로 멀칭(mulching) 등을 하여 이를 잘 관리할 수 있도록 하여야 한다.

(2) 수목 풍해의 종류

풍속이 일정한 한도를 넘으면 식물의 형태, 생육, 지엽의 고손 등의 피해를 유발하게 되는데 이를 풍해라고 한다. 일반적으로 15~17m/sec을 넘는 강풍은 수목에게 물리적인 피해를 가져온다. 바람이 수목에 해를 끼치는 풍해는 크게 한풍해, 조풍해, 일시적인 강풍해(폭풍이나 태풍 등), 장기적인 항풍해 등이 있다.

① 한풍해

한풍해는 겨울철 북서풍이나 매우 낮은 기온에서 부는 바람에 의한 것으로 잎이 갈변하거나 조기에 낙엽이나 낙지가 생기는 생리적인 건조해를 말하며, 주로 상록활엽수에 많은 영향을 준다.

② 조풍해

조풍해는 봄, 가을에 팬 현상이나 태풍이 상륙을 할 때 많이 발생하며 해안에서는 바닷물이 비말(飛沫)하여 잎에 부착되어 피해를 발생시키기도 하며 내륙에서는 염분이 함유된 공기가 이동하여 잎 끝을 변색시키기도 한다. 강풍을 동반한 조풍해는 수목의 잎 전체를 갈변 또는 낙엽을 생기게 하는 경우도 있다.

③ 강풍해

강풍해는 주로 폭풍을 동반한 태풍에 의한 것이 많으며, 국내의 경우 초여름부터 가을까지 몇 차례의 태풍으로 수목에게 많은 피해를 입힌다. 바람의 강도에 따라 차이는 있겠지만, 잎이 찢어지거나 가지가 부러지거나 나무가 도복되는 등의 피해를 발생시킨다.

④ 항풍해

빌딩풍이나 가로풍과 같이 항상 일정한 바람이 불어서 피해를 유발시키는 경우이다. 새싹이나 어린 잎을 건조시키며, 경우에 따라서는 수목 전체를 건조시키는 생리적 건조해 등을 발생시킨다.

(3) 인공지반의 풍(風)환경

인공지반은 주로 도시시설이 밀집된 곳에 위치해 있다. 도시에서 부는 바람의 특성 중에 하나는 도시의 주변부에서 많은 바람이 도시의 중심부로 이동한다는 것이다. 즉, 열섬현상(heat island effect)이 일어나면 기온이 높은 도시 중심부에서는 많은 상승기류가 발생하게 되며, 이 상승기류만큼을 채우기 위해 도심 주변의 공기가 이동하면서 바람이 발생하게 된다. 그러나 이 바람은 그렇게 강하지 않기 때문에 계절풍이나 국지풍이 불 때에는 나타나지 않는다. 그리고 도시지역에서는 가로를 따라서 부는 가로풍이 발생하기도 한다.

가로풍은 도로의 양쪽에 건축물 등 도시시설이 들어서고 가로를 중심으로 바람의 이동통로(channel)가 형성되어 바람이 집중하게 된다. 가로풍은 항상 부는 바람(항상풍)으로 도로의 방향과 풍향이 같은 방향이면 바람의 세기는 강해지고, 직각이 되면 약해진다. 또한, 건축물이 있는 공간에서는 빌딩풍이 독특한 형태의 바람이 불고 있다.

이렇듯 인공지반은 구조물이 많은 도시지역의 구조물 상부에 설치되기 때문에 그 곳에 식재된 수목은 가로풍이나 빌딩풍의 영향을 많이 받아 바람에 의한 도복이나 가지가 부러지는 등의 피해를 받기 쉽다. 또한, 인공지반은 토양수분이 한정되어 있기 때문에 바람이 불면 식물의 증산작용이 활발히 일어나게 되고, 식물은 더욱 쉽게 건조될 수 있는 환경에 처하게 된다.

바람에 의한 수목의 도복은 수종이나 수목의 크기 및 형상, 식재년수, 식재 장소의 조건, 토양의 지지력 등에 따라 다르다. 자연토양에서 비가 계속 내려 토양이 약해진 상태에서 바람이 불면 쉽게 수목이 도복되는데 인공지반에서는 토양의 깊이가 한정되기 때문에 더욱 쉽게 일어나게 된다. 바람에 의한 수목의 도복이라는 측면에서 볼 때, 심근성 수종은 일반적으로 천근성 수종보다 강하다. 그러나, 인공지반에서는 토심이 제한되어 있을 뿐만 아니라, 공간적으로도 그 넓이가 제한되는 경우가 많기 때문에 식재계획을 할 때에는 여러 가지 조건들을 충분히 고려하여야 한다.

인공지반 식재는 유효토층이 얕고 뿌리의 신장이 발달하지 못한 경우에 쉽게 도복하게 된다. 일반적으로 수목의 중심이 되는 수간은 지표면에 접하는 곳에 있기 때문에 수목이 쉽게 도복하지 않게 하기 위해서는 독립수로서 식재하는 것보다 여러 수목을 함께 식재하는 것이 바람에 대한 저항 모멘트

(moment)를 크게 하는 방법이 된다.

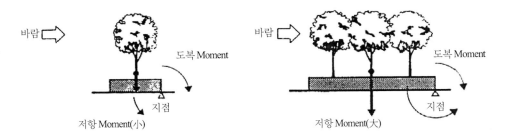

〈그림 8-10〉 바람의 작용에 대한 수목의 저항 모멘트

(4) 수목의 풍도(風倒)대책

인공지반상에 수목을 식재한 경우, 사전에 바람의 영향을 충분히 고려하여 식재계획을 수립하여야 한다. 특히, 빌딩풍이나 국지풍이 강하게 부는 곳에는 바람에 의한 수목의 도복이나 피해를 발생하지 않도록 미리 방풍책을 마련하여야 한다. 인공지반상에서 바람에 의한 수목 도복은 수목 자체만의 피해뿐만 아니라 예기치 못했던 시설물의 훼손이나 파괴 또는 주변 통행인이나 이용자의 안전사고 등을 불러일으킬 수 있기 때문에 미리 충분히 검토한 뒤에 녹화하여야 한다.

일반적으로 토양이 얕은 식재기반에서는 보다 강한 지주시설을 설치하여야 하며, 토양이 수목의 생육에 충분하다고 할지라도 토양만의 지지력으로는 바람의 영향을 전부 해소하는 데에는 부족한 경우가 많기 때문에 벽이나 주변의 구조물(시설물) 등을 이용하는 것도 하나의 방편이 될 수 있다.

바람에 의한 영향을 감소시키기 위해서는 수목의 배치방법도 효과적으로 작용할 수 있는데, 예컨대 상록성 관목이나 저목으로 방풍식재대를 만드는 것도 하나의 방법이 될 수 있다.

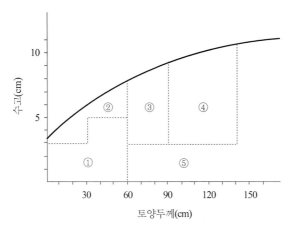

① 이식할 때는 견고한 것이 필요하고, 그 다음에 뿌리를 엉기게 하는 등 인공지반 특유의 방법이 고려되어야 함.
② 항구적이고 견고한 지주목이나 받침대가 필요함.
③ 지주목이나 받침대의 힘은 구조물로 지지해야 함.
④ 지주목이나 받침대의 힘은 토양으로 지지할 수 있어야 함.
⑤ 이식할 때를 제외하고는 지주목이나 받침대는 필요 없음.

〈그림 8-11〉 토양의 깊이와 풍도대책[20]

5) 온도(溫度)환경

(1) 식물 생장과 온도

온도는 식물의 생장에 많은 영향을 미치며, 온도차에 따라 식물의 분포는 크게 다르다. 육상생태계를 볼 때 위도나 해발고와 관련하여 온도가 변화함으로써 기후대가 형성되며, 이와 같은 온도변화에 따라 장기적으로는 자연선발현상에 의하여, 단기적으로는 기후순화에 의하여 적응할 수 있는 식물만 살아남아 독특한 식생을 형성하게 된다. 일반적으로 생태계의 생산성은 온도에 비례하여 증가한다.

수목의 한계선을 결정하는 가장 중요한 인자는 온도이다. Larcher 등과 Pigott 등에 의하면, 상록활엽수나 온대의 낙엽수의 북방한계선은 겨울철의 최저 온도이고, 반대로 한대림의 경우 일부 수종의 분포는 여름철의 낮은 온도 때문에 광합성이 부족하거나 종자 결실이 불량하여 제한받는 경우가 있다고 한다. 온도가 식물에 미치는 영향은 수분공급, 무기영양분, 광도, 일장과 같은 다른 환경요인과의 상호작용으로 인하여 복잡하고 다르게 나타난다.[21]

---

20) 奧水 肇, 앞의 책, p. 27
21) 이경준 외, 앞의 책, pp. 57~58

식물이나 수목은 일정한 온도보다는 온도가 주기적으로 변화하는 환경에서 더 잘 자라게 되는데 이러한 현상을 온도주기라고 한다. 온도주기는 오랜 세월 동안 온도가 밤낮으로 변화하고 계절적으로도 변화하는 환경에서 식물이 진화·적응하는 과정에서 생겨난 것으로 이러한 온도주기는 광환경과도 밀접한 관련이 있다.

일반적으로 겨울철 휴면에 들어간 식물은 봄이 되어 기온이 상승하면서 발아·발근하기 시작한다. 발아나 발근은 습도나 빛, 영양조건에 따라 영향을 받기 때문에 정확하게 몇 ℃가 되어야 생장하기 시작한다고 단정할 수는 없지만, 식물에게는 일정한 온도에서 온도변화에 반응하는 시기가 있다.

대개 온대성 식물은 5℃ 정도가 되면 생육하기 시작한다. 식물은 생육을 시작하면서 온도가 점차 증가하게 되면 이에 따라 생장속도가 급속도로 빨라지게 되고, 일정온도에 이르게 되면 성장을 멈추게 된다. 식물의 생육에 필요한 최적 온도는 수종에 따라 다를 뿐만 아니라 잎, 뿌리 등의 식물의 부위에 따라 또는 발아, 생장, 개화, 결실 등에 따라 다르며, 일반적으로 개화결실에는 더욱 높은 온도를 필요로 한다. Pfeffer에 의하면 수목생육에 대한 최적 온도는 24~34℃이고, 최고 온도는 36~46℃, 최저 온도는 0~16℃ 정도라고 하였으며,[22] 온난한 지방에서 식물의 기온은 통상 25℃를 전후하여 동화량이 가장 많고 35℃를 넘어서면 오히려 동화량이 떨어지는 경우가 많다.[23] 그리고, 일반적으로 주야의 온도차이는 4~6℃일 때가 적당하다.[24]

(2) 온도와 수목의 내성

온도에 대한 수목의 내성은 일반적으로 내한성 및 내서성과 관련된다. 일반적으로 내한성을 지닌 식물은 동시에 내서성을 지니고 있다. 내한성은 수목이 추위에 견뎌 내는 내성을 말하며, 내서성은 수목이 더위에 견뎌 내는 내성을 말한다.

온대지방에서 수목은 겨울철 빙점 이하의 낮은 온도에서 견딜 수 있는 내한성을 가지게 된다. 수목의 내한성은 계절에 따라 큰 차이가 있으며, 저온순화

---

22) 한국조경학회 편, 1989, 조경학대계II-조경수목학, 문운당, p. 20

23) 中島 宏, 1997, 앞의 책, p. 84

24) 輿水 肇, 앞의 책, p. 24

25) 저온순화(Cold Acclimation)는 온대지방의 목본식물이 가을에 일장이 짧아지면서 온도가 서서히 하강하면 생장을 멈추고 저온에 대해 적응하는 현상을 말한다.

25)가 안 된 여름철에는 내한성이 매우 약하고, 한겨울에 내한성이 가장 크다.26)

일반적으로 저온에서는 식물이 건조하기 쉽다. 즉, 저온상태에서는 잎의 기공이 열린 채로 있게 되고, 토양 중의 수분 흡수량은 잎에서 발산되는 증산량을 따르지 못하게 되어 잎은 건조해져 시들어 버리게 된다. 따라서 겨울철에 잎이 떨어지는 낙엽수의 경우 다소 내한성이 있으나 상록활엽수와 같이 겨울철에 잎이 떨어지지 않는 식물은 내한성이 약하다.

수목의 저온 피해는 연간 최저 온도와 봄철의 저온으로 발생하는 경우가 많다. 봄철 기온이 상승하고 새싹이 움트기 시작할 무렵에 내리는 늦서리는 많은 피해를 일으킨다. 부드럽고 연약한 싹은 저온에 매우 약하기 때문에 쉽게 피해를 받을 수 있음으로 갑자기 찾아오는 추위에 유의해야 한다.27)

(3) 인공지반의 온도환경

도시지역에서는 건축물이나 도로 등이 급격히 증가하고 있는 반면, 자연지반은 점점 줄어들고 있어 도시의 기후환경이 문제시되고 있다. 이 대도시에서는 열섬현상이 뚜렷하게 나타나고 있으며, 여름철에는 열대야현상 등으로 많은 시민들이 잠을 설치기도 한다.

현재 대부분 도시공간은 콘크리트나 아스팔트 등으로 덮여 있어 여름철의 온도는 더욱 상승하게 하고 겨울철에는 더욱 냉랭함을 느끼게 한다. 도시의 공기 이동통로인 하천이나 도로는 복개되거나 다층화로 개발되고 있으며, 건축물에 사용되는 각종 재료도 빛의 반사가 강한 유리나 열전도율이 높은 자재들을 사용함으로써 도시의 대기온도를 상승시키고 있다.

실험에 의하면, 여름철 콘크리트와 콘크리트 바닥에 일반토양(식토)을 20cm 정도 복토하여 녹화하였을 때의 표면온도를 비교해 보면 약 25℃ 정도가 되고28), 콘크리트와 콘크리트 바닥에 흙과 경량토를 6 : 4의 비율로 섞어 13cm 정도 복토만 하였을 때의 표면온도를 비교해 보면 약 11.9℃ 정도가 된다.29)

---

26) 이경준 외, 1996, 앞의 책, p. 65
27) 輿水 肇, 1985, 建築空間の綠化手法, 彰國社, p. 24
28) 屋上空間硏究會, やわらかな都市へ(홍보용 책자), p. 7
29) 강재식, 1998, 옥상녹화시스템의 동·하계 열적 특성, 한국건설기술연구원 건설기술정보, pp. 6~13

햇빛이 잘 드는 인공지반의 경우 밤과 낮의 온도차이가 크며, 계절간의 온도변화도 심하다. 한서(寒暑)의 차이가 심한 지역에서는 여름철 쉽게 복사열을 받고, 겨울철에는 결로 등의 현상이 발생한다. 이에 대해 최근에는 좋은 단열재료가 개발되어 해결이 불가능한 문제는 아니라고 하지만, 그래도 인공지반 특히 열을 많이 받아 온도가 쉽도 올라갈 수 있는 공간에서는 온도변화에 대해 충분히 고려하여야 한다.[30]

인공지반에서 식재를 위해 조성한 토양층은 자연지반과는 달리 토층이 얇고 지하로부터 상승하는 모관수가 없기 때문에 유효토층의 수분용량이나 열용량, 그리고 토양의 비옥도가 열악하며, 또한 대개 콘크리트로 이루어져 있기 때문에 열전도율이 높아 기온에 대한 변동폭이 크다. 특히, 옥상이나 베란다의 경우 겨울에는 토양이 단단히 얼어붙어 상록수와 같은 수종은 수분의 부족으로 쉽게 건조되고, 식물의 생장이 왕성한 여름철에는 콘크리트로부터 발생하는 방사열로 인해 다른 식재지보다 쉽게 기온이 상승하여 식물에 건조해를 입힐 수 있으므로 충분한 관수를 통해 수목이 피해를 입지 않도록 하는 것이 바람직하다.[31]

3. 인공지반의 식재계획

1) 녹화식물의 조건

녹화는 각 식물의 형태와 생활상을 공간의 특성에 맞게 이용하려는 것이다. 녹화에 이용되고 있는 식물의 선정조건은 녹화목적이나 대상공간의 특성에 따라 다르며, 인공지반의 녹화는 자연지반과는 다른 녹화환경을 가지고 있기 때문에 특히 주의해야 할 부분들이 많다. 일반적으로 어떤 공간을 녹화하고자 할 때에는 식물의 선정에 있어서 다음과 같은 사항을 사전에 충분히 검토할 필요가 있다.

---

30) 심근정, 1996, 건축공간의 녹화, 대우출판사, pp. 79~80
31) 현대건설(주) 기술연구소, 1997, 인공지반 조경 녹화기술에 관한 연구, pp. 16~17

(1) 녹화목적의 적합성

녹화목적은 식물의 아름다움이나 환경보전에 유익한 특성을 이용하려는 것이다. 즉, 녹화는 식재, 차폐, 방진, 방풍, 방음, 방설, 방화, 녹음, 지피, 토양보전 등의 환경보전 기능을 위해 행해지는 경우도 있지만, 이외에도 야생 조류의 유치나 열매의 수확 등 특별한 목적이 있는 경우나 식물의 존재 그 자체가 인간생활에 풍요로움을 가져다주는 정신적인 효과를 기대하는 경우도 있다.

녹화용 소재로 이용되는 식물의 선정조건 중의 하나는 녹화의 목적에 적합한 수종을 선택하는 것이며, 수종선택이 중요한 의미를 가지고 있는 것은 바로 이 때문이라고 할 수 있다.

(2) 환경 적합성

식물은 그 종(種)에 따라서 생육환경에 대한 요구도가 각각 다르다. 그렇기 때문에 생육환경에 적합한 식물의 선정은 녹화의 기본이 된다. 어떠한 대상지역에서 잘 자라는 식물이거나 주변에 자라고 있는 식물일수록 그 환경에 적합한 식물이라고 할 수 있다. 즉, 일반적인 향토식물은 환경에 대한 적응력이 높은 식물이다. 환경 적응성이 높은 식물은 생육이 좋고, 병충해에 대한 내성도 강할 뿐만 아니라 주변 경관과도 빠른 시간 내에 조화를 이루게 된다.

(3) 환경내성

녹화의 대상이 되는 공간 중에는 일조부족, 건조, 토양불량 등 식물의 생존에 있어서 장해가 되는 요인을 가지는 경우가 많다. 이러한 요인은 식재시 가능한 한 없애는 것이 바람직한 일이지만 대부분의 경우는 그렇지가 못하다. 이러한 경우 환경에 대한 내성이 강한 식물을 선정하는 것이 매우 중요하다.

식물의 환경내성에는 내음성, 내건성, 내공해성, 내한성, 내염성, 내병충해성 등이 있고 이러한 내성은 수목에 따라 차이가 난다. 특히, 인공지반은 온도가 상승하기 쉽고, 건조하기 쉬우며, 그 대부분이 많은 사람들이 드나드는 도시지역에 위치하기 때문에 각종 공해에 노출되어 있어 수목식재에 있어서는 환경에 대한 내성을 충분히 고려하여야 한다.

(4) 생육성

식물은 그 식물체만이 가지고 있는 고유한 생육습성이 있으며, 식물의 생육은 이에 따라 성장의 양부(良否), 맹아력, 번식력 등에서 차이가 난다. 이러한 성질은 녹화의 목적에 따라 요구되는 정도가 다르며, 환경보전을 목적으로 하는 녹화에서는 일반적으로 생육이 왕성한 것이 바람직하지만, 수목의 왕성한 생육 그 자체로 인한 하중증가의 발생을 고려해야 하는 인공지반의 녹화에서는 반드시 이러한 수종이 좋다고는 말하기 어렵다.

수목의 형태 및 생육은 양호하지만, 성장력이 더딘 수종이 인공지반의 녹화수종으로는 더욱 적당하며, 이렇기 때문에 식물의 생육성은 녹화식물을 선정하는 데 중요한 요건이 된다.

(5) 시공성

식물에는 이식이 용이한 것이 있는 반면, 어려운 것도 있다. 이 성질은 식물의 성장단계에 따라서도 다르다. 일반적으로 묘목은 이식하기가 쉬우나 다 자란 성목은 대체로 이식이 어렵고, 그 반대의 경우도 있다.

이식의 적기에 있어서도 연중 가능한 것과 이식적기가 매우 짧은 것이 있다. 일반적으로 이식이 용이하고 활착이 잘 되는 식물은 시공성이 좋은 식물이라고 할 수 있으며, 그렇지 못한 수종은 식재공사에서 많은 비용이 소요되기 때문에 경제성과 시공성이 떨어지게 마련이다.

(6) 관리성

식물은 식재를 한 후에도 관리가 필요하다. 관리에는 시비, 관수, 방한대책 등 정기적으로 시행해야 하는 것과 병충해 방제 등의 비정기적인 것이 있다. 이러한 관리에는 품이 적게 들고, 전정 및 전지 등이 용이하며, 도장지 등과 같이 직접적으로 수형에 악영향을 주는 가지 발생이 적은 것이 관리성이 좋은 수목이라 할 수 있다.

특히, 인공지반의 녹화는 처음의 시공비가 다른 곳보다도 높은데, 여기에다 유지관리 비용마저 훨씬 높다면 녹화의 매력은 그만큼 떨어지게 된다. 그렇기 때문에 가능하면, 성장이 늦고 답압 등에 강하며 예취나 전정 등의 관리빈도가 적은 즉, 관리밀도가 낮은 식물을 선택하여 관리비(running cost)가 적게 들도록 한다.

(7) 공급성(시장성)

아무리 좋은 수목이 있다고 하더라도 그 생산량이 충분하지 못하다면, 식재 기능이나 목적에 맞게 녹화하기 어려울 때가 많다. 일반적으로 수목은 그 생산량이 풍부하고 시장에서 구입이 용이하며, 산지로부터 반출이나 수송이 용이한 수종일수록 대체로 공급성과 시장성이 높다고 할 수 있다.

환경에 대한 내성이 강한 특수 목적을 지니는 식물을 식재하거나 넓은 공간에 대량으로 식재하는 경우에는 이러한 공급성에 관한 조사가 필요하다.

이상에서 보는 바와 같이 식재 수종을 선정하는 것은 복잡하고 까다로우며, 이러한 선정조건을 구체적으로 살펴보면 <표 8-6>과 같다.[32]

〈표 8-6〉 녹화수종의 선정조건 일람

조 건	항 목	내 용
식재지의 입지조건	식생분포	식생등급, 자생분포, 남방한계, 북방한계
	기상	기온, 강우, 바람, (미기후)
	토양	건습조건, pH, 토성, 비옥도, 지형
	일조	음양, 일조시간, 일조방향
	기타	해안, 도시 내, 가로, 인공지반 등
식재목적	크기	지피, 관목, 교목
	상록·낙엽	상록, 낙엽, 침엽
	형태	군식, 단식, 혼식
	형상	자연형, 조형(전정, 전지)
	생장·생육	遲·速, 良·不良
	꽃	화색, 형상, 향(냄새), 계절
	열매	색깔, 형상, 향(냄새), 계절
	잎	잎의 색, 형상, 계절변화, 단풍, 신록 등
	관리	관리도(大·小·無)

---

32) 進士五十八 外, 1995, Rural LandscapeのDesign手法, 學藝出版社, p. 96

	생태	자연천이, 유도천이, 군락
	내성	내염, 내조, 내공해, 내음, 내풍, 내병해충, 내답압, 내건 등
	목적기능	랜드마크, 기념수, 녹음, 유도(野鳥, 곤충 등), 유인, 방풍, 방화, 생울타리 등
2차적인 조건	이식	難·易, 공사시기, 식재적기
	구입조건	시장성의 유무, 비용

2) 인공지반 녹화시의 유의사항

녹화설계를 할 때, 어떠한 수종을 선정하는가는 구조물의 특성이나 식재지의 환경, 주변의 여건, 관리방법 등의 여러 가지 요인들로부터 영향을 받게된다. 옥상과 같은 건축구조물 또는 지하주차장 상부와 같은 토목구조물 등의 인공지반은 자연지반과는 상당히 다른 식재기반을 가지고 있으므로 식재시에 다음 상황들을 충분히 고려하고 난 다음, 적절한 식물을 선정해야 한다.

1) 관수 및 배수의 가능성을 충분히 고려하여야 한다. 인공지반은 각종 구조물에 의해 지하수가 차단되어 있을 뿐만 아니라 건조에 상당히 약하기 때문에 사전에 이러한 사항들을 토양 상태와 맞춰 검토해 보아야 한다. 일반적인 건축물에 인접한 인공지반의 경우는 간단한 시설로서 쉽게 물을 끌어들일수 있지만, 도로와 관련된 인공지반의 경우는 별도의 시설을 갖추어야 하는경우가 많다.

2) 토양의 상태를 살펴보아야 한다. 토양의 깊이 즉, 토심이 적당한가 또는토양의 보수력이나 양분 상태 등을 살펴서 수목이 잘 자랄 수 있는 토양인지를 확인하여야 한다. 토양의 종류에 따라서는 보수력이나 보비력에서 현격한차이가 날 수 있으므로 이에 대해 적절성의 여부를 고려하여야 한다.

3) 태양광선 및 자연강우, 바람 등의 자연환경 조건에 어느 정도 노출되어있는가를 살펴보아야 한다. 일반적으로 옥상과 같은 곳은 태양을 충분히 받을 수 있는 공간이지만, 교각 및 교대 하부와 같은 인공지반은 태양광선이 부족할 경우가 많이 있기 때문이다. 바람의 영향을 많이 받는 곳의 경우는 충분

한 토심과 바람에 견디는 힘이 강한 수종이 적당할 것이며, 일조시간의 장단에 따라 양수가 적당한지 음수가 적당한지를 파악할 수 있기 때문이다. 북측에 주택가가 있는 건축물의 옥상녹화에서는 일조 등으로 인근 지역이 피해를 입지 않도록 고려하여야 한다. 그리고, 식물의 경우 이슬 등의 자연강우에 노출되어 있지 않는 경우에는 고사되기 쉬우므로 주의[33]해야 한다.

또한, 인공지반에는 국지적인 바람이나 빌딩풍이 많이 불고, 토심이 낮아 쉽게 수목이 도복하거나 풍해에 피해를 입을 수 있기 때문에 이러한 곳에는 바람에 견디는 힘이 강한 수종을 심으며, 가능한 한 단목보다는 여러 수목을 함께 배식하도록 한다. 그리고 지주목을 사용할 경우, 미적인 측면을 고려하여 선정함으로써 보기 흉하지 않도록 하는 것이 바람직하다.

4) 사용하고자 하는 수목의 종류나 규격 및 하중을 검토하여야 한다. 수형이 양호하고 주변 환경과 잘 어울리겠다고 판단되는 수종이라 하더라도 옥상이나 베란다 등과 같이 일정한 하중범위가 정해져 있는 인공지반에 설계하중 이상의 하중이 작용하는 수목일 경우 구조물의 안전을 위해 식재시 충분한 주의가 필요하다. 그리고, 수목은 계속 성장하여 그 중량이 증가하는 속성이 있으므로 식재계획에서는 장래의 수목 모습을 충분히 검토해 볼 필요가 있다.

5) 식재의 구성이나 배식에 있어서는 주변의 경관을 고려해야 한다. 녹화대상 공간에서 창출되는 경관은 그 구조물이 건축구조물인지 토목구조물인지에 따라 다르며, 같은 건축물에서도 옥상인지 아니면 베란다인지 또는 발코니인지에 따라 다르게 나타난다. 그리고 옥상층이라고 할지라도 그 건축물이 몇 층 높이인가에 따라 창출되는 경관이 서로 달라진다. 또한, 경관은 주변이 어떠한가에 따라서도 달라지기 때문에 주변과 도시 전체 또는 주변환경과의 조화 등을 고려하여 녹화식재가 이루어질 수 있도록 배려하여야 한다.

6) 식재의 구성이나 배식은 녹화목적에 맞게 그리고 유지관리가 용이하도록 고려되어져야 한다. 녹화의 목적이 미적 추구 또는 기능적 요구에 맞도록 이루어졌는가를 식재 계획에서 살펴야 한다. 그리고, 녹화 목적에 맞다고 하더라도 이러한 녹화가 계속해서 유지되고 관리될 수 있는가도 충분히 검토하여

---

33) 中島 宏, 1997, 改訂植栽の設計・施工・管理, 經濟調查會, 日本 東京, p. 212

야 한다. 즉, 유지비가 많이 들고, 관리가 어렵다면 그 녹화대상이 온전히 지속되기 어렵기 때문이다.

7) 식재 수종의 안정성을 살핀다. 열매를 맺는 수목이나 가지가 약한 수종을 건축물의 옥상이나 고가도로상에 식재할 경우, 과실이 떨어질 위험이 없는지 또는 바람 등에 의해 나뭇가지가 떨어질 우려가 없는지를 충분히 살펴보아야 한다. 예를 들어 건축물의 옥상에서는 건축물의 끝부분에서 얼마간 떨어져 식재하는 것이 일반적이다. 그리고, 수종에 따라서는 알레르기 반응을 일으키거나 가려움증을 유발시키는 독소를 함유한 수종이 있기 때문에 이에 대한 검토도 필요하다.

8) 사람들의 통행 등으로 인한 피해를 받지 않도록 해야 한다. 사람이 자주 통행하는 동선과 식재대가 만나면 자연적으로 식재대가 파괴되기 마련이다. 이러한 경우에는 식재대를 분리하여 답압 등 사람으로 인한 피해를 막을 수 있도록 해야 하며, 경우에 따라서는 잔디보호대 등을 부설할 수 있도록 해야 한다.

9) 토양의 비산(飛散)이나 건조 방지 등을 위해 멀칭(mulching) 재료 등으로 토양 표면을 보호하도록 한다. 잔디나 관목 등을 심어서 식재지의 토양이 비나 관수 등에 의해 씻겨 내려가지 않도록 하여야 하고, 식재지가 나지로 되어 있는 경우 바람으로 인한 토양의 비산이나 건조로 인한 수목의 피해를 최소화하기 위해 멀칭재 등을 사용하여 토양 표면을 보호할 수 있도록 한다.

3) 인공지반 식재환경의 특성

인공지반은 구조물상에 위치하기 때문에 대지와는 두꺼운 슬래브에 의해 완전히 격리되어 전혀 연속성이 없는 공간이다. 따라서 인공지반을 구성하는 토양에는 지하 모세관수의 상승현상이 없고, 토양층의 두께가 한정되어 있기 때문에 유효토양 수분의 용량도 작다. 그러므로 자연 강우 또는 관수작업을 하지 않는 한 토양이 과도하게 건조되어 식물의 생육에 불리한 여건이 생기게 된다.

자연지반은 열적 용량이 크기 때문에 기온의 변화에 대응하는 지온의 변화는 시간적 지속현상을 나타내어 깊이가 깊어짐에 따라 변동폭이 작아져 어느 정도의 일정한 깊이를 가진 곳에서는 거의 변화하지 않고 일정한 온도를 유지하게 되는데 반해, 인공지반의 경우에는 토양층의 두께가 얇을 뿐만 아니라 기온의 변화와 함께 하부 구조물로부터 전도되는 열적 변화의 영향을 입기 때문에 토양 온도의 변동폭이 크다. 수목의 근계는 지표면으로부터 어느 정도의 깊이를 가진 곳에서 발달하는데, 이는 기온의 변화에 따른 직접적인 영향을 받지 않기 위해서이며, 이러한 점에 있어서도 인공지반은 바람직하지 않은 식재 환경에 놓여 있게 된다.

그리고 여기에다 인공지반을 구성하는 토양은 건조하기 쉽고, 온도변화의 폭도 크기 때문에 토양미생물의 활동이 활발하지 못하여 부식질을 형성하는 속도도 더디게 이루어지고 있다. 또한, 구조적으로 볼 때에도 누수방지가 매우 중요하기 때문에 잉여수(剩餘水)를 신속하에 배출하도록 설계되어야 하며, 그렇지 않을 경우 결과적으로 양분의 유실을 증가시키는 원인이 되기도 한다. 따라서 시비와 같은 양분보급 수단이 지속적으로 이루어지지 않는 한 토양이 메마르게 되고, 양호한 식물 생육은 기대하기 어려운 공간이 되기 쉽다.

4) 옥상녹화 식재

옥상녹화 계획시 환경 조건을 유효토양문제, 하중문제, 미기후조건, 토양조건, 수분조건, 일조조건 등으로 세분하여 적합한 수종의 요구도[34]를 살펴보는 것은 매우 중요하다. 옥상녹화지의 경우 인공지반인 옥상이 식물에 주는 주된 환경적 제약으로서 건조, 뿌리의 신장 제한, 바람 등이 있으며, 이로 인하여 각종 생리적 장해가 발생할 수 있다. 기본적으로는 옥상환경에 알맞은 내성이 있는 식물, 즉 비교적 건조에 강하고 지상부가 바람의 영향에 잘 견디는 식물을 선택하여야 한다.[35]

옥상녹화가 일반 구조물의 인공지반(예를 들면, 지하주차장상부와 같은 곳)과 가장 다른 점은 옥상녹화지의 경우 바람의 영향을 강하게 받고, 비교적 토심이 얕아 쉽게 건조될 수 있는 상황에 놓여 있게 되므로 수종 선정시 이러

---

34) 현대건설(주) 기술연구소, 1997, 인공지반 조경 녹화기술에 관한 연구, pp. 52~55
35) 東京都 新宿區, 1996, 都市建築物の綠化手法, 彰國社, p. 75

한 점을 충분히 고려해야 한다. 옥상이라는 공간적으로 높은 입지적 특성으로 인하여 일조조건 및 일조시간은 매우 양호하므로 수종을 선정할 때에 있어서 이와 관련된 특별한 제한 사항은 없을 것으로 파악되며, 다른 하중문제나 수분문제 등이 해결된다면 거의 모든 식재가 가능하리라 판단된다. 그러나, 하중문제의 경우, 충분한 토심을 확보하는 데에 많은 제약이 따르기 때문에 심근성 수종이나 교목을 식재하는 데에는 어려움이 많다. <표 8-7>은 옥상녹화에 있어서 수목의 환경적성 요구도를 나타낸 것이다. 현재 국내에서 사용되고 있는 조경용 수목을 대상으로 하여 위와 같은 환경적 요구조건을 만족시킬 수 있는 옥상녹화용 수목으로는 <표 8-8>과 같은 것들이 있다.

〈표 8-7〉 옥상녹화 수종의 환경적성

환경적인 조건	요구수종 구분	요구도
유효토양 : 부족	천근성 수종	◎
하중조건 : 경량하중 필요	속성 수종	●
	소폭성장 수종	◎
미 기 후 : 바람, 복사열 심함	내풍성 수종	◎
토양조건 : 양분 부족, 온도변화 심함	생존력이 강한 수종	◎
수분조건 : 습도 부족	내건성 수종	◎
일조조건 : 풍부함	양수~음수	-

* 요구도 : ◎ 강, ○ 보통, ● 약

〈표 8-8〉 옥상녹화용 수목 일람

구 분	성 상	수 종
교 목	상록침엽	가이즈까향나무, 섬잣나무, 스트로브잣나무, 독일가문비, 소나무, 실화백, 주목, 편백, 향나무, 화백, 반송
	상록활엽	동청목
	낙엽활엽	단풍나무류, 대추나무, 때죽나무, 떡갈나무, 모감주나무, 목련, 백목련, 붉나무, 산사나무, 서어나무, 쉬나무, 참빗살나무
관 목	상록침엽	옥향, 눈주목, 눈향나무
	상록활엽	광나무, 꽝꽝나무, 철쭉류, 남천, 목서, 사스레피나무, 사철나무, 피라칸사, 호랑가시나무, 회양목, 유카
	낙엽활엽	가막살나무, 개나리, 고광나무, 골담초, 낭아초, 댕강나무, 라일락, 말발도리, 분꽃나무, 산철쭉, 앵두나무, 옥매, 작살나무, 조팝나무, 쥐똥나무, 진달래, 철쭉, 화살나무
기 타	만 경 류	노박덩굴, 능소화, 등나무, 모람, 인동덩굴
	지 피 류	잔디, 들잔디, 맥문동, 송악, 아주가, 파키산드라

〈그림 8-12〉 백화점 및 대형할인점의 옥상녹화
(좌: 대백프라자, 우: 홈플러스)

이들 수종을 살펴보면, 교목과 관목에서 모두 대체로 낙엽성 수종이 많으며, 뿌리의 신장율이 높지 않는 관목류와 지피류의 경우 일반 교목에 비해 그 활용 범위가 광범위하다. 일반적으로 상록성 수종은 대체로 심근성 수종이 많고, 가지의 신장보다도 줄기의 신장율이 높을 뿐만 아니라 식재 후 활착이 이루어지면 많은 지엽이 번무하여 수목의 자체 하중의 증가가 낙엽성 수종보다 빠른 단점이 있다. 그리고, 낙엽수는 가을철 낙엽이 떨어져 바람이 강한 겨울철에 바람의 영향을 상대적으로 덜 받는다는 장점이 있다.

(5) 지하공간 상부의 녹화 식재

인공지반 중 지하주차장 상부는 옥상과 매우 비슷한 생육환경을 가지고 있으며, 수종에 대한 요구도 옥상과 비슷하다고 할 수 있다. 그러나, 미기후 및 일조조건 등에 있어서는 다소간 차이가 나므로 이에 대해서는 충분한 검토가 있어야 할 것으로 판단된다.

일반적으로 지하주차장 상부와 같은 지상부 인공지반 녹화에 있어서는 천근성 및 비속성(성장이 늦은) 수종에 대한 요구도가 높다는 점에서 옥상녹화용 수종과 유사하나, 건조 상태나 하중 및 유효토층의 깊이, 바람 등에서는 상대적으로 유리한 환경을 가지고 있으며, 일조조건이나 미기후 등은 불리하거나 차이가 있다. 건축물의 구조기준 등에 관한 규칙의 제11조 제1항과 관련시켜 볼 때, 건축물의 종류별 적재하중이 지하주차장의 상부로 해석할 수 있는 차고 및 차로 부분에서는 300~1,200kg/m²이고, 옥상부분에서는 80~500kg/m²이다.

일반적으로 지하주차장 상부는 차량이나 사람의 이동이 많고, 무거운 물건을 적재하는 경우가 많기 때문에 구조물 설계에서 이들 하중에 대한 내력은 충분하다고 볼 수 있으며, 이는 녹화시 발생할 수 있는 하중문제에 대해 옥상보다 훨씬 안정적이라고 할 수 있다.

〈표 8-9〉 지하주차장 상부녹화용 수목의 환경적성 요구도

환경적인 조건	요구수종 구분	요구도
유효토양 : 부족	천근성 수종	○
하중조건 : 경량하중 요구	속성 수종	○
	소폭성장 수종	○
미 기 후 : 빌딩풍, 복사열 심함	내풍성 수종	◎
토양조건 : 양분 부족	생존력이 강한 수종	◎
수분조건 : 습도 부족	내건성 수종	◎
일조조건 : 약간 부족	양수~음수	-

* 요구도 : ◎ 강, ○ 보통, ● 약

⟨표 8-10⟩ 지하주차장 상부녹화용 수목 일람

구 분	성 상	수 종
교 목	상록침엽	가이즈까향나무, 섬잣나무, 스트로브잣나무, 독일가문비, 소나무, 실화백, 주목, 편백, 향나무, 화백, 반송
	상록활엽	동청목
	낙엽활엽	가중나무, 너도밤나무, 단풍나무류, 대추나무, 때죽나무, 떡갈나무, 보리수, 버드나무, 모감주나무, 목련, 복자기, 백목련, 붉나무, 산오리나무, 상수리나무, 산사나무, 산딸나무, 서나무, 쉬나무, 아까시나무, 오리나무, 자귀나무, 자작나무, 졸참나무, 참빗살나무, 칠엽수, 팥배나무
관 목	상록침엽	옥향, 눈주목, 눈향나무
	상록활엽	광나무, 꽝꽝나무, 철쭉류, 남천, 목서, 사스레피나무, 사철나무, 피라칸사, 호랑가시나무, 회양목, 유카, 산죽
	낙엽활엽	가막살나무, 개나리, 고광나무, 골담초, 낭아초, 누리장나무, 댕강나무, 수수꽃다리, 말발도리, 매발톱나무, 명자나무, 박태기나무, 백당나무, 병꽃나무, 분꽃나무, 산철쭉, 생강나무, 앵두나무, 옥매, 작살나무, 조팝나무, 쥐똥나무, 진달래, 철쭉, 화살나무, 황매화, 배롱나무
기 타	만 경 류	노박덩굴, 능소화, 등나무, 모람, 인동덩굴

⟨그림 8-13⟩ 지하공간 상부 또는 상가 위의 인공지반녹화
(좌: 경상감영 지하주차장 상부, 우: 범물동 청하타운 상가 위)

그리고, 바람은 주변이 어떻게 구성되어 있는가에 따라 다르겠지만, 항상풍이 있다고 하더라도 빌딩풍에서 가장 강한 바람의 하나인 상승풍이 없기 때문에 바람으로 인한 영향은 옥상보다 약하다고 할 수 있다. 그러나 이 경우, 아파트 단지의 외곽에 위치한 인공지반 녹화지는 골바람 등의 측면풍(側面風)이 강하기 때문에 이에 대한 충분한 검토가 있어야 한다.

지하주차장 상부는 같은 인공지반이라고 하더라도 옥상보다는 바람이나 하중문제와 같은 환경적인 제약이 다소 약하므로 식재할 수 있는 수종의 선택조건이 훨씬 더 광범위하다. 일반적으로 옥상녹화처럼 상록수보다는 낙엽수의 활용범위가 더 크다고 할 수 있으며, 지피류의 경우는 식재환경이 자연지반과 거의 별차이가 없을 정도로 선택의 폭이 넓다고 판단된다.

(6) 벽면녹화 식재

인공지반과 관련된 벽면은 건축물의 벽면, 도로의 교각이나 방음벽 등이 있는데, 이를 녹화할 경우 녹화위치의 기상이나 입지조건과 환경압 등을 파악하여야 하며, 벽면이 어떠한 재료·구조·형태·규모·방위 등을 취하는가 하는 점 및 기대되는 녹화의 이미지, 생육까지 걸리는 시간 등을 종합적으로 고려하여 녹화식재를 하여야 한다.[36]

건축물의 벽면에 있어서 일반적으로 이용할 수 있는 식물은 덩굴성 식물을 식재하는 경우가 거의 대부분이고, 경우에 따라서는 건물의 중간층에서 벽면을 녹화하기 위해 위에서 아래로 자라서 현애(懸崖)형 식물을 이용하거나 포복형 식물을 이용하기도 한다. 덩굴성 식물인 경우, 주로 묘목을 식재할 때가 많으므로 벽면전체를 피복하는 데에는 일정 시간이 걸리게 된다. 벽면은 일반적인 녹화공간과는 다르게 제약조건이 많이 따르는 녹화대상이기 때문에 벽면환경의 특성을 충분히 이해하고 식재계획을 하여야 한다.

① 식재기반이 존재하지 않는 경우도 있다.

녹화가 요구되는 벽면이 위치하는 입지 조건에 따라서는 벽면의 아랫부분에 식물을 심을 수 있는 토양이 존재하지 않는 경우도 있다. 예를 들면, 건축물의 벽면, 베란다 또는 도로변에 설치된 담장이나 방음벽의 일부공간에서

---

36) 東京都 新宿區, 앞의 책, p. 75

찾아볼 수 있다. 이러한 공간을 녹화하기 위해서는 플랜터 박스(planter box)을 설치하거나 식물을 용기 등에 식재하는 것이 가능하다.

② 식재기반이 협소하고 열악한 경우가 많다.

건축물의 벽면이나 담장, 벽면 등의 기부에 녹화용 식물을 식재하기 위한 토양 공간이 존재한다고 하더라도 인도나 차도 등에 인접하기 때문에 그 공간이 협소하고 더구나 토양상태는 건축 폐자재나 찌꺼기 등이 혼합되어 있어 식재환경이 매우 열악한 경우가 많다. 따라서, 이러한 경우 식재를 할 때에는 충분한 토양개량이나 양질의 흙을 넣는 등의 조치가 필요하다.

③ 식물의 생육공간이 한정되는 경우가 많다.

도시 내의 녹화대상이 되는 벽면의 대부분은 인접해서 여러 가지 시설이 존재하는 것이 일반적이다. 따라서 식재한 식물이 수관을 펼치기에 부족한 공간이 발생하기도 한다. 그러므로 이러한 경우는 많은 공간을 차지하지 않고, 벽면에 달라 붙듯이 생육하는 식물로 녹화할 필요가 있다.

④ 벽면이 고온일 경우가 많다.

벽면은 그 재질이나 방위에 따라 다르겠지만, 직사광선이 닿는 면에서는 거의 50℃에 이를 정도로 고온이 되는 경우가 많으며, 특히 콘크리트나 금속성인 경우에 많이 발생한다. 이와 같은 벽면에는 흡착형 덩굴식물로 벽면을 직접 녹화하는 것은 곤란하다.

⑤ 벽면의 표면이 매끄러운 경우가 많다.

벽면의 재질에 따라서는 타일이나 금속재 등과 같이 표면이 매우 매끄러운 것이 있다. 이와 같은 벽면에도 흡착형 덩굴식물은 곤란하며, 위에서 늘어뜨려지는 식물 등을 심어야 한다.

⑥ 일조조건이 불량한 경우가 있다.

녹화대상이 되는 벽면의 위치, 입지 조건에 따라서 여러 가지 일조조건이 있으며, 때로는 식물의 생육에 좋지 않은 상태로 된다. 주변에 다른 시설물이 없는 남쪽 벽면에는 태양광선이 잘 비치기 때문에 일조가 충분하나, 북쪽에 인접하여 다른 시설물이 있으면 태양광선이 전혀 비치지 않는 음지가 되는 경우가 있다. 녹화에 있어서는 녹화대상이 되는 벽면의 일조조건을 충분히 고려하여 각각의 일조조건에 맞는 식물을 선택하는 것이 중요하다.

벽면녹화는 주로 덩굴성 식물을 많이 사용하여 피복을 하게 되는데 여기에 주로 사용하는 식물은 대체로 다음과 같은 사항을 만족시킬 수 있어야 한다.

① 수목 또는 다년생 초본으로서 영구적인 녹화가 가능하여야 한다.

② 생육이 왕성하고, 면적인 피복능력이 빨라야 한다.

③ 식물의 형태나 녹화상태가 아름다워야 한다.

④ 유지관리가 용이해야 한다.

⑤ 병충해가 적어야 한다.

⑥ 건조에 강하고, 척박한 토양에도 비교적 잘 자라야 한다.

⑦ 공해 및 바람에 강해야 한다.

⑧ 번식이 용이하고 시장성이 있는 식물이어야 한다.

구체적으로 어떠한 대상공간을 벽면녹화하고자 할 경우, 녹화용 식물의 선택에 있어서는 벽면이 있는 장소의 기상조건, 입지조건, 환경압이나 벽면의 구조, 형태, 규모, 방위 및 원하는 녹화 형태 등을 고려하여 결정한다.

〈표 8-11〉 벽면녹화용 식물 일람

구 분	수 종
벽 면 녹화용	담쟁이, 등나무, 칡, 덩굴장미, 붉은 인동, 오미자, 노박덩굴, 머루, 개다래, 청가시덩굴, 능소화, 인동, 송악, 마삭줄, 으름덩굴, 모람류, 덩굴수국, 줄사철, 멀꿀, 헤데라류 등

〈그림 8-14〉 건축 및 담장의 벽면녹화(동국고등학교 校舍의 벽면)

도시환경계획

1. 새로운 접근방법의 필요성

지금까지 환경 보호론자들이 주로 다루었던 환경문제는 냉전의 소멸로 초강대국들간의 대립의 벽이 허물어지면서 최근 국제외교상의 새로운 이슈로 등장하여 언론과 여론의 주목을 받기 시작했다. 선진국에서는 이제 환경문제를 단순한 과학·기술상의 과제로만 다루지 않고 세계정치의 중심과제들인 남북관계의 장래, 세계무역자유화 그리고 국가안전보장 등과 같은 비중으로 취급하고 있다.

한편, 리우환경회담 이후 그 동안 자연의 무제한적인 개발을 지지했던 지배 패러다임은 서서히 약해지고 국제사회 여러 분야에서 '지속가능한 개발(sustainable development)'의 패러다임이 널리 지지받고 있다.

이는 인구 및 산업의 양적 성장과 확대가 곧 발전이라고 보는 성장주의 시대의 막이 서서히 내리고, 생태계의 균형과 미래 세대를 고려하는 지속적인 발전에 노력하는 환경보전의 시대가 도래하고 있음을 암시하고 있다고 하겠다.

한국의 경우 지방자치제의 출범 이후 모든 지방자치단체가 지역환경을 고려하지 않은 채 수익성에만 중점을 둔 온천개발, 골프장을 비롯한 위락관광시설의 개발이 미개발 지역 중심으로 추진되고 있다. 이러한 형태의 개발은 '지속가능한 개발'의 개념과는 거리가 멀 뿐만 아니라 지역의 자연생태계를 파괴하고 환경오염을 가속화하고 있다. 문민정부 출범 뒤 연이어 나온 그린벨트 규제완화, 수도권 과밀억제 정책의 완화, 도시 자연 녹지 내에 대형할인

점설치 허용 조처 등은 녹지파괴에 가속을 붙여 95년 한해 서울시에서는 53만 9천여m²의 자연녹지와 생산녹지가 사라졌다. 도시 내 녹지의 보전을 위한 지속가능한 환경보전정책의 수립과 제도적인 보완이 절실한 시점이다.

한편, 환경부는 '환경비전 21'을 통해 도시의 다양한 활동이나 구조를 자연의 생태계가 가지고 있는 다양성, 자립성, 안전성 그리고 순환성에 가깝게 하여 질 높은 자연환경을 재생시킨 지속가능한 도시의 구현을 제안하고 있다. 따라서, 앞으로의 도시환경계획·정책은 도시민들에게 자연의 혜택을 피부로 느끼게 하고, 자연을 활용하여 보다 넉넉하게 생활할 수 있는 행동양식을 선택할 수 있도록 하고, 이를 유지해 나가는 친근한 자연의 보전 및 활용에 기초한 도시를 생태계로 인식하는 데 그 초점을 맞추어야 한다고 생각된다.

그러나, 현실적으로 볼 때 인간의 정주공간으로의 도시의 중요성은 몇 번을 강조해도 지나침이 없으나 현재의 도시계획 및 관리 시스템은 인간을 위한 완전하며 성공적인 공간의 창조에는 전반적으로 볼 때 실패한 듯 하다. 특히 이러한 도시 계획 및 관리 시스템은 자연자원의 보전과 대기 및 수질 오염과 같이 장기적으로 볼 때는 지구환경문제에 심각한 영향을 줄 수 있는 이슈에 대하여서는 만족할 만한 대책을 제시하지 못하고 있다. 현실적으로, 우리 나라의 공원과 녹지는 도시계획시설의 하나로 지정되어 있음에도 불구하고 도시민의 삶의 질 향상을 위한 공원과 녹지가 제대로 지정·확보되지 못하고 있다. 공원과 녹지의 지정 및 확보는 하위법인 도시공원법에 의해 시행되고 있으며, 도시가 지목상 임야를 근린공원, 도시자연공원으로 지정해 놓고 있다. 이러한 현실적인 문제들은 현 시대의 흐름에 맞게 환경계획적 입장에서의 접근이 시급하다고 생각된다.

전반적으로 보아 과거와 현재의 그러한 도시계획 및 관리시스템의 단점들은 다양한 여러 분야에서 발생되는 도시 문제에 대한 통합적인 접근방법의 결여, 도시의 인공경관에 존재하는 '녹지축(green structure)'의 중요성 인식 결여 그리고 성공적이고 지속가능한 도시환경을 창조하기 위한 기본 전제인 도시를 (자연)생태계의 모습으로 인지하지 못했던 무능력 등에 그 원인이 있었다고 생각된다. 따라서 이러한 단점을 극복할 수 있는 새로운 방법론이 필요하다고 생각된다.

한편, 1992년 리우환경회담에서 많은 국가들이 보다 지속가능한 환경을 만들기 위한 하나의 방편으로 생물종다양성 및 기후변화 등과 관련한 국제협약에 서명하였다. 리우회담에서는 날로 황폐해져 가는 지구환경을 보전하여 인류미래의 안전과 번영을 보장하기 위한 '지속가능한 개발(Environmentally Sound and Sustainable Development)'에 관한 논의가 이루어 졌다. 이 회의에서 채택된 선언문과 회의관련문서(리우환경선언문 원칙 제 10항과 의제21의 제7장 33절)에는 지속가능한 개발을 위한 정보구축 및 활용의 중요성이 언급되어 있다.

먼저 리우환경선언문 원칙 제 10항에는 "환경문제를 효율적으로 다루기 위해서는 관심을 가지고 있는 모든 시민들의 참여가 전제되어야 한다. 국가는 공공부분에서 소유하고 있는 환경관련 정보를 국민들에게 공개함으로써 그들이 정책결정과정에 참여할 수 있는 기회를 증대시켜야 한다."라고 하면서 환경관련정보의 공개를 통한 시민참여의 중요성을 강조하고 있다. 그리고 의제21의 제 7장 33절에는 "모든 국가 특히 개발도상국가에는(지속가능한 정주환경개발을 위한) 토지자원관리를 위하여 지리정보시스템, 인공위성사진을 활용한 원격탐사기법 등의 신기술을 활용할 수 있는 기회가 주어져야 한다."라고 명시되어 있다.

위에서 언급된 내용은 두 가지 측면에서 환경계획과정에 있어서 지리정보시스템(GIS; Geographic Information Systems)을 비롯한 신기술의 필요성에 대한 중요한 시사점을 던져 주고 있다. 첫째는 환경문제에 관한 다양한 의견을 정책결정과정에 반영시키고, 보다 많은 사람들을 의사결정에 참여시키기 위한 보조수단으로서 신기술의 활용이 필요하다는 점이고, 둘째는 환경보전보다는 경제개발이 시급한 개발도상국가에서 급속한 개발에 따른 자원의 고갈 및 환경에 미치는 부작용을 최소화하기 위하여 적절한 신기술의 활용이 필요함을 제시하고 있다.

아울러 이러한 세계적인 추세와 아울러 도시환경관리를 위한 정보시스템의 구축을 위하여 과연 우리 나라의 경우 상위법인 국토건설종합계획법, 국토이용관리법과 도시계획법 그리고 하위법인 도시공원법 그리고 자연환경보전법 등에서 그 법적 토대를 제공하고 있는지 여부에 대한 연구가 필요하다고 생각하며, 이러한 법적 토대 위에서 환경계획이 이루어져야 그 당위성이 입증될 수 있을 것이다.

우리 나라의 경우 과거 개발 우선 주의에서 이제는 환경을 고려한 개발 단계로 나아가고 있으나 개발과 보전의 조화는 토지이용계획을 수립하는 계획가의 입장에서는 여전히 풀기 어려운 숙제로 남아 있다. 그 이유는 환경을 고려한 토지이용계획을 수립하기 위해서는 우선 다루어야 할 정보의 종류가 다양하고, 특정 토지이용이 환경에 미치는 영향을 평가하기 위한 방법론 및 객관적 평가기준의 설정이 어렵기 때문이다.

그러나 최근 그 활용범위가 점차 확대되어가고 있는 GIS 관련기술의 비약적인 발전으로 다양한 정보의 통합활용이 가능하게 되었으며, 여러 가지 분석기능이 제공되어 모의실험(simulation)을 통한 대안의 설정 및 평가가 가능하게 되었다. 현재는 여기에서 한걸음 더 나아가 GIS를 공간의사결정지원시스템(SDSS: Spatial Decision Support System)으로 활용하려는 노력이 시도되고 있다. 이러한 시도는 GIS가 단순한 정보처리 도구에서 인공지능이나 전문가 시스템 기법을 활용한 문제해결도구로 사용될 가능성을 보여 주고 있다.

2. 도시의 생태학적 측면

1) 환경문제와 새로운 환경관

지금 우리 나라의 대도시가 공통으로 직면하고 있는 여러 가지 유형의 환경문제는 인구의 급속한 성장과 집중, 기술의 발달, 경제성장에 기인한 도시화와 공해문제 등 이와 같은 문제들이 총체적으로 가져다 주는 생태계 파괴와 직결된 인간의 생존문제를 포함하는 광범위한 문제이다.

우리 나라는 지난 1960년대 이후 공업화에 의한 성장위주의 경제정책을 추진하여온 결과 경제와 산업부문에서의 고도 성장을 이룩하였으나, 고도성장 과정에서 발생한 환경오염은 한강을 비롯한 4대 강 등 우리 나라 주요 하천의 수질을 2~3급수로 전락시켰다. 그리고 일부 대도시와 공단지역에서 아황산가스의 오염도가 환경기준을 수시로 초과하고 있으며 쓰레기 발생양은 매년 8% 이상씩 증가하여 가뜩이나 좁은 국토를 쓰레기로 오염시키는 등 이제 환경문제는 우리 나라가 직면하고 있는 가장 심각한 현안과제 중의 하나로 대두되었다.

이와 같이 환경오염이 국민생활에 직접적인 위협이 됨에도 불구하고 그간 추진되어 온 각종 환경대책은 환경문제의 원인에 대한 근본적이고 종합적인 접근보다는 환경훼손이나 환경오염의 결과만을 다스리는 사후적이고 단편적인 대책에 치우쳐 왔다. 우리 나라 대도시의 공통적인 문제인 대기오염이나 수질오염 등의 문제만을 환경문제로 대처하는 경우 환경생태계 전반에 대한 만족스러운 해답을 기대하기는 어려울 것이다. 진정 책임 있는 환경정책의 구현이란 환경 그 자체를 하나의 총체적인 시스템(Total System)으로 보는 시각을 그 출발점으로 하여 이를 구성하고 있는 각 부분시스템(Subsystem)간의 균형을 도모하는 환경계획을 입안 및 실천해야 하겠다. 이러한 접근방법은 1980년대 이후 사회·경제적인 안정을 기반으로 우리 나라 환경정책의 주요 과제로 떠오른 쾌적한 환경의 조성·계획을 위한 방법이다. 이같은 흐름은 국민의 생활환경의 질에 대한 관심의 증대와 자연환경에 대한 가치관의 변화에 기인하며 역사·문화환경의 보전과 활용에 대한 요구를 강하게 하였다.

이러한 배경하에서 환경계획의 입안은 제안된 개발의 모든 결과를 고려에 넣는 앞을 내다보는 절차를 의미한다고 하겠다. 이것은 총체적 환경과 그 구성부분 간의 관계에 대한 이해를 제대로 하고 있는 경우에만 올바로 평가될 수 있다. 이와 같은 환경의 변화를 배경으로 하여 새로운 환경관은 먼저, 생활환경의 정비, 공해 방지와 환경의 질에 대한 기준 확보, 지역환경의 보전·회복, 쾌적한 환경의 창조 그리고 마지막으로 지구환경과 연계된 지역환경보전 등에 중점을 두는 쪽으로 전환되어야 한다고 생각한다.

2) 생태계로서의 도시

앞에서 언급했던 환경계획의 목표인 생태적으로 건전하고 지속가능한 도시의 개발이 가능하기 위해서는 그 출발점을 Tjallingii가 그의 책 에코폴리스(Ecopolis)에서 주장했듯이 도시를 하나의 생태계로 볼 때 가능하다고 생각된다.

생태학(Ecology)이란 유기생물체와 그 주변의 생존과 밀접한 관계가 있는 모든 조건과의 상호 관계를 연구하는 학문으로 그 연구대상을 어느 한 단위

지역 내에서 함께 살고 있는 모든 생물체의 상호 영향관계로 한다. 여기에서 '한 단위지역 내의 삶'과 '(인간을 포함한) 모든 생물체간의 상호 영향관계'라는 두 구절은 우리 나라 대도시의 환경문제와 관련하여 매우 중요하다. 왜냐 하면 어느 한 지역에 삶의 근거를 두고 있는 생물체들과 이들 주변의 무생물체들이 스스로 상호간의 원인과 영향에 의해 또 하나의 조직, 즉 하나의 생태계(Ecosystem)를 이루기 때문이다. 그러므로 우리는 도시 자체를 하나의 거대한 도시생태계로 볼 수 있다. 즉, 우리의 대도시는 인간을 포함한 주거, 교통, 노동 등으로 인간이 기술에 의지하여 창출한 인위시스템(Technical System)과 산림 및 녹지, 토양, 대기, 물 등의 자연시스템(Natural System)으로 구분되는 2가지의 큰 부분시스템(Subsystem)으로 구성되어 있다. 결국 서로 상호간의 물질 및 에너지의 교환에 의해 그 기능이 유지되는 하나의 거대한 영향조직체라 정의할 수 있다.

한편, 도시생태계는 이를 구성하는 두 부분 시스템인 자연시스템과 인위적 시스템 상호간의 에너지 및 물질의 교환에 의해 그 기능이 유지되고 있다. 그러나 이 두 시스템은 서로 지극히 상반된 특성을 갖고 있다. 산림, 녹지, 대기, 물 그리고 토양 등으로 구성된 자연시스템은 태양의 도움을 받아 광합성 작용에서 스스로 에너지를 생산해 내고 그 부산물을 처리할 수 있는 능력을 갖추고 있다. 반면에, 인간생활의 복합체라 할 수 있는 인위시스템은 그 기능을 유지하기 위해 자연시스템으로부터 많은 양의 에너지와 물질들을 조달받고 있다. 이와 같은 두 시스템의 관계는 곧 인위적 시스템이 자연시스템에 종속되어 있다는 사실을 말해 준다. 실제로 경제, 상업, 기술, 문화, 정보 등의 주된 활동공간으로서의 대도시는 매일 엄청난 양의 에너지와 원자재를 인위적 시스템의 원활한 유지를 위하여 자연시스템(농촌)으로부터 수입하고 있으며, 이러한 원자재와 에너지 등은 우리의 일상생활에서 소비되어 마침내는 열, 배기가스, 쓰레기 등 더 이상 쓸모 없는 에너지의 형태로 변환된다. 쓰레기와 토양오염, 교통체증 및 대기오염, 하수 및 산업폐수, 소음 등 우리가 늘 일상 생활에서 접하는 환경문제는 결국 이러한 유형과 무형의 결정체로서 대도시의 환경의 질을 저해하고 자연시스템의 기능을 파괴시키는 원인이 된다(<그림 9-1>).

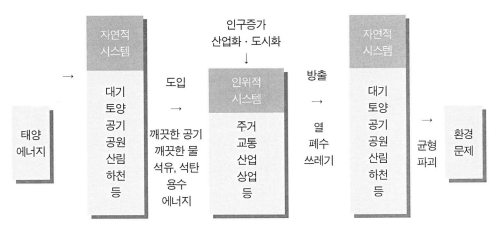

〈그림 9-1〉 대도시 생태계의 구조

　이와 같은 현상의 출현은 근본적으로 위의 두 상호시스템간의 에너지 및 물질순환관계의 불균형에 기인한다. 특히 생태계 내의 인간활동에 의한 생태계의 구성요소인 유기, 무기물질(미네랄, 물 등)의 무분별한 채취, 화학비료, 쓰레기 등 유해물질의 무제한 방출과 축적, 화학 및 독성물질의 과다한 사용과 남용, 건설 및 개발을 위한 산림 및 녹지의 무분별한 이용과 훼손, 하·폐수의 과다 방출 등이 그 주요 원인이 된다.

　이러한 여러 원인들에 의하여 대도시의 도시생태계의 특징은 인간의 영향력과 역할, 즉, 인위시스템의 활동이 두드러지는 특성을 지니고 있다. 과거 수년간 계속된 경제성장 우선 정책은 우리의 대도시를 산업 및 공업형 도시로 변모시켰고, 이로 말미암아 대도시의 자연시스템의 영역은 흔적조차 발견하기 힘들 정도로 파괴되고 말았다. 이러한 현상은 날로 증가하는 개발수요를 충족하기 위한 토지의 무절제한 사용, 건설 및 건축물의 밀집 그리고 토양의 포장에 따른 당연한 결과로써 오늘날 대도시의 생태계를 구성하는 자연시스템의 요소인 대기 및 기후, 토양, 지하수 등에 막대한 악영향을 초래하고 있다. 현재 우리 나라의 대도시가 공통적으로 당면하고 있는 대기오염, 폐기물 문제 등 여러 가지 유형의 환경문제는 결국 생태계의 기본원리에 상반되는 그 동안의 도시계획에 그 원인이 있다고 볼 수 있다. 계속적인 인구의 집중은 도시 생태계 기본구조의 불균형을 자초하고 있으며, 에너지원 역시 무한한 태양에너지가 아닌 유한한 그리고 매장량이 급속도로 감소되어가는 재생불능의 화석연료이다. 이러한 위기를 극복하고 도시민 모두에게 쾌적한 환경공간과 안락한 삶의 조건을 보장하기 위해서는 도시생태계 상호기능의 적절한 조절과 개선에 역점을 둔 지속가능한 도시의 개발을 위한 효과적인 환경계획의 접근방법이 요구된다고 하겠다.

3. 경관, 경관생태학 그리고 환경계획

1) 경관에 대하여

조경학 분야에서 흔히 이야기하는 경관(landscape)의 어원은 히브리어의 "noff"로서 <성경>의 시편(48:2)에서 찾아볼 수 있으며, 아름답다는 "yafe"와 관련이 있는 단어로서 예루살렘에 있는 솔로몬왕의 사원, 성 그리고 궁전 등의 전반적인 아름다운 전망(view)을 묘사하고 있다. 이러한 경관이 가지는 미·시각적인 의미는 흔히 경관은 영어의 경치(scenery)로 표현된다. Landscape의 번역어인 우리말 "경관(景觀)"의 사전적 의미도 경치와 그 의미를 같이 취급하고 있으며, '산수(山水)나 풍물(風物) 등 자연계의 아름다운 현상'으로 해석하는 바 산수나 풍물이 가지는 미·시각적인 아름다움에 초점을 맞추고 있다.

다른 한편으로, 환경의 질과 조경가의 역할에 관한 여러 글을 발표하여 유명한 영국의 Nan Fairbrother는 그녀의 저서 <New Lives, New Landscapes>에서 Landscape = Natural Habitat + Man, 즉 경관이란 인간과 자연환경(동식물의 서식지)이 함께 삶을 영위하고 있는 곳이라고 주장하면서 경관을 자연경관(Natural Landscape), 인공경관(Man-made Landscape) 그리고 인조경관(Man-designed Landscape)으로 나누었다. 이것은 도시를 생태계로 볼 때 자연경관은 도시에서의 자연시스템으로 볼 수 있으며 인공경관과 인조경관은 인위시스템으로 볼 수 있겠다.

2) 경관 생태학에 대하여

위대한 조경가 Eckbo의 저서인 <Landscape We See>와 Whyte의 주장에서와 같이 경관의 의미는 세월이 흐름에 따라 변화하여 왔다. 그러나 그 말이 원초적으로 가졌던 시각적인 지각력과 미적 함의는 관련서적과 예술분야에서 그대로 받아들여졌으며 조경계획, 조경디자인 그리고 정원분야 등의 종사자들에 의하여 널리 쓰여지고 있다. 그들은 경관의 생태적인 평가보다는 경관의 미적 지각에 더 많은 관심을 두었는데 특히, 영어권에서 이러한 관점에서의 사용이 빈번했으며, 이러한 관점에서의 사용을 주도한 대표적인 학자들로는 Arthur나 Zube 등을 들 수 있겠다. 이들은 경관을 우리의 눈에 보이는 것으로 해석하고 시각적인 관점에 포커스를 맞추어 토지의 시각정보에 비중을 두어 미의 창출에 관심을 두어 왔다. 아쉽게도 이러한 경관 개념의 인식론적인 발전에 따르면 경관생태학(landscape ecology)이라는 새로운 학문분야는 유럽(특히, 독일이나 네델란드를 중심으로 하는 중·북부유럽) 이외의 지역에는 그렇게 널리 알려지지 않았다.

Young은 인문생태학(human ecology)을 학제간의 개념으로 이해하면서 관련 분야인 조경학, 토지이용계획학, 자연보전학 그리고 응용생태학 등에 관하여 기나긴 시간을 할애하면서 고찰하였으나, 경관생태학에 대하여서는 한마디의 언급도 하지 않았다. 이것은 경관생태학의 분야에 관하여 유럽의 바깥에서는 전혀 관심이 없었다는 뜻이 아니며, 경관계획이나 조경디자인 분야의 전문가들이 생태학에 기초를 둔 분석방법이나 연구방법을 개발하는 데 있어서 적극적이지 못했다는 뜻도 아니었다. 어쨌든 미국에서는 경관생태학이라는 말을 쓰지는 않았지만 학교기관에 기반을 둔 저명한 조경가(Aldo Leopold나 Ian McHarg)에 의하여 토지이용 분석이나 평가 등을 행할 때 종합적이고 통합적인 접근방법을 사용하였는데 현재 미국에서는 이러한 접근방법을 생태적 디자인과 계획(ecological design and planning)이라고 부르고 있다. 여기서 우리가 주목해야 할 점은 경관생태학 혹은 생태적 디자인과 계획은 종합적이고 통합적인 접근방법 (holistic approaches)을 택하고 있다는 것이다.

독일어로 경관(Landscape)은 "Landschaft"라고 하며 토지라는 지리-공간적인 의미를 포함하고 있다. 르네상스 이래로 특히, 18세기에서 19세기에 이러한 공간적인 의미는 전체환경의 공간적 · 시각적인 실상으로 경험되어진 종합적인 의미로 받아들여져 왔다. 이러한 경관의 의미는 19세기 초에 이르러서는 독일의 지 · 생물학과 물리 – 지리학의 창시자였던 A. von Humboldt에 의하여 "지형(landform)"이라는 의미로 축소되었고, 일군의 러시아의 지리학자들은 경관을 좀더 포괄적인 의미인 "경관지리학(landscape geography)"으로 해석하였다.

한편, 1971년 Troll이라는 독일의 생 · 지리학자는 경관을 "인간정주공간의 총체적 공간 및 시각적 실체로서 지권과 생물권 그리고 인공물을 포함하는 것"으로 정의하였다. 그는 경관을 완전히 총체적으로 통합된 실체로서 부분의 합 이상인 그 무엇으로서 반드시 그 전체성(whole)은 규명되어야 한다고 주장했다. 그는 1939년 초에 동아프리카의 토지이용과 개발에 관하여 연구하면서 경관의 항공사진을 판독하던 중에 경관생태의 잠재력을 발견하고는 "경관생태학(landscape ecology)"이라는 용어를 최초로 쓰기 시작했다. 그는 지리학자와 생태학자가 서로 힘을 합쳐서 토지와 생물체를 합친 연구를 수행하여 "생태과학(ecoscience)"이라고 부르기를 원하였으며, 이것은 생물권을 빼고서 생물이 존재하지 않는 암석권만을 다루는 "지과학(geoscience)"과의 차별을 시도했다. 실질적으로 경관생태학은 지리학자가 자연현상의 공간적인 상호작용을 탐구하는 수평적인 연구와 생태학자가 주어진 구역(ecotope 또는 site ; 가장 작은 규모의 통합적 토지 단위로서 대기권, 식생, 토양, 암석, 물 등과 같은 토지속성의 동질성에 의해 특징 지워진다) 내에서의 기능적인 상호작용을 탐구하는 수직적인 연구를 통합한 것이라고 할 수 있겠다. 호주의 영연방 과학 산업기구(CSIRO)의 한 부서인 토지이용연구소(LUR)에서도 실질적으로 토지의 조사와 개발의 평가시에 이러한 통합적인 접근방법을 최초로 도입하였으며, "토지 단위(land units)"와 "토지체계(land system)"의 개념을 대규모의 학제간 통합 조사를 할 때 적용하여 큰 성공을 거두었다. 그 이후로 이 연구소에서는 토지이용 계획 시에 사회경제적인 변수와 생태적인 변수를 포함하여 그 방법론을 더욱 확대 발전시켰다.

주로 아열대와 열대지역에서 활동하는 네델란드의 항공측량과 지구과학을 위한 국제기구(ITC)에서는 환경생태의 통합적인 접근법을 더욱 발전시켰다. Zonneveld 는 그의 저서 「*Textbook of Photo-Interpretation*」에서 경관생태학은

"토지(경관)과학(land(scape) science)"의 주요한 부문으로서 서로 다른 요소끼리 모여서 이루어진 통합적인 실체로서의 경관을 연구하는 학문으로 정의하였으며, 토지(land(scape))를 경관생태학의 중심으로 보았다. 그는 경관생태학의 통합적인 접근방법은 토지(경관)에 대한 서로 다르나 분리할 수 없는 ㄱ) 토지(경관)의 인지적 관점, ㄴ) 토지(경관)의 분포 측면 ㄷ) 생태계로서의 경관 등에 의하여 이루어진다고 하였다.

3) 에코톱과 도시녹지

Troll이 제시한 에코톱(ecotope 생태소공간)의 개념은 지생태(Geotop)와 인간행태(Antropotop)와 함께 비오톱(biotope 소생물권)의 개념을 포함한다. 특히, 비오톱은 근대적 의미에서는 '무생물생태요소 상호간의 동질성을 나타내는 최소단위공간'으로서 환경문제가 대두되기 전의 인간의 개발 행위가 자연시스템을 파괴하지 않는 범위 내에서 균형과 조화를 이루고 있는 상태로 보았다. 그러나 인간의 개발행위로 인해 도시 내에서 자연시스템과 인위시스템 간의 균형이 무너지기(도시 비오톱의 절단, 파괴, 소멸 등) 시작한 1970년대 이후부터는 비오톱의 의미가 새롭게 대두되었다. 즉, 비오톱의 개념을 도시생태시스템의 불균형을 회복하려는 자연시스템의 원리에 입각한 생태적인 측면인 지생태 및 생물 생태학적 비오톱의 개념과 인간 행태적 측면인 사회학적 및 미적 의미에서의 비오톱 개념까지를 포함하여 최소단위공간으로의 현대적 의미로 해석하고 있다. 비오톱(에코톱)이란 전체 도시공간 내에 존재하는 건축물로서 채워져 있지 않은 크고 작은 토지와 물로서 경관 생태적인 의미와 인간 행태적, 미적 의미를 동시에 충족시켜 줄 수 있는 활동적 공간이며, 최소한의 식물이 자랄 수 있는 토양을 가진 공간으로 도시민에게 경관생태에 관한 이해를 체험하고 고취시켜 줄 수 있는 기능을 가진 모든 공간으로 정의된다. 결국, 이러한 ecotop(혹은 biotope)의 개념은 우리말 '도시녹지'와 거의 유사하다고 볼 수 있겠다.

4) 환경계획과 도시녹지

환경계획은 지속가능한 개발을 위해 토지를 부동산가치와 평수로만 이해하는 것이 아니라 토양, 토지상의 동식물, 지상의 미기후와 지하수까지를 포함하는 통합적인 실체로서 자연환경과 사회환경의 조화라는 기본원칙을 포함한다고 생각된다. 환경계획의 궁극적인 목적은 인간이 살아가는 데 가장 기본적인 필수품인 맑은 공기, 깨끗한 물, 기름진 토양을 지키고, 거주할 공간과 행복과 번영 그리고 쾌적함을 제공함으로써 인간의 삶이 가능한 환경을 보전하는 것이며 생태적으로 건전하며 지속가능한 인간 정주공간을 위한 친환경적인 계획을 말한다(<그림 9-2>).

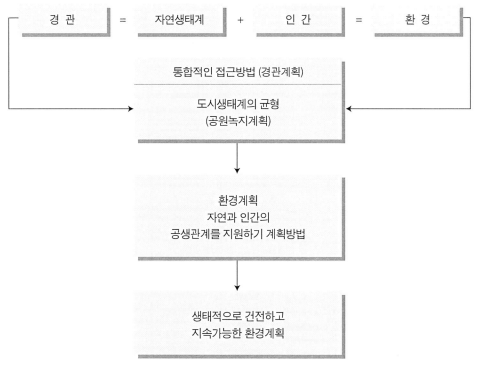

〈그림 9-2〉 환경계획의 개념도

앞으로의 환경계획은 경관생태학(landscape ecology)에서 취하고 있는 통합적인 접근방법(holistic approaches)을 도입하여 인간이 자연환경과 함께 삶을 살고 있는 거주생태계를 다루는 것으로 사고의 틀이 새로 짜여져야 함을 제안하고 싶다. 역사를 통하여 볼 때 인간은 여러 시대나 상황에 맞추어 자연관 혹은 환경관이 지속적으로 변천되어 왔는데 자연에 지배당하던 시대의 환경관에서 자연을 지배하던 시대의 환경관으로 변화되었고 그리고 현재의 자연과 공생하기 위한 자연관으로 변천되어 왔는데, 환경계획이란 이러한 새로운 자연과 인간의 공생관계를 지원하기 계획방법으로 볼 수 있겠다. 따라서 도시환경계획에서 자연과 인간이 공생하기 위해서 가장 선행되어야 할 것으로서는 당연히 도시생태시스템의 균형을 회복하는 것이다. 도시생태시스템의 균형을 회복하고 엔트로피를 낮추기 위해서는 도시 내에 자연시스템의 공급계획이나 보전계획이 가장 먼저 수립되어야 한다. 이러한 자연시스템의 공급 내지는 보전을 위해서는 무엇보다도 도시녹지관련 데이터 베이스 구축이 환경계획의 수립시에 가장 우선되어야 한다고 생각한다.

5) 도시녹지의 유형 분류

앞에서도 언급했지만 본 연구에서의 도시녹지는 단순히 도시계획법이나 도시공원법 상에 규정된 도시계획시설로서의 공원 혹은 녹지라기보다는 좀더 넓은 의미로서 '도시 내의 자연'을 의미하며 요즈음 흔히 이야기되는 비오톱과 그 개념이 유사하다고 하겠다. 공원녹지는 현재 식물이 자랄 수 있는 토양을 가진 도시 지역 내의 토지와 물, 대기로서 이루어진다. 그리고 그 주요 역할로서는 위락·어메니티적 역할, 시각·도시구조형성의 역할 그리고 자연·생태적 역할 등을 들 수 있겠다.

생태계로서의 도시가 건물이나 도로, 주택 등과 같이 인간이 기술에 의지하여 만들어진 인위시스템(Technical system)과 도시 내의 공원뿐만 아니라 하천, 산림, 농경지 등과 토양, 대기, 물까지를 포함하는 자연시스템으로 이루어진다고 가정할 때 공원녹지는 이 자연시스템(Natural system)을 의미하며, 따라서 도시 내의 모든 오픈스페이스가 반드시 도시녹지는 아니다.

이러한 도시녹지를 분류한다는 것은 도시 내에 산재하는 공원녹지를 서로

〈표 9-1〉 공원녹지의 유형 분류

유 형	종 류	특 징	기 타
정원형	주택정원, 아파트 단지 내 정원, 옥상정원, 주말농장	물리적 특성	인조형(人造形)
산지형	약수터, 도시자연공원, 근교 산, 사찰부근, 동네야산	물리적 특성	자연형(自然形)
수변형	유원지, 수변공원, 못	물리적 특성	인조형 + 자연형
가로형	도심소공원, 건물 주위의 조경공간, 가로공원, 가로수, 중앙분리대	물리적 특성	인조형
커뮤니티형	동네짜투리땅, 소규모 체육공원, 학교운동장, 대학캠퍼스	지리적 특성	인조형 + 자연형
공원형	근린공원, 어린이공원	기능적 특성	인조형
특별형	묘지공원, 골프연습장	기능적 특성	인조형

동질성(물리적 특성, 지리적 특성, 기능적 특성)이 있는 것끼리 분류·단순화하여 도시의 경관특성을 파악함과 아울러 각 유형의 생물적, 물리적, 인간행태적 그리고 사회경제적 데이터를 수집하여 데이터 베이스를 만들고 맵핑(Mapping)작업을 통하여 도시환경관리정보시스템(UEMIS)을 구축하여 도시환경계획의 극대화를 꾀하기 위함이다.

이러한 분류는 각 도시의 특성에 따라 다를 수 있으며 대구시의 경우를 볼 때 <표 9-1>과 같이 정원형, 산지형, 수변형, 가로형, 커뮤니티형, 공원형, 그리고 특별형 등으로 분류할 수 있겠다.

4. 방법론의 모색

1) 환경관리계획을 위한 데이터 베이스 구축(UEMIS)의 법적 기반

환경관련 기본 데이터에 기초한 데이터 베이스의 구축 및 맵핑(mapping)작업을 기반으로 하는 GIS를 이용한 환경계획은 국토의 지속가능한 개발을 위하여 토지를 부동산으로서의 가치와 평수로만 이해하는 것이 아니라 토양, 토지 위의 동·식물, 지상의 미기후, 지표수와 지하수까지를 포함하는 통합적인 실체로서 자연환경과 사회환경을 조화시켜 시민의 삶의 질 향상에 기여함을 목적으로 한다. 이러한 합리적인 토지이용을 위한 정보구축 및 활용의 중요성은 서론에서도 언급했듯이 92년 리우회담에서 채택된 리우환경선언문 제 10항과 의제21의 제 7장 33절에도 강조되고 있다.

한편, 합리적인 환경계획을 위한 데이터 베이스 구축 및 활용의 필요성(도시환경관리정보시스템: Urban Environmental Management Information System)을 뒷받침하는 국내의 관련법으로서 국토건설종합계획법, 국토이용관리법, 도시계획법과 도시공원법 그리고 자연환경보전법 등을 들 수 있겠다.

① 국토건설종합계획법

국토건설종합계획법의 경우 그 목적을 "이 법은 국토의 자연조건을 종합적으로 이용·개발 및 보전하며, 산업입지와 생활환경의 적정화를 기하기 위하여 국토건설종합계획과 그의 기초가 될 국토조사에 관한 사항을 규제함으로써 국토의 경제적·사회적·문화적 발전을 이룩하여 국민의 복지향상에 기여함을 목적으로 한다(제 1조)."라고 명시하고 있다. 그리고 국토건설종합계획이라 함은 토지·물·기타 천연자원의 이용·개발 및 보전에 관한 사항, 수해·풍해 기타 재해의 방제에 관한 사항, 도시와 농촌의 배치 및 규모와 그 구조의 대강에 관한 사항, 산업입지의 선정과 그 조성에 관한 사항, 산업발전의 기반이 되는 중요 공공시설의 배치 및 규모에 관한 사항, 그리고 문화·후생 및 관광에 관한 자원과 기타 자원의 보호·시설의 배치 및 규모에 관한 사항에 관한 종합적이며 기본적인 장기계획을 말한다(제 2조). 이러한 국토건설종합계획법의 목적과 정의는 합리적인 국토건설계획시 자연자원의 보호,

공공시설의 적정배치 위한 GIS 데이터 베이스 구축의 필요성과 GIS를 활용한 환경계획 방법론의 필요성에 대한 법적인 기반을 잘 보여 준다고 하겠다.

② 국토이용관리법

국토이용관리법은 "국토건설종합계획의 효율적인 추진과 국토이용질서를 확립하기 위하여 국토이용계획의 입안·결정·토지거래의 규제와 토지이용의 조정 등에 관하여 필요한 사항을 정함을 목적(제 1조)으로 한다."라고 규정하고 있어 환경을 배려한 국토이용질서의 확립을 위하여 GIS의 활용이 시급하다고 하겠다. 그리고 국토이용의 기본이념을 "국토는… 그 이용에 있어서는 공공복리를 우선시키고 자연환경을 보전함과 아울러 지역적 제조건을 충분히 고려하여 토지가 합리적으로 이용되고 적정하게 거래되도록 함으로써 양호한 생활환경의 확보와 국토의 균형 있는 발전을 도모함"(제 2조)으로 하고 있다. 이 때 '자연환경을 보전하고 지역적 제조건을 충분히 고려한 토지이용을 통하여 시민을 위한 양호한 생활환경의 확보'의 차원은 환경계획이 추구하는 목적과 그 뜻을 같이 한다고 하겠다.

③ 도시계획법

도시계획의 목적은 크게 도시의 건전하고 균형적인 발전을 도모하고, 공공의 안녕과 질서의 유지와 공공의 복리증진을 그 목적으로 하고 있으며(제 1조) 이를 위한 토지이용·교통·산업·보안·국방·후생 및 문화 등에 관한 계획(제 2조)을 말한다. 이러한 목적을 달성하기 위하여 법 제 17조에는 주거지역, 상업지역, 공업지역 그리고 녹지지역과 같은 도시계획구역을 정하고 있는데 이것은 GIS를 이용한 환경계획시 '도시경관특성지역'을 구분하는 법적인 근거가 되며 법 제21조 그린벨트구역의 지정에 관한 사항도 넓은 의미에서 도시환경관리정보시스템(UEMIS)을 구축하는 법적 기반이 된다고 하겠다.

④ 도시공원법

환경계획을 위한 GIS구축의 법적 근거로서 상위법인 국토건설종합계획법, 국토이용관리법, 그리고 도시계획법이 포괄적인 법적 근거를 제시한다고 볼 때, 생태도시조성을 위한 도구로서 도시공원녹지계획을 위한 도시환경관리정보시스템(UEMIS) 구축의 법적 기반으로서 좀더 구체적인 법적 근거로서는 도시공원법 그리고 자연환경보전법을 들 수 있겠다.

먼저 도시공원법의 목적을 살펴보면, "도시에 있어서 공원의 설치 및 관리와 녹지의 보전 및 관리에 관하여 필요한 사항을 규정함으로써 쾌적한 도시환경을 형성하여 건전하고 문화적인 도시생활의 확보와 공공의 복리증진에 기여함을 목적으로 한다."(제 1조)라고 명시하고 있다. 한편, 녹지란 도시계획구역 안에서 도시의 자연환경을 보전하거나 개선하고, 공해나 재해를 방지하여 양호한 도시경관의 향상을 도모하기 위한 도시계획시설로 규정(제 2조 3항)하고 있다.

생태도시건설을 위해 시급한 자연시스템의 공급과 보전에 대하여 도시공원법은 그 법적 기반으로서 가장 구체적이라고 할 수 있겠다. 한편 도시공원은 근린공원, 도시자연공원, 어린이공원, 묘지공원 그리고 체육공원(제 3조) 등으로 나누며, 녹지는 완충녹지와 경관녹지로 구분하고 있다(제 10조). 그리고 각 도시공원을 설치함에 있어서는 각 도시공원이 지니고 있는 각기 다른 기능이 상호 보완적으로 발휘될 수 있도록 녹지공간계통을 종합적으로 검토하여 도시공원의 분포에 균형이 이루어지도록 명시하고 있다. 이러한 각각의 도시공원 및 녹지의 종류는 도시 생태계 내의 자연시스템의 근간을 이루는 '도시녹지' 유형의 한 부류로서 생태도시건설을 위한 도시환경관리정보시스템 구축의 법적 토대를 제공한다고 하겠다.

⑤ 자연환경보전법

다른 한편으로 도시환경관리정보시스템을 위한 법적 토대로서 자연환경보전법을 들 수 있겠다. 우선 이 법의 목적을 살펴보면, "자연환경을 인위적 훼손으로부터 보호하고, 다양한 생태계를 보전하며, 야생 동·식물의 멸종을 방지하는 등 자연환경을 체계적으로 보전·관리함으로써 국민이 쾌적한 환경에서 여유 있고 건강한 생활을 할 수 있도록"(제 1조)한다라고 명시하고 있다. 한편 법 제 34조에는 각종 개발계획의 수립이나 시행에 활용할 수 있도록 하기 위하여 생태·자연도를 작성하도록 정하고 있으며, 이 생태·자연도라 함은 산·하천·습지·호소·농지·도시·해양 등에 대하여 자연환경을 생태적 가치, 자연성, 경관적 가치 등에 따라 등급을 나누어 작성한 지도(제 2조 16항)를 말한다. 이러한 생태·자연도의 작성은 도시환경관리정보시스템을 구축하는 법적 토대일 뿐만 아니라 시스템 구축을 위한 중요한 자료를 제공한다고 하겠다. 즉, 도시 내의 자연인 '공원녹지'가 생태·자연도의 도면화 작업의 근간을 이룬다고 하겠다. 이러한 배경하에서 자연환경보전법의 기본원칙을 살펴보면 환경계획이 추구하는 생태도시건설을 위한 법적 기반을 잘 제시하고 있다고 보여진다. 기본원칙은 모두 여섯 항목으로(제 3조) 이루어져 있으며, 첫째로 자연은 모든 국민의 자산으로서 공익에 적합하게 보전되어야 하며, 둘째로 자연환경보전은 국토의 이용과 조화 및 균형을 이루어야 되며, 셋째로 멸종위기에 처한 야생동·식물은 보호되고, 생물다양성·생태계 및 수려한 자연경관 등은 보전되어야 하며, 넷째로 모든 국민이 자연환경보전에 참여하고 자연을 건전하게 이용할 수 있는 기회가 증진되어야 하며, 다섯째로 자연환경보전에 따르는 부담은 공평하게 분담되어야 하며, 자연으로부터 얻어지는 혜택은 지역주민과 이해관계자가 우선하여 누릴 수 있도록 하여야 한다. 마지막으로, 자연환경보전과 자연의 지속가능한 이용을 위한 국제협력의 증진에 노력할 것 등을 명시하고 있다.

이상에서 우리는 생태도시건설을 위한 환경계획의 방법론으로서 도시환경관리정보시스템의 구축의 법적인 기반에 대하여 살펴보았다. 이러한 법적 기반은 전술한 바와 같이 상위법으로서 국토건설종합계획법, 국토이용관리법, 그리고 도시계획법은 포괄적으로 환경계획의 목적을 위한 토대를 제시하고 있었으며, 하위법인 도시공원법 그리고 자연환경보전법은 환경계획의 방법론으로서의 도시환경관리정보시스템의 구축을 위한 구체적이고 실증적인 법적인 근거를 제시하고 있다 하겠다.

2) 도시경관특성지역(Urban Landscape Character Zones)

경관(Landscape)이라 함은 단지 우리에게 보이는 것만을 지칭하는 것이 아니라 우리가 살고 있는 곳(Human Habitat)을 말하며 따라서 도시경관(Urban Landscape)이라 함은 도시민들이 그들의 삶을 영위하는 장소를 가리킨다고 하겠다.

'도시경관특성지역(Urban Landscape Character Zones)'이라 함은 '지금 도시 내에 개발이 진행 중인 곳을 제외한 이미 개발된 도시지역의 경관특성이 유사성을 가진 곳'을 말한다. 우리가 버스를 타고 갈 때 창 밖으로 보이는 그림(경관)의 변화를 갑자기 느낄 때 즉, 시내를 지날 때 보이던 많은 상가빌딩들과 가로수가 시 중심을 지나면서 갑자기 사라지고 아파트와 단층 주택과 주택정원 등이 보이다가 또 주택가가 사라지면서 논·밭이나 산이 보이는 등 이러한 각각의 특징적인 경관을 '도시경관특성지역'이라고 한다. 따라서 도시는 여러 단위의 특이한 '경관특성지역'으로 이루어져 있으며 도시 내의 '주거지역', '공업지역', '상업·업무지역', 그리고 '녹지지역'은 경관특성지역의 단위가 될 수 있다. 이러한 지역은 우리가 도시계획도면이나 항공사진 등을 통해서 쉽게 판별할 수 있다.

3) 도시경관특성지역(ULCZ)과 GIS

이러한 '도시경관특성지역(ULCZ)'은 도시규모의 환경과 관련된 의미 있는 환경정보를 획득하는 첫 단계의 어려움을 쉽게 해 준다. '환경특성지역'을 이용하여 환경관련 데이터를 구하기 위하여 어떤 형태의 표본추출방법이 반드시 필요하다. 도상이나 항공사진 그리고 다른 역사적인 기록 등을 통하여 '특성지역'을 판별한 후에 생태학자들이 식생 조사시 흔히 사용하는 층화추출방법을 사용하여 일련의 건축환경, 자연 및 인문환경에 관한 정보를 수집한다. 각각의 '특성지역'에서 취급 가능한 만큼의 표본지역을 선정하여 데이터를 수집하면 이것이 전체 '특성지역'의 전형을 잘 나타내어 준다. 현장조사시 데이터수집과 병행하여 그 지역의 지질도, 생태조사보고서 그리고 센서스조사보고서 등의 자료에서 기타의 물리적, 자연적, 사회적 데이터를 수집한다. 이 수집된 자료로 데이터 베이스를 만들어 저장하고 GIS시스템을 이용하여 디스플레이나 조작 등을 한다.

4) GIS(Geographic Information Systems)

인간의 활동범위가 크게 넓어진 오늘날에는 지도의 필요성과 중요성이 점차 증대하고 있다. 우리는 일상적으로 살아가면서 관광안내도, 버스노선도, 도로망도, 기상도, 주택지도, 시가지도 등 여러 가지 지도를 자주 사용하게 된다. 지도는 일상 생활뿐만 아니라, 기업경영과 행정분야에서도 많이 사용되고 있다. 예컨대 운송업자나 배달업자는 배달망이나 운송망의 작성에 지도를 이용하고, 전력회사나 수도국은 배선이나 배관 등의 시설관리에 지도를 이용하며, 상업이나 금융업에서는 마케팅업무에 지도를 이용한다. 행정 분야에서는 환경, 농지, 삼림, 지적 등의 관리에 지도가 널리 이용되고 있으며, 그 외에도 토지이용계획, 도시계획, 방재계획 등 여러 가지 용도에 지도가 이용되고 있다.

이처럼 다양한 분야에서 여러 용도로 쓰이는 지도와 지리정보는 지리정보시스템(GIS)이라는 새로운 도구의 등장으로 체계적이고도 종합적인 관리가 가능해졌다.

GIS는 이제 세계 각국에서 지도와 관련 있는 여러 분야의 정보관리, 업무의 종합처리, 공간분석연구 등에 널리 활용되고 있다. 최근 우리 나라에서도 토지, 도시, 도로, 환경, 센서스조사, 전력, 통신, 소방관제 등과 같이, 업무수행 과정에서 지도를 필요로 하는 일부 기관들에서 정보관리 및 업무처리에 GIS를 활용하기 시작했으나, GIS 관련기술이 도입된 시기가 일천한 관계로, 공공기관의 GIS 활용실태는 아직 미미한 실정이다. 그러나 현재 GIS에 대한 중앙정부의 높은 관심과 공공기관에서의 보급속도로 볼 때, 앞으로 머지 않은 장래에 공공기관의 일상업무 중 상당부분에서 GIS 활용이 보편화될 것으로 전망된다.

한편, GIS는 활용범위가 다양한 만큼 사용하는 사람의 관점에 따라 그 정의도 약간씩 차이가 난다. GIS를 간단히 정의하면, 지표상에서 장소를 나타내는 자료를 취득하여 사용 할 수 있는 컴퓨터시스템이라고 말할 수 있다. 다시 말해서, 지리적으로 배열된 모든 유형의 정보를 효율적으로 취득·저장·갱신·관리·분석·출력할 수 있도록 조직화된 컴퓨터 하드웨어·소프트웨어·지리자료·인력의 집합체가 곧 GIS이다.

따라서 GIS는 컴퓨터를 이용하여 어느 지역에 대한 토지, 지리, 환경, 자원, 시설관리, 도시계획, 방재 등 제반 공간요소에 연계된 속성정보와 공간정보를 지리적 공간위치에 맞추어 일정한 형태로 수치화 하여 입력하고, 그 정보들을 사용목적에 따라 관리·처리·분석하여 필요한 결과물을 출력할 수 있는 기능을 갖춘 공간분석에 관한 종합적인 정보관리시스템이라고 말할 수 있다.

통상의 다른 정보 시스템들이 주로 숫자정보나 문자정보를 다루는 것과는 달리, GIS는 공간적으로 배열된 형태의 자료를 다룬다는 것이 특이하다. 공간자료의 집합은 일반적으로 지리자료와 속성자료라는 서로 다른 두 가지 유형의 정보로 구성된다. 여기서 지리자료(positional data 또는 spatial attributes)란 공간좌표체계 또는 시간-공간좌표체계 내에서 위치를 표현하는 자료를 말하고, 속성자료(thematic data 또는 attributes)란 공간적 개념이 포함되어 있지 않은 기록자료를 의미한다. 이처럼 공간자료의 집합은 이질적이고, 또한 축척·좌표체계·정밀도·포괄범위 등이 다른 자료원으로 이루어진다. 그러므로 공간자료를 제대로 관리하고 분석하자면, 숫자정보와 문자정보만을 처리하도록 설계된 전통적인 데이터 베이스 관리체계만으로는 불가능한다. 그러나 이러한 경우 GIS를 활용하면, 각종 수치속성정보를 지도의 공간적 위치에 대응시켜 관리할 수 있으므로, 정보들간의 공간적 위상관계를 쉽게 정립할 수 있다. 따라서 GIS는 완전한 형태의 정보관리시스템을 구축하는 데 필수적이라 할 수 있다. 또한 GIS를 이용하면 여러 가지 주제도를 목적에 따라 자유자재로 중첩하여 분석할 수 있기 때문에, 새롭게 필요한 지도나 도면을 쉽게 작성할 수 있다. 뿐만 아니라 필요하다면 그에 상응하는 새로운 형태의 결합된 속성정보도 손쉽게 생성할 수 있다.

5) 방법론의 목적

본 방법론의 목적을 간단히 소개하면 아래와 같다.

① 도시의 지속가능한 개발을 위하여 '도시경관특성지역'의 환경평가에서 획득된 정보를 기초로 GIS를 이용하여 환경계획의 방법론을 개발하는 데 있다.

② 우리 나라 대도시의 구(區)레벨에서의 환경계획의 방법론을 개발하여 향후 도시 전체의 지속성을 향상시키는 방안을 모색하기 위함이다.

③ 구(區)레벨에서의 지속가능한 토지이용과 관리를 위해 공원녹지 역할을 평가를 함에 있어서 GIS를 이용한 이 방법론의 효용성을 테스트를 하기 위함이다.

본 방법론은 연구자가 참여한 프로젝트에서의 경험을 토대하여 GIS의 소프트웨어나 하드웨어적인 측면이라기 보다는 garbage-in, garbage-out이라는 측면에 착안하여 보다 정밀한 데이터의 수집과 그 해석 방법에 대한 제안이다. 향후 이 방법을 한국의 사례에 적용하여 우리의 현실에 보다 적합한 방법으로 개선·발전시켜나가려는 노력이 매우 필요한 시점이다.

6) 방법론

① 제1단계 : 접근방법의 결정

제1단계는 작업의 초기단계로서 모든 연구조사자가 참여하는 "brain-storming" 시간을 가진 후에 "web-diagram" 방법에 의해 선택된 데이터의 형태를 만드는 작업을 한다. 과제의 주목적과 연관된 각각의 데이터의 종류를 심사숙고하여 관련 있는 정보만을 수집한다.

실질적인 데이터의 수집은 다음과 같은 두 가지의 방법으로 얻는데, 그 첫 번째 방법은 "내업(desk study)"으로서 도서관이나 다른 자료로부터 정보를 수집하는 것이고, 다른 하나는 "현지조사(field survey)"로서 설문을 만들어서 설문지조사를 통하여 정보를 얻는 방법이다. 과제의 수행을 위해서는 과제 수행원을 몇 개의 팀으로 나누어 전체적인 협력체제와 관련하여 서로 다른 종류의 작업을 꾸준히 할 수 있게 한다.

② 제2단계 : 경관특성지역의 구분과 자료구축

제1단계시의 '내업'과 동시에 과제수행지역을 몇몇의 '경관특성지역'으로 나누는데, 이것은 추후에 이루어지는 일련의 작업과정을 위한 기초작업이다. 동질성을 가진 지역의 파악을 위하여 1:10,000 축척의 항공사진과 지도(현재 및 과거)를 이용하여 '경관특성지역'을 정의한다. 이 때 연구자는 단지 주택지역, 공업지역 그리고 녹지지역 등과 같은 광범위한 자료 속성의 구분뿐만 아니라 주택의 형태나 정원의 소유여부 등과 좀더 미세한 변수까지도 명확히 해야 한다. 먼저 항공사진 위에 트레이싱지로 '경관특성지역'의 외곽을 그리고 난 후에 그 지역의 1:10,000축척 지도 위에 옮긴다. 이렇게 하면 지역의 데이터를 디지타이저를 이용하여 컴퓨터로 입력하고 각 지역은(혹은

polygon)은 자료의 확인을 목적으로 번호를 부여한다.

③ 제3단계 : 내업

3단계의 내업과정에서는 연구 대상지를 방문하지 않고 그 지역의 물리적, 사회적 그리고 역사적 측면에 대해 조사하며 조사항목은 다음과 같다.

ㄱ. 역사적 데이터 : 역사적 데이터는 오래된 옛 지도(대구의 경우라면 1914년, 1917년, 1938년, 1957년, 1963년, 1969년, 1980년, 1995년)로부터 현재의 지도에서 데이터를 수집하는데 이것으로 각각의 지역에 서로 다른 개발 연도에 관한 정보를 얻을 수 있으며 '경관특성지역'의 파악에 도움을 준다.

ㄴ. 사회·문화적 데이터 : 인구, 실업률, 자동차 소유 여부 등

ㄷ. 정책(주택과 환경)에 관한 데이터

ㄹ. 교통에 관한 데이터

ㅁ. 생태에 관한 데이터

ㅂ. 기후에 관한 데이터

ㅅ. 지형(등고선)에 관한 데이터

ㅇ. 배수에 관한 데이터

④ 제4단계 : 현지 설문조사

ㄱ. 설문지의 설계 : 지역 내의 토지이용(주택, 공업, 녹지지역)마다 각각의 '전문적인' 설문지를 설계하고 또한 전체를 커버할 수 있는 '일반적인' 설문지를 하나 더 만든다. 설문은 쉬운 내용으로 구성하고 '경관특성지역'과 '지속가능한 환경관리'와 관련된 설문을 만든다. 본 조사에 들어가기에 앞서 예비조사를 실시하여 설문의 내용과 글의 내용을 수정·보완한다.

ㄴ. 표본추출방법 : 조사대상지의 면적이 클 경우 전체를 다 조사 할 수 없으므로 각각의 폴리곤에서 $200m^2$의 면적을 랜덤으로 선정하여 조사한다. 두 장(전문적인 그리고 일반적인)의 설문지에 그리드가 그려진 1:1250 축척의 지도가 그려진 설문을 추가하여 설문지 조사 자로 하여금 소지하게 하여 그들이 조사하는 소재지를 명확히 알 수 있게 하고 설문에 잘 표현되지 않은 부가적인 그 지역의 정보를 기재케 한다.

⑤ 제5단계 : 결과의 조합 및 데이터 베이스의 구축

ㄱ. 데이터의 정리

데이터를 종합하면 다음과 같은 판별이 가능한 5가지의 서로 다른 형태의 지도로 나타난다.
- A형 : 한가지 단순한 정보를 나타내 주는 지도(single feature maps)
- B형 : 관련된 가중치가 기재된 지도(related scoring maps)
- C형 : 관련된 정보끼리 겹쳐진 지도(related overlay maps)
- D형 : 정보간의 관계성을 나타내는 지도(experimental maps)
- E형 : 지형도와 같은 배경지도(background maps)

ㄴ. 데이터의 해석

관련된 가중치가 기재된 지도를 통하여 '작업수행기준(Performance Criteria)'을 정한다. 즉, '작업수행기준'은 작업의 수용여부에 관한 근거기준을 세우는 것이며 데이터상의 나타난 '수행기준'의 정도를 근거로 하여 판단한다. 이 때 '수행기준'의 정확한 판단은 그 분야의 전문가에게 자문을 구한다.

⑥ 방법론에 관한 재고

ㄱ. 가정

표본의 추출방법이 일단 정해지면 다음과 같은 몇 가지 사항을 가정을 한다.
- 연구대상도시는 몇 개의 독특한 지역으로 이루어졌으며 그 지역은 동질하다.
- 이러한 지역은 파악이 가능하다.
- 지역의 표본은 그 지역의 대표성이 있다.
- 각각의 폴리곤(polygons)은 서로 다르며 그 차이점을 쉽게 판별할 수 있다.
- 매일의 기분에 따라서 지역에 관한 개념이 바뀌어서는 안 된다.
- 어느 한 지역의 관찰자는 고정적인 한 사람이 지속적으로 행한다.

ㄴ. 가정의 정당화

이러한 가정을 만드는 것은 GIS를 이용하여 수행하는 과제에 있어서는 필수적이다. 이러한 가정들의 정당화 정도는 그 과제를 수행하는 인력과 시간에 의해 결정된다. 표본추출방법은 생태학자들이 식생 조사시 주로 사용하는 정방형(quadrate)방법에 기초를 둔다. 표본의 대표성을 높이기 위하여 좀더 정밀한 표본추출의 방법을 강구해야하며 과제를 시작할 때 그 한계를 이해하는 것은 매우 중요하다. 따라서 시간이 모자랄수록 더 많은 가정을 모색하도록 한다. 대부분의 현존하는 문제들은 만들어 놓은 가정에서 기인하기 때문이며 따라서 연구자는 그 가정들을 꼼꼼히 재점검하고 그리하여 그 가정들의 효율성에 대해 확신하도록 한다.

ㄷ. 표본추출방법

정확한 표본을 얻기 위하여서는 적절한 표본 지역의 면적, 각 '경관특성지역'으로부터 좀더 완전한 표본 그리고 고도의 정확한 표본추출기술 등을 예비조사시에 충분히 고려한다.

ㄹ. 데이터원본의 질적 타당성

몇몇의 설문 답안은 매우 주관적일 수 가 있다(좋다, 중간이다, 나쁘다). 이것은 추후에 '작업수행기준'을 정할 때 혼란을 가져 올 수 도 있다. 또 다른 하나의 주관적 데이터의 문제점은 개인관찰자의 판단기준을 필요로 한다는 데 있다. 따라서 데이터의 질을 높이기 위하여서는 관찰자의 주관적인 판단에 의한 설문보다는 응답자의 객관적인 판단을 요구하는 설문으로 바꾸는 것이다. 그러나 안전감의 정도 등과 같은 정보를 얻고자 할 때는 주관적인 판단에 기준을 둔 방법도 타당하다. 그리고 될 수 있으면 그렇다/아니다의 설문은 피하도록 한다. 정확성을 높이기 위해서는 설문지 조사자를 잘 훈련·교육시키는 것이 무엇보다 중요하다.

⑦ 데이터 정리에 관한 제고

위에서 언급했던 데이터에 의해 만들어진 지도 중에서 A형과 E형은 단순히 수집한 데이터를 나타내준다. 그리고 C형과 D형은 관련 있는 정보들을 서로 연관시켜 볼 수 있다. B형은 가중치가 나타나는 지도로서 연구 대상지에 영향을 줄 수 있는 문제점에 대하여 확실히 보여주며 관련 기준끼리 조합이 가능하다. 이 방법은 '반달리즘과 조명' 등과 같은 변수와 '전혀 없음', '조금', 그리고 '아주 없음' 등의 항목에 대하여 여러 가지로 다양하게 그 중요도를 접속시켜볼 수 있는 가능성을 제시했다. 그리고 이러한 가중치가 나타나는 지도를 위한 항목의 가치부여작업은 전문가의 조언을 꼭 듣도록 한다.

5. 환경주제지도의 예: 베를린의 도시관리종합 시스템

1) 환경주제지도란?

독일의 베를린시는 "지속가능하며 환경친화적인 도시계획"이라는 목표 아래, 기후, 비오톱(Biotop), 토지이용, 교통, 대기, 토양, 에너지, 수질 등의 8개 분야를 기본 내용으로 한 환경주제지도(Environmental Atlas)를 작성하여, 도시계획입안 및 관련정책 결정에 이용하고 있다. 환경주제지도는 모든 환경 매체, 이용, 교통, 소음과 에너지에 관한 50개 이상의 주제와 각 주제와 관련하여 현재의 상태와 개발의 잠재성, 오염의 진원지와 오염물 등을 표시하는 200개 이상의 지도 등으로 구성되어 있다.

독일은 70년대에 기존의 환경 정책의 결함에 대한 자각과 비판이 이루어지면서 도시개발정책의 새로운 방향을 필요로 하게 되었다. 그리하여 새로운 토지이용계획의 시작으로 1981년 베를린 도시개발과와 환경보호부가 설립되었으며, 또한 경관프로그램(Landscape Program)이 1971년 제정된 베를린 보전법(Berlin Conservation Law)에 기초를 두어 제정되었다. 이 프로그램은 처음으로 계획시 "자연의 균형을 위한 기능적인 능력들의 보호, 안전 그리고 회복"의 의무를 포함하고 있다.

그러나 환경보전의 목적을 위한 적합한 형태의 환경정보는 너무나 부족하였다. 거기에는 생태적인 계획 수단이 없었으며, 녹지의 목록과 지도조차도 없었다. 이러한 부족은 연방환경부의 연구와 개발계획의 계기가 되었으며, 이러한 환경 정보에 대한 필요성과 그 결과로 환경주제지도가 등장하게 되었다. 환경주제지도의 처음 두 권은 5년 간의 준비 끝에 1985년과 1987년에 출판되었다. 1권과 2권은 42 페이지에 100개 이상의 지도를 포함하여 5,000권이 인쇄되었다.

연방환경부는 1986년부터 1989년에 "베를린 생태 계획 수단－자연의 균형/환경"이라는 또 다른 개발계획과 조사를 실시하여 1990년에 발표하였다. 이 프로젝트의 주된 주제는 "토양/지하수/오래된 오염지역/중금속들"이었으며, 이것은 생태적인 계획을 위한 수단적 그리고 방법론적인 기반을 크게 확장시켰다. 이 프로젝트로 인해 베를린 환경정보시스템을 위한 개념이 정립되었을 뿐 아니라 생태학적으로 지향되는 평가와 계획이 개발되고 실행되었다.

1989년 베를린 장벽이 붕괴되고 분단된 베를린이 재통일된 후, 환경주제지도는 베를린의 동쪽 부분까지 포함하여 완전하게 제작되었다. 베를린 전체의 첫 번째 베를린 환경주제지도의 처음 세 권은 36장의 지도를 포함하여 1994년과 1996년에 출판되었다.

환경주제지도의 기본 개념은 도시 전체의 모든 지역을 기록하는 것이다. 이 지도는 기본적으로 1:50,000의 스케일이 사용되어졌으며, 지도의 정확성을 위해 25,000개 이상의 구획과 블록으로 나누어졌다. 이 지도는 도시의 포괄적인 개발 정도와 계획과 관련된 지역을 정해 준다. 브란덴부르크 주 주변의 세밀한 차이를 묘사할 필요가 있는 지역 또는 전체의 개괄 지도들은 1:150,000과 1:300,000 사이의 스케일이 사용되었다. 브란덴부르크 주와 직접적으로 접해있는 지역들의 일반적인 처리는 내용적인 면에서는 확실히 포함되지만 더 많은 조정이 필요하며 모든 주제에 가능한 것은 아니다.

현존하는 대부분의 자료는 베를린의 도시개발부, 환경보호부, 그리고 기술부에 의해 만들어졌다. 그러나, 베를린의 다른 부서들, 대학들, 그리고 베를린에 위치한 수많은 과학단체들도 측정법과 보고서를 또한 작성하고 있었다. 수많은 전문가들과 독자적인 컨설턴트들은 자료를 만들고 지도를 준비하는 것으로 환경주제지도 준비에 동참했다.

환경주제지도 작성을 위한 자료의 평가와 해석에 특별한 주의가 기울어졌는데, 지역의 실제적인 묘사보다는 지역의 평가에 대한 의견에 더 중점을 두어 만들어졌다. 따라서 모든 평가 단계에서 상세한 방법론적인 서술이 명백하게 주어졌다.

환경주제지도는 쉽게 알아볼 수 있고 알맞은 방법 안에서 시각적으로 내용을 전달하도록 디자인되었다. 기본적인 지도제작 구조로, 예를 들면, 오염이 심한 지역은 항상 빨강 혹은 보라색으로 표시되어지며, 보호지역 또는 오염이 낮은 지역은 밝은 녹색 혹은 노란색으로 표시되었다.

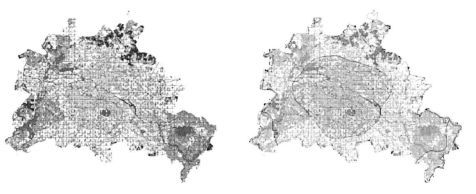

〈그림 9-3〉 수환경분석 지도   〈그림 9-4〉 녹지 분석 지도

〈그림 9-5〉 열환경 분석 지도

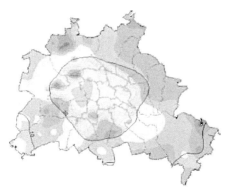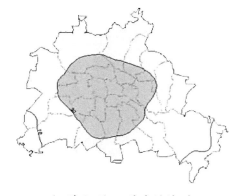

〈그림 9-6〉 녹지대 분석 지도   〈그림 9-7〉 도심권 분석 지도

환경교육

1. 환경교육의 필요성

지구상의 모든 생물들이 주위 환경의 여러 가지 작용을 부단히 받으면서 삶을 영위하듯이 우리 인간들 역시 끊임없이 변화되어가는 환경의 자극과 혜택 속에서 살고 있다. 특히 인간은 주어진 환경에 적응하며 삶을 영위하는데 그치지 않고 여러 가지 도구나 기술, 정보, 지식 등을 이용하여 주위환경을 자기의 필요에 따라 개조 또는 변화시켜 더 나은 생활의 편리를 도모하고 있다. 그러나 이러한 생활의 편리함을 추구하는 과정에서 야기되는 환경의 파괴와 오염이 자연 생태계의 평형상태와 자기조절기능을 교란시키게 되었고, 이러한 자연 생태계의 변화는 인간의 적응능력의 한계를 넘어 이제는 인간의 생명에 도전하는 등 생존까지도 위협하고 있다.

그러나 환경문제의 발원은 인간이며 이것을 바로잡을 수 있는 것도 바로 인간이다. 따라서 인간 역시 환경의 한 부분임을 이해시키고 환경에 대한 인간의 영향이 궁극적으로 전체에 미치게 되는 영향을 교육을 통하여 이해시킬 필요가 있다. 이러한 교육적 접근의 필요성은 보살핌의 윤리(Ethics of Care)로서 인간의 감성지수를 함양시킬 수 있기 때문이며,[1] 생활, 생태계, 건강, 생존능력, 관용, 정의, 삶의 질과 같은 가치들의 중심적인 요소가 환경교육의 중

---

[1] 김흥래, 1993, "학교환경교육의 실태와 강화방안에 관한 연구", 석사학위논문, 공주대학교 교육대학원

심적인 요소이기 때문이다.[2]

또한 환경문제를 줄이는 데 환경교육이 갖는 중요한 의미 중의 하나가 잘못된 경제관념과 과학기술에 대한 지나친 기대가 잘못이라는 점을 깨우쳐 줄 수 있다[3]는 것이다. 이는 지금까지 특정문제를 해결하기 위하여 제시된 새로운 기술은 종래의 주어진 문제해결에는 도움을 주었으나 결과적으로 과거보다 더 복잡한 환경문제를 불러왔다는 것을 이해시키는 것을 뜻한다. 따라서 눈앞의 이익에 매달리는 근시안적인 사고에서 벗어나 환경에 대한 인식전환과 이에 따른 실천적 행동의 함양으로 자원을 제대로 보존하고 활용할 수 있도록 교육하여야 한다. 즉 환경오염문제는 더 이상 남의 일로 미룰 수 없는 발등의 불이 되었기에 환경보전에 대한 인식전환과 이에 따른 실천적 행동이 그 어느 때보다도 필요한 시점이므로 정립되어진 환경교육이 필요하다. 이에 환경교육은 가치관을 내포한 교육으로서 인간과 환경간의 상호관련성에 대한 이해를 증진시키고, 환경에 대한 도덕성의 함양과 환경을 가장 효과적으로 이용할 수 있는 지혜를 모을 수 있는 데 큰 역할을 할 것이다.

2. 환경교육의 정의

환경교육이란 용어는 1967년 미국에서 보존교육의 파생어로서 처음 사용되어 환경에 대한 교육, 환경을 위한 교육, 환경 안에서의 교육이라고 정의되고 있다. 환경에 대한 교육은 환경의 이해를 위한 지식, 이해 및 기능 함양과 개발을 포함하는 인지적 이해를 주는 교육이며, 환경을 위한 교육은 특수한 목적의 환경보전이나 환경개선을 위한 목적을 가지며, 환경 안에서의 교육이란 학생들의 생물, 물리적 사회적 환경에 따른 각종 학습 활동을 통하여 관찰, 기록 해석 및 과학적 역사적 지리적 자료의 토의를 위한 태도나 기술의 개발로 이끄는 교수의 방법을 의미한다.

---

2) Lester, W. Mibrath, 1990, "Environmental Understanding: A New Concern for Political Socialization," Political Socialization, Citizenship and Democracy, New York: Columbia University, Teacher College Press, pp. 291~292

3) 신현국, 1995, 환경학개론, 서울: 신광문화사

또한 미국의 환경교육법(Environmental Education Act, 1970)에서는 환경교육이 자연환경 및 인공환경과 인간의 관계를 다루며 인구, 오염, 자원의 분배와 소모, 보존, 교통, 과학 기술, 도시나 지방개발계획 등 인간 환경에 대한 모든 관계를 포함한 교육의 과정이라고 정의하고 있다.[4] 유네스코 위원회의 국제 자연 및 자연보존 연맹(IUCN) 교육위원회가 마련한 국제회의에서 채택된 환경교육의 정의는 인간, 인간의 문화 그리고 인간의 생활과 물리학적 환경간의 상호관계를 이해하고 올바른 평가를 하는 데 필요한 기능과 태도를 개발시키기 위하여 가치를 인식하고 개념을 명백하게 하는 과정이다. 따라서 환경의 질에 관련된 문제들에 대한 행동규범을 결정하고 수립하는 실행과정이다.[5]

우리 나라 제7차 교육과정에서는 환경교육은 자연환경과 인공환경 등 모든 환경에 대한 지식과 인식을 갖추고, 좋은 환경을 얻을 수 있게 해 주는 탐구와 문제해결, 의사결정 및 환경 보전적 행동을 할 수 있는 시민을 기르는 하나의 학문적 과정이다라고 정의되고 있다. 또한 환경교육은 모든 교과목에서 이루어질 수 있을 만큼 그 폭이 넓고, 환경교육 내용의 깊이도 다양하기 때문에 환경교육의 폭과 깊이가 구체화될 수 있도록 그 목표를 다음과 같이 두고 있다.

첫째, 인식(Awareness): 개인과 사회 집단으로 하여금 전체 환경과 이에 관련된 문제에 대한 인식과 감수성을 갖도록 도와준다.

둘째, 지각(Knowledge): 개인과 사회 집단으로 하여금 전체 환경과 이에 관련된 문제에 대하여 다양한 경험과 기본적인 이해를 얻도록 해 준다.

셋째, 태도(Attitude): 개인과 사회 집단으로 하여금 환경의 보호와 개선에 능동적으로 참여하려는 동기 및 환경에 대한 가치와 관심을 갖도록 도와준다.

넷째, 기능(Skills): 개인과 사회 집단으로 하여금 환경문제를 확인하고 해결하는 기능을 습득하는 것을 도와준다.

---

4) 최돈형·한용술·남상준·김영란, 1991, "제6차 교육과정 개정에 대비한 학교 환경교육 강화 방안", 서울: 환경처
5) IUCN, 1970, International Working Meeting on Environmental Education in the School Curriculum, Final Report, Gland, Switzerland: IUCN

다섯째, 참여(Participation): 개인과 사회 집단으로 하여금 환경문제의 해결 과정에 능동적이며 책임 있게 참여할 수 있는 기회를 제공한다.

위의 정의들을 요약한다면, 환경교육은 모든 사람들로 하여금 환경문제 예방과 해결에 필요한 의식, 지식 태도, 기능 등을 갖도록 함은 물론 나아가 환경문제의 해결과정에 적극적으로 참여할 수 있는 기회를 제공하는 것이라고 할 수 있다. 또한 환경문제의 심각성에 대한 인식의 고양을 통하여 환경적으로 바람직한 의사결정과 실천적 행동을 이끌어내는 것도 환경교육의 일부라고 할 수 있다.

3. 환경교육의 특성

환경교육이란 인간행동과 환경과의 관계를 이해하기 위한 개념을 배우는 일과 함께 환경문제를 분석하고 해법을 찾을 수 있는 지식과 기술을 개발하는 일이 포함된다고 할 수 있다. 더불어 인간도 지구에 사는 다양한 생물 가운데 하나라는 인식 아래 인간과 환경의 상호관련성, 환경문제 발생에 대한 책임인식, 유한한 자원의 올바른 이용과 보전에 대한 노력을 목적으로 한다고 할 수 있다. 이러한 환경교육의 특성은 다음과 같이 정의될 수 있다.

1) 통합성

환경교육은 통합교육적 특성으로 단순히 기존의 여러 학문이나 교과의 물리적 혼합이 아닌 종합적이며 학제적인 접근을 필요로 한다. 이는 각각의 학문이 하나의 연구를 조직하고 연구결과를 체계화하기 위한 개념적 구조를 만드는 데는 도움이 되지만 분리된 학문의 체계는 우리가 살고 있는 세계의 운영방식과 늘 일치하는 것은 아니다. 따라서 각각의 학문이나 교과목이 환경교육에 기여하는 역할은 존재하지만 일부 한정된 학문적 시각이나 교과별로만 환경교육이 이루어지는 경우, 또는 독립된 환경학이나 환경교과로 존재한다 해도 내용이 편중되어 있을 때는 그 한계를 가질 수밖에 없다. 그러므로 환경교육의 목표, 방법, 내용은 통합적이여야 한다. 이러한 통합성의 측면에서 환경교육은 단순한 지식의 전수가 아닌 의식의 변화, 기술의 개발, 가치관의 함양, 문제해결능력 및 의사결정능력 등을 배양하는 목표를 지녀야 한다. 또한 환경교육은 세분화된 학문이나 교과내용으로서가 아닌 다학문, 간 학문, 횡학문적 관점에서 선정되고 구성된 통합된 내용과 활동이어야 한다.[6]

2) 실천성

환경교육은 환경에 관계되는 문제를 알고 관심을 가짐과 더불어 당면한 문제를 해결하거나 자연자원을 아끼고 알맞게 활용하는 태도를 갖도록 하는 것이다. 이를 위하여 책 속의 지식을 중심으로 이루어지는 머리의 교육이 아닌 실천과 행동으로 옮겨지는 마음의 교육이 되어야 한다. 즉 환경교육은 생활화를 통한 교육으로서 실천성이 강조되어야 한다. 이는 교실 안의 교육인 학교환경교육에서 시민환경교육단체들의 다양한 프로그램의 참여를 통하여 사회적인 환경문제들을 실생활 속에서 몸으로 체험하게 함으로써 환경인식, 가치관, 태도 등이 균형적으로 함양되도록 하여야 함을 뜻한다.

3) 연계성

환경교육은 교육을 통하여 환경에 대한 올바른 인식과 가치관을 가지게 함으로써 현재의 환경문제를 해결하고, 나아가 미래의 환경문제를 미연에 방지할 수 있도록 교육되어져야 한다. 따라서 환경교육은 한시적으로 그쳐서는 안 되고 계속적으로 이어지는 연계성을 특성으로 가진다. 즉 국민 개개인의 입장에서 보면 태어나서 죽을 때까지 가정, 학교, 사회를 통하여 평생교육의 일환으로 이루어져야 하며 내용적인 측면에 있어서는 각 교육단계에서 다루는 교육내용과 활동이 종적·횡적으로 체계화되고 내용영역간에 균형이 있어

6) 환경처, 1993, "국민학교 교사용 환경교육연수교재", 서울: 환경처 공보관실, p. 19

목표지향적, 가치지향적, 행동지향적인 전인교육이 되어야 한다.[7]

4) 지역성

환경문제는 어느 한 지역, 한 국가만의 문제가 아니라 범지구적, 국제간의 문제이며 개방 체계적인 환경의 특성에 따라 공간적으로 광범위한 영향권을 형성하고 있다. 예를 들면 알사스에 있는 프랑스 석탄광산의 배출물은 벨기에와 네들란드에 있는 라인강 하류의 물고기를 죽이며, 미국 서부의 공업단지에서 배출되는 대기오염물질의 이동으로 인한 캐나다 산림파괴와 호소(湖沼)의 산성화 등을 일으키기도 한다. 또한 한반도의 황사가 무서운 것은 중국의 공업지대인 동남연해의 각종 오염물질을 포함하고 있기 때문이며, 특히 정작 원인제공자인 중국인은 모래바람만 쏘이면 되지만 한국인은 오염물질까지 뒤집어써야 하는 문제에 봉착하고 있다.

그러나, 환경문제는 결국 지역에서 발생하므로 지역의 생태계를 감안하여 해당지역의 지방자치단체나 주민이 주도적으로 해결해야 한다. 따라서 환경교육은 지역의 환경문제를 정확히 파악하고 그에 따른 해결방안을 스스로 궁리하여 실천하도록 해야 한다.

4. 환경교육의 발전과정

환경교육은 1972년 스톡홀름 회의를 발단으로 1977년 트빌리시(Tbilisi) 회의에서 그 발전의 정점을 이룬다. 좀더 자세히 살펴보면, 1972년 6월 5일에서부터 16일까지 스웨덴의 수도 스톡홀름에서 개최된 유엔인간환경회의('72)는 지구환경문제를 취급할 국제적 조직의 설립이 하나의 중요한 주제로 대두되어 114개국 대표들이 한자리에 모인 것이다. 이처럼 많은 국가들이 참가했다는 것은 환경파괴가 어느 정도 심각하고 위기감을 공통적으로 인식하고 있

---

7) 환경처, 1993, "중등학교교사용 환경교육연수교재", 서울: 환경처 공보관실, pp. 18~20

는가에 대한 반증이며 국제간의 협력으로 어떻게 해서라도 이러한 위기감을 극복해 보겠다는 세계 각국의 결의를 나타낸다고 하겠다. 그러나, 당시 회의에 모였던 각국의 대표들은 북구나 북미의 일부 대표들을 제외하고는 환경문제에 대한 이해정도가 달라 결과적으로 동회의에서 채택한 [인간환경선언]에서는 [지구환경의 보전과 향상]에 관한 [공통견해와 원칙]에 대해서만 광범위한 합의가 이루어졌을 뿐 그 구체적 실현방법에 대해서는 종래의 [국가를 통한 실시]가 기본(원칙 24)으로 되고 국제적 조직의 역할은 부차적인 것에 머물고 말았다(원칙 25).

그럼에도 불구하고, [인간환경선언] 제19조에서 환경교육문제에 관하여 "환경문제에 대한 교육, 특히 젊은 세대들에 대한 교육은 개인, 기업 및 지역사회가 환경을 보호하는 사고와 태도를 갖도록 노력해야 하며 책임 있는 행동을 갖도록 교육시킬 것을 제시해야 한다고 설명하였다. 이는 유네스코의 공동프로젝트인 [국제환경교육프로그램(IEEP)] 발족의 기폭제 역할을 하였다. 그 후 1975년 10월 13일부터 22일까지 유고슬라비아의 수도 벨그라드에서 유네스코가 개개인을 지명하여 60개국으로부터 96명의 환경교육전문가들로 구성된 연구모임인 [국제 환경교육 워크숍(일명: 벨그라드 회의)]가 개최되었다. 이 회의의 가장 큰 성과로는 [벨그라드 헌장]으로 국제적, 전 지구적 수준에 있어서의 환경교육에 대한 기본적 골격을 제시하였다는 것이다. 여기서 제시된 환경교육의 목적과 목표[8]는 다음과 같다.

〈환경교육의 목적〉

· 모든 국가는 각각의 문화에 기초하여 총체적 환경이라는 문명 가운데서 "생활의 질", "인간의 행복" 등의 기본적인 개념의 의미를 명백하게 할 것이며, 그리하여 자국의 영역을 넘어서서 타국의 문화에 대한 분명한 이해와 올바른 평가에 이르기까지 확대해 간다.

· 어떠한 행동이 인간의 가능성을 보전하고 발전을 확보할 수 있으며 생물·물리적 및 인공적인 환경과 조화되어 사회적·개인적인 행복을 증진할 수 있을까에 대한 공동 이해를 명확히 하는 것이다.

---

8) UNESCO, 1975, *The International Workshop on Environmental Education Final Report*, Belgrade, Yugoslavia, Paris: UNESCO.

〈환경교육의 목적〉

· 인식: 개인 및 사회 집단으로 하여금 전체 환경과 그에 관련된 문제에 대한 관심과 감수성을 몸에 익히도록 한다.
· 지식: 개인 및 사회 집단으로 하여금 전체 환경과 그에 관련된 문제 및 인간의 환경에 대한 엄격한 책임과 사명에 기본적인 이해를 하도록 한다.
· 태도: 사회적 가치와 환경에 대한 감수성, 환경보호와 개선에 적극적으로 참가하는 의욕을 기르도록 한다.
· 기능: 환경문제를 해결하기 위한 기능을 익히도록 한다.
· 평가기능: 환경상태의 측정이나 교육프로그램을 생태학적, 정치적, 경제적, 사회적, 미적 및 기타의 교육적 방법으로 평가하는 능력을 갖도록 한다.
· 참여: 환경문제를 해결하기 위한 행동을 확고히 하기 위하여 환경문제에 관한 책임과 사태의 긴박성에 대한 인식을 강화한다.

이상의 목표항목 중 평가기능항목은 환경과학자나 환경행정가 등의 전문가 양성교육의 목표로는 적합하지만 총체적 학교 환경교육의 목표로는 달성하기에 너무 난해하고 적절하지 않다는 이유로 차후 삭제되었다.

그 후 환경교육은 1977년 10월 14일부터 26일까지 구소련의 그루지아 공화국의 수도 트빌리시(Tbilisi)에서 개최된 [환경교육에 관한 정부간 회의(일명: 트빌리시 회의)]에서 그 정점을 이룬다. 이 회의에서 환경교육은 원래 종합적인 생애교육(평생교육)으로 윤리적인 가치를 배려하고 환경보호에 필요한 기능과 태도를 육성하기 위해서는 학제적인(inter-science) 기반에서 출발하는 전면적이고 종합적인 접근법을 취해야 하며, 개개인이 개개인의 특수한 상황하에서 적극적으로 문제해결을 함과 동시에 보다 살기 좋은 내일을 위하여 주체적이고 책임감을 지닌 자세로 참여할 것을 장려해야만 한다고 주장하였다. 이에 환경교육의 목표를 첫째, 도시와 지방 내에서의 경제적, 사회적, 정치적 그리고 생태학적 상호 의존성에 대한 명확한 인식과 관심을 조성한다. 둘째, 환경을 보호하고 개선하는 데 요구되어지는 지식, 가치, 태도, 참여 그리고 기능을 획득할 기회를 모든 사람들에게 제공한다. 마지막으로, 환경에 대한 개인, 집단, 그리고 전체로서의 사회의 새로운 행동양상을 창출한다라고 정립하였다.

이러한 환경교육의 목표는 1980년의 구서독 연방 교육부 장관회의, 1989년에 개최된 릴레함메르 세미나, 1990년 영국의 국가교육과정위원회의(NCC)가 개발한 교육과정지침 등에서 환경교육의 목적과 목표 설정에 크게 기여하였다.

5. 환경교육의 세계적 추이

1977년 구소련의 그루지아 공화국의 수도 트빌리시(Tbilisi)에서 개최된 [환경교육에 관한 정부간 회의(일명: 트빌리시 회의)] 이후, 1987년 모스크바에서 환경교육훈련에 대한 국제회의가 열려 트빌리시 회의에서 건의한 41개 항에 대한 회원국의 실천상태가 체크되고 전세계적으로 환경교육방안이 논의되기 시작하였다.

특히 1992년 브라질의 리우 데 자네이로에서 개최된 유엔환경개발회의(United Nations Conference on Environment and Development: UNCED) 이후 선진국들은 환경지식교육, 환경오염이나 환경문제의 예방과 해결 등에 집착하는 환경교육 수준이 아니라, 의제21(Agenda21)의 36장(교육, 공공인식과 훈련의 증진)에 제시된 지침에 따라 환경에 대한 관점을 전면적으로 재정립하면서 인류사회의 발전에 기여하는 교육, 즉 '지속 가능한 개발을 위한 교육'에 노력하고 있다. 여기서 지속 가능한 개발을 위한 교육이란 환경 친화적인 가치관과 행동양식 및 실천력을 기르는 것을 최우선으로 고려하는 것으로 환경문제의 예방에 필요한 생활양식과 소비양식의 변화를 강조하여 지식과 기능 측면을 강조하는 교육에서 점차적으로 보다 근원적이라 할 수 있는 가치관과 태도의 측면을 강조하는 교육으로의 전환을 의미하는 것이다. 이는 환경교육이 더 이상 산업화의 폐해를 치유하는 차원에 머무는 수준이 아닌 환경에 대한 관점을 전면적으로 재정립하면서 인류사회 발전에 기여하는 방식으로 환경교육의 새로운 패러다임이다.

이를 위하여, 미국의 경우 환경보호국 안에 환경에 대한 공중의 이해를 촉진하기 위한 프로그램을 세웠으며, 이러한 프로그램은 환경이슈에 관한 공중의 지식을 증진하고 환경보호를 위한 결정과 책임 있는 조치를 취하기 위하여 필요한 기술도 제공하고 있다. 또한, 환경교육과정을 개발하는 데에 연구비를 지원하고 교사를 양성하며 인턴제도를 지원하기도 하며, 환경교육은 정규수업과정에 포함시키고 민간 교육캠프 등에서도 동식물 소중히 여기기, 쓰레기 되가져 오기 등 기본적인 규칙을 알기 쉽게 가르쳐 오고 있다. 나아가 1996년 대통령 자문회의 등의 노력으로 '지속 가능성을 위한 교육: 행동강령'(Education for Sustainability: An Agenda for Action)을 공표하기도 하였다.

영국의 경우 1996년 환경교육을 '지속 가능한 교육'으로 전환하기 위해 정부 시책으로 '환경교육을 21세기 속으로'(Taking Environmental Education into the 21st Century)를 발표하였는데, 그 핵심은 '형식적·비형식적 교육과 훈련을 통하여 모든 연령의 사람들에게 지속 가능한 개발과 책임감 있는 지구의 시민권 개념을 서서히 가르쳐 주고, 그들의 가정과 직장에서의 생활을 통하여 환경과 개발의 문제점들을 다룰 능력을 계발하고, 회복시키고, 강화한다.'는 목표에 잘 제시되어 있다.[9]

독일은 연방정부와 16개 주 중 14개 주가 공동으로 지속 가능한 개발을 위한 교육계획(1999.9.1~2004.8.31)을 수립하여 이의 실천방안을 모색하고 있다. 특히 학교환경교육을 통하여 환경과 인간 개개인의 관계는 이제 생존의 문제가 되고 있음을 학생들이 인식하게 하고, 이에 학교는 학생들이 환경의 가치를 인지하고 방과후에도 환경보호운동 등과 같은 환경보전활동에 기꺼이 참여할 수 있도록 지원하며 가르치는 실천적 노력을 하고 있다. 이러한 노력은 독일의 바바리아(Bavaria) 주의 학교 교육과정에 통합되어 있는 환경교육의 목표[10]에 잘 나타나 있다.

---

9) 최석진 외 22인, 2002, "21세기 한국의 환경교육", 서울: 교육과학사

10) 독일의 바바리아(Bavaria) 주의 학교 교육과정에 통합되어 있는 환경교육의 목표는 다음과 같다.
첫째, 자연을 사랑하는 태도와 창조물에 대한 경외심을 함양한다.
둘째, 자연, 인간, 환경의 상호관계를 이해한다.(지역사회와 개개인이 맡아야 할 환경보존의 책임과 의무를 이해한다.)
셋째, 개개인의 관심을 넘어서 생태학적 측면에서의 환경보호 행위를 적극적으로 취할 수 있도록 교육한다.

6. 한국의 환경교육

한국에서는 1970년대까지만 해도 경제발전을 국가의 최우선 과제로 삼았기 때문에 환경문제는 본격적으로 논의되지 못하였다. 그러므로 1970년대 말까지도 환경교육 특히 학교환경교육은 유명무실하였다고 해도 과언이 아니다. 그러나 1980년대에 들어서면서 환경문제가 사회문제로 대두되기 시작하였으며 일반 국민들도 환경문제의 심각성을 자각하기 시작하여 환경교육은 그 범위나 체계가 대체로 정립되기 시작하였다.

특히 1980년대에는 국민의 기본권으로서 환경권이 헌법에 신설되고 환경청이 발족하였으며, 그 뒤 환경청은 환경부로 행정적인 승격을 함으로써 환경교육도 하나의 발전적인 전환기를 맞게 되었다. 이는 1981년 당시의 문교부 장관령으로 고시된 시행령 제4차 초, 중, 고 교육과정(1981~1986)에 환경교육이 각 교과별로 취급되도록 규정함으로써 실제적인 교육이 이루어질 수 있는 기반이 조성되었다. 제4차 교육과정에서 자연보존, 환경오염, 인구문제에 대한 교육이 효율적으로 이루어지도록 한다고 처음으로 구체적인 환경교육 내용을 규정하였으며 관련교과의 목표와 내용에 환경교육 관련 내용들을 제시하였다. 그 후 1987년 3월 1일 고시된 제5차 교육과정에서도 환경교육은 교육활동 전체에 걸쳐 이루어지도록 하되, 특히 관련교과에서 강조하도록 한다라고 규정하여 분산적 접근에 의한 환경교육의 실천을 더욱 강조하고 있다. 비록 제4차에 비해 제5차 교육과정에서는 환경교육 내용이 상당히 확충되었으나 그 비중은 사실상 크지 않았으며 여전히 미흡한 감이 있었다. 이에 1992년에 고시된 제6차 교육과정에서 환경교육은 관련 교과활동과 특별활동을 통해 지도하게 되었다. 또한 1997년에 고시되어 2000년부터 단계적으로 시행되고 있는 제7차 교육과정은 제6차 교육과정에 비해 배가된 재량활동시간을 이용하여 환경교육을 실시할 수 있도록 하고 있다. 따라서 현재 유치원은 언어생활, 건강생활, 표현생활, 탐구생활, 사회생활 등 5개 영역에 걸친 통합교육으로 언어생활을 제외한 4개 영역에서 실천위주의 환경교육 내용을 가르치고 있다. 초등학교에서의 환경교육은 '슬기로운 생활', '도덕', '사회', '자연' 등 7개 교과에 걸쳐 환경교육 내용을 분산하여 실시하고 있으며, 학교

재량시간(1~6학년: 각 학년별 연간 60~68시간)을 이용하여 환경교육을 실시할 수 있도록 하고 있다.

중학교에서의 환경교육은 독립교과인 '환경'과 함께 여러 교과에 걸쳐 분산되어 실시되고 있는데, 1995년부터 '환경'을 독립교과로 개설하여 학교장의 재량에 의해 컴퓨터, 한문, 환경, 기타 등 4개 과목 중에서 선택할 수 있으며 교육시간은 제7차 교육과정에서는 연간 102시간 이상으로 하여 제6차 교육과정의 연간 34~68시간에 비해 한층 강화하도록 하였다. 고등학교에서의 환경교육도 독립교과인 '환경과학'(제7차 교육과정에 따라 2002년부터는 '생태와 환경')과 함께 여러 교과에 걸쳐 분산되어 실시되고 있는데, 1996년부터 독립교과인 '환경과학'을 개설하여 환경과학, 철학, 논리학, 심리학, 교육학, 생활경제, 종교, 기타 등 8개 과목 중에서 선택할 수 있도록 되어 있다. 이는 대개 사회과, 자연과, 도덕과 등에서 학제적으로 환경교육이 이루어지고 있는 다른 나라의 경우에 비추어 볼 때 환경독립과목을 신설하여 환경문제에 대한 종합적인 인식과 실천을 위하여 총체적인 접근방법을 추가적으로 도입했다는 점에서 일단 환경교육의 지평을 확대할 수 있는 토대는 형성되었다고 평가할 수 있다.

그러나 환경부(2001)가 발행한 2001년 환경백서에 나타난 중·고등학교 환경과목 선택현황을 보면 2001년 3월말 현재 전국 2,731개 중학교에서 '환경'을 선택한 학교는 396개 교로 전체의 14.5%를 차지하며, 고등학교의 경우 2001년 3월말 현재 전국 1,957개 고등학교 중에서 '환경과학'을 선택한 학교는 430개 교로 전체의 22%를 차지하고 있다. 비록 전체적인 선택 학교 비율은 낮은 편은 아니나 현실적인 면에서 한문이나 컴퓨터와 같은 다른 과목과의 상대적인 선호도에서 뒤지고 있다고 말할 수 있다. 이는 우리 나라 교과교육 차원에서 전개되는 환경교육이 다음과 같은 문제점을 지니기 때문이다.[11]

먼저, 교육내용의 설정에 있어서 대체로 과학기술적·기능주의적 접근에 치우쳐 있다는 것이다. 즉 환경문제의 해결을 위한 구조적 처방보다는 기술공학적 접근을 강조하거나 환경문제의 발생원인을 인구문제 등과 같은 생물학적 요인이나 산업화·도시화 같은 현상화된 측면으로 한정하고 환경문제의

---

11) 최석진 외 22인, 2002, "21세기 한국의 환경교육", 서울: 교육과학사

실상을 공동체의 붕괴나 사회 내의 갈등관계 등이 제외된 환경오염 등으로 협소화시키고 있다. 이러한 접근은 환경문제가 내포하고 있는 철학적, 사회적, 경제적 측면의 문제에 대한 논의를 제한함으로써 환경문제에 대한 인식을 왜곡시킬 가능성이 있다.

둘째, 환경교육의 내용에 있어 체계화가 미흡하고 학년간, 교과간 목표와 내용의 유기적 연계성이 부족하다는 것이다. 먼저 학년간의 연계성에 있어서 환경문제의 많은 영역 중 일부분만이 단계적으로 연계되어 있어 학년이 올라감에도 동일한 내용이 반복적으로 제시되고 있다. 목표의 연계성에서는 목표 분류상 '기능' 부분은 전혀 제시되지 않고 있고, '가치 태도'는 전체 학년에 걸쳐서 분산되어 있고, '참여'는 초등학교에서만 일부 제시되고 있어 목표들 간의 유기적 연계성이 절대 부족하다고 볼 수 있다.

셋째, 환경교과가 신설되었음에도 불구하고, 이를 이수할 수 있는 체계가 마련되지 못하고 있어 교과신설의 의의를 충분히 살리지 못하고 있다는 것이다. 예를 들면 일반계 고등학교 보통교과의 경우 세부과목 및 시간을 선택과목 중심으로 알아보면 선택과목은 일반선택과목과 심화선택과목으로 분류가 되어, 수업시간은 27개의 지정된 일반선택과목 중에서 24시간 이상을 실시하도록 되어 있고, 심화선택과목은 총 54개 과목 중에서 112시간 이하 실시하도록 편성 되어 있다. 따라서 환경과목과 관련된 생태와 환경은 총 4시간으로 일반선택과목 가운데 교양과목으로 한문, 교련, 생활경제, 진로직업과목 등과 같이 포함되어 있어 학교현장에서 실시되고 있는 선택교과로서의 환경교육은 많은 문제점을 내포하고 있다.

넷째, 환경교육의 방법론은 체험중심의 현장학습, 조사, 토론학습 등이 중요하나 현재의 학교환경교육은 주입식 강의 중심으로 되어 있어 실질적인 환경교육의 목표를 달성하기는 미흡하다고 할 수 있다. 또한 환경과목을 선택하지 않은 대다수 중·고등학교에서는 환경교육은 일부 특별활동 부서, 청소년 단체조직, 그리고 소수 환경반 학생들의 분리수거운동 정도에 그치고 있어 학교현장에서는 학생들의 환경의식이나 태도를 실질적으로 변화시킨다든지 환경보호운동을 직접 실천하도록 이끄는 데는 실효를 거두지 못하고 있다.

이러한 문제점들에도 불구하고 오늘날 교육에 종사하고 있는 대부분의 사람들은 단지 학생들의 학습효율성의 향상과 교사의 근무조건, 교육조건의 질적 향상이라는 기능적 차원에서의 개선만을 주장하고 있어, 미래세대의 자연친화적이고 인간다운 삶의 조건이 되는 생태적 교육환경에 대한 우려는 계속되리라고 볼 수 있다.

7. 21세기 환경교육

앞서 논의하였던 것처럼 21세기는 '환경의 세기'라고 할 정도로 우리 나라뿐만 아니라 전세계가 환경을 화두로 하여 문제해결 및 교육에 몰두하고 있다. 그러나 실질적으로는 환경문제는 해결되기는 고사하고 점점 더 악화되고 있으며, 환경문제 해결에 기여할 수 있는 환경교육 역시 이제는 새로운 내용과 방법을 포괄하여 발전해 나가야 하는 시점에 봉착하고 있다. 이에 21세기의 환경교육의 내용은 다음과 같다고 볼 수 있다.

1) 여성과 환경교육

환경문제가 인류에게 가져다 주는 경고에 대해 대체로 여성이 남성보다 훨씬 더 민감하며 지역사회의 오염에 대항하거나 환경오염으로 생긴 질병문제 등 공공의 일이거나 개인적인 일이거나 할 것 없이 환경적으로 위기의 상황에 처했을 때 여성은 남성보다 더 적극적이다. 또한 여성은 주변 생활환경에서 일회용품 안 쓰기, 폐유로 만든 빨래비누 사용하기, 쓰레기 재활용하기 등 환경문제 해결에 실천적으로 동참하고 있다. 그럼에도 불구하고 역사적·문화적으로 남성의 성적 우월감으로 인한 태만과 남성의 탄압으로 인한 착취로 여성들의 활동영역은 제한되어 왔으며 여성과 환경과의 관계성에 대한 논의도 없는 것이 현실이다.

그러나 여성은 남성에 비하여 전통적으로 자연과 가까이 하거나 생명을 관리하는 일을 더 많이 맡아 왔으며 생명의 중요성 및 생명 현상과 사회현상의 밀접한 관련성에 있어서도 더욱 잘 이해하고 체감한다. 또한 여성의 몸이 순환과 소비보다는 축적에 알맞게 만들어져 있어 오염물질이 더 쉽게 축적되기 때문에 비슷한 오염정도에 노출된다면 피해정도에 있어서 여성이 남성보다 더 심각하다. 그리고 남성은 보다 사회·경제적인 고려, 즉 오염 가해자와의 관계, 자신의 입장, 눈앞의 경제적 손익에 대한 계산 등에 의해 필요이상으로 자신의 주장을 굽히는 반면, 여성들은 환경으로 인하여 가족의 건강과 안녕에 문제가 발생한다면 적극적으로 투쟁하고 끝까지 자기의 주장을 굽히지 않는다.[12]

따라서 환경에 대한 인간 중심적, 특히 남성 중심적인 편견에서 벗어나 다양한 환경문제에 대해 논하거나 그 해결책을 찾을 경우 남성과 여성의 상황 모두를 고려하여야 할 것이다. 즉, 단순히 환경문제의 심각성을 논의한 후 이와 관련해서 여성들이 할 수 있는 행동의 영역을 제한적으로 상정하지 말고 적극적으로 사회적인 의사표시를 할 수 있는 길을 여성들에게 다양하게 열어주어야 할 것이다. 그러면 여성들의 환경문제에 대한 관심과 책임감이 진정한 환경문제 해결의 원동력이 될 수 있을 것이다.

2) 기업과 환경교육

산업의 특성에 따라 환경적으로 심각성에는 다소 차이가 있을 수 있으나 환경문제를 야기하지 않는 산업은 거의 없다고 할 수 있다. 우리 나라의 경우 70년대 경제발전의 원동력인 중화학 중심의 제조업은 단순히 천연자원의 물리적 변환에만 그치지 않고 고갈성 자원의 화학적 가공에 크게 의존함과 동시에 자연생태계의 자정능력을 훨씬 초과하는 오염물질의 대량배출로 환경오염의 주범이라는 지탄을 받고 있다. 그러나 이러한 기업활동의 환경재해는 비단 우리 나라뿐만 아니라 거의 모든 국가의 기업활동이 자연환경에 부담을 주고 있어 지구 환경문제의 심각성에 대한 우려는 날이 갈수록 고조되고 있다. 이에 국가적 혹은 국제적 차원의 환경조치가 취해지고 있으며 그 내용과 그리고 직·간접적으로 영향을 받게 되는 관련산업들을 정리해 보면 다음 <표 10-1>과 같다.

---

12) Http://www.women21.or.kr/html/environ/en10.htm

〈표 10-1〉 산업활동 단계별 환경조치와 관련산업

활동 단계	환경조치	주요내용	관련산업
원료 조달	· 몬트리올 의정서	· CFC 등 오존층파괴 물질의 생산 및 사용규제	· 자동차, 전자, 전기, 화학, 정밀기기
	· 바젤협약	· 유해폐기물 월경이동규제	· 철강, 제지
	· 국제 열대 목제 협정	· 열대림 보호를 위한 열대산 목재 채취 규제	· 목재, 가구, 건축, 펄프/제지
	· 생물다양성협약	· 생물자원의 합리적 이용	· 제약, 화장품, 유전공학 관련산업
생산/유통	· 기후변화협약	· 화석연료 사용으로 발생하는 온실가스 배출 규제	· 에너지 다소비 산업
	· 기술장벽협정	· 환경보전을 위한 기술규제	· 전 산업
	· PPMs 규제	· 환경오염을 유발하는 제조 공정 및 생산방법 규제	· 전 산업
	· 탄소세/에너지세	· 가격상승효과를 통한 에너지 사용 억제	· 에너지 다소비 산업
	· 연비/배기가스 규제	· 자동차 사용에 따른 대기오염 억제	· 자동차, 자동차 부품
소 비	· 에너지 효율 등급제	· 에너지 사용의 효율성 제고	· 전자/전기, 자동차
	· 환경마크제도	· 환경 친화적 제품 소비 장려	· 소비재 산업
	· 경고라벨 부착	· 유해물질 함유제품 소비억제	· 전자/전기, 생활용품
폐 기	· 폐기물 재활용 의무 강화	· 수거체계 수립 및 재활용 의무화	· 자동차, 전자/전기, 프라스틱, 유리, 제지, 철강, 가구
	· 용기 규제	· 재활용이 가능한 용기 사용 의무화	· 음식료품
전 과정	· 환경경영 표준규격(ISO 14000 시리즈)	· 환경경영체제 구축 및 환경 감사 등	· 전 산업

자료: 이병욱, 1997, 환경경영론, 서울: 비봉출판사, p. 66

이 표에서 보듯이 생산활동을 비롯한 모든 기업활동의 과정이 환경문제와 연관되어 있어 각종 환경관련 조치도 일부 특정 산업에 국한되지 않고 전 산업에 영향을 미치고 있다. 이처럼 다양한 환경문제와 이를 해결하기 위한 각종 조치들이 기업활동에 막대한 영향을 미치게 되자 이에 대한 기업의 대응방법으로 대두되고 있는 것이 바로 환경경영이다. 환경경영의 일반적인 개념은 기업의 환경성과 개선을 위한 구체적인 기능이나 방법을 중심으로 한 좁은 의미의 환경경영과 환경문제가 전반적 기업활동과 연계된다는 관점에서 기업의 환경측면을 경영전략적 차원에서 해석하고 접근하려는 보다 넓은 의미의 환경경영으로 나눌 수 있다. 즉 새로운 기업경영 패러다임으로서의 환경경영은 기업활동의 전반에 걸쳐 환경성과를 개선함으로써 경제적 수익성과 환경적 지속가능성을 동시에 추구하려는 일련의 경영활동이라고 정의할 수 있다.

그러나 환경경영이 실제로 기업에 도입되기 위해서는 그에 부합한 환경경영체제를 도입하여 환경성과를 개선하거나 환경 친화적인 제품 및 혁신적 청정기술 개발이 기업의 경쟁력 향상에 직결된다는 믿음이 전제되어야 하며 이러한 믿음이 최고경영자로부터 일반 종업원에 이르기까지 모든 조직구성원들에게 심어져야 한다. 더불어 환경경영 도입에 따른 현실적 필요성에 대한 연구나 방법론의 개발이 뒤따라야 하며 기업의 경쟁력을 제고하기 위하여 모든 조직구성원을 대상으로 하는 환경경영 교육도 실시되어야 한다. 이에 환경경영에 관한 국제표준규격의 하나인 ISO 14004(환경경영체계-원칙, 체계 및 지원 기법에 관한 일반지침) 중 ISO 14001 요건에 의거하여 환경경영체계를 도입을 위한 기업의 환경교육은 다음과 같다.

먼저, 환경목표 달성에 필요한 지식과 기술을 파악하여야 하며, 이러한 지식과 기술은 담당 직원의 선정, 채용, 훈련, 기술개발 및 지속적인 교육을 실시하는데 고려되어야 한다. 또한 환경방침, 환경목표와 세부목표를 달성하는데 필요한 적절한 교육 및 훈련은 조직 내의 전직원에게 실시되어야 한다. 여기에는 효율적이고 신뢰할 수 있는 방식으로 작업을 수행하는 데 필요한 작업 방법과 기술에 대한 교육 및 훈련, 그리고 잘못된 작업을 수행함으로써 환경을 파괴할 수 있는 영향력에 대한 지식도 포함되어야 한다. 특히 교육의 수준과 세부내용은 작업의 종류에 따라 다르겠지만 다음과 같은 요소가 포함되어야 한다.

- 직원에 대한 교육의 필요성 인식
- 규정된 훈련의 필요성을 실행에 옮기기 위한 교육계획 수립
- 교육프로그램의 규정 요건이나 조직의 요구사항에 대한 적합성 확인
- 주 핵심직원에 대한 교육의 실시
- 실시된 교육내용의 문서화
- 실시된 교육내용의 평가

다음으로 조직은 현장에서 작업하는 작업자가 친환경적인 방식으로 작업을 수행하기 위한 지식과 기술을 보유하고 있음을 입증하여야 한다. 그리고 이러한 기업의 환경경영교육을 성공적으로 이루기 위해 기업 혼자만이 아닌 교육기회의 확대 및 관련 전문가 양성을 위하여 정부, 학교, 산업단체 등에서 적극적인 지원이 이루어져야 할 것이다.

3) 학교환경교육의 개선방안

환경교육의 분야 중 하나의 축을 형성하고 있는 것이 학교환경교육이다. 그러나 현재 우리 나라의 학교환경교육은 앞에서 말한 것처럼 많은 문제점을 내포하고 있다. 학교환경교육은 미래의 대안사회, 지속 가능한 생태 사회의 실현을 추구하는 교육이므로 미래세대의 가치관과 삶의 태도의 근본적인 전환을 위하여 국가의 기본전략으로서 추진되어야 한다. 이를 위하여 다음과 같은 것들이 고려되어야 할 것이다.

먼저, 전반적인 교육환경의 개선이 필요하다. 환경교육에 있어서 교육환경은 학생들에게 가르쳐지는 교육내용보다 더 중요한 위치를 차지할 수 있다. 특히 오늘날 거대학교, 과밀학급, 입시위주의 교육으로 정의되는 교육환경에서는 환경교육의 목표, 특히 정서적 목표를 달성하기는 어렵다. 직접적인 인간관계의 접촉을 없애고 개별화하여 경쟁시키는 반생태적, 비인간적인 환경에서는 동의와 설득에 의한 의사참여 및 결정방식보다는 지시와 통제 위주의 관행이 일상화되며 학생들의 개체성과 삶의 다양성이라는 생태적 원리를 실현시킬 수가 없다. 또한 환경교육은 학생들로 하여금 직접경험(실제인물, 실제상황, 실제행동, 실제장소)을 갖도록 하여야 한다. 직접경험은 교실 밖의 수

업을 의미하며 일반적으로 야외조사를 수반한다. 야외조사는 관찰하고, 기록하고, 자료를 분석하고, 실험하고, 문제를 해결하고, 의사 결정을 하며, 의사소통을 하며 협동할 수 있는 기능을 개발 시켜줌으로써 오늘날과 같이 급속히 변화된 사회에서 삶을 영위할 수 있는 능력을 배양시켜 준다. 특히 환경교육에서 야외조사란 오랜 기간의 여행을 통해 이루어지는 것뿐만 아니라 학교 내에서 소음공해 조사나 자연환경 못지않게 인공환경에 대한 조사도 포함된다.[13)

따라서 극도로 인공화되어 있는 물리적 학교환경 하에서는 자연과 생태계의 심미적이고 실용적 가치를 인식하기 힘들 뿐만 아니라 인간과 인간, 자연과 인간과의 평화로운 공존관계를 지향하는 생태적인 삶의 태도가 형성되기 어렵다. 이에 교육환경의 질적인 개선 및 학교 내의 물리적 환경의 개선과 더불어 학교주변의 자연공간(공원, 뒷산, 하천 등)과 생태학습 공간과의 연계성을 확보하여 이를 적극적으로 환경교육에 활용할 수 있는 방안이 제시되어야 할 것이다.

둘째, 교사들의 환경문제에 대한 인식 함양과 전문성을 배양해야 할 것이다. 우리 나라는 제5, 6차 교육과정을 거쳐 관련된 전교과에서 환경교육을 강조하여 지도하도록 하였고, 1997년 고시된 제7차 교육과정에서는 환경교육을 중점지도 내용의 한 부분으로 선정하여 환경과가 아닌 다른 모든 교과에도 환경교육 내용을 포함하도록 고시하였다. 그러나 이러한 제도를 뒷받침할 만한 교사들의 자질에는 많은 한계가 있는 것이 현실이다. 특히 교사들 대부분이 교사양성 과정에서 환경교육에 관한 연수에 참여할 의사를 가지고 있으나 극히 일부만이 교사양성 과정에서 환경교육에 관한 과목을 이수하였고 현직 연수를 받아 본 경험도 매우 미비하다. 한 연구에 따르면 최근 5년 사이에 환경교육 연수를 받았는가 하는 질문에 대하여 초등교사의 경우 57.9%는 한번도 받지 못했고, 42.1%가 1~2회인 것으로 나타났으며, 중등교사의 경우는 73.0%가 한번도 받아 본 적이 없고 18.9%가 1~2회, 5.4%가 3~4회로 나타난 것으로 조사되었다.[14)

---

13) P. Neal and J. Palmer, 1990, Environmental Education in the Primary School, Oxford: Blackwell Education

14) 최석진, 김정호, 이동엽, 장혜정, 1997, "우리 나라 학교 환경교육 실태조사 연구", 한국환경교육학회

따라서 모든 교사들이 환경문제에 대하여 폭넓고 심도 깊은 인식을 지니고 풍부한 전문성을 갖출 수 있도록 종합적인 방안이 마련되어야 할 것이다.

마지막으로 학교환경교육에 직접적으로 관련되어 있는 법적·행정적 체계뿐만 아니라 간접적으로 학교환경교육에 영향을 미치는 제도 체계의 개선이 이루어져야 한다. 예를 들면, 우리 나라 헌법 제35조에 '모든 국민은 건강하고 쾌적한 환경에서 생활할 권리를 가지며 국가와 국민은 환경보전을 위하여 노력하여야 한다.', '환경권의 내용과 행사에 관하여는 법률로 정한다.'라고 하여 환경권이 구체적으로 명시되어 있다. 그러나 교육법 및 동시행령에는 환경 또는 환경교육에 대한 규정은 없고, 나아가 학교환경교육을 자체적·총체적으로 규정할 환경교육법(가칭)이 없어 사실상 효율적이고 체계적인 환경교육을 실시하는 데는 한계점이 있다. 또한 환경교육을 체계적으로 연구, 지원하는 전문기관 또는 자문기관의 인력이 부족하며 이를 위한 재정적 지원체계와 재원조달이 어렵다. 한국교육개발원등의 전문적 연구의 경우에는 환경부가 일부 재원을 지원하고 있으나 교육부에는 환경관련 항목과 그에 따른 사업비의 책정이 전무한 실정이다. 따라서 하루 속히 헌법에 명시된 환경권의 취지를 반영하고 총체적인 학교 환경교육을 위하여 환경교육법(가칭)이 제정되어야 할 것이며, 환경교육을 체계적으로 지원할 수 있는 연구기관 및 그 운영의 재원확보 및 지원이 강화되어야 할 것이다.

부 록

造園の風景構造論的研究 (上杉武夫)*
조경의 경관구조론적 연구(우에쓰기 타께오)

*이 글은 우에쓰기 타께오(上杉武夫) 교수의 교토대학 박사학위논문을 저자의 허락하에 번역한 것입니다.

머리말

조경(譯者 註: 원어는 일본식 표현 造園이나 우리말 조경으로 통일함)의 원론적인 연구의 배경에는 조경과 정원(庭園)의 상대적인 구별이 없기 때문에 먼저 이 두 개념의 차이를 분명하게 밝히고 싶습니다.

우선 정원(庭園)의 개념은 영어의 garden과 불어인 jardin의 번역어로서, 메이지(明治) 초기부터 사용되었다고 합니다.[1] 정원이 과연 garden이나 jardin의 번역어로서 적합한지의 여부에 대해서는 여러 가지 논의가 있었지만, 石川은 유럽의 garden은 "식물을 재배하기 위해 울타리를 친 장소"[2]라고 해석하여, 정원이라고 하기보다는 "園(譯者 註: その를 말하며 채소의 재배 혹은 가축을 기르기 위하여 주위가 둘러싸인 토지를 의미하는데, 기능적인 측면을 강조한다.)"이라고 하는 것이 옳다고 주장했습니다. 그러나 그의 해석에는 문제가 있다고 생각됩니다.

제 개인적인 생각으로 유럽의 garden은 오리엔트(譯者 註: 티그리스·유프라테스강 유역의 메소포타미아와 나일강 유역의 이집트)에 그 원류를 두고 있습니다. BC 3,000경에 일본의 "庭(譯者 註: にわ를 말하며 근원은 원시공동체의 territory였으나 오늘날에는 우리를 둘러싼 모든 것, 즉 환경(環境)이라는 단어와 매우 비슷한 의미로 쓰인다.)"에 해당하는 garden이 생겨났으며,[3] 성서에도 "Garden(에덴동산)은 푸른 수목과 관목으로 둘러싸인 녹음과 위안을 위한 장소"[4]라고 기술되어 있습니다. 이것으로 garden은 "庭"과 "園" 두 가지의 의미를 동시에 가지고 있는 결합어로서 정원이라는 단어에는 아무런 문제가 없다고 판단됩니다.

조경이라는 말은 다이쇼(大正) 시대 중기 무렵, 田村 등에 의해 "Landscape Architecture"의 번역어에서 비롯되었습니다. 그때 당시 이미 작정(作庭), 조정(造庭), 정조(庭造) 등의 다양한 번역어가 있었음에도 왜 일본의 학자들이

---

1) 石川格, 1978, 造園學, 誠文堂新公社, p. 10
2) 同 上, p. 10
3) 본 논문의 결론부분 참조
4) Rohde, E. S., 1967, Garden-craft in the Bible, p. 16

조원(造園)이라는 말을 선택하였는지에 대해서 주목할 필요가 있다고 봅니다 (譯者 註: 우리 나라의 경우는 우리말 "경관(景觀)"에서의 산수나 풍물이 가지는 미·시각적인 아름다움에 초점을 맞추어 『조경』이라는 명칭을 사용하고 있음).

미국의 경우 "랜드스케이프 아키텍쳐(Landscape Architecture)"라는 말에는 민중을 위한 "庭" 만들기라는 의미가 포함되어 있으며, 그 밑바탕에는 전통적인 정원, 즉 어느 특정 개인을 위한 정원 만들기를 초월하려는 옴스테드(F. L. Olmsted)의 바램이 있었다고 생각됩니다. 일본의 번역자들은 당시의 미국 조경이 가진 실용성에 착안하여 "園"이라는 단어를 사용했다고 생각되며, "庭"이라는 말에서는 드러나지 않은 근대조경의 의미를 감지했을 것이라고 생각됩니다. 만약 그렇다면 번역자들의 직감은 높이 평가되어야 합니다. 조경이라고 할 때 이것은 근대적인 의도, 즉 민중을 의식한 "庭" 만들기 또한 "園" 만들기였습니다. 미국에 있어서도 조경과 조경가(造景家)가 발전해 가는 과정에는 항상 전통적인 정원(庭園, Garden)과 작정(作庭, Gardening)으로 되돌아갈 수 있는 위험성을 내포하고 있었습니다.

20세기에 들어와서, 대략 옴스테드 이후에 와서야 조경이라는 단어가 자리를 잡기 시작했습니다. 그러나 언어가 정착되었다는 것이 반드시 창설자들의 의도처럼 이해되었다는 것은 아닙니다. 1930년대에 들어와서 미국 조경은 에크보(G. Eckbo) 등에 의해서 엄청나게 발전되었습니다. 신진 조경가들은 "조경은 무엇인가" 그리고 "그 목적은 어디에 두어야 하는가" 등과 같은 근본적인 문제를 제기했습니다. 당시의 문제의식은 에크보의 「경관론: The Landscape We See」으로 결실을 맺었었습니다. I see(특정 개인이 보고 즐기는 경관)가 아니고 We see(대중이 보고 즐기는 경관)인 것에 에크보가 고생하여 이룬 조경의 본질이 숨어 있습니다.

이상과 같은 배경에서 정원과 조원(造園, 즉 조경)은 각각 「Garden」 및 「Landscape Architecture」의 번역어로서 타당하다고 생각합니다. 이러한 관점에서, 조경이론은 정원이론으로부터 상대적으로 구별될 필요가 있습니다. 간략하게 그 차이점을 말씀드리면, 정원이 예술론이라고 한다면 조경은 디자인론이라고 할 수 있습니다. 구미(歐美)에서는 Garden Art(정원예술)에 대하여

Landscape Design(경관 디자인)이 있으며 그 구별은 역사를 통하여 형성되어져 왔습니다. 디자인論인 이상 그것은 주관성과 객관성이라는 두 가지 가치를 만족시켜야 합니다. 그리고 여기에는 에크보가 주장하는 바와 같이 "의사 결정의 프로세스와 예술적 행위"[5]라는 것이 문제가 됩니다. 특히, 의사 결정의 프로세스는 디자인론의 핵심입니다.

　본 연구는 조경의 이론적 근거를 분명하게 밝히는 것을 목적으로 합니다. 이를 위해서 다음의 네 가지 사실규정을 행하고 이것을 기본 틀로 하여 연구 논문을 구성하였습니다.
　　1) 정원예술의 발전이 봉건사회 및 르네상스와 관련이 있듯이 조경은 근대 시민사회와 중대한 관계를 가진다.
　　2) 따라서, 데모크라시(민주주의)와 조경은 관계가 있다.
　　3) 조경은 경관에 관한 명쾌한 개념규정을 필요로 한다.
　　4) 이러한 개념규정은 이론적으로 역사적으로 설명되어야 한다.

　이러한 네 가지 사실규정의 출발은 우선 「서론」에서 근대 조경이론의 문제점을 지적하고, 「본론」에서는 경관의 개념 및 경관구조의 역사적 유형을 설명함과 아울러 이러한 인식을 근대계획이론으로 발전시킵니다.
　그리고 일련의 작업을 통하여 조경과 시민사회의 풍부한 관계성을 설명하고 참된 경관, 즉 인간과 자연의 조화로운 관계가 시민이 중심이 되는 민주사회를 통하여 실현되는 과정을 논리적·역사적인 관점에서 풀어나갈 것입니다.

---

5) Eckbo, G., 1964, Urban Landscape Design, p. 4

I. 서론 : 근대 미국 조경이론의 문제점

클리포드(D. Clifford)는 "유럽의 정원사(庭園史)는 르네상스로부터 시작되었다"[6]라고 주장하면서 유럽의 정원사에서 중세 이전의 역사를 삭제했습니다. 그의 견해는 대담하지만 정원의 역사라는 관점에서 볼 때 반드시 틀렸다고 말할 수는 없습니다. 왜냐하면 우리는 르 노트르(A. Le Nôtre)의 기하학식 정원 또는 브라운(L. Brown)의 풍경식 정원에서 정원예술(庭園藝術)의 전형을 볼 수가 있기 때문입니다. 한편, 예술로서의 정원은 근세에 들어와서 눈에 띄게 발전했습니다.

미국의 경우 조경의 발전은 고대를 제외한다면 옴스테드로부터 시작되었다고 해도 과언은 아닙니다. 옴스테드식의 조경은 근대 시민사회라는 민주적 토양 속에서 생겨나서 자라났으나, 이는 전통적인 개인정원의 확대발전 위에서 가능했습니다. 이것은 근대 조경의 발상지라고 할 수 있는 미국 조경의 근본적인 모순입니다. 콜럼버스의 신대륙발견 이전에 멕시코 고원지대에는 마야 문명, 아즈텍문명이라 불리는 농경중심의 문화가 존재했습니다. 또한 유럽사람들이 신대륙으로 이주를 시작했던 1600년 초기에는 1,000만 이상의 아메리카 인디언들이 북미 곳곳에 살고 있었다고 전해집니다.[7]

그들의 문화는 농경을 중심으로 한 것이었고, 자연의 신에 대한 독자적인 신화와 예술도 가지고 있었습니다. 그러나 유럽인들이 이주를 시작했던 시기부터 비극적인 갈등이 시작되었고, 곧 이어 이주민들에 의해서 정복된 원주민의 문화는 붕괴되기 시작했습니다.

원주민이 가지고 있던 자연숭배사상은 매우 東아시아적인 색채를 띠고 있었고 애니미즘의 전통은 오랫동안 인디안들 사이에 잠재해 있었습니다. 인디안의 원류와 그 문화는 문화인류학적인 관점에서 볼 때 큰 문제점으로 남아 있었지만, 그들의 문화는 거의 현대의 미국문화에 계승되지 못하고 근대화의 물결 속에 묻혀 버렸습니다. 이들 원주민 문화의 단절은 풍경디자인에 커다란 문제점으로 남아 있습니다.

---

6) Clifford, D., 1963, History of Garden Design, p. 17
7) Pefulla, J. M., 1977, American Environmental History, p. 24

미국은 1620년 청교도의 이주 이래, 독립전쟁까지 약 150여 년 간은 식민지시대라고 불리는 그야말로 개척 시대였습니다. 대지를 개간하고 삼림을 벌채하여 농장이 생겨나면서 도시가 건설되었습니다. 유럽에서 르네상스식과 풍경식 정원양식이 융성하던 시기에 미국에서는 겨우 소박한 개인정원이 만들어졌습니다. 현재 중요하게 보전되어 있는 정원인 버지니아 주 마운트 베르농(Mount Vernon)에 있는 워싱톤 대통령의 저택과 정원(1743)도 아주 소박한 지방주택의 정원양식에 지나지 않았습니다. 이러한 초기의 모습은 독립전쟁이 끝나고서도 계속되었으나 19세기에 들어와서 공업화와 도시화가 먼저 진행되었던 동부지방에서 조경운동이 시작되었습니다. 정확하게 말하자면 조경운동은 불후의 명저인 「풍경식 정원의 이론과 실제」를 저술했던 다우닝(A. J. Downing)의 주도로 시작되었습니다.

다우닝의 이론이 철두철미하게 자연회귀 혹은 낭만주의로 일관되고 있는 배경에는 공업화에 따른 도시환경의 파괴 때문이었습니다. 그가 쓴 책의 부제 "지방주택의 수경(修景)"은 문자 그대로 교외주택의 작정기술(作庭技術)에 대해 자세하게 서술하고 있는데, 이는 도시에 대한 도전이었다고 생각됩니다. 그는 필시 영국의 풍경식 정원을 미국에 정착시키려 했던 것 같습니다. 그는 "풍경식 정원은 통상적인 정원과는 다르다. 이는 주택과 정원을 주변의 풍경과 조화를 이루는 것을 목적으로 하며, 예술적 감상(藝術的感賞)을 이유로 부드럽고 섬세하며 연속적인 형태로 마무리되고 있다."[8]라고 주장하면서, 우아미(優雅美, The Beautiful)야말로 풍경식 정원의 최대목표임을 주창(主唱)하였습니다. 그의 이론은 아름다움(美), 즉 이상적인 질서는 자연 속에 존재한다고 생각하는 영국식 정원의 전통을 그대로 따랐다고 할 수 있습니다.

다우닝은 프랑스 혹은 이태리의 기하학식 정원의 미는 단순하며 고전적·건축적인 조형물이나 항아리 등을 배열하는 것에 지나지 않는다고 생각했기 때문에 의식적으로 배제했습니다. 현재도 여전히 르네상스식을 그다지 선호하지 않는 미국의 전통은 아마도 다우닝이 시작했다고 생각됩니다.

다우닝이 르네상스식 정원을 싫어했던 이유 중의 하나는 그가 16세기 혹은 17세기의 정원양식이 왕후나 귀족들의 취미에 맞추어 만들어졌다는 데 대하

---

8) Downing. A. J., 1859, Theory and Practice of Landscape Gardening, p. 18

여 강한 반발심을 보였다는 것에서 찾을 수 있습니다. 이것은 "…인간의 권리는 평등하다. 예를 들어 미국에 세습적인 계급과 부가 존재하지 않는 것은 이 땅에 박애주의는 있으나 빈곤은 존재하지 않으며…"[9]라는 미국적 인도주의와 커다란 관계가 있습니다. 바꾸어서 말하면 영국의 풍경식 정원의 도입은 그의 민주적인 주장과 관련이 있다고 하겠습니다. 따라서 민중을 위한 조경은 옴스테드에 의하여 창조되었지만, 실제 그 싹은 다우닝에 의하여 틔워졌다고 생각됩니다.

그의 이론의 핵심을 이루는 것은 앞에서 이야기했던 "매우 아름다운 것(優雅美, The Beautiful)"과 또 하나는 "그림 같은 것(繪畵美, The Picturesque)"이라는 개념에 있습니다. 그는 "우아미(優雅美)는 그리스건축이나 조각에서 볼 수 있는 균제미와 조화 그리고 통일감을 의미한다. 회화미(繪畵美)라는 것은 일본의 시골 마을 초가집의 둥그스레한 지붕과 이끼에서 보여지는 불규칙적인 자연스러운 아름다움을 의미한다."[10]라고 정의하였고, 이 두 가지의 미, 즉 우아미와 회화미는 바로 풍경식 정원의 목적이라고 하였습니다.

"우아미인 것"과 "회화적인 것"은 영국 풍경식 정원의 발전단계로서 브라운파와 회화파가 서로 논쟁했던 미적 가치관입니다. 우아미는 자연의 풍경미요 정원미였습니다. 회화적이라 함은 회화미를 말합니다. 렙톤(H. Repton)은 "자연미는 회화미보다 시야가 넓다."[11]라고 하면서 자연미를 회화미에서 구별시키고, 더 나아가서 실천적으로는 그의 저서인 『레드북(Red Book)』에서 발견되는 바와 같이 두 개의 미를 통합시키는 절충주의를 선택했습니다. 다우닝은 렙톤의 영향를 받아서 자연의 풍경미와 회화미에 질서를 부여하여 미국 조경의 전통을 수립하려고 하였습니다. 예술존중의 정신은 이 시기에 싹이 튼 것 같습니다.

다우닝의 풍경식 정원 이론을 가지고 시작했던 미국조경의 역사는 옴스테드, 클레브랜드(H. W. S. Cleveland) 그리고 엘리엇(C. Eliot) 등의 활약에 힘입어 비약적으로 발전하였습니다. 이러한 발전은 19세기 후반부터 20세기에 걸쳐서 이루어졌으며, 그 배경에는 미국의 근대화, 즉 미국 민주주의, 자본주

---

9) 同 上, p. 23
10) 同 上, p. 54
11) 釙ヶ谷鐘吉, 1956, 「西洋造園史」, 彰國社, p. 249

의 기술혁신, 그리고 도시화 등의 극적인 진전이 있었습니다. 이 시기는 미국 조경의 확립기로서 파악될 수 있습니다. 다음으로는 옴스테드와 엘리엇에 의한 그 확립과정을 한번 살펴볼까 합니다.

옴스테드는 1822년 4월 22일 미국 코네티컷州 하트포드市에서 태어났습니다. 그는 어려서부터 농업에 흥미를 가지고 있었으며, 20세에 접어들면서부터는 근대적 농업경영자로서 성공하였습니다. 또한 여행가이기도 했던 그는 27세에 형과 친구 이렇게 세 명이 함께 영국으로 건너가서 처음으로 외국의 풍물을 접했습니다. 그때의 성과로서 "영국견문기"[12]가 남아 있습니다. 이 여행은 그에게 두 가지의 의미를 부여하였습니다. 하나는 풍경식 정원과 공원에 흥미를 가지게 된 것이고, 또 하나는 노예문제가 가진 반인도적인 측면에 대하여 심각하게 고민하기 시작하였다는 것입니다. 이 두 가지는 후에 조경가로서 활약을 이끌어내는 데 있어서 커다란 계기가 되었다는 것에 주목할 필요가 있습니다. 영국에서 귀국 후, 그는 신문사의 기자가 되어 미국 남부지방의 흑인노예문제를 취재하였는데, 그 기사는 많은 사람들 사이에 화제가 되었으며 문필가로서의 위치를 구축하였습니다. 나중에 그는 용감한 노예제도 반대자로서 남북전쟁에 참가하게 됩니다.

이와 같이 옴스테드의 생애는 농부, 문필가 그리고 사회평론가 등과 같이 조경과는 별로 관계가 없는 일에서부터 시작되었습니다. 그는 일찍부터 원예가로서 유명해져, 26세 때 이미 정원이론의 명저를 남긴 다우닝의 청년기와는 매우 대비가 됩니다. 그러나 옴스테드가 가졌던 청년시절의 다양한 경험은 조경가로서 그의 사상을 형성하는 데 중대한 영향을 끼친 것은 확실하다고 생각됩니다.

그의 조경가로서의 활약은 1857년 뉴욕시의 센트럴파크(Central Park)의 건설현장의 감독으로 임명된 시기로부터 시작됩니다. 이 때가 그의 나이 35세였습니다. 이것이 계기가 되어 그는 46년 간 미국 "조경가의 아버지"로 칭해질 정도의 훌륭한 업적을 남겼습니다. 그가 남긴 최대의 공적 중의 하나는 종래의 풍경식 정원(Landscape Garden)을 조경(Landscape Architecture)으로 그 명칭을 바꾸면서 근대 조경이론과 방법을 확립하였다는 것입니다. 그는 조경

---

12) Olmsted, F. L., 1850, Walks and Talks of an American Farmer in England

의 대상영역을 확실하게 확립하였는데 이는 근대 조경을 사적(私的) 레벨에서 공적(公的) 레벨로 바꾸려는 시도를 하였다는 것입니다.[13]

민중을 위한 조경의 개념은 이미 다우닝에 의하여 시작되었지만 영국 풍경식 정원의 영향은 막강하였습니다. 그러나 19세기 전반에 보여 주었던 그의 노력은 주로 지방주택의 정원에 한정되었습니다. 19세기 후반에 접어들면서 남북전쟁이 발생하고 민주주의의 참된 의미가 논의될 무렵에 종래의 전통적인 정원이 내포하고 있던 성격, 즉 상류계급의 상징으로서의 정원의 성격은 옴스테드에 의하여 비판의 대상이 되었으며 결코 용납될 수 없는 것으로 간주되었다고 생각됩니다. 따라서 「Landscape Architecture」는 민주주의의 발전과 더불어 생겨났다는 것이 미국 조경의 특징입니다.

그는 통합된 조경이론서를 발간했습니다. 옴스테드는 이론가로서보다는 실천가로서의 이미지가 강합니다. 그러나 이것이 결코 그가 조경이론에 대한 지식의 기반이 약했다는 것을 의미하는 것은 아닙니다. 그는 청년시절에 사상가로서 활약했던 전력으로 인하여 이론가로서의 능력은 충분히 인정해야 된다고 생각합니다. 그는 실천을 통해서 사상을 현실화시켜 나가는 조경가의 직능성(職能性)을 명확히 하려 했다고 생각됩니다. 40개가 넘는 공원계획과 국립공원의 제정, 그리고 자연보호계획과 같은 그의 수많은 업적을 통해서 그가 얼마나 조경과 민중의 관계를 소중하게 생각했는지를 알 수 있습니다. 그의 이론은 실제로 옴스테드의 사무실에 근무했던 많은 조경가들에게 계승되었고 커다란 성공을 거두었습니다. 그러면 이제부터 그의 후계자 중의 한 사람인 엘리엇이 이룬 조경이론의 체계화에 대하여 알아보기로 하겠습니다.

엘리엇은 1859년 11월 1일 메사추세츠州 케임브리지市에서 태어났습니다. 1896년 3월 25일 38세 약관의 나이로 숨을 거둘 때까지 그는 옴스테드의 조경이론과 그 직능을 확대시켜 민간 및 공공기관에 보급하였습니다. 그가 죽은지 얼마 뒤 그를 기념하기 위하여 하버드 대학교에 조경학과가 설립되었습니다.

조경가로서의 그의 길은 하버드 대학교 농원예학을 전공했을 때 시작되었습니다. 그는 재학 중에 옴스테드의 사무실에 견습생으로 채용되는 기회를 얻

13) Newton, N. T., 1971, Design on the Land, p. 267

었고, 졸업 후 2년 간 옴스테드의 완숙했던 조경이론을 전수받았습니다. 옴스테드에게서 조경에 대한 가르침과 믿음을 배웠던 엘리엇은 행운아였습니다. 그는 이 시기를 통하여 받았던 옴스테드의 인상에 대하여 다음과 같이 말하였습니다; "옴스테드는 도시공원에는 항상 자연적인 요소를, 자연풍경지에는 인공적인 요소를 가미함으로써 자연과 인공의 대비를 항상 설계의 기준으로 하였다. 특히, 도시공원은 안락한 분위기를 제공하기 위하여 자연스러운 수목에 푸르름으로 둘러싸인 잔디밭, 넓은 전원풍경, 풍부한 하초(下草), 흐르는 물, 자연석 등이 놓여 있는 수림지(樹林地)가 필요하며, 역으로 교외지역에는 잘 다듬어진 식재, 화분에 심은 초목, 색깔 있는 식물 등이 이상적이라고 그는 생각했다."14)

옴스테드가 조경가로서의 명칭을 확립하였던 1800년대 말까지 조경가는 그저 "랜드스케이프 가드너(Landscape Gardener)"로 불리웠고 "랜드스케이프 아키텍트(Landscape Architect)"라는 명칭은 아직 일반화되어 있지 않았습니다. 호칭이야 어찌되었든 엘리엇에게 있어서 최대관심사는 조경의 영역을 확고히 하는 것이었습니다. 그는 1896년에 「애틀랜틱」이라는 잡지에 기고한 글에서 "조경(造景, Landscape Architecture)은 경관공학(景觀工學, Landscape Engineering), 경관식재(景觀植栽, Landscape Gardening) 그리고 삼림계획(森林計劃, Forest Planning)까지를 포함한다. 공원도로의 수경(修景)도 조경이 맡아야 하며 회화적인 아름다움을 가질 수 있도록 디자인이 되어야 한다. 그리고 토목 및 식재 전문가는 공동으로 전체의 디자인을 향상시켜야 한다."15) 라고 주장하면서 종래의 풍경식 정원을 조경의 한 분야로 취급하였으며, 그 기능을 경관식재(景觀植栽)라고 불렀습니다. 전통적인 정원수법이 식재계획(植栽計劃)으로 분류될 수 있었던 이유의 하나로 19세기 후반의 풍경식 정원가들이 원예 및 식물 관련학문의 부흥에 기여하였던 것을 들 수 있겠습니다. 또한 풍경토목을 한 분야로 중요시하였던 것은 그의 공원계통(Park System)의 아이디어와 관련이 있습니다. 한편, 엘리엇은 단지계획(Site Planning)을 조경의 중요한 한 분야로 보았으며, 다음과 같이 건축과 조경의 영역설정을 도모하였습니다; "건축물(建築物)을 편리하고도 아름답게 마감하는 것은 건축

---

14) Eliot, C., 1902, Landscape Architect, Libraries Press, p. 39
15) 同 上, p. 273

가의 영역이다. 그러나 이러한 건축물과 도로, 근린지역, 그리고 해안지역 등과 그것이 위치하고 있는 부지 및 풍경과의 여러 관계를 기능적 혹은 미적으로 취급하는 것은 건축가가 해야 할 일부의 일이지 전부는 아니다. 사실 그것은 조경가의 영역이다…"[16)

이와 같이 엘리엇이 건축을 의식하게 된 배경에는 다음과 같은 사정이 있었습니다. 1800년대의 약 70년 간의 건축은 회고취미(懷古趣味)를 기반으로 하는 역사적 양식을 취했기 때문에 조경과 건축 사이에는 많은 문제가 생겼습니다. 그러나 1890년대의 근대 건축사상은 조경의 영역에 많은 영향을 끼쳤습니다.

때를 같이 하여 영국에서는 건축가 브롬필드가 『영국의 정형원(整形園), *The Formal Garden in England*』을 출판하여 종래의 풍경식 정원을 통렬하게 비판하였습니다. 한편, 원예가 로빈슨은 전통적인 정원과 건축적 정원의 차이를 설명하면서 브롬필드의 주장에 대해 예리한 반론을 제기했습니다. 이 논쟁은 약 10년 간에 걸쳐 계속되었습니다. 이 사건은 건축가에 의한 전통적 정원에 대한 도전이었습니다. 원예가는 점점 더 그들의 원예 지식을 보급하는 데 힘을 쏟았고, 영국식 정원은 화훼원(花卉園) 또는 수목원의 모습을 드러내 보였습니다. 엘리엇이 제기한 풍경식 정원은 당시의 원예적 정원(園藝的庭園)을 지칭한다고 하겠습니다.

그리고 엘리엇에 의하여 계승된 옴스테드의 조경은 20세기를 맞이하게 됩니다. 19세기까지를 일단 조경의 확립기로 간주한다면 20세기 초 약 25년 간은 조경이 직능(職能)으로서 받아들여지고 그 위상이 높아진 발전기로 파악됩니다. 이 시기에 옴스테드 주니어(Olmsted, Jr.)와 허바드(H. V. Hubbard) 등의 조경가(造景家)들이 활약했습니다.

여기서는 특히 허바드에게 초점을 맞추어 살펴보도록 하겠습니다. 허바드는 1901년 로렌스 과학학교에서 조경을 공부한 후에 옴스테드의 사무실에 입사하였습니다. 5년 간에 걸쳐서 옴스테드 주니어의 이론과 기술을 익힌 후에 H. 화이트와 J. 플레이 등과 함께 사무실을 열었습니다 그는 조경가로서의 수완을 높이 평가받아 공공 및 민간레벨과 관련된 많은 조경사업을 수행했습니

---

16) 同 上, p. 272

다. 그는 45세에 이르러, 옴스테드 사무실의 공동경영자로서 영입되어 말년까지 그곳에서 활약했습니다. 그 사이에 볼티모어, 보스톤, 그리고 프로방스市 등의 도시계획가로서, 또한 루즈벨트대통령기념공원, FHA(Federal Housing Administration : 연방주택관리국), TVA(Tennessee Valley Authority : 테네시 계곡 위원회), 국립공원 등 다수의 정부관련사업에 조경가로서 참여했습니다. 또 그는 교육자로서도 알려져 있습니다. 1906년에 하버드(Harvard) 대학교에 강사로서 취임하여 1941년 퇴직할 때까지 35년 간 조경교육에 지대한 공헌을 하였습니다. 그리고 그는 미국조경협회(ASLA) 공식잡지인 "Landscape Architecture"誌의 창시자였으며, 동시에 많은 조경관련 전문잡지의 편집자로서 문필활동에 참여하였습니다.

1917년에 허바드는 명저인 『풍경디자인의 연구입문: *An Introduction to the Study of Landscape Design*』을 저술하였습니다. 이 책은 옴스테드 이후의 전통에 입각하면서, 한편으로는 조경을 명쾌하게 설명하고 아울러 20세기에 조경이 나아갈 방향을 설정한 것으로서 높이 평가되고 있습니다. 그는 "새로운 타입의 조경가… 그의 수단은 건축가의 그것과는 다르다. 조경가는 식물과 그것의 효과, 자연수목의 갱신과 보호뿐만 아니라, 자연적 소재와 그 아름다움에 대해서도 알고 있어야 한다. 자연미는 예술미와는 다르다."[17]면서 조경을 예술적·과학적 측면에서 고찰하고 공식적으로 풍경디자인이라는 말을 처음 사용하였습니다. 그에 따르면 풍경디자인이란 풍경재료의 디자인을 의미합니다. 허바드의 이론은 실질적이었으며, 또한 명쾌하였습니다. 조경재료 및 공법을 중시하였던 그는 하버드 대학교에서 최초로 조경공법의 강의를 개설하였습니다. 학생들에게 부여하는 과제도 항상 실제부지를 선정하였다고 하는데, 이를 통해 허바드의 구체적이고 현실적인 측면을 엿볼 수 있다고 하겠습니다. 그의 현실적이며 전통적인 이론은 그러나 1930년대에 이르러 그의 학생이었던 에크보, 로즈 그리고 카일 등에 의하여 비판되었고, 이러한 비판을 통하여 "풍경디자인"은 보다 높은 단계의 이론으로 발전될 수 있었습니다.

미국의 경우 근대 조경이론은 허바드의 『풍경디자인의 연구입문』에서 구체화되었다고 보는 것이 타당하다고 생각합니다. 왜냐하면, 20세기에 들어와서

---

17) Hubbard, H. & Kimball, T., 1917, An Introduction to the Study of Landscape Design, p. 2

회화, 조각, 건축 등 관련분야에서도 새로운 형태를 목표로 하는 움직임이 있었으며, 조경의 경우도 1930년대 하버드학파(學派)를 중심으로 조경운동이 시작되었기 때문입니다.

여기에서 근대 조경이론의 성과와 문제점은 다음과 같이 요약할 수 있습니다.

1) 미국의 조경은 렙톤(H. Repton) 등의 풍경식 정원을 답습하였다. 이는 르네상스 이후의 절충주의로써 낭만주의를 계승하는 것이었다.

2) 옴스테드의 민중을 위한 조경이론은 미국적 인도주의와 민주주의를 근간으로 한 역사적인 성과였다. 그러나 이는 근대 시민사회 발전 속에서의 평가이고 자본주의사회 속에서는 많은 모순을 제기하고 있다.

3) 20세기에 들어와서 건축은 기능주의에 의하여 일찌감치 민중을 위한 예술을 개척했다. 그러나 조경은 이미 옴스테드에 의하여 그 지평선을 연 이래로 구태의연하게 전통적·교조주의적 이론이 계속 전개되었다. 따라서 많은 근대 조경이론은 보수적이었으며 주관적이었다.

4) 「조경, Landscape Architecture」의 이론에는 「경관(Landscape)」의 논리적, 역사적 설명이 빠져있다. 이것은 조경이론의 학문적 기반을 부실하게 하고 있다. 따라서 「경관구조」의 역사적 유형을 탐구하는 가운데 현대 조경이론은 명쾌하게 설명될 것이다.

이러한 근대 조경이론의 성과와 문제점은 본론에서 경관의 개념과 경관구조의 역사적 유형을 통하여 좀더 자세히 논의해 보도록 하겠습니다.

II. 본 론

제 1 장 경관의 개념

조경(Landscape Architecture)은 경관(Landscape)을 대상으로 하는 학문입니다. 그러므로 경관의 개념을 명확하게 하는 것은 조경의 이론을 성립하게 하는 필수조건입니다. 그러나 근대 조경이론의 역사를 통하여 경관의 개념이 명확해졌다고는 할 수 없습니다. 이는 주로 근대 조경이론의 많은 부분이 "How to論"(형태에 집착한 기술론)이었으며, 현실적이었다는 것에 그 원인이 있다고 하겠습니다. 계획론(Planning)과 디자인론(Design)과의 간격이 자꾸만 벌어지고 있는 현대조경을 위하여 경관의 논리적·역사적 의미를 명확히 해 두는 것은 매우 중요합니다.

에크보가 "경관質의 실체는 경관 그 자체에 있으며 그것은 인간에 내재되어 있는 것이 아니라 오히려 이 양자의 사이에 정해진 관계성 속에 있다. 그래서 질은 때와 장소, 인간과 인간이 생활하는 경관의 성질과 함께 변화할 것이며… 경관에 있어서 디자인역사의 대부분은 특별한 사람을 위한 특별한 요소의 역사였다. 우리들의 시대는 특히 민중을 위한 경관디자인이라는 관점에서 생각해야 할 필요가 있다."[18]라고 했을 때, 그는 경관을 인간과 환경 사이에 성립하는 관계성으로 이해하였습니다. 이러한 관계의 이해에서 그는 조경이 전통적인 낭만주의 혹은 예술지상주의를 탈피하는 새로운 경관디자인의 싹을 틔어야 할 것을 주장하고 있습니다. 이러한 사고방식은 현대 조경이론의 선구적 역할을 담당하는 것이며, 경관개념을 설명하는 출발점이라고 생각됩니다.

---

18) G. エクボ, 1972, 久保, 中村他其譯, 「景觀論」, p. 4

1. 경관의 예술적 개념

풍경(風景) 또는 경관(景觀)이라는 단어는 다같이 인간과 환경 사이에 성립하는 관계성으로서 이해되며, 상대적으로 보아서 주관적인 경우 "風景"이라고 부르며, 보다 객관적인 경우 "景觀"이라고 합니다.

구미에서는 영국의 풍경식 정원에서 시작된 풍경이 정원예술의 주제로서 다루어집니다. 그러나 중세나 르네상스시대의 왕후나 귀족의 정원에서는 "자연미"를 庭園에서는 찾아볼 수 없었습니다. 그러나 르네상스식 정원에 대한 반동(反動)으로서 또는 18세기 당시 문예사조의 영향을 받아 생겨난 풍경식 정원에서는 자연 그 자체가 매개(媒介)가 되고 목표가 되었습니다. 러스킨은 "중세의 사람들은 늘 성 바깥을 둘러싼 연못 뒤에 숨겨진 성벽의 벽돌을 정성을 들여 그리거나 화단을 아름답게 묘사하였지만, 이와 달리 근대의 화가들은 넓은 평야와 호수를 좋아했고, 잘 다듬어 놓은 나무나 성 주위의 연못은 혐오했으며 그들이 즐겨 그린 것은 자유롭게 자란 수목이나 자기들 마음속에 자유롭게 흘러가는 강이었다."[19]라고 지적하면서 중세와 근대의 구별은 정원에도 그대로 적용이 되었다고 주장하였습니다. 르네상스식 정원의 특징이 이성적인 예술미였다면 풍경식 정원은 감성적인 자연미를 추구하였다고 생각됩니다. 정원미＝풍경 그리고 풍경＝자연미의 개념은 18세기 영국 정원에 중요한 이론적 토대가 되었습니다. 이는 풍경의 예술적 개념으로서의 이론전개였습니다.

에디슨(J. Addison)과 포프(A. Pope) 등이 기하학적으로 잘 다듬어진 수목이 심겨진 전통적인 정원을 비판하고, 정원과 자연과의 융합을 제창한 이래로, 자연식 정원은 전원시인(田園詩人)이나 풍경화가들의 영향을 받으면서 발전했습니다. 브릿지맨(C. Bridgeman), 켄트(W. Kent), 브라운(L. Brown) 등이 실천가로서 위치를 쌓아올린 것도 이러한 여러 예술적인 힘 덕분이었다고 할 수 있겠습니다. 역사가 클리포드(D. Clifford)는 풍경식 정원을 회화적, 시적, 그리고 음악적 등의 세 가지 범주로 나누었습니다. 이는 정원의 여러 예술과의 밀접한 관련성을 반영하는 것이라 하겠습니다. 문학하는 사람들이나 회화

---

19) 前 揭, 針ケ谷, 西洋造園史, p. 935

를 매개로 했던 정원이 시적이며 회화적인 것은 당연하다고 생각합니다. 따라서 당시의 정원비판은 예술적인지 아닌지에 초점이 맞추어졌으며, 정원미와 회화미의 사상적인 혼란이 현저했습니다. 이것은 프라이스 경(Sir, U. Price, 譯者 註: Essay on the Picturesque의 저자) 등이 중심이 된 브라운에 대한 비판에 의하여 이해될 수 있습니다. 그들은 "(브라운은) 제대로 된 설계도조차 없이 개량해야 하는 풍경의 역사적 흥미와 자연미를 이해할 수 있는 예술적 교양이 없다."[20]라고 비판했습니다. 그러나 이에 대하여 월폴(H. Walpole) 등은 "브라운은 낭만주의 시대의 화가인 로사(S. Rosa)나 푸생(Poussin)이 그렸던 장소를 재현했기 때문에 그를 대화가라고 불러도 지나친 표현이 아니다."[21]라고 그를 옹호했습니다. 당시의 자연식 정원은 시인 센스톤(W. Shenstone)에 의하여 Landscape Garden(풍경식 정원)이라고 불렸지만 이 배경에는 풍경화와 정원의 구별이 명료하지 못했음이 지적되고 있습니다. 그러나 렙톤(H. Repton)에 이르러, 정원과 회화는 명확하게 구별되었습니다. 그는 자연풍경과 회화와의 관계를 정원과 회화와의 관계로 바꾸었습니다. 그는 "자연풍경은 회화보다 시야가 넓으며 높은 곳에서 험난한 구릉을 내려다보는 풍경은 종종 자연풍경 중에서 가장 뛰어난 경치지만 이것을 그림으로 나타내지는 못한다. 자연에서 풍경구성을 할 경우 화가에게 절대적으로 필요한 전경(前景)은 대부분 전혀 불완전하거나, 또는 화가가 그것을 그려내기 위하여 일부러 선택할 수 있는 위치는 드물다."[22]라고 주장하였습니다. 여기에 자연풍경이 정원미에서 가장 중요한 조건이라고 생각하는 그의 의도가 잘 드러나 있습니다. 렙톤은 프라이스 등이 말하는 회화와 정원의 유사성을 분명하게 부정하면서 양자를 결합시키는 데 성공했습니다. 자연풍경의 장엄미(壯嚴美, Sublime)와 우아미(優雅美, Beautiful) 그리고 풍경화의 회화미(繪畵美, Picturesque) 등의 개념에 의해 그의 풍경식 정원 이론은 구축되었으며 이것은 앞에서 지적한 바와 같이 미국 조경에 그대로 전수되었습니다. 렙톤은 그의 저서 레드북(Red Book, 譯者 註: 렙톤이 고객을 설득하기 위하여 만든 정원의 이론이나 도면 등이 그려진 빨간 가죽장정으로 만든 책으로 그의 등록

20) 同 上, p. 243
21) 同 上, p. 243
22) 同 上, p. 249

상표처럼 여겨짐.)의 머리말에서 다음과 같이 말했습니다. "나는 풍경식 정원술(Landscape Gardening)이라는 이름이 가장 적당한 호칭이라고 생각한다. 왜냐하면 전통적인 풍경화가와 실천적인 정원사 공동의 노력에 의하여 만들어지는 「정원을 꾸미는 기술(作庭術)」은 개선되어야 한다고 생각되기 때문이다."[23]라고 주장하면서, 화가와 정원사의 구별을 꾀하면서도 다시 그 양자의 통합으로 정원미가 획득되는 것으로 보았습니다. 그가 "풍경화가는 아이디어를 개발하고 정원사는 이러한 아이디어의 실현 가능성을 검토한다. 화가는 풍경미를 캔버스 위에 정성껏 그림을 그리고 때때로 여러 가지 방법을 사용하여 자연 그 자체를 능가하고자 힘을 쏟는다. 그러나 훌륭한 화가의 아이디어도 정원의 수목이나 토지조성 등에 관한 실제적 지식에 반드시 적합한 것은 아니었다. …만약 화가와 작정술 없이, 역으로 정원사가 회화의 기술 없이 정원을 만든다면, 그것은 잘 마무리되지 못한 일처럼 흐지부지한 상태가 되어 버린다."[24]라고 한 것을 보면, 렙톤은 풍경화에서의 예술적 발상과 정원을 꾸미는 기술이 가진 경험적 지식의 중요성을 강조했다고 하겠습니다.

에디슨의 자연식 정원의 제창(提唱)에서부터 렙톤의 풍경식 정원에 이르기까지, 전과정을 요약하면 다음과 같습니다. 첫째로, "풍경"이 자연식 정원의 주제가 되었다는 것입니다. 여기서 풍경이란 전원이나 자연경관을 의미하며, 정원에 자연을 도입하여 정원과 주변의 전원풍경과의 사이에 존재하는 경계를 제거(이는 Ha-ha 수법에서 상징적으로 볼 수 있음)했습니다. 자연식 또는 풍경식 정원은 당시의 근대 사회의 발생 및 변천과 밀접한 관계를 가졌다고 생각됩니다(이에 대해서는 제2장 《경관구조의 역사적 유형》에서 언급될 것임). 둘째로는, 풍경의 개념은 우아미(The Beautiful)와 회화미(The Picturesque) 등과 같은 두 가지 미적 범주에 의해서 발전되었다는 것입니다. 풍경의 예술적 개념이란 자연미를 말하며, 이 개념은 렙톤의 사상을 계승하였던 다우닝의 이론에서 잘 찾아볼 수 있습니다. 다음으로 우아미와 회화미에 관하여 자세히 살펴볼까 합니다.

다우닝은 "미의 개발은 모든 예술이 그러하듯이 풍경식 정원의 최종목표다. 옛 정원들은 지적(知的)이며 훌륭한 조화미를 가지고 있으며, 현대의 정원들

---

23) Repton, H., 1803, The Art of Landscape Gardening, p. 3
24) 同 上, p. 3

은 대지를 뒤흔들 만큼 요란스럽고 그 기술은 미숙한 것 같지만 자연미를 잘 간추려 나타내고 있는 것 같다. 이러한 자연미는 우아하며 회화적일 것이다… 풍경식 정원은 예술적 지식을 응용하여 부드럽고 섬세하게 시원한 느낌을 준다… 결국, 풍경식 정원은 우아미(The Beautiful)를 가진 정감(情感)을 목표로 한다.”[25]고 주장하면서, 풍경식 정원의 예술성, 즉 매우 아름다운 것과 그림같이 아름다운 것을 종합함으로써 자연미를 얻을 수 있다고 생각했습니다. 여기에서 주목해야 할 것은 미국에서의 풍경식 정원은 다우닝이 활약하던 당시 공업화와 도시화에 의해 생겨난 전원주택의 발전과 큰 관계가 있다는 사실입니다. 전원주택이란 미국적 시민의 주택이며 이들의 주택과 정원은 주변의 자연경관에 자유롭게 잘 융합되었습니다. 인간의 자유와 평등(즉 융화)을 추구하는 민주주의 사상은 생활환경에 있어서 인간과 환경과의 관계로 확대되었다는 것은 당연한 것이라고 생각됩니다. 다우닝이 “북미대륙에서는 예술로서의 풍경식 정원이 아직 잘 실천되지 못하고 있다.”[26]라고 한 것에서 당시 미국의 민주주의가 불완전했음을 의식했기 때문입니다. 그가 “풍경식 정원에서 의도했던 것은 전원주택의 토지에 자연을 단순히 모방하는 것이 아니라, 자연을 보다 조화롭고 섬세하게 표현해 나가는 것이다… 여기에서 가장 중요한 두 가지의 자연풍경미, 즉 매우 아름다운 것(優雅美)과 그림같이 아름다운 것(繪畫美)에 대해 이해해야만 한다….”[27]라고 주장한 데서 알 수 있듯이 조화와 섬세함은 다우닝의 경우에 있어서는 자유와 평등의 예술적 표현이었다고 생각됩니다.

　다우닝의 《우아미》와 《회화미》에서 전형적으로 나타났던 자연미의 조화와 섬세함으로부터 두 가지의 중요한 의의가 발견됩니다. 그 하나는 내용과 형식의 모순입니다. 청교도정신과 민주주의의 기본적인 정신인 자유와 평등이 근대 시민사회의 발전 속에서 노예제도라는 상징적인 자기 모순을 일으킨 것과 같이, 조화와 섬세함이라는 정신과 감각적인 형태 사이에는 이중의 환상적 결합을 생성하는 조건이 있습니다. 그 조건은 中村에 의하여[28] 명쾌하게

---

25) Downing, A, J., 1857, A Treatise On the Theory & Practice of Landscape Gardening, p. 18
26) 同 上, p. 24
27) 同 上, p. 51
28) 中村一, 1978, 日本造園學會發表要旨

설명되고 있듯이 상품화(商品化)라는 여건 속에서 받아들여지는 같은 모양의 환상관계(幻想關係)를 말합니다. 낭만주의적 풍경의 개념에서 볼 수 있는 이 양자의 환상적인 결합은 미국의 근대 조경 속에서 다시 한번 심화되었습니다. 또 하나는, 긍정적인 의의로서 《우아미》과 《회화미》는 개인과 전체라는 유기적인 사회 속에서 자기 존재를 발견하는 계기를 부여하는데, 이것은 다음에 설명하는 옴스테드 등의 풍경의 디자인적 개념으로 포섭되어 왔습니다.

2. 경관의 디자인적 개념

풍경의 "The Beautiful"과 "The Picturesque"의 이념은 19세기 후반의 과학과 기술의 관계에서 디자인적 개념으로 종속되었습니다. 바꾸어서 말하면, 영국풍경식 정원에 양식화된 풍경의 미적개념, 즉 매우 아름다운 것과 그림같이 아름다운 것은 미국의 경관디자인에서 미(美)와 기능(機能) 그리고 사(私)와 공(公)의 이념으로 발전되었습니다. 이 발전과정은 옴스테드의 센트럴파크(Central Park)에 잘 나타나 있습니다.

1851년, 뉴욕州는 세계에서 최초로 공원법을 제정하였습니다. 이미 그 무렵에는 영국, 프랑스, 이태리, 독일 등 유럽의 여러 나라에서는 오래된 정원을 공공화하여 공원을 설치하였고, 특히 영국의 경우 1831년에 내쉬(J. Nash)의 레젠트파크(Regent's Park)가 신설되었기 때문에 미국의 공원 설치는 그다지 새로운 것이 아니었습니다. 그러나 시민의 레크리에이션과 후생을 목적으로 하는 공공적 풍경의 법제화는 주목할 가치가 있습니다. 공공법의 제정은 두 가지 의미를 가집니다. 하나는 공원법에 의해 전통적인 사적 정원의 울타리를 없애고 근대적 풍경의 공공성이 확립되는 계기가 되었다는 것을 들 수 있습니다. 그리고 이것의 또 다른 의미는 근대 사회의 공공적 풍경이 시민에 의하여 획득된 것이 아니라 바로 대자본가가 기부한 것에서 출발했다는 것을 말합니다.

옴스테드는 역사상 길이 남을 센트럴파크를 설계한 위대한 조경가였습니다. 센트럴파크가 옴스테드와 같이 뛰어난 조경가를 만났다는 것은 그야말로 행운이었습니다. 그는 "Practical(실제적으로 유용한)"이라는 말을 매우 싫어했다고 합니다. 아주 간단하고, 실제적이며, 효율적인 것만을 좋아하는 정치가나

투기꾼 그리고 사업가들에게, 특유의 기지와 수완으로 그들을 제압한 사회민주주의자였던 옴스테드의 활동은 센트럴파크의 설계에서부터 1893년 시카고 만국박람회까지 36년 간에 걸쳐 계속되었습니다. 그는 조경을 "예술로 간주해야 할 뿐만 아니라 넓게는 일반 시민의 물리적·심리적 요구에 부응해야 한다."[29]고 생각했습니다. "시민의 요구"란 경관의 기능적 측면을 의도하고 있고, 옴스테드에 의하여 경관의 미적·기능적 이념이 추구되었다고 보아야 합니다.

조경가로서 옴스테드의 활약은 영국인 건축가 보우(C. Vaux)와 한 조를 이루어 센트럴파크 설계공모전에 일등으로 당선하였던 때(1857년)로부터 시작됩니다. 그 후에 주임기사로서 센트럴파크 건설계획을 담당하였다가, 남북전쟁으로 인해 조경가로서의 그의 경력이 일시 중단됩니다. 전쟁 중에 다리에 부상을 입고 일선에서 물러났던 그는 다시 공원설계에 참가하였습니다. 그러나 1863년 "임무수행에 지장을 초래한다."면서 갑자기 그 자리를 그만 두었으나 곧 복직하였습니다. 이러한 사직과 복직의 반복은 그의 재임기간 중 한번도 아니고 세 번이나 계속되었습니다. 이렇게 옴스테드는 당시의 도시행정의 모순과 투쟁하면서, 조경가로서의 그의 주장을 밀고 나가려 했던 것으로 생각됩니다. 「조경가」로서의 명칭은 이 시기에 처음으로 사용되었으며 그는 조경직능의 확립에 온힘을 쏟았습니다. 그가 세 번째 복직을 하면서 "…다시 한번 복직하는 마당에… 나의 조경가로서의 직무를 수행함에 있어서 가능하면 계획의 수정을 꾀하겠다."[30]라는 주장과 "옴스테드의 타당성(appropriateness)에 관한 사고방식은 언제나 그의 비판과 결정에 있어서 기본이 되었다."[31]라는 지적을 종합하여 볼 때 옴스테드의 경관의 디자인적 이념에서 다음과 같이 생각해 볼 수 있겠습니다.

"《실용적인 것(Practical)》의 부정과 《타당한 것(Appropriate)》의 긍정"은 옴스테드가 주장하는 경관의 근본 이념입니다. 《실용적인 것》을 부정하는 것은 경관의 기본적인 조건, 즉 미적 이념을 긍정하며 자본주의에 의하여 발생되는 여러 가지 조건(특히 商品物神的 景觀)을 부정하는 것입니다. 그리고 《타당한 것》의 긍정이라는 가치관은 객관적이며 과학적 개념을 추구하는 것

---

29) Sutton, S. B. (MIT, 1971), A Selection of F. L. Olmsted's Writings on City Landscape, p. 10
30) 前 揭, Newton, Design on the Land. p. 274
31) 前 揭, Sutton, p. 13

이며, 주관적이며 자의적인 판단을 부정하는 것을 말합니다. 옴스테드는 《실용적인 것》과 《타당한 것》에 의하여 경관의 미적·과학적 개념을 확립하려고 하였습니다. 다시 말하면, 옴스테드가 《실용적인 것》의 부정을 통해서 얻으려 했던 것은 사적 소유에 얽매여 있는 사적 경관으로부터 공공적 경관으로 수준을 끌어올리는 데 있었다고 생각됩니다. 그의 경관디자인에 있어서 경관의 개념은 사적 및 공공적, 미적 그리고 과학적 범주에 의하여 이해될 수 있다고 생각됩니다.

1) 사적·공공적 범주에 의한 경관개념

에크보는 "…수천년 간 경관디자인은 부유층의 개인정원, 저택, 별장, 그리고 궁전 등과 같은 소수만을 위한 정원 조성에만 관심을 보여왔다. 19세기에 만들어졌던 뉴욕의 센트럴파크는 일반대중을 염두에 두고 만들었던 공원이었다. 이 공원의 디자인은 이전에는 볼 수 없었던 새로운 모습을 가진 민중을 위한 공원으로 경관디자인의 시초가 되었다. 18세기 낭만주의운동에 의하여 발전되었던 형태가 이와 같은 새로운 공원형태를 만들었다는 것은 인정하지만, 이러한 공원의 모습이 공공적 경관에 주었던 충격을 간과해서는 안 된다"[32]라고 주장했습니다. 이 인용에서 알 수 있듯이 에크보는 경관디자인으로 인해 사적·공공적 풍경이 확실하게 구분되었으며, 그 전형적인 예를 센트럴파크에서 볼 수 있다고 주장합니다. 다시 말하면 에크보는 "그 이후로 디자인 과정의 민주화는 강화되었으며, 그 속도를 더하였다."[33]라면서 공공적 경관이 디자인과정의 민주화에 의하여 얻어진 것임을 지적하였습니다. 그러나 소위 민주적인 경관디자인에 의하여 탄생한 공공적 경관이 반드시 공공적이지 않은 것은 일상적으로 경험할 수 있습니다. 오히려 에크보는 경관의 디자인을 통하여 민주화의 의미에 대하여 의문을 던지고 있다고 생각됩니다. "보다 많은 공업(그러나 보다 적은 농업)원료로부터 보다 많은 생산, 보다 많은 주택 건설, 보다 많은 상업건축, 보다 많은 사무소의 공간 등은 제 일차적인 집중이었다. 보다 많은 학교, 병원, 교회, 공원, 운동장 등 지역사회의 여러 시설은 뒤로 미루어졌다."[34] 그러나 이와 같은 현실과는 달리 "녹지가 풍부한 도시"

---

32) 前 揭, エクボ, 景観論, p. 120
33) 同 上, p. 120
34) 同 上, p. 26

또는 "태양과 오픈스페이스로 가득한 주택지" 등의 캐치프레이즈가 강조되면서 공공적 경관은 민중 속에서 관념적으로 점차 동화되어 갔습니다.

공공적 경관은 항상 사적 풍경과 무의식적인 관계를 지속하였으나, 사적 풍경에 의하여 공공적 경관이 점유당하는 메커니즘이야말로 근대적인 경관의 내적인 모순입니다. 센트럴파크의 건설에 있어서 《실용적인 것》을 부정하고 《타당한 것》을 추구하였던 옴스테드와 토털 경관디자인(total landscape design)을 주장하였던 에크보를 이어주는 한 가닥의 연결선은 <사적·공공적 모순>입니다. 이러한 모순을 설명하지 않고서는 경관디자인을 설명할 수 없습니다. "시민사회란 무엇보다도 먼저 구체적인 인간이 시민으로서 자립하여 무엇인가를 소유할 수 있는 권리가 인정되며, 서로간에 상호 교환이 가능한 사회를 말한다. 그 소유물이란 상품이나 화폐 혹은 기타 수입을 말한다… 상품의 소유자는 상호 자립하여 대응할 수 있게 되었으며, 그들 사이에는 전혀 직접적인 관계가 없었다(相互無緣性). 서로 대응하는 이 관계에서 상품소유자는 서로 상품을 교환하였고 반복되는 이 교환과정 속에서 그들은 처음에 전제로 하였던 상호 무연성(相互無緣性, 서로 관계없는 상태)과 상호 배타성(相互排他性)으로 굳혀져 갔으며, 결국 개인적으로 배타적인 관계를 만들어간 것이다. 따라서 상품을 만드는 인간의 노동은 전적으로 개인의 노동이다."[35]라고 平田은 상품과 화폐의 소유와 상호 교환의 관계를 통하여 시민사회를 설명하였습니다. 시민사회의 상호 무연성과 배타성은 상품의 소유와 상호 교환의 관계에 의하여 명확하게 이해됩니다.

이러한 근대적 사적 소유가 중심이 되는 시민사회에 있어서는 사회적 소유가 배타적으로 존재했으며 상호 의존적인 관계가 될 수는 없었습니다. 그러나 개인노동이 가지는 이중의 사회성[36]에서 엿볼 수 있듯이 사적 경관(私的 景觀)은 사회적 풍경에 또 사회적 풍경(社會的 風景)은 사적 풍경에 환상적으로 결합되었던 것입니다. 이것은 근대 시민사회의 기본적인 모순입니다.

사적 소유가 중심이 되는 시민사회에 있어서는 교환가치라는 외적기준을 이끌었던 가치판단이 인간 소외라는 세계에 감추어져 있었다는 것입니다. 교환가치 아래에서 받아들여지는 사회적 소유에서 노동이 객관적으로 실존한다

---

35) 平田淸明, 1969, 「市民社會と社會主義」, p. 86

36) 同 上, p. 88

고 하여도 이것은 어디까지나 상품물신화의 한 가지 현상일 뿐만 아니라 결국은 사적 소유를 다시금 강화시켰다고 볼 수 있습니다. 이것을 경관소유로 옮겨 놓으면 외면적으로는 사회적 소유의 모습을 하고 있어도 내면적으로는 사적 소유라고 할 수 있습니다. 따라서 공공적이라는 아름다운 문구와 함께 공원이나 학교 등의 공공지가 확보되었다고 하더라도, 이것은 결국 공장, 상업시설, 사무소 등 일차적 사유지의 집중에 의하여 가능하다고 생각됩니다.

2) 미적 · 기능적 범주에 의한 경관개념

경관의 미와 기능이 상대적으로 구분된 것은 근대에 접어들면서부터 입니다. 즉, 영국 풍경식 정원은 미적 범주에만 의해, 그리고 옴스테드의 경관디자인은 "기능과 미", 이 두 가지 범주의 관계성에 의하여 양식화될 수 있을 것입니다. 그러나 20세기 초부터 "형태는 기능을 따른다(Form Follows Function)."는 기능주의가 대두함에 따라 미와 기능은 서로 구별되었습니다. 그 후, 풍경디자인에 관해서는 형식이 중요한가 아니면 기능이 더 중요한가에 관하여 무의미한 논쟁이 계속되었습니다.

미와 기능 두 가지 범주는 예술과 과학과의 관계에서부터 검토되어져야 합니다. 예술은 목적성과 관련이 깊은 반면, 과학은 수단성과 관계가 밀접하다고 하겠습니다. 예술과 과학의 구분이 명료해진 것은 근대 과학의 출현에서 시작되었습니다. 고전과학에 의하면 과학은 철학의 일부였기 때문에 미의 추구라는 관점에서의 예술은 과학이었으며 동시에 철학이었습니다.

"과학은 우리들 주변세계에 관한 지식을 얻고 이해하기 위하여 회의하고 질문하는 것이다. 한편, 예술은(과학에 의하여 발견된) 새로운 지식에서 얻어진 미래의 구상을 근간으로 하여 새로운 형태나 배열에 관한 창조적인 결정을 하는 것이다."[37]라는 과학과 예술의 정의가 옳다고 하여도, 과학이 예술로 분명하게 표시된 사례는 찾아볼 수 없습니다. 수공업사회에서 가능했던 예술과 과학의 일치는 공업사회에 들어와서 점차 퇴조되었습니다. 풍경디자인에 있어서 미와 기능의 불일치는 예술과 과학의 사이가 벌어졌기 때문입니다. "예술은 감각과 감정의 영역에서, 그리고 과학은 지각과 지식의 영역에서 인간 경험의 경계를 확대하려 하는데… 인내력을 요구하는 연구와 철두철미한

---

37) 前 揭, 工ケボ, 景觀論, p. 75

분석이 수반되는 과학이 없으면 예술도 그 역할을 제대로 할 수가 없다. 영감을 받은 직관력, 대담한 사상 그리고 기묘한 즉흥성이 주가 되는 예술의 뒷받침이 없으면 과학도 제대로 그 기능을 발휘할 수가 없다."[38]고 주장한 에크보는 과학과 예술의 동반자 관계를 강조했습니다. 과학은 예술에 의하여 인간성을, 예술은 과학에 의하여 사회성을 되찾을 수 있습니다.

경관의 디자인적 개념을 예술적·과학적 범주의 관점에서 생각해 볼 때, 예술과 과학을 구별하려는 이원론적 입장을 취하는 한 경관디자인의 개념은 그릇된 방향으로 유도되기 쉽습니다. "과학은 대상으로서의 자연을 지배하려는 법칙성을 발견하려는 기술이며, 미는 기술을 세련시켜 인간적인 목적에 봉사하게 만드는 특질이 있다."[39]고 中村가 지적하듯이, 과학에 의한 「법칙성」과 예술에 의한 「미」는 논리적으로 두 가지의 다른 범주에 속하면서 결합할 가능성은 있습니다. 따라서 디자인 이념은 미와 법칙성의 관계성 속에서 존재합니다. 옴스테드의 「타당한 것의 긍정」은 이러한 디자인 이념에 근본을 둔 경관을 전제로 하고 있습니다.

제 2 장 경관구조의 역사적 유형

앞장에서 논의했던 경관의 개념으로부터 추출된 몇 가지 중요한 의의를 요약하면 다음과 같습니다.

첫째, 근대적인 경관의 개념은 우아미와 회화미, 이 두 가지 이념에 의하여 논리화되었습니다. 둘째, 이러한 우아미와 회화미의 이념은 영국 풍경식 정원에 양식화되어 있습니다. 셋째, 이 두 가지의 이념은 다우닝에 의하여 계승되어 미국조경의 중심에 자리잡았습니다. 넷째, 옴스테드의 가장 중요한 업적은 공공적 경관이념으로서 전통적인 미적이념을 止揚했다는 것입니다. 따라서 미적 또는 공공적 이념 아래에서 근대 경관디자인이 시작되었다고 말할 수 있습니다. 다섯째, 현대 경관디자인의 주목적은 민중을 위한 공공적 경관미의 창출입니다.

---

38) 同 上, p. 84
39) 中村一, 1974, 「自然美の理論」, p. 5

이와 같은 민중을 위한 경관형성이 근대 조경의 목표가 되었습니다. 여기에서 민중을 위한 경관을 규정하는 요인은 무엇이며, 민중을 위한 경관을 저해하는 조건은 무엇인가라는 기본적인 문제점이 제기됩니다. 이 문제를 해명해야만 경관디자인을 논의할 수 있습니다. 이러한 시점에서, 본 장에서는 다음의 명제에 관한 기본적인 논의가 전개됩니다. 영국 풍경식 정원의 이념은 낭만주의 원리에, 그리고 옴스테드 조경의 핵심인 공공적 경관의 이념은 청교도정신과 민주주의에 그 기초를 두고 있습니다. 우리는 낭만주의나 청교도정신이 근대 시민사회형성을 위한 사상적 기반이었음을 인정해야 합니다. 그리고 근대적인 경관형성(Landscape Formation)과 시민사회형성 사이의 중요한 관계가 있음을 지적하고 싶습니다. 따라서 시민사회형성의 조건 아래에서 경관구조 (Landscape Structure)는 규정된다는 것입니다. 경관구조를 역사적으로 유형화하려는 의의는 두 가지 측면이 있습니다. 하나는 경관형성이 어떠한 형태를 가지면서 근대 시민사회형성을 통하여 전개되었는가, 즉 과거의 경관구조는 어떻게 근대 경관구조에 영향을 미쳤는가를 설명하는 것입니다. 또 다른 하나는 경관구조의 역사적인 유형화에 의해 현대의 경관구조에 보존되어 있는 것은 무엇인가를 명확히 하는 것입니다.

이러한 경관형성의 전개는 주로 자연·농촌 및 도시 등 세 범주에 의하여 상호 관계를 가지며, 경관구조는 이 세 요소들의 조합에 의하여 유형화됩니다. 풍경구조는 역사적으로 선사적(先史的), 아시아적, 고전·고대적(古典·古代的), 봉건적(封建的), 그리고 근대적(近代的) 풍경구조 등 다섯 형태로 나눌 수 있습니다.

1. 선사적 경관구조

여기서 말하는 선사 시대란 인류가 호모 사피엔스(Homo Sapiens)로서 현대 인간의 원형을 갖춘 약 7만 5천년경[40]을 시점으로 구석기 및 신석기 시대를 거쳐 고대 문명으로 접어들 때까지의 시기를 말합니다.

인류의 진화는 두 발로 직립보행 한 것에서 시작하여 점차 사고하는 방법

---

40) Deevey, E. Jr, The Human Population, p. 4

을 터득하고, 그 사고력에 의하여 구성원을 결집하고 의사 소통 기술이 가능하게 되었다는 것이 일반적인 생각입니다. 마침내 도구와 물을 사용할 수 있게 된 인류는 빙하기가 끝나고 세계의 기후 구분이 대략 오늘날에 가깝게 되었을 때 아프리카, 서남아시아, 유럽, 동아시아 그리고 신대륙 등지에 백인, 몽고인, 흑인, 폴리네시아인 등으로 분류되어 살기 시작했습니다. 그들의 삶터는 사바나기후인 수림지대, 스텝기후를 가진 고원지대 그리고 따뜻한 삼림지역에 분포하고 있었습니다.

선사 시대에는 정주(定住)와 농촌의 싹이 희미하게나마 보였지만, 수렵과 채집을 기본으로 하였고 나무 위나 동굴에서 유목생활을 하였기 때문에 대지와 인간의 관계는 소박하였습니다. "소박"이라는 의미는 자유롭고 인간적이라는 것을 말합니다. 씨족공동체 또는 군거체(群居體)[41]에 속하며 이러한 사회를 전제로 하는 토지의 소유형태 아래에서는 "각 개인 자신은 하나의 수족(手足, link), 즉 공동체의 한 성원으로서만 소유자(proprietor) 혹은 점유자(possessor)로서 행동한다."[42]고 마르크스(K. Marx)는 주장하였습니다. 그러므로 노동은 산물이 아니라 자연발생적, 즉 하늘이 내려준 것이었으며, 자연 그 자체는 곧 개인의 세계였습니다. 자연과 인간의 감성적 밀착이 보여졌던 시기였습니다.(<그림 1> 참조)

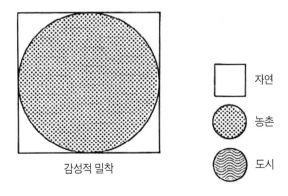

감성적 밀착

☐ 자연

◉ 농촌

◎ 도시

〈그림 1〉 선사적 풍경구조

---

41) カール・マルクス著, 手鳥正毅譯「資本主義的生産た先行する諸形態」, p. 9
42) 同 上, p. 10

2. 아시아적 경관구조

목축을 포함한 농경기술의 개발은 인류의 진화에 결정적인 영향을 주었고, 인간과 환경의 관계양식은 이를 계기로 커다란 발전을 이루었습니다. 인류의 서식지는 고지대(高地帶)로부터 저지대로 이동했으며, 인간은 정주하기 시작하였습니다. 정주가 시작됨에 따라서 각종 기술이 개발되었으며 이어서 생활 사상이나 학문, 그리고 예술 등의 발전이 이루어졌습니다. 이러한 농경문화는 서남아시아, 동북아프리카 그리고 동아시아를 중심으로 BC 6,000년경에 발생하였습니다.

세계에서 가장 오래된 농경부락은 이라크 북서부에 위치한 「그루지스탄」 산악지대였다고 합니다.[43] 이 부락은 수렵과 채집을 위주로 했던 동굴생활에서 농경목축이 중심이 되었던 촌락생활로 옮겨가는 과도기에 발생하였습니다. 또 「핫스나」 유적에서는 오래된 집락(集落)의 흔적이 발견되었는데 <그림 2>에서와 같이 인류역사상 최초의 가옥이 발견되었습니다.

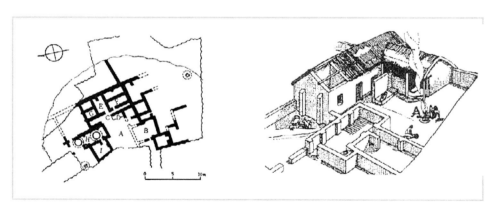

〈그림 2〉 오리엔트 문명 초기의 가옥구성[44]
(평면도상의 A는 前庭, B는 창고, C는 현관, D는 흙 의자, E는 주방, F는 침실, G는 창고(2실), H는 우물이며, 그리고 I는 작업장을 나타낸다.)

---

43) 池上波夫他,「世界の歷史」, p. 66
44) 同 上, p. 66 (평면도는 원본과 같은 것이나, 조감도는 이해를 돕기 위하여 역자가 첨부한 것임.)

가옥은 정원을 둘러싼 8개의 작은 방이 있으며, 후세에 사막지역의 스텝기후지대에서 볼 수 있는 주거형식과 비슷한 형태였습니다. 아울러 나일강변에도 BC 6,000년경에 농경문화가 발생하여 둥근 모양을 한 작은 가옥으로 이루어진 촌락이 형성되었습니다. 계급의 존재나 빈부의 차가 있었는지 알 수는 없지만, 이미 여성은 농경, 남성은 수렵이나 어획 등과 같은 직능분화가 이루어졌으며 토템숭배를 중심으로 원시공동체가 구성되었습니다.[45]

BC 5,000년경에는 티그리스·유프라테스강, 나일강변의 충적평야 그리고 황하유역에는 자급자족이 가능했던 농촌집락이 존재했고, 이 주변 또는 중간의 고원지대에는 수렵유목민들의 군거집단이 병립하고 있었습니다. 이윽고 BC 2,000년경에는 "…촌락과 함께 대외무역에 특별히 유리한 지점이나, 또는 국가의 수장(首長)과 그 태수(太守)들이 그들의 소득(잉여생산물)을 노동과 교환할 수 있고, 그 소득을 노동에 대한 대가로 지불할 수 있는 곳"[46]에 도시가 형성되었습니다(여기에서의 도시는 촌락의 집중으로 파악이 됩니다).

촌락에서 농촌의 도시형성 과정은, 동시에 「원시공동체」에서 「공동체」로의 전환 과정이기도 하였습니다. 이 과정에 있어서 두 가지 중요한 점을 지적할 수 있습니다. 그 하나는 선사적풍경구조의 특질로서 설명되었던 "소박한" 인간과 대지의 관계는 농경을 매개로 함에 따라 추상적인 관계로 변해갔다는 것입니다. 그리고 그 관계는 총괄적인 통일체의 기초로서 공동조직을 강화함으로써 전개되어 나갔다는 것입니다. 또 다른 한 가지는 최초의 가옥과 텃밭(<그림 2> 참조)이 존재하여 "사적"인 토지의 이용형태가 있었다는 것입니다. 이것은 공동체의 토지소유관계에 있어서 내적 모순을 보여주는 것이며, 이 내적 모순은 고전·고대적, 그리고 게르만적 공동체 속에서는 더욱 더 심화되고 있었습니다.

여기에서 알 수 있듯이 아시아적 경관구조는 공동체의 원초적 형태였던 「농업공동체」와의 관련을 통하여 고찰되어야 합니다. 그리고 농업공동체는 어떠한 특질과 의의를 가졌는지에 대해 명확하게 밝혀 둘 필요가 있습니다. <그림 3>은 인도 인더스강 유역의 푼잡지방에서 발견된 촌락의 모습을 나타내고 있습니다. 이러한 전형적인 아시아적 촌락형태로부터 다음과 같이 요약할 수 있

---

45) 同 上, p. 78
46) 前 揭, マルクス「資本主義……諸形態」, p. 12

겠습니다. 첫째, 종족 혹은 그 부분이었던 혈연집단이 토지를 공동점유하는 주체였습니다. 둘째, 씨족공동체에 의하여 공동으로 점유되었던 토지의 한 중간에 택지 및 텃밭이 조성되어 있었습니다. 그러나 이러한 사적 소유는 일 부분, 일시적이었고 토지의 주요 부분은 공동점유를 기본으로 합니다. 셋째, 수공업자는 따로 구별하지 않고 농민과 일체화되어 있습니다.[47]

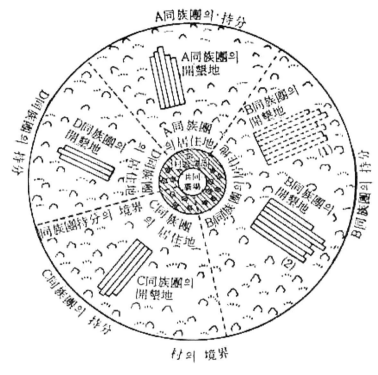

〈그림 3〉 아시아적 촌락 형태[48]

특히, 여기서 중요한 것은 아시아적인 공동점취(共同占取)와 사적 소유의 관계입니다. 이 관계는 마르크스가 주장한 "아시아적 형태란 필연적으로 보다 강하게 보다 오랫동안 유지되었다."라는 말로 명쾌하게 설명됩니다.

공동소유가 압도적으로 강했기 때문에 아시아적 공동체만의 특별한 통일성

47) 大塚 久雄,「共同体 の理論」, p. 55
48) 同 上, p. 51

을 촉진하였고, 마침내 아시아적 계급분화와 전제국가가 출현했습니다. 이것은 사적 소유가 인정되었다 하더라도 그것은 공동체적 소유에 비해 아주 하잘것없는 것이었거나 혹은 마르크스의 말처럼 사적 소유는 존재하지 않고 완강한 공동체적 소유에 의거한 사적 점유였거나 둘 중 하나였습니다. 어떻든 아시아적 공동체에 있어서 개인은 통일체로 발전하였고, 공동체의 통일을 구현하는 자의 재산 및 노예 등으로 그 성질이 바뀌었습니다.

아시아적 경관구조는 <그림 4>에서 보는 바와 같이 농업과 공업의 일체화, 공동체적 공간의 존재(후에 전제자의 절대적인 유일공간이 출현), 개개인의 사적 공간의 미발달, 그리고 유역전체의 계획(고대 관료제 도시) 등으로 특징지울 수 있습니다.

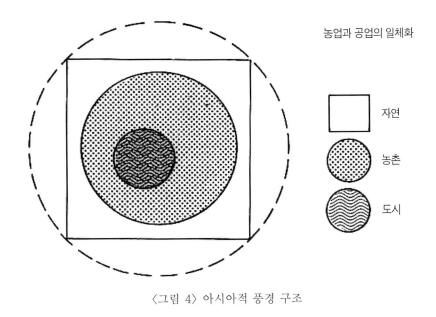

<그림 4> 아시아적 풍경 구조

다음으로 위에서 언급했던 공동체 아래에서 생겨난 도시, 건축 그리고 그 외의 문화적 특질에 관하여 설명하고자 합니다.

메소포타미아지방의 우르(UR)왕국 제1왕조(BC 3,000년경) 시대에는 노예제 (고전·고대적 노예제와는 다름)를 축으로 하는 신성 혹은 절대적인 왕권을 바탕으로 도시국가가 형성되었으며, 왕묘나 신전의 규모의 크기로 미루어

볼 때 계급사회가 상당한 규모로 진행되고 있었을 것으로 생각됩니다.[49]

슈메르인(Sumerian)에 의하여 농업과 수공업 등을 포함한 산업에서 학문과 예술에 이르기까지 다양한 분야에서 문화가 발전하였습니다. 슈나이더(W. Schneider)가 "당시의 슈메르문화는 3,000년 후의 유럽문화와 필적할 정도였다."[50]라고 지적하듯이, 그들의 문화는 거대하며 절대적인 왕권력의 존재를 나타내기에 충분했습니다. 우르에 이어 축조되었던 도시 우륵(Uruck, BC 3,000~2,500년경)에 관하여 BC 2,000년경의 길가메쉬(Gilgamesh) 서사시에는 "도시 전역의 3분의 1은 시(市, City), 3분의 1은 정(庭, Garden), 그리고 나머지 3분의 1은 논밭(Field)이였다. 이것들은 이쉬타르(Ishtar)여신을 중심으로 배치되었다."[51]라고 기록되어 있습니다. 여기에서 "市"란 도시구역 내의 촌락의 집합체를, "정"이란 공동체적 소유지를 말하며, 이 구조는 아시아적 도시의 전형적인 형태를 잘 보여 주고 있습니다.

우르市의 지구라트 신전은 장방형의 벽돌로 만들어진 토단(土壇) 위에 테라스식으로 구축되었습니다. 이 신전의 완전한 균형미와 높은 건설기술 수준은 이집트의 델엘바하리 신전과 견줄 수 있을 정도로 훌륭합니다(<그림 5> 참조). <그림 6>에서 보시는 바와 같은 바빌론市의 규모에서 우리들은 당시 왕권력의 위대함을 짐작할 수 있습니다. 이 도시는 동서가 2.4km, 남북이 1.6km에 이르는 거대한 규모였고, 주변은 이중의 성벽으로 둘러싸여져 있었습니다. 궁전, 신전, 탑, 주택, 운하 그리고 도로 등은 잘 정비되었으며, 거의 신격화된 통치자에 의하여 이 농업공동체를 완전히 장악할 수 있었습니다.

---

49) 前 揭, 池上他, p. 172
50) Schneider, W., Babylon is Everywhere, p. 46
51) Jellicoe, G & S., 1975, The Landscape of Man, p. 14

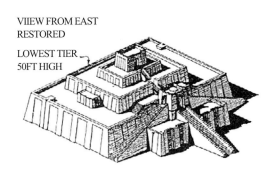

우르의 지구라트 복원도

〈그림 5〉 메소포타미아의 지구라트(기원전 3,000년경)[52]

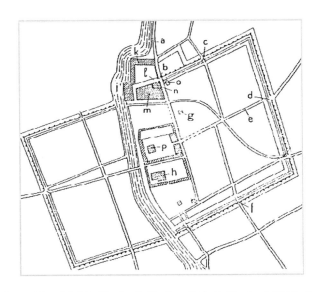

(그림에서 a는 축제도로, b는 이쉬타르 門, c는 쉰 門, d는 마르두크 門, e는 개선도로, f는 엔릴 문, g는 이
쉬타르 신전, h는 마르두크 신전, i는 아다드 문, j는 유프라테스강의 지류운하, k는 北城, l은 主城, m은 바
불른 궁전, n은 공중정원, o는 닌마크 신전이고, p는 바벨탑을 가리킨다.)

〈그림 6〉 고대 도시 바빌론(기원전 600년경)[53]

비옥한 초승달지대(The Fertile Crescent 譯者 註: 티그리스-유프라테스강
유역, 나일강 유역 그리고 인더스강 유역을 잇는 지역을 칭함)라고 불려지는
서남아시아 동쪽 끝 인더스강 유역에 BC 2,500경에 인더스 문명이 발생하였

---

52) Jellicoe, G & S., The Landscape of Man, p. 25
53) 同 上, p. 26

습니다. 이미 인도의 농촌형태에 관해서는 아시아적 전형을 통해 잘 알고 있습니다. 그 가운데 특히 모헨조다로에서의 도시형태의 특질에 대해서 말씀드리고자 합니다(<그림 7> 참조). 모헨조다로가 오리엔트지역의 여러 도시와 교역을 했었던 것은 이미 고고학적으로 증명되었으나, 많은 점에서 오리엔트의 여러 도시들과는 차이가 있습니다. 예를 들면, 신전 또는 왕궁과 같은 특별한 조영물(造營物)은 발견되지 않고 있습니다. 대신 이 도시에는 거주민 전체의 복지를 위한 시설이 곳곳에 만들어졌으며, 또한 개개인의 생활이 매우 풍요롭고 여유가 있었던 흔적들이 남아 있습니다.[54]

대규모 공중목욕탕이나 집회시설과 같은 공공시설이 설치되어 있고, 가옥은 전부 구워서 만든 벽돌로 지었으며, 큰 주택은 중정(中庭)을 가지고 있었고, 별도의 우물과 욕실이 있었던 것으로 보아 인더스강 유역 도시의 질서유지는 메소포타미아와 같은 절대 왕권력에 의해서가 아니라, 시민의 자치에 의해

<그림 7> 인더스 문명의 모헨조다로(기원전 2,000년경)[55]

54) 前 揭, 池上他, p. 187
55) Gallion, A., 1963, The Urban Pattern, p. 7

이루어졌던 것이 아닐까 짐작해 봅니다. 마르크스가 "이러한 간단한 생산유 기체는 아시아적 여러 국가의 끊임없는 몰락과 재건, 그리고 끊임없이 이어 진 왕조의 교체라는 현저하게 대조되는 것에서 아시아적 여러 사회의 변하지 않는 비밀을 푸는 열쇠가 있다."[56]라고 주장했던 인도의 공동체적 특질과 결 부시켜 생각해 보면 매우 흥미가 있습니다.

3. 고전 · 고대적 경관구조

아시아적 경관구조 다음은 고전 · 고대적(그리스 · 로마적) 형태로 유형화될 수 있습니다. 아시아적 형태가 「농촌과 도시의 일체성」[57] 아래서 경관이 형 성되었다면, 그리스 · 로마적 형태는 「도시적」 경관으로 분류할 수 있습니다. 다시 말하면, 고대적 경관은 도시공동체(polis)에 의해서 공동체적 소유와 사 적 소유의 관계성 속에서 형성되었을 것이라고 생각됩니다. 본론에서 이 관 계를 명확히 밝힘으로써 근대적 경관의 초기 발전형태가 설명됩니다.

고대 그리스의 자연환경은 지중해라는 아시아, 아프리카, 그리고 유럽 여러 나라에 의해 둘러싸인 내해(內海)에 의하여 규정되어집니다. 이 내해가 가지 는 특징은 전형적인 해양도시문화를 창출했다는 것입니다. 지중해는 스페인 의 지브롤타해협(譯者 註: 현재는 영국령)을 통하여야만 대서양으로 진입할 수 있었기 때문에 큰 바다의 영향을 적게 받았으며, 연중 해수 온도의 변화가 적었고 또한 파도가 잠잠했기 때문에 그리스인으로서는 좋은 조건을 갖춘 활 동장소였습니다. 그리스에는 고대 오리엔트에서처럼 큰 하천이 없었고, 게다 가 지리적으로 경작면적도 제한되어 있었기때문에, 그리스인은 일찍부터 바 다에 관심을 두었습니다. 고대 그리스가 해상무역국으로서 번영을 누렸던 배 경에는 그 나라 특유의 자연환경을 들 수 있겠습니다.

고대 그리스문화는 에게(Aege) 문명과 크레타(Creta) 문명에서 시작되었습 니다. 에게해를 중심으로 하는 문화는 신석기 시대 말기에 오리엔트의 영향 을 받았으며, 원래의 조잡했던 이 섬나라문화는 도시적인 고차원의 미노스문 화(Minos)로 발전(BC 3,400~2,100년경)하였습니다. 이 미노스 시대 중기 후

---

56) マルクス, 「資本論」, 第一卷, p. 93~96
57) マルクス, 「資本主義……諸形態」, p. 21

반(BC 2,100~1,600년경)에 이르러 크레타섬을 중심으로 하는 다양한 크레타 문화가 꽃을 피웠고, 미노스인의 섬세하고 정서가 풍부한 자연관은 벽화, 건축, 그리고 공예미술 등에 유감없이 발휘되었습니다. 당시의 문화는 후세 고대문화의 기반이 되었습니다.

크레타문화의 건축과 오픈스페이스는 크노소스(Knossos)를 비롯한 크레타의 궁전에서 몇 가지 특징을 발견할 수 있습니다. 에반스의 발굴조사에 의하면, 크노소스 궁전의 전체 플랜은 메소포타미아지방의 마리궁전과 유사하며, 주랑형식과 석조기술은 그 곳에서 배웠을 것으로 추측됩니다.[58]

<그림 8>에서와 같이 궁전은 가로 186m × 세로 176m에 이르는 거대한 스케일로서 층층이 테라스로 연결되어 있으며, 궁전의 실내는 작은 방으로 세세하게 나누어져 있으며, 방 바깥에는 종교의식이나 사교, 레크리에이션을 위한 중정이 만들어져 있습니다. 구릉 위에 만들어졌던 주랑건축과 넓은 오픈스페이스를 배치했던 방법은 후세 그리스건축에 많은 영향을 주었다고 생각됩니

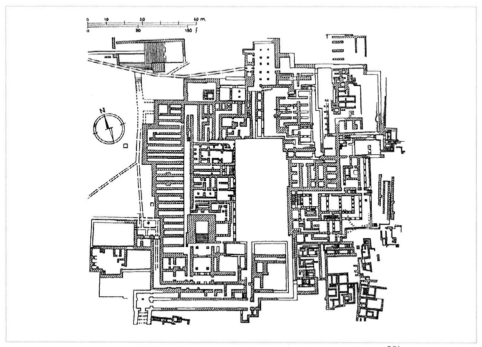

〈그림 8〉 크레타 문명의 크노소스 궁전(기원전 2,000년경)[59]

---

58) 村田數之亮, 「世界の歷史」ギリツャ, p. 37
59) 前 揭, Schneider, p. 95

다. 여기서 중요한 것은, 인공적이고 기하학적인 오리엔트문화의 건축양식이 크노소스궁전을 축조할 때 배경이 되었지만, 그리스문화의 진수는 오리엔트문화의 계승에 있었던 것이 아니라 그것을 초월했던 점이라고 생각됩니다.

BC 2,000년경에는 북방으로부터 남신숭배(男神崇拜)와 부권제(父權制)를 기반으로 하는 유목민족이 그리스반도에 침입하기 시작했습니다. 그리고 이들 유목민족 중 아카이아인이 펠레폰네소스반도를 중심으로 미케네 문명을 창조했으며, 마침내 강력한 군사력을 기반으로 하여 먼저 살고 있던 해양민족을 정복했습니다.[60]

이 때가 BC 1,200년경이었습니다. 미케네(Myceane) 문화는 도리아인의 침입으로 인하여 전쟁이 밤낮으로 계속되는 암흑의 시대로 변해갔습니다. 마침내 수백년 간 계속되었던 암흑 시대가 끝나고 그리스반도에 아테네를 중심으로 하는 강력한 도시국가(polis)가 탄생하였습니다. 폴리스는 토지와 백성을 예속시켰던 오리엔트적 절대왕권제에서 공화적인 도시국가로의 이행을 의미하며, 세련된 그리스문화는 여기에서 시작됩니다.

그런데 그리스·로마적인 "도시" 경관구조에 관해 설명하기 위해서는 "도시"란 도대체 무엇인가를 분명하게 밝혀 둘 필요가 있습니다. "폴리스는 처음에는 일정한 작은 영역 내에 살고 있는 민족의 연합체를 토대로 집단거주를 하였으며, 이를 구심점으로 하여 차츰 그 모습을 갖추어갔다."[61]라는 설명에서 알 수 있듯이 폴리스의 성립에는 여러 씨족으로 형성된 농업공동체가 존재했다는 것이 전제가 됩니다. 또 이러한 씨족공동체가 앞의 아시아적 공동체를 전제로 하였다는 것은 이미 이야기한 크레타 문명과 이집트 문명과의 관련에서 알 수 있으며, 여기에서의 "도시"란 상식적으로 생각되는 도시의 모습으로서 이해해서는 안 된다는 것을 먼저 확실히 해 둘 필요가 있습니다. 마르크스는 「제2차 형태」로서의 도시는… 그것이 성장했다가 소멸했어도 주변 일정지역 내의 농촌을 필수 불가결한 것으로 하여 그것과 일체가 되어야만 비로소 성립될 수 있으며, 따라서 그 내부구성에 있어서는 어디까지나 농촌과 토지점유의 관계가 「공동체」의 기본을 결정하고 있다."[62]라고 주장하였습

---

60) 田中美知太郎編, 「ギリツャの詩と哲學」, p. 23
61) 前 揭, 大塚, p. 58
62) 前 揭, 大塚, p. 60

니다. 마르크스가 말하는 "농경자(農耕者, 토지소유자)들이 이미 점유하고 있던 정주지(중심지)로서의 도시"[63]는 끝까지 일관되게 계속되었습니다.

이러한 도시가 초기의 귀족도시에서 평민도시로 역사적인 변화를 계속했지만, 이 과정은 농민이 평민인 시민으로 신분이 상승되는 과정이었습니다. 공화제에서 시민의 출현, 이것은(노예제라는 비민주적 지배관계에서의 공화제였지만) 폴리스국가에서 엿볼 수 있는 첫 번째 특징입니다. 두 번째의 특징은 공유지와 사유지의 관계입니다. "사적 소유자는 로마인만이 될 수 있고, 더구나 로마인이기 때문에 그들은 사적 소유자가 된다."[64]라는 말에서 상징적으로 나타나듯이, 사적 소유자와 공유지(국유지)의 존재에 의해서 도시국가가 유지될 수 있습니다. 세 번째 특징은 사회적 분업의 발달을 들 수 있습니다. "고대 도시에서 공업과 상업은 천시되었으나, 농업은 중요하게 취급되었습니다. 그러나 중세에는 그 반대로 공업과 상업이 중요시되었습니다."[65]라는 인용에서 알 수 있듯이 상인이 수공업 노동자와 농민으로부터 명확히 구별되고, 더 나아가서 수공업자들이 단계적으로 도시의 실권을 장악하게 되었음을 짐작 할 수 있습니다. 고전적 시민은 농민이었으므로 토지를 소유할 수 있는 권리가 있었으나, 수공업자들은 「천한 일」에 종사하는 사람으로 취급되어 시민의 자격을 얻지 못했던 역사적 사실을 통하여 볼 때, 사회적 분업의 전제로서 토지 소유형태에 차이가 있었음을 알 수 있습니다.

이상에서 알 수 있듯이 폴리스공동체는 시민의 존재, 사적 소유와 공유지 및 분업관계의 확대 등 여러 가지 면에서 앞서 언급했던 아시아적 공동체와는 확연하게 구별되고, 이러한 차이점에 의해서 고전적 경관구조가 설명된다고 하겠습니다. <그림 9>는 그리스적인 폴리스형태를 도식화한 것입니다.

폴리스는 공동사회의 필요성이나 명예 등을 위하여 확보된 공유지와 별도의 사적 소유지로 이루어집니다. 여기서 별도의 사적 소유지를 전제로 한 공동체의 구성원이라 하는 것은 개개인이 공동체의 구성원으로서 사적 소유자였다는 것을 기억하게 합니다. "그가 그의 사적 재산인 토지와 관련을 가지는 것은 동시에 공동체 구성원인 그의 존재로서 관련을 가지는 것이다. 따라서

---

63) 前 揭, マルクス, 「資本…諸形態」, p. 13
64) 同 上, p. 16
65) 同 上, p. 18

그를 유지하는 것은 바로 공동체를 유지하는 것이었고 또 그 반대도 될 수 있다."[66]는 주장에서 지적되는 도시공동체와 개인의 관계에서 공유지와 사적 소유지 사이의 관계는 다음과 같습니다.

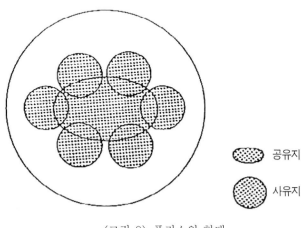

〈그림 9〉 폴리스의 형태

공유지

사유지

　우선 국가적 토지소유와 사적 토지소유와의 대립형태에서는 사유지가 공유지에 의해 관계를 맺게 되는 매개(媒介)로서, 공유지 그 자체가 이중의 형태로 존재합니다. 그것은 공동적 소유지만으로 존재했던 아시아적 형태와도 다르고, 또 다음에 설명될 게르만적 형태와도 다릅니다. 도시국가의 구성원(시민)으로서, 바꾸어 말하자면 농민이 도시의 주민이 되어 사유지가 존재했고, 또 사유지가 존속함으로써 공유지가 유지되는 이 기본적인 관계는 도시(존재로서)와 개인 사이의 관계를 맺어 주는 매개로서 고전적 경관의 특징입니다.

　<그림 10>은 고전적인 자연, 농촌 그리고 도시 사이의 다양한 관계를 보여주고 있습니다. 그것은 「도시」의 실체가 자연에서 구별된 모습으로 존재하고, 더구나 도시 자체가 농촌을 기본 토대로 하여 존재하고 있다는 것을 의미합니다.

---

66) 同 上, p. 14

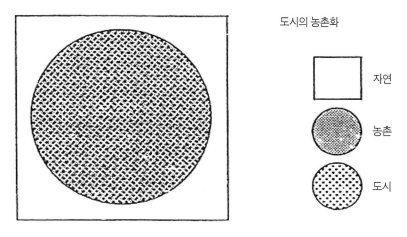

도시의 농촌화

자연

농촌

도시

〈그림 10〉 고전·고대적 경관구조

공업과 농업 그리고 도시(촌락)와 농촌의 결합은 고전적 공동체의 특징으로 파악됩니다. 그리고 그와 같은 특징이 고전적 소유관계와 노동양식, 즉 분업형태의 확대에 의해서 나타났다는 것입니다.

고전적인 도시국가가 공화제, 다시 말하자면 직접민주주의에 의하여 성립되었다는 것은 이미 주지하는 바와 같습니다. 이러한 직접민주주의를 지탱하는 전제조건으로서 "공동단체를 존속시키는 것은 자급자족 농민간의 평등 유지와 그들의 소유를 존속시키는 조건인 자가노동(自家勞動)이다."[67]라는 평등의 원리가 폴리스의 필연적인 존속조건이었고, 민주주의가 생산조건의 전제였습니다. 따라서, 고전적인 민주주의는 생산할 수 있는 조건, 즉 치부(致富)가 목적이 아니라 개인이 자기 보전을 위해서 공동사회의 단결을 유지하는 데 목적이 있었다고 생각됩니다. 개인노동은 노동의 조건으로서의 토지를 통해 성립되며, 이 토지는 도시공동체의 존재에 의해서 보장되는, 즉 공동체는 공동체 구성원인 개인의 잉여노동에 의하여 보장된 사회상태의 저변에는 개인의 사적 노동이 사회적(공동적) 노동과 결합되어 있습니다. 직접민주주의(直接民主主義)의 의의(意義)는 개인과 공동사회가 직접적인 관계를 만들어 가는 곳에서 찾아볼 수 있습니다.

---

67) 前 揭, マルクス, 「資本…諸形態」, p. 15

　　직접적인 개인과 개인의 관계, 인간적인 사회와의 관계에서 생겨나는 미
(美)와 미의식(美意識)이 보다 인간성을 존중했던 것은 지극히 당연한 결과입
니다. 마르크스는 고전적 예술이 생겨났던 배경을 사회가 아직 덜 발달된 상
태로 정의하였습니다. "인류가 가장 아름답게 꽃피웠던 역사적 유년기가 왜
단 한번의 단계만으로 영원히 그 매력이 발휘되는 걸까? 성질이 나쁜 어린이
들이 있다. 고대 민족의 대부분은 이 성질 나쁜 어린이의 범주에 속한다. 그
러나 그리스인은 정상적인 어린이였다. 그들의 예술에 대해 우리는 매력을
느끼고 있다. 이것은 그 예술이 생기고 자란 미발달된 사회단계와 모순되는
것은 아니다. 오히려 그 매력은 그러한 사회단계의 결과인 것이다. 그것은 오
히려 예술이 그 근원으로 성립하고 그 근원만으로 성립해 왔던, 미숙했던 사
회적 여러 조건이 다시는 되돌아오지 않는다는 사실과 깊은 관련이 있다."[68]
　　고전적인 경관구조는 여러 가지 사회적·경제적 조건과 지중해기후와 토지
의 물리적 조건에 의해 형성된 그리스 고유의 것입니다. 예를 들면, 그리스
전성기의 조상(彫像)이나 토기 등에는 주술적(呪術的)이라기보다는 호메로스
의 『일리아드』나 『오디세이』에서처럼 신이나 영웅의 모습을 지중해를 무대로
하여 밝은 목소리로 노래하는 모습이 새겨져 있습니다. 또 <그림 11>에서 보
듯이 파르테논 신전은 당시 아테네가 시민
공동체의 맹주로서 전성기를 맞이하였을
무렵에 축조되었으며, 때마침 절대군주국가
였던 페르시아와의 전쟁에서 승리하여 쌓
아올린 강력한 민주주의 사상을 배경으로
탄생했습니다.

　　여기서 고전적인 경관의 특징을 아시아
적 전제국가체제에서 탄생했던 중국이나
일본과의 비교를 통하여 살펴볼 수 있습니
다. 그리스의 풍토에 관하여 "지중해의 자
연은 질서정연하였고 순종적이었다."라고
보았던 일본의 지리학자 화신(和迅)의 역사

〈그림 11〉 아테네 파르테논 신전(기원전 5세기)[69]

---

68) マルクス, 「經濟學批判」, p. 329
69) 원문에는 필자가 직접 촬영한 사진이 수록되어 있지만, 사진이 너무 희미하여 역자가 다른 것으
　　로 교체·수록하였다.

관에는 문제가 좀 있지만 그래도 그리스인의 자연관을 나름대로는 명쾌하게 파악하고 있습니다. 그에 따르면 "그리스에서 자연과의 조화는 자연의 인간화였고, 인간중심적 입장에서는 최초의 주장이었다. 여기서 자연으로부터의 해방은 자연과의 투쟁이었다."[70]고 합니다. 그리스 사람들의 인간중심적인 자연관은 고대 일본 사람들의 예정조화적이며 자연에 몰입하는 마음 혹은 자연과 인간을 구별하지 않았던 합일의 정신과 종종 비교됩니다.

고대 일본인의 주체와 객관을 구별하지 않은 사고방식은 위에서 언급했던 아시아적인 개인과 공동체의 관계에 의존했기 때문으로 생각됩니다. 이것을 문학적으로 분석해 볼 수 있습니다. "만엽집 13장에 "자연"이라고 쓰고 그 것을 おのずから(저절로, 자연스럽게)라고 읽는 예도 있지만, 그 자연이 동시에 스스로, 즉 자기(自己)이며, 역으로 자기가 바로 자연이다."[71]라는 언어학적 분석에서 저절로(自然)가 스스로(自己)라는, 즉 자연이 자기라는 자기와 자연 간의 명확한 선이 없는 상호 전환이 가능한 생각은 언어상으로 "우리"와 "자기 자신"의 관계와 같다고 볼 수 있겠습니다. 일인칭 대명사인 동시에 이인칭 대명사이기도 한 불명확하기 짝이 없는 주체와 객체의 관계야말로 고대 일본의 전형적인 사고방식이었습니다.

그러나 서구인들에게는 애매하겠지만 일본인은 "われ(나)"와 "おのれ(자기자신)"을 때와 장소에 맞게 사용할 줄 알았으며 조금도 불편을 느끼지 않습니다. 도대체 이것은 무엇을 의미할까요? 이러한 마음의 움직임 속에는 불명확하지만 늘 자기와 타인을 전체 속에서 구별하는 예정조화적인 기대가 들어 있다는 것입니다. 이러한 태도가 창작활동을 통하여 인간의 심성에서 나타나는 자연을 그대로 자연이라고 생각하여 형상화하고자 하였던 것입니다. 헤이안 시대(平安時代)에 생겨났던 국풍문화(國風文化)의 자연주의적인 미의식, 중세의 "그윽함"이나 근세 바쇼오(芭蕉)가 도달하였던 "풍아(風雅)의 경지" 근저에서 느낄 수 있는 "여운의 정"은 고대 일본인의 자연관과 깊은 관계가 있습니다.

고전·고대적 자연관을 다시 중국과 비교하여 보면, 고대 그리스 철학과 자연과학이 거의 통합된 형태로 발전했던 사실과는 대조적으로 중국의 철학은

---

70) 租辻 哲郎, 「風土」, p. 82

71) 渡辺 照宏編, 「仏教の東漸と道教」, p. 370

자연과학과 관계없이 발전했습니다. 구총(具塚)은 그리스 철학과 중국 철학이 서로 다른 점을 다음과 같이 지적하고 있습니다. "서양에서의 그리스 철학은 자연철학과 결부되어 있으며, 근대에서도 자연과학의 진리가 철학과 연결되어있지만, 중국에서는 그 입장을 달리한다. 중국에서의 철학은 자연론이 아니라 인생론이기 때문에 인간론을 이야기한 책을 읽고 이해하는 것이 중심이 되었다".[72]

여기서 구총(具塚)은 "중국의 과학적 지식은 서양에 비하여 원초적이며 유사과학(pseudoscience)으로 정의되고 있다."[73]라고 중국과학을 변호합니다. 확실하게 중국의 철학이나 과학이 서구의 과학에 비하여 유사과학적인 측면이 없다고는 말할 수 없지만 공자나 노자의 학문적인 목표가 그리스 철학의 정통을 답습하는 서구의 철학과 다른 점이 있다는 것을 이해할 필요가 있습니다.

공자(孔子)의 경우는 일찍부터 학문으로 덕육(德育)을 가르치고 학문적 진리의 추구를 인간완성의 필요조건으로 간주하지 않았으며 또 진리를 학문의 최종목표로 설정하지도 않았습니다. 그의 사상은 인간의 생활태도를 문제로 하여 지(知)와 행(行), 즉 아는 것은 행함으로써 완성된다는 실천성을 중요하게 생각했습니다. "인(仁)", 다시 말하면 타인도 자기와 같은 인간으로 인정한다는 인도주의가 知를 초월하는 것으로 개념화할 수 있겠습니다. 이것은 行이라는 경험론을, 知라는 합리론에 부가했던 점이 공자 학문의 특징입니다.

한편, 노자(老子)는 일관되게 인간과 자연과의 관계에 대한 심각한 인식을 목표로 하였습니다. 그가 주장했던 자연관의 특징은 "만물의 근원, 즉 여러 가지 현상의 배후에 잠재하는 시간과 공간을 초월했던 본체와 운동법칙을 도(道)라고 한다."[74]라는 주장에서 알 수 있듯이, 변화에 중점을 두고 우주 사이의 변화를 통하여 존재하는 일정한 법칙 추구에 몰두했습니다.

그리고 고대 중국인의 풍수사상(風水思想)은 일본인의 일상 생활이나 사고에 많은 영향을 끼쳤지만, 중국인의 특징을 잘 보여 주는 것으로 매우 흥미롭습니다. "풍수(風水)"란 바람(風)과 물(水)에 의해서 만들어지는 유역과 지형

---

72) 貝塚茂樹,「春秋戰國とイソド」, p. 121
73) 同 上, p. 122
74) 大村他譯,「老子, 列子」, 経済思想研究會, p. 25

을 의미하고, 이러한 사고방식은 주택이나 묘지의 위치설정에 적용되었습니다.

황토평원이나 고원지대에 살았던 고대의 중국인들에게 겨울의 찬바람과 여름의 시원한 바람 그리고 홍수 등은 커다란 관심사였습니다. 따라서 주택이나 묘지의 위치설정을 하면서 이러한 미기후의 통제에 관심을 기울였던 것은 당연하다고 하겠습니다. 지오만시(Geomancy)는 당시의 과학적·사상적 이면(裏面)을 보여 주는 생태학적 기준과 같은 것이었다고 생각됩니다. 풍수론의 특질을 조금 지적하자면 다음과 같습니다. "만일 가옥이나 묘지가 지형 및 수계에 잘 대응하여 적절하게 배치되면 후손에게 행운을 주고, 반대로 적절히 배치되지 못하면 불운을 겪는다(譯者 註: 풍수의 동기감응설(同氣感應說, 같은 기는 서로 응하고 통한다는 의미)를 말함. 명당자리에 시신을 묻으면 살은 잘 썩고 뼈만 남게 되는데 이 남은 뼈를 통하여 그 명당의 좋은 기가 자손들에게 전달되어 모든 일이 잘 이루어질 것이라는 믿음)."[75]고 하는 지오만시는 완전한 원인결과설(原因結果說)이라고 할 수 있습니다. 풍수론에 근거한 지형계획은 <그림 12>에서 보는 바와 같이, 먼저 언덕으로 주위를 둘러싸고, 배수는 북쪽에서 남쪽으로 하며, 동은 양(陽)이며 서는 음(陰)이 되고, 동방에

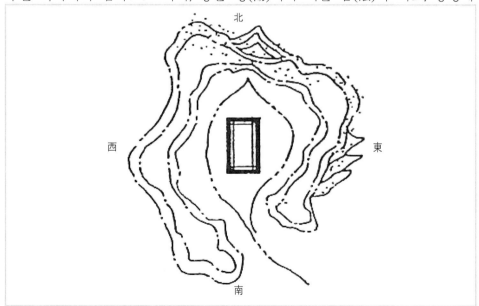

〈그림 12〉 풍수론에 의한 지형계획도

75) Needham, J., Science & Civilization in China, Vol Ⅱ, p. 356

높은 흙더미를, 서방에는 보다 낮은 둥근 구릉을 가지게 함으로써 동서의 조화를 유지시킵니다.

전체의 조화는 陰(여성적 요소, 예를 들면 北, 西, 冷, 濕, 水, 黑, 夜, 月, 秋, 冬 등)적인 요소를 2/5, 陽(남성적 요소, 예를 들면, 南, 東, 乾, 暖, 火, 晝, 太陽, 春, 夏 등)적인 요소를 3/5 으로 하여 얻어집니다. <그림 13>은 음양오행설에 근거한 자연의 시스템에 관한 그림입니다. 이 그림은 그 후로 애니미스트(Animist)적인 사신설(四神說)에 포함되었습니다.

〈그림 13〉 자연의 시스템

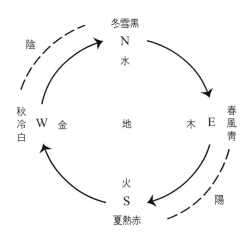

<그림 14>는 오행, 즉 "목화토금수(木火土金水)"로 이루어지는 5개의 요소가 서로 작용하여 자연의 운행이 이루어진다는 것으로 자연의 동적인 면을 보여 준다고 하겠습니다. 이것은 그리스인들이 말하는 4개의 구성요소인 "토화공기수(土火空氣水)"와 유사하다고 하겠습니다. 다시 말하면 "나무(木)는 불을 일으키고(火力), 불(火)은 재(灰)를 만들어 땅(大地)에 뿌려지고, 흙(土)은 광물(鑛石)을 보유하며, 동경(銅鏡)은 이슬(露)을 부르고, 물(水)은 나무(木)를 자라게 한다(譯者 註: 상생론(相生論)을 말함)."[76]는 소박한 경험적 지식에 의존합니다.

지오만시(Geomancy)를 포함하는 중국인의 사고는 아시아적·객관적인 조

---

76) Huang, A-L, Tao-The Watercourse Way, p. 33

건하에서 길러진 음양이행설(陰陽二元說), 즉 "우주는 항상 음양의 관계에서 이루어지며, 자연적 존재를 가치의 근원"[77]으로 하는 자연관에 뿌리를 두고 있다는 것은 일반적으로 인정받고 있습니다. 예를 들면, 이 세계의 삼라만상은 모두 다르지만, 서로 다른 다양성이 존재하기 위해서는 전체는 하나를 이루어야 한다는 자연관은 절대적 전제국가의 통일체를 받쳐주는 윤리입니다. 자연의 법칙은 공자의 이법(理法)에도 응용되어 "천하의 무엇을 생각하더라도, 해가 가면 달이 뜨고 달이 지면 해가 또 솟아오르고, 해와 달이 변하여 밝음이 생겨난다. 추위가 가면 더위가 오고 더위가 가면 추위가 오는 것, 추위와 더위가 변하여 세월이 흐른다."[78]라는 현실적인 인생론을 기반으로 하고 있습니다.

〈그림 14〉 순환설

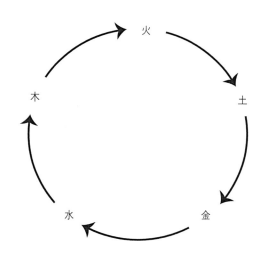

이상과 같이 고대 중국인의 이성을 초월하여 혼돈(混沌)에서 질서를 지향했던 사상과 고대 일본인의 지성을 억눌렀던 감성, 정서를 중시했던 태도에는 어떤 유사성이 발견됩니다. 풍토의 차이를 초월한 유사성이 인정된다면 도대체 무엇이 풍경구조형성의 규정요인으로 규정될 수 있을까요? 고전·고대적

---

77) 竹內實, 「中國の思想」, p. 116
78) 同 上, p. 135

풍경구조와 아시아적 풍경구조의 특성을 고찰하는 가운데서 그 답은 보다 명확해질 것으로 생각됩니다.

4. 봉건적 경관구조

지금까지 경관구조의 세 번째 형태, 즉 고전·고대적 경관구조에서 폴리스(polis)적 경관의 형성에 대해 언급하였습니다. 이것은 근대적 경관구조와 비교해 볼 때 아주 유치한 단계로서 그 의의를 주로 두 가지의 측면, 즉 도시와 농촌, 그리고 사유지와 공유지 등의 관계에서 설명될 수 있었습니다. 그리고 유치함보다는 오히려 매력적으로 우리들의 마음을 끌어당긴 그 지역의 직접 민주주의와 농민적 시민의 존재를 강조하면서, 그것을 고전·고대적 경관구조의 특질로서 정의하였습니다.

고전·고대적 형태가 아시아적 혈연체 그리고 씨족공동체의 이완과 그것에 따른 지연·소가족 제도로의 이행에 의해서 가능했던 것처럼 그 다음에 유형화된 봉건적 형태는 고전적 형태의 발전으로서 이해되어지는 면이 많습니다. 이 단계적 발전에 관하여서는 많은 의견들이 있으나, 반드시 긍정할 수도 완전히 부정할 수도 없습니다. 여기서 우선 平田의 주장에 따르면 "…그것은 공동체에서 근대 시민사회로의 이행이라는 세계사인식의 기초적 시점이었습니다. … 고전·고대적 공동체도 게르만적＝봉건적 공동체도 아시아적 공동체와는 다르며 고유의 사적 소유를 발전시키고 있었습니다. 그로 인하여 생산과 교통의 분류가 생겼던 것입니다. 결국 그것에는 시민사회가 성립되고 있었던 것이라고 하지만, 근본적으로 그들의 사회를 위협하여 파괴하고 몰락시켜나가는 것입니다."[79] 이상과 같은 사실을 볼 때 공동체에 있어서 사적 소유의 발전을 시민사회의 시작으로 간주하여 이제부터라도 풍경구조의 역사적인 유형화를 진행시켜야 할 필요가 있다고 생각합니다. 그러나 이론적으로 예를 들면, 고전·고대의 공동체적인 사적 소유가 시민사회적 소유를 엄밀하게 설명할 수 있을까라는 물음에 대하여서는 다소 문제가 있음을 미리 이야기해 두고자 합니다.

---

79) 前 揭, 平田, 「市民社會と社會主義」, p. 98

　　그런데 봉건적 풍경구조는 연속된 토지소유형태 및 도시와 농촌의 관계에 의해서 분석이 가능하다고 생각됩니다.

　　우선 공유지와 사유지의 관계에 있어서, 봉건적(게르만적) 형태의 경우 공유지의 사유지에로의 종속을 그 특징으로 말할 수 있겠습니다. 이것은 大塚의 다음과 같은 지적에서 명료해지는데, 그에 따르면 "게르만적 공동체에서는 촌락전체에 의하여 공동으로 점령된 토지는 그 내부에서 다시 각 공동체구성원(＝각 농민 (가족)의 가장)에 의하여 남아 있을 틈도 없이 사적으로 점유되고 사유화되어 상속되었기 때문에, 이미 그 점에서 다른 공동체형태의 경우와 명확하게 구별되고 있다. 이러한 토지의 사적 점령은 물론 근대에서와 같이 개별적이고 완전히 자유로운 사적 소유는 아니었고, 공동체 전체에 의한 일정한 공동규제 하에 있다는 것이다…"[80]라고 주장하였습니다. 사유지와 공동지의 관계에 대하여 <그림 15>는 게르만적 촌락공동체에서 토지점령의 양식을 보여 주고 있습니다.

〈그림 15〉 게르만적 촌락[81]

(그림에서 I-II는 택지 및 채원을 말하고, III은 공동경지를, 그리고 IV-V는 공동지를 가리킨다.)

여기서 「주택과 텃밭」은 완전한 사유지이며, 「공동경작지」는 일정한 공동규

---

80) 前 揭, 大塚, 「共同体 の理論」, p. 92
81) 前 揭, 大塚, 「共同体 の理論」, p. 94

제를 받으면서 사적으로 점령된 半사유지였습니다. 한편, 「공동경작지」의 주변을 둘러싼 촌락 소속의 「공동(토)지」는 고전적인 공유지와는 다르며 각 촌락사람들에 의하여 공동사용권이라는 형태로 사적으로 점유되고 있는 대상입니다. 공동지는 바야흐로 사유지(밭과 경작지)의 공동체의 부속물이 되었습니다.

여기서, 사용되고 있는 「촌락」에 대하여 설명을 해볼까 합니다. 고전·고대적인 도시공동체에 대하여 게르만적인 공동체에서의 「촌락」은 "도시점령자의 이웃집단"[82]을 의미하였고, 이것은 혈연조직이었으며 도시적 전쟁조직은 아니었습니다. 토지점유자는 고전·고대적 형태에서 발전된 소가족(농민·가장)이었습니다. 농민이 국가적 시민이기도 하였던 고전·고대적 형태에 비하여, 게르만적 형태에서의 농민은 도시의 주민이 아니라 촌락의 주민이었습니다. 이와 같은 촌락의 주민에게 공유지란 무엇이었을까? 마르크스는 "공유지는 게르만족의 경우, 오히려 개인적 소유의 보충으로서만 나타나고, 그 소유지는 일개 종족의 공동점유물로서 적에게 빼앗기지 않는 기간 동안 소유하는 형태를 취하고 있는 데 지나지 않는다. 개개인의 소유는 공동체에 의하여 매개된 것으로는 나타나지 않는다. 오히려 공동체와 공동체 소유라는 정재(定在)야말로 매개된 것, 즉 자주(自主)들의 상호관계로서 나타난다."[83]라고 설명하고 있습니다. 사적 소유지의 공동체적 소유지에 대한 우위성, 이것은 당연하게 봉건영주의 피보호주민인 농민의 생산력을 높이려는 데서 생겨난 필요조건이었다고 생각됩니다. 따라서 봉건사회에서 농노제사회로 옮겨 가면서 공유지는 귀족의 소유로 변하였습니다. "귀족은 공동단체를 높은 차원에서 대표하고 있으므로, 그는 공유지의 점유자이며 또한 그 피보호농민 등을 이용하여 그 공유지를 사용한다(그런 다음에 그것을 차차 자기의 것으로 만들어버린다.)"[84]

그러나 그것도 봉건사회를 무너뜨린 다수가 농민과 상인이었던 역사적 사실에서 토지의 개체적 사용에 의하여 시민사회의 싹이 만들어졌음을 알 수 있습니다.

<그림 16>은 게르만적 형태에 있어서 도시와 농촌의 관계를 도식화한 것입

---

82) 同 上, p. 88
83) マルクス, 「資本主義…諸形態」, p. 24
84) 同 上, p. 20

니다. 마르크스는 "도시에 있어서의 연합에 대하여 공동체는 그 자체로서 하나의 경제적 존재를 갖고 있다. 도시가 단지 그 자체로서 존재한다는 것은 독립적인 가옥이 그냥 많이 있다는 것만을 뜻하는 것이 아니다. 여기에는 전체가 그 부분으로부터 구성되어 있는 것은 아니다. 그것은 일종의 독립된 유기체이다. 개개의 가족장(家族長)들이 멀리 떨어져 있는 삼림 속에 정착했던 게르만족의 경우, 그들의 공동체가 비록 즉자적(卽自的)으로 존재하는 통일이 혈통, 언어, 공통의 과거와 역사 등에 있었다 하더라도, 외견만으로도 알 수 있듯이 공동체 구성원들은 그때그때의 연합에 의하여 존재하는 것에 지나지 않았다. 따라서 공동체는 연합체가 아니라 연합으로서 나타나고, 통일체가 아니라 토지소유자에서 성립된 자주적 주체의 통일로서 나타났다. 이러한 공동체는 고대인의 경우처럼 국가나 국가조직으로서는 사실상 존재하지 않았다. 왜냐하면 공동체가 도시로서 존재하지 않았기 때문이다."[85)라고 주장했습니다.

〈그림 16〉 봉건적 풍경구조

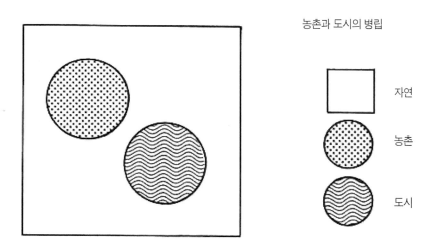

농촌과 도시의 병립

자연

농촌

도시

---

85) 同 上, p. 22

여기서 게르만적 공동체는 이미 아시아적도 아니고 고전·고대적인 것도 아닌 보다 근대 시민사회에 가까운 공동체로서 특성을 띠고 있습니다. 촌락 공동체는 단지 연합 혹은 자주적 주체의 통일로서 나타나면서, 다른 두 가지 형태, 즉 농업공동체나 도시공동체와는 그 모습이 완전히 달랐습니다. 그 이유는 공동체가 도시로서 존재하지 않았기 때문이었습니다. 따라서 촌락공동체로서의 농촌은 그러한 이유로 인하여 도시와 병립하던가 혹은 대립하였습니다. 이것이 게르만적인 도시와 농촌의 관계입니다. 도시와 농촌의 대립, 그것은 공업과 농업의 대립이며, 사회적 분업이 고도로 발달했던 증거였습니다. 더구나 게르만적 형태가 초기부터 도시와 농촌의 대립으로 나타난 것은 아니었습니다. 마르크스에 의하면 "게르만적 공동체는 도시에 집중되지 않는다. - 농촌생활의 중심으로서, 농촌노동자의 거주지로서, 또 군사작전용 군인의 중심지이기도 한 도시에의 - 이와 같은 집합에 의하여 공동체는 그것만으로 이제 와서는 개개인의 존재와는 다른 하나의 외적 존재가 되었다. 고전적인 고대의 역사는 도시의 역사이며, 더욱이 토지소유와 농업이라는 관계 위에 세워진 도시의 역사이다. 아시아적 역사는 도시와 농촌의 차별이 없는 일체성… 중세(게르만적)는 역사의 장면(場面)으로서 농촌에서 출발하여, 그 역사의 발전은 마침내 도시와 농촌과의 대립이라는 형태로 진행하였다."[86]고 하였습니다. 중세 초기의 공동체는 농촌에서 발전하고 있었습니다. 고전·고대적인 토지소유와 농촌의 기초 위에서 성립된 도시는 아직까지 존재하지 않았습니다. 그러나 초기의 촌락공동체가 역사적으로 발전을 하고, 도시와 농촌의 대립상태가 변모했던 원인은 어디에 있었을까요? 물론 여기에서 말하는 도시는 고대적인 도시와는 다르고 생산력을 갖춘 수공업의 중심지를 말합니다. 농촌과 도시의 대립상태를 일으켰던 두 원인은 두 방향에서 생각해 볼 수 있는데, 우선 하나는 촌락공동체를 변화시킨 원인은 무엇일까? 하는 것이고 또 다른 하나는 중세의 도시를 형성시킨 것은 무엇일까? 하는 것입니다. 이 문제를 해결하기 위해서는 기본적으로 토지의 소유형태와 노동양식, 즉 분업형태의 특징에 관하여 설명을 해야 합니다. 이러한 논의의 설명을 위하여 차이는 있겠지만 도시의 형성을 발전시킨 길드(Guild 동직조합)와 촌락공동체 구성원

---

86) 同 上, p. 21

의 사적 소유형태에 대하여서는 반드시 짚고 넘어가야 합니다. 왜냐하면 이 모두가 근대 시민사회의 존재와 매우 커다란 관계가 있다고 여겨지기 때문입니다.

길드(Guild)에 대한 마르크스의 다음과 같은 주장은 매우 중요합니다. 그는 "모든 로마인은 상인이나 수공업자의 생활을 영위했다. 고대인은 중세도시의 역사에서처럼 권위 있는 동직조합제도와 같은 것은 꿈도 꾸지 못했다. 그리고 중세도시로 올수록 동직조합이 씨족에 비하여 중요성이 강화되어 무사(武士)의 정신은 쇠퇴해지고 마침내는 완전히 사라져 버렸다. 따라서 외부로부터 도시가 받았던 존경이나 자유도 사라지고 말았다."[87]라고 하였습니다. 이러한 길드제도는 중세의 수공업 생산력의 증대와 더불어 생겨난 것이며, 수공업생산자는 촌락공동체에서 탄생되었습니다. 초기 수공업자는 반농반공(半農半工)의 형태로 촌락 속에 포함되어 있었습니다. 그리고 거슬러 올라가 보면 대총(大塚)의 다음과 같은 지적에서도 알 수 있듯이 길드제도는 로마제정 시대의 말기로부터 출발하였습니다. 대총은 "사실 베버(Webber) 자신도 그의 여러 저서에서 로마제정 시대에 발달했던 생산력, 특히 수공업생산의 유산이 그것에 상응하는 사회관계를 수반하면서 중세 유럽의 촌락으로 연결되고 다시 중세도시에 계승되어 더욱 발전하였다는 사실을 강조하였기 때문이다."[88]라고 하였습니다.

마르크스에 따르면, 수공업자의 동직조합이 씨족의 멸망이라는 재앙 속에서 중세의 자유도시를 형성하였던, 길드(Guild), 즉 자유도시에서 게르만적 고유의 소유형태가 반영되어 있습니다. 그러므로 "촌락공동체의 기반 위에, 그 내부에서 실제로 쁘띠(소)부르주아적 상품＝화폐경제라는 등식이 전개됨으로써, 공동체가 종국적으로는 없어진"[89] 과정과 자유도시에서의 자유와 외부에서의 존경이 없어졌다는 것은 중요합니다.

---

87) マルクス, 「資本主義…諸形態」, p. 19
88) 前 揭, 大家 , 「共同体 の理論」, p. 107
89) 前 揭, 大家 , 「共同体 の理論」, p. 111

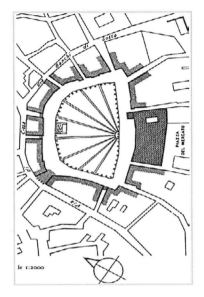

〈그림 17〉 시에나의 Campo 광장[90]

　　공동태적 규제의 근본으로써 사적 독립성과 사적 활동력이 한층 더 진전되었고, 개인간의 간단한 결합관계로서 파악되는 봉건적인 풍경구조는 로마제정 시대 이후 14세기 르네상스에 이르기까지 약 1,000년 간에 걸쳐서 나타났으며, 또 중국이나 일본의 봉건 시대에도 적용된다고 하겠습니다. 유럽의 봉건사회는 고대문화의 빛을 잃어버렸기 때문에 암흑 시대라고 불려집니다. 봉건영주를 정점으로 하는 계급사회에서는 정확히 그리스적인 인간성의 과시 혹은 건강한 자연관이 사라지고 자연에 대한 공포, 인간 자신에 대한 불신감이 증대되었습니다. 따라서 중세의 건축이나 정원 등은 그리스적인 "밝음"이 없고 클라우스트룸(Claustrum, 譯者 註: 일종의 수도원 정원으로서 교회당의 남쪽 그리고 동서남이 건물로 둘러싸인 정방형의 정원을 말함)에서 상징화되어 있듯이 폐쇄적이었습니다. 그러나 이태리의 시에나市에서 볼 수 있는 전형적인 자유도시의 광장을 중심으로 즐비했던 집과 상점들은 당시의 자유로운 수공업자들의 창의성이 잘 발휘되었습니다(<그림 17> 참조).

---

90) 저자가 사용한 그림과 사진은 미국 캘리포니아 주립대학의 포모나 도서관 Resource Center의 것들이나 그 상태가 좋지 않아, 역자가 다른 것으로 대치하였다.

일본의 봉건사회에도 민중의 예술은 다음과 같은 모습으로 발견됩니다. 고대의 궁정이나 귀족생활 속에서 만들어진 감각적, 감성적 세계는 봉건사회에 가서도 그 전통이 잘 유지되었습니다. 이 전통의 유지는 깊고 헤아릴 수 없는 유현(幽玄)의 세계에 상징적으로 잘 나타나 있었고, 고대의 지배계급의 문화는 후세에 계승되었습니다. 따라서 봉건사회의 문화는 근대 시민사회와의 관계에 있어서 보다 중요한 관계를 갖는다고 생각됩니다. 그 예로써 13세기에서부터 15세기경에 나타난 일본의 렌가(連歌, 譯者 註: 俳句(하이꾸)의 기본적인 정조의 바탕으로 와카(和歌: 5·7·5·7·7의 음률로 된 시)와 렌가(連歌: 5·7·5·7·7을 번갈아 읊는 시)를 들 수 있다. 와카는 일본 중세의 전란기를 맞아 지방을 떠돌아다니는 문인들에 의하여 5·7·5와 7·7을 나누어 여러 사람이 번갈아 읊는 렌가라는 형태로 발전한다. 두세 명 혹은 여섯 명 정도가 모여서 시를 읊으며 앞 구와의 조화를 노리거나 전환의 묘미를 노리는 렌가는 난세를 살아가는 문인들의 고차원적 유희였다고 함), 능(能, 譯者 註: 한문 투의 일본의 대표적인 가면극으로 능악(能樂)이라고도 함), 다도(茶道, 譯者 註: 손님을 초대하여 차를 끓여서 권하는 예의범절), 그리고 에도(江戶) 시대의 하이까이(俳諧, 譯者 註: 일본 근세 시민사회로 들어오면서 재력을 바탕으로 한 상인들에 의해 렌가는 강한 유희성을 띠게 된다. 고전에 깊은 조예가 없었던 상인들은 렌가라는 형식을 말장난의 문학으로 발전시켜 지식에 대한 상승 욕구를 채우며 희희낙락하는 유흥의 도구로 삼았다. 이것이 바로 <해학>이라는 의미의 <하이까이>였다. 이러한 상인들의 문학적 영위는 시를 서민화, 대중화하는 데 지대한 역할을 함)는 새로운 민중의 에너지가 결집되었습니다. 이에 대하여 中村은 하이까이에는 현대 경관 디자인의 밑바탕이 되었음을 지적하면서 "참된 풍아(風雅; 고상하고 멋있음)가 미적 특질로서 개념화된 것이 "さび(예스럽고 아취(雅趣)가 있음)"라는 말이다. 적은 매개를 통한 활동에서는 미를 얻을 수 있는 논리로서 "さび는 자연미와 거의 같은 개념이라고 생각된다."[91]라고 주장했습니다. 아마도 원래 봉건 시대의 무사였던 마츠오 뱌쇼오(松尾芭蕉, 譯者 註: 마츠오 뱌쇼오(1644~1694)는 우리 나라 윤선도가 활약하던 시대인 17세기에 활약했던 일본의 유명한 하이쿠

---

91) 前 揭, 中村, 「自然美の理論」, p. 61

(俳句) 작가 임. 하이쿠란 5·7·5의 음수율을 지닌 17자로 된 일본의 짧은 정형시다. 하이쿠는 세계에서 그 유래를 보기 드문 짧은 시로 오늘날의 대중을 위한 시로서도 확고히 자리를 잡고 있다. 바쇼오는 한낱 말장난에 불과했던 초기 하이쿠에 자연과 인생의 의미를 담아 문학의 한 장르로 완성시킨 인물임)가 평범한 소시민이 되려고 한 그 동기에는 근대적 의도가 숨어 있었다고 생각됩니다(譯者 註: 위의 렌가, 하이까이 그리고 하이쿠에 관해서는 계명대 유옥희교수가 옮긴 『마츠오 바쇼오의 하이쿠, 민음사, 1998』를 주로 참조하였음).

5. 근대적 경관구조

경관구조는 마지막 단계인 근대 시민사회적 형태에서 그 모습이 구체화됩니다. 게르만적 형태가 「도시와 농촌의 병립 또는 대립」하에서의 경관형성으로 이해되는 데 대하여 근대적 경관구조는 "농촌의 도시화"[92)로서 설명됩니다. 마르크스가 주장한 고대적인 "도시의 농촌화"에 의하여 폴리스의 실체가 농업과 농민에 있다는 것을 설명하였듯이, "농촌의 도시화"는 반대로 공업과 상업의 농업에 대한 우월성과 점유로서 파악된다고 하겠습니다.

여기에서 "상품의 생산과 교환이 발생한 이후, 「개인」이란 사실상 사적 인간을 말한다. 공동체로부터 탈취한 것을 기반으로 서로 배타적으로 대립하는 인간을 가리킨다. 그러나 잊어서는 안 될 것은 개인은 공동체의 근본적 존재를 그 전제로 한다는 것이다. 그리고 결과적으로 사적이고 배타적인 개인은 직접적으로는 서로 대립하면서도 실제로는 매우 넓고 깊게 서로 의존하고 있다. 상품의 생산이란 사회적 분업을 통해 이루어진다."[93)라는 平田의 주장과 같이 시민사회란 상품, 화폐 및 자본의 사적 소유체제가 완전히 인정되고 있는 사회입니다.

위에서 언급했던 平田의 인용을 분석하면 시민사회와 풍경형성의 관계는 다음과 같은 두 가지 방향에서 설명되는 것이 바람직하다고 생각됩니다. 그 하나는 공동체와의 관련성에서이고, 다른 하나는 상품화의 과정에서입니다.

---

92) 前 揭, マルクス, 「資本主義…諸形態」, p. 21
93) 前 揭, 平田, p. 136

근대적인 풍경의 특징에 대하여서는 본론, 제1장「경관의 개념」및 서론에서의「근대 조경이론의 문제점」등에서 영국 풍경식 정원과 미국의 조경의 발전과정을 중심으로 설명하였기 때문에 여기에서는 특히, 경관형성의 규정요인을 논의의 대상으로 하겠습니다.

우선 "공동체"와의 관련성에서 무엇을 이끌어 낼 수 있을까?라고 묻는다면 사적 독립성과 사적 활동성을 지양(止揚, 혹은 揚棄, Aufheben: 譯者 註: 변증법에서 중요한 개념으로, 어떤 것을 그 자체로서는 부정하면서 도리어 한층 더 높은 단계에서 이것을 긍정하여 살려 가는 일)했다는 것이 근대적 경관형성의 중요한 계기가 되었다고 말하고 싶습니다. 이것은 선사적, 아시아적, 고전·고대적, 게르만적인 경관구조의 유형화에 의하여 역사적으로 증명되었으며, 또한 "농촌의 도시화"라는 개념 속에 상징적으로 나타나 있습니다. <그림 18>은 근대적 도시와 농촌의 관계를 도식화한 것입니다.

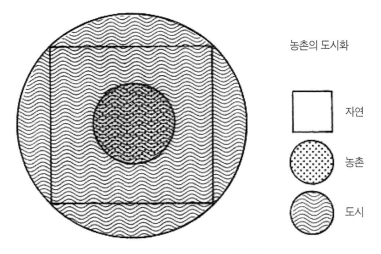

농촌의 도시화

☐ 자연

○ 농촌

○ 도시

〈그림 18〉 근대적 풍경구조

여기서 특히 중요한 것은 농촌도 자연과 같이 도시 속에 포함되어 농촌은 도시화를 매개로 하여 그 존재가 가능하지만, 그 반대는 결코 있을 수 없다는 것입니다. 그러나 봉건적인 자유도시가 농촌의 한쪽 귀퉁이에서 출발하였던 것처럼 근대적인 도시도 그 근원은 농촌에 있습니다.

고대적인 "도시의 농촌화"에서는 공업과 농업, 도시(polis)와 농촌과의 결합이 있었습니다. 근대적인 "농촌의 도시화"는 공업과 농업, 도시와 농촌이라는 이중의 환상적인 결합의 모습으로 나타납니다. 전자를 공동체적이라고 한다면, 후자는 시민사회적이라고 할 수 있습니다. 이것을 다른 각도에서 설명하자면, 도시와 농촌의 이중의 결합관계가 중세에 들어와서 도시와 농촌의 대립관계로 발전되고, 다시 이것이 근대에 와서는 도시와 농촌과의 대립관계를 배타적으로 지양시켰다고 볼 수 있습니다.

　도시와 농촌의 관계, 즉 경관구조는 사적 소유의 발전형태에 따라서 규정되는 것이며, 농촌의 도시화는 사적 소유에 의한 공동체적 소유의 내적인 지양(止揚)으로 이해된다고 하겠습니다. 근대적인 사적 소유가 봉건적, 그리고 고대적 사적 소유와는 서로 다른 것을 인식한다면 왜 "도시의 농촌화"가 근대적 시민사회에는 일어날 수 없다고 하는 이유가 명쾌하게 설명될 것입니다. 소유란 "근본적으로는 – 거기에서 또 그 <소유>의 아시아적·슬라브적·고대적·게르만적 형태에서는 – 노동하는(생산하는) 주체가, 자기의 것으로서 그들의 생산, 재(再)생산의 여러 조건들에 대해서 관계한다는 것이다. 그런 고로, 그 소유는 또한 여러 가지 생산조건에 따라 다양한 형태를 취할 것이다".94)

　따라서 개체적 소유란 개인의 생산, 소유, 교통, 소비의 자기 획득이며 공동체 소유와는 대치됩니다. 그리고 "소유의 여러 가지 형태"는 생산의 객관적인 여러 가지 조건에 의하여 사적 소유 혹은 국가소유의 형태로 나타납니다. 근대 시민사회에서 소유의 형태는 개체적 소유이며, 현실적으로는 사적 소유로서의 형태로 규정받고 있습니다. 여기에는 공동성(共同性)이 불완전하게 배제되어 있습니다. 고대적인 도시국가소유(공동체 소유)와 사적 소유의 이중의 형태, 또는 게르만적인 개체적 소유의 공동체 소유에 대한 보완적 관계는 근대적인 개체적 사적 소유와는 다릅니다. 고대적인 공유지와 사유지의 관계가 게르만적 형태의 소유지를 매개로 하는 공유지존재의 방법으로 변화하고, 다시 근대에 들어와서 공유지가 사유지에 의해 배제되는 관계가 역사적으로 나타난 것입니다. 그렇다면 시민사회적인 개체적 사적 소유는 도대체 어떠한 객관적인 조건에 의하여 만들어진 것일까요?

　"…인간이 민족, 종교, 정치상 편협하게 규정되어 있다 하더라도, 인간이 항상 생산의 목적으로 나타나는 고대의 견해는 생산이 인간의 목적으로, 부가

---

94) 前 揭, マルクス, 「資本主義…諸形態」, p. 44

생산의 목적으로 나타나는 근대적 세계에 비하여 매우 고상한 것처럼 보인다". 여기에서 마르크스는 근대적 생산이 부의 창출 외에는 아무것도 아니라고 주장했습니다. "선행하는 역사적 발전은 발전의 그 총체성, 다시 말하면 이미 기존 척도로서는 도무지 측정하기 어려운 듯한 모든 인간의 다양한 노력 자체의 발전을 자기목적으로 하지만, "부"란 그 선행했던 역사적 발전 이외의 어떠한 전제도 없다. 인간의 창조적 성질에 의한 절대적 창출은 아닐까?"[95] 이렇게 볼 때 "부"는 인간의 총체성, 절대성으로서 자리잡고 있다고 하겠습니다. 특히 시민사회에서는 "인간정신의 깊은 곳에서의 완전한 창출은 그것(인간의 총체성과 절대성)을 완전히 허무한 것으로 표출되게 했고, 그 보편적 대상화는 총체적 소외로 나타났으며, …자기 목적을 외부목적을 위하여 전적으로 희생해야 하는 것으로 나타난다".[96]

생산이 인간의 목적이었던 고대, 치부가 생산의 목적이었던 근대, 이 두 시기를 완전히 구별하는 객관적 조건은 교환가치와 상품생산의 형성과 전개였습니다. "인간은 역사적 과정을 통하여 비로소 개별화된다. 그것은 근본적으로 하나의 개체, 부족조직, 군서동물(群棲動物) 등으로 나타난다. 교환자체는 개별화의 주요한 하나의 수단이다. 교환은 군거생활을 무용화시켰으며 그것을 해체했다."[97]

교환가치의 형성에 따라 공동성(共同性)이 폐기되고, 노동과 소유는 완전히 분리되었습니다. 또한 상품생산의 형성과 함께 생산물의 교환에만 종사하는 상인이 생겨났으며, 독립한 수공업자와 상인이 근대적 도시를 형성했던 주요한 집단이 되었고, 부르주아라고 불리어지는 계급이 형성되었습니다.

그런데 분업에 의한 교환가치와 상품생산의 발전은 생산과 소유의 공통성을 붕괴시켰고, 치부와 금전욕은 항상 어느 곳에 감추어 놓고 생산과정과 교환과정을 복잡하게 하였습니다. 사용가치에 근거하는 공동사회에서 사람들은 생산물이 어떻게 되는지를 알고 있었습니다. 다시 말하면, 생산자가 그것을 소비하는 것이며, 일상 생활경험은 감상적이며 구체적이었습니다. 한번 교환가치가 생겨나자, 생산과 교환 그리고 소비의 분리가 진행되는 시민사회는

---

95) 同 上, p. 31
96) 同 上, p. 31
97) 同 上, p. 45

자기 자신의 창조물을 앞에 두었지만 그 추상성에 대해서는 이유를 몰랐습니다. "상품의 물신화"는 자유로운 시민관계를 해방시키는 계기가 되었지만 사적 인간의 발전단계에는 물신화의 부정적 측면이 확대되고 있습니다. "농촌의 도시화"는 그와 같은 부정적 측면을 상징화하고 있다고 하겠습니다.

제 3 장 근대 조경이론의 비판

현대사회는 기술과 산업사회·정보사회·대중사회 등과 같이 단편적으로 그 특징이 설명되어집니다. 그러나 이들 정의가 자본주의 사회의 어떤 상황 혹은 국면을 나타내는 데 그치고 있다는 것을 우선 통찰할 필요가 있습니다. 자본주의 사회에서의 경관은 주택, 사무소, 상업시설 등 사적 개발의 집중과 학교, 병원, 공원 등 공적 개발의 분산과 정체 그리고 사적·공적 개발에서의 분열적 접근, 도시집중과 농촌의 퇴폐, 민중참가와 민중멸시 등과 같은 모순들을 그 속에 포함하고 형성되는 경향이 있습니다.

에크보(G. Eckbo)는 현대의 경관구조를 다음과 같이 비판하고 있습니다. "대부분의 도시 내 권력자와 관료, 소유자, 계획가, 건축가, 디자이너, 개발자, 은행가, 시공업자들은 그들에게 주어진 과제(풍경의 질 개선)를 일반적으로는 그냥 받아들이고는 있으나, 개별적인 실천에 있어서 이를 위해 투쟁하는 집단은 거의 없다. 그들은 너무도 간단히 그리고 애써 안타까운 듯 예산의 2%에서 20%라는 자연적이며, 개발상의 실패를 구제해 줄 수 있는 "풍경"과 관련된 여러 가지 요소들을 "경제", "기능주의", "현실성", "유지", "보다 고도의 보다 우수한 토지이용"을 위해, 그리고 때로는 "도시주의"나 "건축"의 이유를 들어 삭제해 버리곤 한다. …이들의 변명은 모두 "진보", "개발", "확대", "성장"이라는 문구를 내세워, 앞으로 몇 세대에 걸쳐 태어날 자손을 위한 풍경을 파괴하는 거대한 압력 앞에 간단히 항복하고 만다. 미국에서 정교하게 분화된 책임체제(조직적인 무책임 체제)하에서는 건설과 진보를 동등하게 생각하는 대부분이 "수경(修景)"이라는 작고 보잘것없는 것의 상실을 잊어버리는 것은 너무나 간단한 일이라 할 수 있다".[98]

---

98) 前揭, エクボ, 「景觀論」, エピローグ

여기서 그는 현대의 진보, 개발, 성장의 이념을 물음으로서 풍경의 질적 가치가 양적 가치에 의해 대체되는 상품화의 과정을 날카롭게 표현하고 있습니다. 풍경의 상품화, 이것은 봉건사회에서 근대사회로 이행한 이래 계속 둔화되어 가고 있습니다. 에크보가 "수경(修景)이라는 작고 보잘것없는 것"이라해서 경관의 사용가치를 경시하고 있는 것은 물론 아닙니다. 오히려 교환가치라는 외적 가치에 의해 경관의 질을 외면하는 현대의 건설이나 개발의 양상을 비판하고 있는 것입니다.

경관의 질이 자연(환경)과 인간사회의 관계성 위에 성립되는 것이므로 양자의 프로세스가 서로 맞지 않다면 당연히 질적 발전은 기대할 수 없습니다. 어쨌든 과거 2, 3백년 간의 인간사회는 급격하게 변화의 속도를 더해 여러 분야에서 기술적·과학적 성과가 있었습니다. 반면에 빈곤, 계급분쟁, 환경문제, 그리고 도시문제 등이 대두되었습니다. 기술혁신과 공업주의가 가져다 준 생활수준의 향상이라는 것이 과연 이와 같은 제반 문제를 통해서만 생겨난 것일까요? 이것은 현대 경관의 발전과정에 관련한 기본적 의문입니다. 지금부터 앞에서 서술했던 "경관의 개념" 및 "경관구조"에서 얻어진 시점을 기본으로 하여 현대 조경이론을 분석·비판하고 그 중에서 경관디자인의 구조론적 위치를 확립하고자 합니다.

현대의 조경(Landscape Architecture)은, 경관디자인(Landscape Design), 경관계획(Landscape Planning), 경관식재(Landscape Planting), 그리고 경관공학(Landscape Engineering) 등으로 분화되었습니다. 요즈음의 환경영향평가 혹은 광역토지이용계획(Land Planning) 등을 "혁신적"인 것이라 한다면 이것들은 "전통적"인 것이라고 하겠습니다. 최근 뉴톤(Newton)이 조경의 개념에 대해 "예술이면서 동시에 과학이다. 안전성, 효율성, 건강, 쾌적성이라는 생활의 여러 목적을 위해 대지에 공간적, 구조적인 질서를 부여하는 것"[99]이라 주장하였고, 또 캘리포니아 조경가연맹(C.C.L.A)에서는 조경을 "대지를 디자인, 계획, 관리하는 기술이다. 바꿔 말하면 문화적, 과학적 지식을 응용함으로써 자연과 인공적 요소의 질서를 부여하고 자원보호 및 보전에 의해 종합적인 환경조성을 목적으로 한다."[100]라고 정의하는 것을 보면 20세기 초기에는 예

---

99) 前揭, Newton, "Design on the Land", XXi
100) California, 1976, California Council of Landscape Architects

술의 일종으로 보아 왔던 조경이 최근에는 예술적, 과학적인 두 범주로 인식되기 시작했다는 것을 알 수 있습니다. 여기서 "예술적"이라는 것은 미적 관계의 추구이며 "과학적"이라는 것은 자연과학 및 인문과학 모두를 포함한다고 하겠습니다.

현대 조경에서 최근의 경향은 생태학이나 심리학 등 과학적 지식의 응용을 바탕으로 영역을 확대하는 것이며, 주로 두 가지 큰 흐름으로 진행되고 있습니다. 그 하나는 디자인과 계획, 혹은 디자이너, 계획가, 식재전문가, 구조물전문가 등 조경 혹은 조경가의 분업화이며, 또 하나는 조경의 분업화에 따른 조경교육의 분업화입니다. 페인(Fein)의 조사보고[101]에 따르면 우선, 조경가, 관료 및 학생의 90% 이상이 생태학적·공공적 제반 문제가 조경의 영역이 되어야 한다고 생각하고 있으며, 이는 조경가에 대한 사회적 요청의 범위를 나타낸다고 볼 수 있습니다. 조경이 개별적 경관에서 공공적 경관으로 이행하는 경향은 역사적인 현상으로 볼 수 있습니다. 근대 조경의 의의도 실은 "민중을 위한 경관형성"에 있음은 앞에서 지적한 바 있습니다. 문제는 조경의 영역성에 있다기보다는 오히려 조경이 거기서 무엇을 할 것이냐 하는 것입니다.

프로젝트에 대한 흥미에 관해서는 공원·레크리에이션 계획, 광역자원분석, 그리고 사적 개발계획 등이 중심이 되며 전통적인 개인정원은 거의 제외되고 있습니다. 여기에서 흥미 있는 것은 공원계획·자원분석, 혹은 주택개발 등이 스케일이 크다는 것, 따라서 보다 많은 분석 작업이 필요하여 실내 작업이 주 작업이 된다는 것과 고객 내지 이용자, 계획가와의 관계는 개인정원 등과 비교해 훨씬 조잡해지고 결국 긴밀함이 결여된다는 것입니다. 어느 쪽이든 같은 작업의 반복이 요구됩니다. 달리 말하면 계획 혹은 디자인 과정이 분업화되기 쉽다는 것입니다. 그리고 효율을 높이기 위해 점점 분업화가 촉진되고 조경은 계획과 디자인으로 또는 조경가는 개별적 분야의 전문가로 세분화되어집니다.

조경의 분업에 의해 일어나는 큰 문제 중의 하나는 계획과 디자인의 배타적 분열에 있다고 하겠습니다. 영어 "Landsccape Architecture"라는 호칭에 관한 조사에서도 "Architecture"를 부적당하게 보는 경향이 있으며, 어떤 전

---

101) Fein, A., 1972, A Study of the Profession of Landscape Architect, ASLA

문영역에 관계된 조경가들은 "계획"이나 "디자인"의 어느 한 쪽을 사용해야 한다는 것을 일반적인 의견으로 제시합니다. 동시에 "Landscape"도 "Environment"가 되어야 한다는 의견이 있으나 여기에는 그다지 문제가 없을 것입니다. 중요한 것은 계획과 디자인을 완전히 구별하는 동시에 이 중 어느 하나로 대체하려는 이중의 과오를 범하고 있다는 것입니다. 이 경향은 꽤 넓고 깊게 퍼져 있으며 맥하그(I. McHarg)의 저서 『Design with Nature, (1969)』는 그 상징적인 예입니다(이 문제에 대해서는 후에 상세히 서술하기로 하겠습니다).

조경교육에서는 디자인과 생태학이 가장 중요시되며, 항목별로 보면 디자인 원리, 생태학, 공법, 보호, 사회과학(심리학, 행동과학 등)이 가장 중요과목으로 취급되며, 생물학, 농학, 원예학 그리고 역사 등이 상기 과목과 비교해 경시되고 있습니다. 이 정도의 과목을 제한된 기간 안에 소화하기 위해서는 교육내용이 넓고 얕게 되리라는 것은 부정할 수 없습니다. 그러나 한편으로 예비 조경가에게는 전문성이 요구된다고 하겠습니다. 이는 미국의 일반적인 조경교육의 기본적 모순입니다. 생태학적 지식을 획득하기 위해서는 상당한 기간이 필요함에도 불구하고 그 응용적 측면이 지극히 간단히 강조되고 있습니다. 따라서 학생들은 생태학에 의해 모든 변화를 계획적으로 조절할 수 있다는 착각에 빠지기 쉽습니다. 현대의 조경교육에서는 디자인이 혹은 생태학이 그것의 목적이 되는 심각한 딜레마에 빠져 있습니다.

1. 경관디자인론 비판

1960년경까지 에크보, 터나드 그리고 사이몬즈 등은 인간과 자연의 제반 관계를 다이나믹하게 이해하면서 혁신적인 경관디자인론을 제안했습니다. 에크보는 1950년에 『삶을 위한 경관, *Landscape For Living*』, 터나드도 같은 해 『현대경관에서의 정원, *Gardens in the Modern Landscape*』, 그리고 사이몬즈는 1961년에 『조경학, *Landscape Architecture*』에서 20세기 후반을 향한 경관디자인의 이론체계를 종합하려고 하였습니다. 이들 이론이 탄생한 객관적 조건으로서 다음의 두 가지가 있습니다. 하나는, 19세기에서 20세기 초에 걸쳐 발전한 전통적 이론, 말하자면 예술론에 대한 안티테에제(대립명제)로서의 디자인론을 들 수 있겠습니다. 이는 특히 에크보의 이론 속에서 순화되어 있습니다. 또 하나는 경제적·사회적 여러 조건을 들 수 있겠습니다. 1950년경까지 근대 시민사회는 자본가 사회로 이행하여 실업가와 은행업자가 지배하는 사회체제가 확립되었습니다. 테크놀러지와 공업주의가 자본가의 손에 넘어가 도시발전과 슬럼화, 농지황폐와 자연파괴 등이 진행되는 중에 제2차 세계 대전후의 동력화는 그 경향을 더욱 촉진하게 되었습니다. 이와 같은 사회적 배경에서 자연보호나 공원설치가 제창되고 자원분석이나 오픈스페이스 시스템의 광역이론의 필요성이 논의되었습니다. 조경이론은 다음과 같은 다양한 모습을 보이면서 20세기 후반으로 이행했습니다.

〈에크보의 디자인론〉

에크보(G. Eckbo)는 1910년 뉴욕의 쿠퍼타운에서 태어나 버클리 대학에서 학사, 하버드 대학교에서 석사학위를 취득했습니다. 샌프란시스코에서 조경가로서의 첫발을 내딛었고 40년 가까이 일관되게 조경 디자인이론의 사상을 추구해 왔습니다.

에크보의 경관 디자인이론의 형성은 하버드 대학 재학 중에 시작되었다고 하겠습니다. 1920년대 당시 유럽에서는 현대 건축의 움직임이 르 꼬르뷔제를 중심으로 일어났습니다. 영국에서는 조경분야에서도 터나드나 샤마이에프를 중심으로 새로운 운동이 일어나고 있었습니다. 이 새로운 운동의 파장은 터나드나 그로피우스에 의해 하버드 대학에 전해지게 되었으며, 이 운동은 "전통형식에 구애받지 말고 현대의 요청에 의해 형태를 결정한다."[102]라는 기능주의를 표방하였습니다.

이미 옴스테드 이후의 전통적 조경에 식상한 에크보 등에게 있어서 "기능주의"는 최대의 이론적 기준으로 작용하였음에 틀림없다고 하겠습니다. 그의 동료, 로즈는 "우리는 최후의 무덤에 있었다. 보자르 예술이라는 묘지의 선상에 만약 존경이란 관념만으로 사물을 사고해야 한다면 우리는 선인이 남긴 묘비명을 읽을 수밖에 없다. 나무는 나무이며 영원히 나무인 것이다. 거기에는 무엇 하나 현대 조경이 키울만한 싹은 없는 것이다."[103]라고 새로운 운동

---

102) Tunard, C., 1950, Gardens in the Modern Landscapes, Architectural Press, p. 71
103) Rose, J., Modern American Gardens, p. 19

을 시작하기 전의 감상을 서술하고 있습니다.

당시의 근대 디자인 운동은 에크보의 조경가로서의 활약을 약속한 것이라 생각됩니다. 그 결과는 많은 자유스러운 작품들과 에크보적인 조경이론의 완성으로 나타났습니다. 그의 조경이론은 대부분의 경우 사물의 해결법을 제공하지는 않습니다. 그보다는 오히려 해결을 위한 중심축이나 개념을 밝히는 데 있다고 하겠습니다. 그는 기본적으로 전통적인 조경과 단절함으로 인해 그의 독자적인 이론에 도달한 것입니다. 그에게 있어 조경의 방법, 즉 교조주의적인 How-To론(형태에 집착한 기술론)은 의미가 없는 이론이었습니다.

에크보의 사상은 다음과 같은 두 가지 형태로 나타났습니다. 하나는 조경을 과학적 식견과 예술적 감성의 종합화로서 이해하려는 태도이며, 다른 하나는 조경에 의해 이루어진 기반을 사회적, 경제적, 그리고 문화적 제 관계 안에 두려는 태도입니다. 그가 말하는 "의식적 디자인"이란 이 두 형태 위에 서서 문제를 해결해 가는 과정이며, 이것이 그가 주장하는 토털 디자인입니다.

그는 현대 경관디자인의 지침을 제시한 『Landscape For Living』의 머리말에서 "논쟁의 회피와 이성적 무관심이 40년대, 50년대의 「상아탑」적 도락(道樂)을 허용했다."[104]고 주장하면서 격렬한 어조로 종래의 전통을 고집하는 당시의 조경계를 비판했습니다. "조경(Landscape Architecture)이 건축과의 합성이었던 때가 실제로 과거에 있었다. 그러나 그와 같은 의미의 조경은 지금 존재하지 않는다."[105]라고 하여 경관디자인이 앞으로의 조경 이념이 되어야 한다고 제안했습니다. 그리고 그는 디자인과 계획과의 차이와 공통점을 다음과 같이 분명히 지적하였습니다. 그에 의하면 "경관디자인은 이용과 즐거움을 창조하기 위해 경관요소에 의식적으로 질서를 부여한다. 이는 현대 문화의 틀 속에서 중요한 역할을 한다. 또한 인류가 처음으로 집을 짓고 농경을 시작한 이래 역사적으로 존재해 온 …… 디자인은 인간과 대상물 사이의 3차원적인 질서의 부여이며, 계획은 2차원적인 추상화"[106]라고 하였습니다. 그는 디자인과 계획의 개념과 인간과 물질 사이의 관계가 공통성이 있음을 지적하는 한편, 전자가 3차원적(시각적·공간적), 후자가 2차원적(추상적·평면적)인 것에서 차이가 있음을 지적하였습니다.

---

104) Eckbo, G., 1950, Landscape For Living, Dodge Co., p. 4
105) 同 上, p. 5
106) 同 上, p. 5

그리고 "경관디자인은 무엇을 위해 존재하는가? 어떤 문제를 처리하는 것인가? 인간에게 있어, 또 인간과 자연의 생산관계에서 어디에 위치하는가?[107] 그리고 경관디자인의 계기는 무엇인가?"라는 기본적 질문을 반복하였습니다. "경관디자인의 목적은 단순히 외부공간을 물리적으로 배열하는 것만은 아니다. 광의의 경관디자인은 인간과 대지사이에서 연속적인 조화를 획득하는 것이다."[108]는 식으로 경관디자인이 기본적인 공간의 연속성, 즉 감성적인 세계의 창출에 있음을 제기하고, "시각영역을 가능한 한 넓히려는 욕망은 항상 부지경계선에서 절단되어 버린다."[109]는 현실의 예를 들어 경관디자인이 항상 욕구와 현실의 상호 모순 내에서 전개하는 작업임을 인식시켰습니다.

에크보는 과거와 현대를 가로지르는 사회적·문화적 차이를 날카롭게 포착하면서 역사적 산물을 일단 부정합니다. "영국 정원은 결코 영국 이외의 토지에서는 탄생될 수 없는 것이다. 일본 정원은 일본 이외의 토지에서는 생성될 수 없는 것"[110]이라고 하여 과거 정원양식이 필연적인 존재가치를 지니고 있음을 지적하고 "우리들은 역사를, 전통을, 르네상스를, 이탈리아를 프랑스를 너무나 존경하고 있다."[111]고 주장하여 과거의 문화에 대한 태도에 의문을 제기하였습니다. 그리고 "우리는 몸으로 경험해야 한다. 그리고 현대의 장소와 인간의 기술에 기초하여 그 체험을 살려야만 한다."[112]라며 과거와 현대의 관계를, 부정에 부정을 거듭하면서 나타내려 했습니다. 그의 역사관은 다음과 같은 주장에 의하여 명백하게 표현됩니다. 그에 따르면 "이것은(영국 풍경식 정원) 풍경에서 인간과 자연의 융합을 의미하는 것이 아니다. 민중과 동떨어진 특수계급의 인간과 경관 사이에서 온정주의(Paternalism)가 만들어 낸 것에 불과하다. 당시의 사회는 아직 자연풍경과의 융합을 획득하기에 충분한 상태가 아니었다. 융합을 초래할 객관적 조건이 우선 처음부터 확립되어야 한다. 민주주의에 의해 서로 벽이 없는 관계가 우선 인간 사이에 성립될 때, 그때 비로소 인간과 자연의 융합이 가능해지는 것이다".[113]

---

107) 同 上, p. 5
108) 同 上, p. 4
109) 同 上, p. 6
110) 同 上, p. 10
111) 同 上, p. 11
112) 同 上, p. 11

에크보는 경관과 사회상태의 균등적 발전의 필연성을 시사하고 진정한 인간과 자연과의 관계는 인간간의 제반 관계가 민주적이고 평등해지지 않고 어떻게 성립하겠는가?라는 그의 기본적인 주장을 여기서 엿볼 수 있습니다. 이 주장은 1969년 『경관론, *The Landscape We See*』에서 결실로 나타났습니다. 제목에서 왜 "I"가 아니라 "We"인가 하는 점이 에크보의 주장을 잘 나타내고 있습니다. 특정 집단의 소수를 위한 경관 만들기가 아니라 불특정 다수인 대중을 위한 경관 만들기에 조경의 목적이 있다고 하는 그의 주장은 현대의 조경과 조경가, 심지어는 일반 사회의 경관을 바라보는 시각에 대한 일종의 경종으로 이해됩니다.

〈터나드의 디자인론〉

터나드(C. Tunard)는 캐나다의 U.B.C.(University of British Columbia) 대학과 영국의 Westminster 공업대학에서 조경 및 계획학 교육을 받았습니다. 1934년부터 1939년까지 영국에서 조경실무를 경험한 후, 하버드 대학에 시간강사로 초빙되었으며, 그 후, 1944년부터 예일 대학에서 도시계획강좌를 개설하여 오늘에까지 이르고 있습니다. 교육자이면서 또 이론가이기도 한 터나드는 지금까지 많은 저작활동을 하였습니다. 현재 유네스코를 통해 자마이카, 인도네시아 등 관광개발계획에 관여하고 있으며 그의 전공분야는 도시계획에서 조경에 걸친 폭 넓은 것이었습니다.

폭 넓은 전공에서 비롯된 그의 탁견은 현대 조경의 방향에 많은 영향을 끼쳐 왔다고 할 수 있습니다. 그는 항상 도시를 의식하고 현대 도시의 빈곤을 해결하기 위해서 모든 디자이너는 예술가가 될 필요가 있다고 주장합니다. 터나드의 주장은 『*Gardens in the Modern Landscape*』라는 그의 저서에서 "풍경의 조경화"와 "정원의 풍경화"라고 하는 두 가지 개념을 통하여 명확하게 제시되고 있습니다. 그에 의하면 "풍경의 정원화⋯ 풍경과 정원과의 융합은 18세기에 일어났다. 주지하는 바와 같이 형태의 변화는 종종의 사회적·경제적 힘에 의해 생성되며, 또 형태 그 자체는 이태리의 풍경화가, 영국의 시인이나 중국의 직인들의 영향을 받았다. 아마 풍경의 정원화는 보다 큰 사회적·경

---

113) 同 上, p. 24

제적 변화가 일어나지 않는 한 다시 나타나지 않을 것이다."[114]라고 하면서 18세기의 영국 풍경식 정원의 성과를 "풍경의 정원화", 즉 전통적인 외벽에 둘러싸인 정원의 발달단계로 이해하고 현대의 풍경은 정원의 외벽이 없어짐으로써 나타난다고 주장합니다. 즉, "새로운 풍경이란 외벽이 없는 정원을 말한다."[115]는 것입니다.

정원의 민중화를 풍경이라 생각하는 터나드의 사상은 1939년에 출간된 『*Gardens in the Modern Landscape*』 제1판에 잘 나타나 있으며, 이것은 에크보 등에게 많은 영향을 주었다고 생각됩니다. 그런데, 에크보가 여러 방면에서 터나드를 능가하려 한 것은 틀림없다고 생각됩니다. 예를 들어 터나드의 주장은 "이론"이라기 보다는 "총론"에 가까워 보입니다. 아마도 그 이유는 그가 살아 온 삶의 배경과 관계가 있는데 조경이 건축이나 도시계획과 함께 고려되어져야 한다는 점에서 그의 주장이 너무 확대되는 경향이 있었던 것 같습니다. 그러나 이 점에서 그가 주장하는 현대 조경의 방향에 대한 진실성을 찾을 수 있습니다. 또 하나의 예는 에크보가 풍경의 디자인적 이념을 확립하게 된 것은 터나드의 경관이념이 미적·예술적인 것과 관계가 있다고 하겠습니다. 터나드는 영국의 풍경식 정원을 "만약 새로운 재배를 시도하려고 한다면 실패를 줄이기 위하여 과거의 기술을 여러 가지 측면에서 검토해야 하는 일에서 시작하듯이……"[116]라는 사고를 존중하였기 때문에 거기에서 새로운 경관이념을 출발시켰다고 볼 수 있습니다. 경관이란, 그에게 있어 정원의 계기이며 그 사고는 마지막까지 관철되고 있습니다. 예술의 존중은 터나드의 기본적인 자세이며 에크보는 그것을 과학적으로 발전시키고자 한 것입니다.

〈사이몬즈의 디자인론〉

사이몬즈(J. Simonds)의 저서 『조경학, *Landscape Architecture*』의 부제「환경계획을 위한 생태학적 접근」은 그가 전통적 조경을 "환경계획"으로 확대하여 해석하려고 했음을 보여 주고 있습니다. 그러나 처음의 의도와는 달리 그의 "조경"은 문학적 예술론으로 관철되어 있으며, 계획론도 아니고 또한 엄밀한

---

114) 前 揭, Tunard, 1939, Gardens in the Mordern Landscape, p. 126
115) 同 上, p. 126
116) 同 上, p. 6

디자인론도 아닌 것이 사이몬즈의 이론적 특징과 약점입니다. 그의 조경관의 애매함은 최근 "Earthscape"라는 획기적이기는 하나 거의 논리성을 상실한 조경이론으로 나타났다고 생각됩니다.

그는 『Landscape Architecture(1961)』에서 이중의 과오를 범하고 있습니다. 생태학의 응용에 따라 조경을 환경계획으로 확대하여 해석하려는 것은 문제가 없으며, 20세기 후반의 많은 연구가 그러하듯 광의의 조경발전을 향한 사이몬즈의 자세는 충분히 평가되어야 할 것입니다. 그러나, "환경계획"은 사이몬즈에 있어서 실은 "환경디자인"입니다. 계획과 디자인의 관련성은 유사성과 함께 차이점이 명료해지지 않고서는 조경의 이론화는 불가능하다고 여겨집니다. 그의 디자인에 관한 애매함은 디자인과 예술의 관련성에서도 또 하나의 과오를 범하고 있습니다.

그의 책 서문에서 언급했던 사냥꾼·아동·두더지의 이야기는 사이몬즈가 『Landscape Architecture』에서 설명하려고 하는 "환경계획"의 내용을 상징적으로 나타내고 있습니다. 서문에 의하면 "어느 날 사냥에 나간 사냥꾼 부자는 두더지의 선천적인 주거 본능을 보고 동물의 일종인 인간도, 본래는 두더지와 같이 자연에 순종함으로써 훌륭한 환경을 가질 수 있었을 텐데…라고 반성하고 있다."라고 쓰고 있습니다. 이는 인간적인 감성을 소외시키고 있는 현대인의 측면을 정확하게 포착하고 있으나 이 차원의 이야기는 문예론적 가치는 있을지 몰라도 계획·디자인론은 될 수가 없다고 생각됩니다. 인간을 소외하는 객관적 조건이 역사적·환경적으로 파악되지 않는 한 조경은 미학 및 형이상학의 범주를 벗어날 수가 없을 것입니다.

2. 경관계획론 비판

현대 조경이론의 또 하나의 조류를 이루는 경관계획론(Landscape Planning)은 생태학을 비롯한 컴퓨터 프로그래밍, 심리학, 행동과학 등 제반 과학지식의 응용에 의해 현저하게 발전했습니다. 그 결과, 풍경계획은 광역자원분석(Regional Resources Analysis), 자원관리시스템(Resources Management System), 그리고 시각적자원관리(Visual Resources Management) 등의 새로운 기법을 개발하였으나, 맥하그 방식에서 전형적으로 도출된 시스템 어프로치는 주로 다음과 같은 두 가지 문제점을 제기하고 있습니다. 하나는 "오딧세이의 여종과 같이 대지는 아직까지 인간의 종으로 남아 있다. 대지와 인간의 제관계는 아직까지 가혹할 정도로 경제적 논리에 지배되고 있다."[117]는 주장에서처럼 경제적 논리의 고발에 의한 생태학적 결정주의의 예찬은 중세의 신학적 발상으로 돌아가는 위험성을 내포하고 있으므로 생태학적 가치에 따라 계획적 판단이 규정된다는 사고에는 논리적 모순이 있다는 것입니다. 또 하나는, 환경변화에 관한 인식의 방법론에 관한 것인데 맥하그 등은 환경변화를 생태학적으로 컨트롤할 수 있다는 환상을 가지고 있다는 것입니다. 지금부터는 이 두 문제점에 대해서 좀더 설명하고 싶습니다.

맥하그의 생태학적 원인결과설에 의해 무리한 계획결정을 행하는 접근방법과 브라운의 "회화적 원경을 현실의 풍경 내에 무리하게 이중화"[118]하는 방법은 둘 다 낭만주의의 전형으로 파악되며 맥하그의 낭만주의는 그의 성장배경과 관계가 있다고 생각됨으로 우선 그것을 명확히 해 두고자 합니다. 맥하그는 스코트랜드의 최대도시인 글라스고우(Glassgow)의 변두리에서 태어났습니다. 어린 시절의 점점 도시환경이 악화되어가는 글라스고우를 보며 자란 맥하그는 후에 "모든 크리스천 국가 중에서 가장 무자비한 도시의 전형, 엉뚱한 힘의 집적, 그리고 척박한 바위와 매연으로 뒤덮인 열악한 도시의 전형"[119]으로 글라스고우를 회상하고 있습니다. 공업화의 열풍 속에서 파괴되어가는 도시를 철저하게 혐오한 그는 반대로 글라스고우 교외의 田園美를 매우 사랑했습니다. 그가 조경가가 되려고 한 계기가 자연의 풍경미에 있으며 그후부터 점차 브라운에게 심취해 갔습니다.

맥하그는 제2차 세계 대전 후 하버드 대학(1946~1950)에서 조경 및 도시계획 석사학위를 취득했으나 그 후 곧 요양생활을 하는 처지가 됩니다. 그는 이 요양기간 중에 자연존중의 자세를 확고히 하여 참가했던 Cumbernauld의 뉴타운계획에서 그의 안은 너무나 자연주의적이고 뉴타운의 계획의도와는 동떨어진 내용이어서 받아들여지지 않았습니다. 이를 계기로 미국 행을 결심한 맥하그는 다행히 펜실베니아 대학 조경·지역계획학과에 들어가게 되었고,

---

117) Leopold, A., 1966, A Sand Country, Almanac, Bollertic Book, p. 203

118) 中村一, 1978,「造園學會發表要旨」

119) McHarg, I., 1969, Design with Nature, National Heritage Press. p. 1

맥하그방식의 계획이론으로써 그의 자연주의는 결실을 맺은 것입니다.

그의 전문영역은 지역계획·도시계획이며, 미네아폴리스·워싱턴·볼티모어·뉴욕·맨하탄 등 광역스케일의 프로젝트에 관여하고 있었습니다. 그의 이론의 첫 시도는 볼티모어 북부에 위치한 그린 스프링스(Green Sparings), 워딩턴(Worthington) 그리고 웨스턴 런(Western Run) 협곡계획에서 볼 수 있습니다. 생태학적·지리학적 결정주의에 따른 이 계획안으로 인해 약 700만 달러를 절약하게 되었다고 전해집니다. 이에 의해 그의 이론은 단순한 자연보호론이 아님을 인식시키고 큰 반향을 불러일으켰습니다. 그는 1960~70년대의 랜드시스템(Land System)論의 중심적인 역할을 하게 되었으나 종교적 교의에 필적할 만큼 생태학을 신봉하는 맥하그는 W. 화이트에 의해 "칼빈주의적 목사"[120]로 평해졌습니다. "미국은 부유한 나라이다. 앞으로 2~30년 간에 증가하리라 예상되는 1억의 인구는 새로운 100개의 도시에 거주하도록 해야한다. 우리는 대지, 두뇌, 부, 기술 등과 같은 우리가 필요로 하는 모든 것을 가지고 있다. 우리가 필요로 하는 것은 이를 시험하려는 정신이며 리더십이다."[121]라는 그의 주장에서 엿볼 수 있듯이, 맥하그의 낭만주의는 형태보다는 내용의 우위성에서 또 생태학적 조화의 환상이라는 측면에서 브라운의 사상과 그 맥이 통하고 있다고 하겠습니다.

생태학적 사실을 "실재(實在)"로 보고, 계획적 판단을 "가치"로 바꾸어 실재와 가치 사이의 관계성에 대해서 설명해 보겠습니다. 실재와 가치의 관계성은 통상, 일원론과 이원론으로 나누어집니다.[122]

실재와 가치의 일원론은 플라톤과 아리스토텔레스에서 시작되어 전통적으로 발전하여 현재의 과학주의적 가치관에 연결되어 있습니다. 아리스토텔레스의 "존재는 가치에 의해 규정된다."는 자연학의 사고방식은 중세에 와서 그리스도교 신학으로 연결되어 안셀무스의 신의 존재증명에서 대표적으로 볼 수 있듯이, 신이 가장 선하고, 동시에 최고의 존재로 사고되어 신을 원점으로 하는 존재와 가치의 위계가 만들어졌습니다.

---

120) White, W., 1965, The Last Landscape, p. 208

121) Time magazine, (Oct, 1969), p. 17

122) 栗田賢之, 1965, 「哲學」, p. 84

　그러나 근세에 와서 갈릴레이와 뉴톤에서 시작된 자연과학의 발달로 인해 신을 원점으로 하는 전통적인 가치체계가 파괴되면서 소위 자연주의적 가치론이 대두되었습니다. "존재는 가치에 의해 규정된다."라는 그때까지의 명제는 역전하여 "가치는 존재에 의하여 규정된다."는 관계로 변하였습니다. 유물론자 홉스는 그 선구자적 역할을 하였습니다. 물리학의 "생명의 자기 보존의 원리"는 다음과 같은 인간의 존재원리에 기본적인 가치관을 구축하였습니다. 즉 "각자의 본성, 말하자면 그 자신의 생명을 유지하기 위해 그 자신이 요구하는 대로 자신의 힘을 행사할 수 있는 자유를 지닌다."[123]는 주장입니다. 그 후, 의학, 생리학, 생물학 등 자연과학을 기초로 하는 가치관이 추구되어 "인간이 자기의 행복을 추구하는 것은 자연의 법칙이며 쾌락을 구하고 고통을 피하는 것이 인생의 목적"[124]이라는 벤덤의 공리주의가 출현하였습니다.

　이와 같은 자연주의적 풍조, 즉 가치와 존재를 동일시하는 일원론은 결국 칸트 등에 의해 끝나고 "가치와 존재의 분리"라는 이원론에 의해 도덕법칙(형이상학적)과 자연법칙으로 구별되었습니다. "이성은 이론적 사용에 관해서는 경험과의 관련으로 제약을 받아야 할 것이나, 그 실천적 사용에 관해서는 예지적 세계로의 초월이 허용되어야 할 것"[125]이라고 하여 이성의 실천적 우위가 정의되었습니다. 경험적·과학적 사실과 도덕적 가치관이 대립적으로 이해되었던 것입니다. 즉, 칸트철학은 "무제한적 선으로 간주될 수 있는 것은 단지 올바른 의지뿐이다."[126]라고 하여 선한 의지, 즉 절대적인 내적 가치가 무엇보다도 우선한다는 도덕적 가치의 복권에 있었다고 생각됩니다. 또 헤겔은 칸트철학을 초월하면서 존재와 가치의 통일을 전제로 하는 플라톤 형이상학의 전통을 계승하고, 절대적인 초감성적 가치를 도출하였습니다. 정립, 반정립, 종합(즉, 정반합)이라는 변증법적 발전형태를 구축원리로 하면서 타성, 부정적 이성, 긍정적 이성에 의해 이성의 절대적 우위를 주장한 것입니다. 여기서는 체험이라든가 신앙이라는 직접적 지식에 대한 비판이 전제되며, 또 17세기부터 계속된 과학적 가치관에서 철학적 논리를 지키려는 의도가 포함되

---

123) 同 上, p. 9
124) 同 上, p. 11
125) 同 上, p. 11
126) 同 上, p. 17

어 있습니다.

반면, 실재를 정신으로 보는 헤겔에 비해, 실재를 자연 혹은 물질로 본 마르크스는 자기 대상화의 과정을 노동으로 이해하고 노동이야말로 자연적 존재로서의 근원적 존재양식이며 모든 가치의 근원이라고 인식한 것입니다.

이상에서 실재와 가치의 관계성은 일원론인가 이원론인가에 의해 역사적으로 발전해 온 것을 서술하였습니다. 따라서 생태학적 방법론은 생태학적 법칙이 인간존재의 방식을 규정한다는 과학적 가치에 입각한 것임은 말할 것도 없으나, 문제는 생태학적 사실이 목적이 되어 버리는 것입니다. 이는 사실에서 가치로의 전환이며, 생태학적 가치의 우위성을 나타낸 것이라고 하겠습니다. 중세 신학에 의해 탄생한 신을 원점으로 하는 위계도식이 현대 과학에 의해 변경된 것뿐이라고 해도 과언이 아닙니다.

앞장에서 존재와 가치가 일체인 변증법적 발전형태에 의해 태어난 것이라는 입장에서 풍경형성의 역사적 발전을 마르크스의 생산관계론에 의거하여 유형화하였습니다. 이 과정에서 도출되는 것은 경제적 결정주의를 생태학적 결정주의로 직접적으로 교체하는 것이 역사적으로도 논리적으로도 불가능하다는 것입니다. 경제법칙이 생태학적으로 지양되는 경우에만 초월은 가능해진다고 봅니다. 이것이야말로 민중을 위한 풍경으로 향하는 프로세스라고 생각되어집니다.

다른 하나의 문제점은, 맥하그의 환경변화에 대한 인식의 약점은 『Design with Nature(1969)』에 나타나 있습니다. 그의 인식 속에 있는 "디자인"은 실은 "계획"이라는 데 문제점이 있습니다. 이것은 사이몬스가 "계획"을 "디자인"으로 오해한 것과 똑같다고 할 수 있습니다. 맥하그 방식이란 광역자원분석 혹은 토지이용계획이라는 것은 주지한 대로이며, 억지로 객관적·양적인 계획(Planning)을 주관적·질적인 디자인(Design)으로 바꾸려는 그의 의도는 어디에 있는 것일까요? 총명한 그가 무의식적으로 "계획"을 "디자인"으로 바꾸지는 않았을 것입니다. 그의 의도는 계획적 과정이 환경디자인의 영역까지 컨트롤할 수 있음을 시사하는 것임에 틀림없습니다. 이것은 환경 디자인에 의해서는 환경변화를 완전히 제어할 수 없다는 역사적 사실을 부정하는 것입니다. 그렇다면 그는 중대한 잘못을 범한 것이라 생각되어집니다.

정작 토지체계(Land System)에 사용되는 생태학적 방법론[127]은 맥하그를 포함하여 여러 삼림생태학자, 지질학자, 그리고 조경가 등에 의해 제안되고 있습니다. 여기서 중요한 문제점 몇 가지를 요약해 두고자 합니다.

(1) 계획 대상지의 결정방법

계획의 프로세스에서 우선은 계획 대상지의 경계영역을 어떻게 설정하는가가 문제시됩니다. 힐, 레비스, 그리고 맥하그 등 세 사람 모두 기존의 도, 시, 군 단위에 관계없이, 지형과 유역을 지표로 하여 계획영역을 설정하고 있고 이는 타당한 것이라 할 수 있습니다. 그러나, 문제는 광역적인 차원에서 작은 부지에 이르기까지의 관련성이라는 문제에 있으며, 힐은 지방 ↔ 로컬 ↔ 부지의 긴밀한 결합방식을 제안함으로써 어느 정도 성공했다고 볼 수 있습니다.

(2) 계획 프로세스

맥하그와 레비스의 분석방법에는 근본적인 차이가 있습니다. 두드러진 차이 중의 하나는 생태학적 조사를 실시하는 시기에 있습니다. 레비스는 개발조건 및 인간행동에 대해 먼저 상정한 뒤 조사를 행합니다. 그러나, 맥하그는 우선 자연의 자원과 프로세스의 조사에서부터 출발합니다. 이 차이는 계획적 결정에 관한 기본적 인식의 차이에서 온 것입니다. 이미 서술한 것과 같이 맥하그의 경우는 자연의 시스템이 인간환경을 규정한다는 직선적 일원론에 입각해 있으며, 사회적·경제적 객관조건이 2차적으로 고려되는 것입니다.

생태학적 조사에는 통상 방대한 시간과 노동력이 필요합니다. 그러나, 맥하그의 경우 사회적·경제적 조건이 빠져 있기 때문에 조사과정의 복잡함에 비해 계획결정의 단계가 직감적 혹은 단순화 될 염려가 있습니다. 이것이 맥하그식 방법론의 결정적인 단점입니다.

(3) 데이터 해석해법

계획과정은 가치결정의 프로세스이며 항상 결정기준이 문제가 됩니다. 결정

---

127) Department of Landscape Architecture, Harvard University, 1972, Three Approaches to Land Analysis

기준은 계획의 목적과 목표에 의해 규정되며, 목적은 물리적·사회적 객관적 제 조건에 의해 한정되어집니다. 맥하그에게 있어 가장 문제시되는 것은 자연 시스템과 토지이용형태의 적합성을 나타내는 적합성지도(Suitability Map)에 있습니다. 이 도면은 투명지도에 중첩시켜서 완성합니다. 색의 농담은 가치정도를 상대적으로 나타내고 있으며, 색의 중첩에 의해 절대적 가치가 생성된다는 환상을 갖게 해 줍니다. 힐의 방법은 자연의 환경적 특질과 인적 가치의 종합화를 초기단계부터 의식적으로 개발하고 있으며 이론적인 동시에 실천적입니다.

(4) 생태학의 응용에 대해

경제적 결정주의에서 생태적 결정주의로라는 사상의 배경에는 낭만주의가 있으며, 전통적인 경제우선주의에 대해 직감적인 안티테제가 숨겨져 있는 것입니다. 그러나, 생태학적 법칙이 인간의 생활환경을 전체적으로 규정할 수 있다는 사고는 이미 서술한 대로 이론적으로 잘못된 것입니다. 또 생태학의 응용에 있어서 생태학적인 상호작용은 어디까지나 "동태"로 파악될 필요가 있습니다.

(5) 계획과 디자인의 종합화

계획과 디자인은 상대적으로 구별되어야만 합니다. 「계획」은 통상 객관적, 분석적, 추상적, 그리고 이차원적인 것인데 비해, 「디자인」은 주관적, 종합적, 구체적, 그리고 삼차원적입니다. 그러나, 이것은 절대적인 차이를 말하는 것은 아닙니다. 따라서 만약 계획과정에서 예를 들어, 분석적 측면만이 강조된다면 이는 잘못된 것입니다. 디자인 과정에서도 그 역의 관계가 성립됩니다.

생태학적 분석방법은 자연과학적 지식에 기초하여 계량화에 중점이 놓여지기 때문에 디자인의 질적 측면이 그 프로세스에서 제외되어 버립니다. 계획과 디자인은 배타적으로 상호 관계하게 되며 종합화는 불가능하다고 할 수 있습니다. 생태학의 응용은 계획과 디자인의 관계성 위에 행해져야만 하는 것입니다.

III. 결론 : 경관구조론적 연구의 조경학적 의의

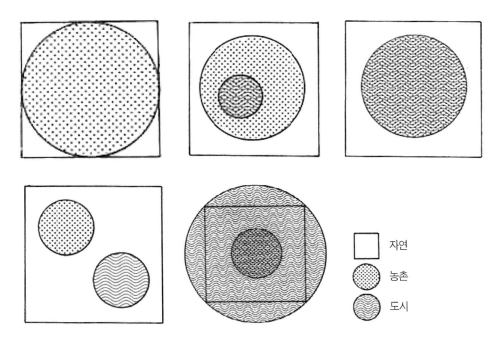

〈그림 19〉 경관구조의 역사적 추이

<그림 19>는 경관구조의 역사적 추이를 도식화한 것입니다. 경관의 형성은 각각 사회구조에 따라 다른 모습으로 구성되며 상징적으로 농촌의 성립, 도시의 농촌화, 농촌과 도시의 병립, 농촌의 도시화로 전개되어 왔습니다.

농촌의 도시화라는 현대의 경관구조는 내적으로 개체적 풍경발전을 의미하지만, 외적으로는 사적 경관의 증대로 특징지을 수가 있습니다. 사적 경관의 전개는 실은 고대 그리스의 폴리스 공동체에서 그 싹이 나타나며 근대 시민사회에 와서 상품의 형성과 발전에 따라 계속 증대되어 왔습니다. 더구나 현대 사회에서는 자본주의적 경관의 독점이 더욱 진전되고 있습니다.

자연·농촌·도시의 제반 관계에 의해 설명된 경관구조의 역사적 변화에서 두 가지 중요한 의의가 도출됩니다. 하나는 공유지와 사유지와의 관계, 또 하나는 경관(Landscape)과 정원(Garden)의 관계입니다.

우선 공유지와 사유지의 관계는 역사적으로 공동체 소유지와 사적 소유지

사이에서 나타났으며, 사적 소유지가 공동체 소유지 안에 완전히 파묻혀 있었던 단계(아시아적)는 사유지의 공유지에 대한 2종의 관계로 발전하였고(고전·고대적), 또 공유지는 개체적 소유지의 보충으로만 나타났습니다(봉건적).

공동체를 기반으로 태어난 근대 시민사회는 이와 같은 사유지와 공유지의 관계를 내적으로 포괄하고 있음은 말할 것도 없습니다. 봉건사회에서 더욱 두드러진 사적독립성과 사적활동성은 상품경제의 전개에 따라 시민사회 안에 내던져지고 사적·개체적 소유지의 확대, 사유지의 공공적 소유지에 대한 배타적 관계로서 나타난 것입니다. 상품경제하에서 사유지는 배타적으로 공유지와 대립할 수밖에 없습니다. 이는 근대 시민사회에서 사유지와 공유지간에 생기는 기본적 모순입니다.

공동사회에서는 공유지를 매개로 하거나 혹은 공유지가 개체적 소유지가 보충이 됨으로써 공유지와 사유지간에 일정한 결합관계가 성립하였습니다. 그러나 근대 시민사회에서 공유지와 사유지 사이의 관계는 공존이었으며 공생이 아니었습니다. 공공적 경관이 사적 풍경과 공생적 관계가 아니라 한다면 도대체 어떤 힘에 의해 그 공생이 가능하게 되는 것일까요? 이 문제는 본 논문이 처음부터 제기하여 온 것이며, "보존해야 할 경관의 형"을 변증법적으로 관계지움으로 인해 그 공생관계가 형성됨을 밝혔습니다.

다음으로 조경은 경관구조론에서 정원과 경관의 관계성으로 이해되고 경관의 정원화와 정원의 경관화라는 두 가지 개념으로 나눌 수 있습니다. 전자는 고전·고대적, 그리고 후자는 근대적이라고 정의되어집니다. 말하자면 자연경관이 감상적으로 이해되고 디자인 능력이 풍부하게 발휘된 고전·고대에 비하여 경관계획이나 환경계획이라고 하는 광의의 조경이 과대포장되어 역으로 정원이나 공원을 만드는 디자인 능력이 과소평가 되어지는 근대 조경의 특징이 지적되어진 것입니다.

경관계획과 경관디자인의 배타적인 관계성에 대하여 中村은 "과거의 정원에 비해 오늘날의 환경은 세계적 규모로 확산되어 감성적 파악을 곤란하게 함으로써 우리는 뭔가 장대한 계획에 의해 환경디자인의 문제를 해결하고자 하는 환상에 기대려고 하고 있다. 조경의 경우에도 광의의 조경 안에 환경디자인이나 수경이라고 하는 측면만이 머리 속에 팽배하여, 정원이나 공원을 만드는 디자인 능력이 과소 평가되는 경향이 있다."128)고 비판하면서 "이론적으로도 실질적으로도 협의의 조경능력 없이는 광의의 조경의 문제를 감성적으로 포착하고 환경을 재창조하는 디자인은 불가능하다. 비유적으로 말하면 화단을 만들지 않고 정원 만들기는 있을 수 없다."129)라고 경관계획과 디자인의 상호의존성을 원형적인 화단 만들기와 정원 만들기의 관계로 제기한 것입니다.

광의의 조경과 협의의 조경의 관계는 경관구조론적으로 <표 1>과 같이 요약할 수 있습니다.

<표 1>에 나타난 바와 같이 근대의 경관형성의 조건으로서 시민사회(부르주아 사회), 자본제, 사적(개체적) 소유, 상품과 화폐의 형성·발전 등이 있으며, 사적·공적 경관의 배타적 관계뿐 아니라 내용과 형식의 불일치, 감성적·관념적 세계의 환상적 결합(예술과 과학의 괴리) 등의 풍경형성이 전개됩니다. 따라서 광의의 조경과 협의의 조경의 상호 의존성을 확립한다는 것은 사실은 이들의 배타적인 관계를 공생적인 관계로 이끄는 객관적 조건을 만들어 가는 것이며, 경관구조론의 목적도 그곳으로 향하고 있습니다. 유형화에 의해 도출된 선행적인 풍경구조는 모두 변증법적인 보존의 의의를 지니는 것입니다. 민중을 위한 경관형성은 예를 들면 선사적인 자연과 인간의 감성적인 밀착, 아시아적인 농업과 공업의 일체화, 고전·고대적인 내용과 형식의 일치, 그리고 봉건적인 자유광장 등을 변증법적으로 관계짓는, 중후함을 지닌 경관디자인에 의해 가능한 것입니다. 그리고, 이들 경관구조 상호간의 결합 내지 공생관계를 만들어 가는 것이야말로 오늘날의 경관·조경문제 해결의 기본적 노선인 것입니다.

---

128) 中村一, 「造園技術·改訂版」, p. 4, 養賢堂
129) 中村一, 「造園技術·改訂版」, p. 4, 養賢堂

〈표 1〉 경관형성의 조건과 보존해야 할 경관

역사적 유형	경관형성의 객관적 조건	보존해야 할 경관의 의의
선사적	자연발생적 공동체 수렵·채취 경제	자연과 인간의 감성적 밀착
아시아적	농업공동체 절대적 노예성 시민없는 도시	유역 전체의 계획 농업과 공업의 일체화
고전·고대적	도시공동체, 구 시민사회의 발생 노예제도 시민의 농민적 기반 공업의 발전	직접 민주주의 내용과 형식의 일치
봉건적	촌락공동체, 구 시민사회 농노제, 개체적 소유 공업·상업의 발전	길드(동직조합) 자유도시 Common Space
근대적	시민사회(부르주아 사회) 자본주의 사적(개체적)소유 상품과 화폐의 형성·발전	개체적 경관의 획득

〈요 약〉

조경의 원론적 입장에서 본 논문에서는 다음과 같은 몇 가지를 제안하고자 합니다.

1. 전통적인 정원이론과는 다른 독자적인 조경의 이론을 구축하기 위해서는 경관(Landscape), 경관형성(Landscape Formation) 및 경관구조(Landscape Structure)에 대한 개념설정이 필요합니다.
2. 인간과 환경 사이의 관계성으로서 이해되는 경관은 예술적·디자인적 이라는 두 가지 범주에 있어서 개념화될 수 있습니다. 경관의 계기는 역사적으로 미적·공공적 이념 안에 도출되어집니다.
3. 경관의 계기로서 미적·공공적 이념은 이론적으로도, 역사적으로도 노동·생산양식에 의해 규정됩니다. 따라서, 경관의 형성은 사회적 형성이며, 게다가 사회적 형성의 전개는 경관구조로서 이해되어집니다.
4. 이 세 가지 개념구성에 의해 현대의 조경이론, 즉 경관디자인론과 계획론이 비판되어지고 또 경관구조론에 의해 오늘날 조경의 기능은 사적경관과 공공적 경관의 통합, 혹은 농촌적 경관과 도시적 경관의 결합에 있음이 지적되었습니다.

조경이라고 하는 예술과 과학의 양 범주에 걸치는 이론의 어프로치는 난해 (難解)하다기보다도 잡학(雜學)이 될 경향이 있습니다. 과거의 조경이론이 그러했듯이 조경을 예술론으로서 단정지을 수 있다면 아마 논리의 전개가 상당히 명쾌해지지 않을까 생각해 봅니다. 그러나, 예술론으로 현대의 조경을 통틀어 설명하기란 불가능합니다. 조경이 환경디자인이나 계획으로서 광역차원의 문제를 대상으로 하면서 조경과 사회와의 관계, 조경과 전체생활과의 관계가 확대되고 있습니다. 이와 같은 광의의 조경을 포함하여 오늘날의 조경을 이론화하기 위해서는 자연과학뿐 아니라 사회과학적 지식의 응용이 보다 강하게 요구되어집니다.

서양의 근대 조경은 18세기의 영국 풍경식 정원과 19세기 이후의 미국의 조경(Landscape Architecture)에서 전형적으로 나타나고 있습니다. 근대 조경의 전개는 형태적으로 정원에서 공원으로, 내용적으로는 사적 경관과 공공적 경관의 공존으로 요약할 수 있으며 특히 형태적 특질에 대해서는 역사적으로도 분석되어 온 것입니다. 그러나, 조경이론의 변천에 대해서 계통을 세운 연구는 빈약하며 따라서 현대의 조경원론을 취급할 때 우선 이론상의 위치에 힘을 기울이지 않으면 안 됩니다. 본 논문의 3분의 1을 넘는 분량으로 근대 및 현대 조경이론의 변천을 분명히 한 것은 이를 위함이었습니다.

이들 조경이론을 분석·판명하면서 조경의 이론화에는 경관·경관형식·경관구조의 세 가지 관념구성이 필요하며 이들에 의해 조경문제, 특히 사적 경관과 공공적 경관의 관계, 디자인과 계획의 관계, 환경디자인과 협의의 조경의 관계 등이 명쾌해졌습니다. 이들 개념설정에서 도출된 중요한 의의를 다음과 같이 지적해 두겠습니다.

1. 경관의 개념 : 근대적인 경관의 개념은 자연미에 있으며, 자연미는 우아미(The Beautiful)와 회화미(The Picturesque)의 이념으로 나타난다. 이 두 개의 이념은 영국 풍경식 정원으로 양식화되었으며 다우닝에 의해 미국 조경으로 계승되었으며, 옴스테드는 전통적 미적 개념을 공공적 경관이념으로 승화하였다. 그리고 현대적인 경관의 이념은 민중을 위한 풍경미에 있다고 생각된다.

2. 근대의 경관형성 및 구조는 시민사회형성의 객관적 조건하에서 규정되어진다.

3. 경관구조를 역사적으로 유형화하는 목적은 과거의 경관구조가 어떤 식으로 근대 시민사회하에서 경관형식으로 승화하였는가를 밝히는 데 있다.

4. 시민사회로의 전환과 형성은 마르크스에 의해 명쾌하게 설명되어진다. 경관구조의 유형화는 주로 마르크스의 『자본주의적 생산에 선행하는 제형태』에 의거하며, 선사적, 아시아적, 고전·고대적, 봉건적, 그리고 근대적 풍경구조 등 5가지로 나타난다.

5. 경관형성의 전개는 주로 자연·농촌·도시의 제반 관계의 변화에 따라 이해되어진다.

6. 각각의 경관구조는 역사적으로 자연과 인간의 감성적 밀착, 농촌과 도시의 일체성, 도시의 농촌화, 농촌과 도시의 대립, 그리고 농촌의 도시화 등으로 특징지을 수 있다.

7. 각각의 경관형성은 자연발생적 공동체, 농촌공동체, 도시공동체, 촌락공동체, 그리고 시민사회로 전개되었다. 공동체에서의 경관구조가 파괴됨으로써 근대적 경관이 형성되었음이 논증되었다.

8. 사적 독립성과 활동성이 강하게 강조된 근대 시민사회에서 개인과 사회는 배타적으로 관계한다. 이 관계를 만들어 내는 객관적 조건은 상품·화폐·자본의 논리에서 구해진다.

9. 근대 사회의 사적 경관과 공공적 경관간의 기본적 모순, 경관디자인과 경관계획의 배타적 관계는 경관구조론에 의해 설명할 수가 있다.

이들의 개념을 명확히 함으로써 현대 조경의 기능은 도시와 농촌의 통합관계에 의해 나타나듯이 사적 경관과 공공적 경관의 결합에 있다고 생각됩니다. 이 조건은 근대 및 현대 시민사회의 존립기반을 묻는 과정에서 밝혀질 것이며 또 본 논문 안에서 약간 지적되어 있습니다. "보존해야 할 경관의 형"은 이론적으로도 실천적으로도 현대 조경에 있어서 중요한 개념으로 제기되었습니다.

〈감사의 글〉

이 책자는 필자가 1980년 12월에 학위를 신청하기 위하여 일본(京都) 대학 농학부에 제출한 논문을 인쇄하여 배포한 것입니다. 다행히 논문은 심사를 통과하였습니다. 논문을 심사해 주신 中村一 교수, 半田良一 교수, 그리고 西口猛 교수에게 마음으로부터 감사드립니다. 또 이번 연구를 정리하는 데 있어 따뜻하게 성원해 주신 大阪府立大學 久保貞 교수, 九州藝術工科大學 新田伸三교수, 京都大學 岡崎文彬 명예교수, G. Eckbo 씨, 그리고 타 대학의 동료를 포함한 많은 분에게 깊이 감사를 표합니다.

이 논문은 근대의 조경 및 조경이론에 관한 연구의 한 단락이며 새로운 연구를 향한 첫걸음입니다. 조경이 근대사 안에서 지닌 역할에 대해서는 역사가들 중에서도 그다지 거론한 사람이 없습니다만, 실제로는 미국의 조경가 옴스테드가 설계한 센트럴파크를 예로 들지 않더라도 조경과 문화와의 관계는 지금부터 보다 더 중요시될 것은 명백한 사실입니다. 조경의 원론적 연구가 이와 같은 방향을 가지고 계속 발전할 것이며, 이번 연구가 근대 조경이론에 흥미를 지닌 분들에게 도움이 되기를 기대합니다.

끝으로 본 논문에 대하여 많은 비판과 조언을 받게 되길 진심으로 바랍니다.

1981년 11월 5일
캘리포니아에서
우에쓰기 타께오(上杉武夫)

〈영문요약〉

A Theory of Landscape Formation and Structure

Landscape Architecture, in theory, is comprised of both art and science. The author points out that landscape architecture can not be developed solely from either an artistic or scientific point of view, but must incorporate both concerns, and especially involve the public in dealing with the total environment. How is the theory of landscape architecture developed for the public and their environment?

In the modern landscape movement of the West as exemplified in both English Landscape Gardening and American Landscape Architecture there is a change in emphasis from the private garden to the public park. The focus of previous studies seems to have emphasized the morphological aspects of this movement, however, in order to develop a theory of landscape architecture it is necessary to also clarify the fundamental problems which exist in modern landscape development, such as the exclusive relationships between the individual and the whole, between the private and the public, between the sensual and the intellectual, between designing and planning, etc.

The author has developed a theory of landscape architecture based on careful study of previous theories form the 18th to 20th Century, in addition to the historical investigation of landscape development since the primeval society, focusing on the modern society, and the theoretical study of production and distribution. This theory of landscape architecture involves three concerns : Landscape meaning, Landscape formation, and Landscape structure. The definition of these three fundamental concerns is as follows :

1. Landscape meaning

   Landscape means a subjective relationship between man and his environment.

2. Landscape formation

   The development of Landscape is determined by society as manifested in the growth of labor and production methods.

3. Landscape structure

   The growth of the society will form the structure of the Landscape.

Beyond these fundamental concerns of a theory of landscape architecture the author proposes the following assertions :

1) Natural beauty of the landscape, the Beautiful and the Picturesque, which was stylized in English Landscape Gardening, and was furthermore continued in the United States by Downing has been succeeded by a new concept conceived with the public landscape brought forth by Olmsted.

2) Landscape formation has been analyzed by the development of relationships between nature, village and city. Those relationships have dialectically developed in the history.

3) Landscape structure has been historically defined as Primeval, Asian, Classical, Feudal, and Modern. The meaning of Landscape structure can be defined as the unison between man and nature, an unification of village and city, a change from city into village, a conflict between village and city, and a change from village to city.

4) Although the individual of the modern society has gained the most independence and vital power in the history, his relationship to the society is rather exclusive and alienating. This is explained by the theory of goods, money and capital.

5) The fundamental conflict between the private and public landscape, or the exclusive relationship between landscape designing and planing

shall be explained by this Landscape theory.

The function of landscape architecture will be, as a conclusion, to establish the continuous relations between the individual and the whole, the private and the public, the emotional and the intellectual, village and city, etc. This Landscape theory can be effective for that purpose. One of the possibilities will be to evolve the ideal meanings of Landscape structure into a modern one. The ideal meanings are, for example, the sensual unison between man and nature, cohesive agriculture and industry relations, a direct democracy, a common club or space, and so on.

참고문헌

[국내문헌]

강병기 외 2인, 1977, 「도시론」, 법문사.

강신용, 1993, 韓國近代の開國期における公園の開設過程とその特質, 日本造園
　　　雜誌, 57-1

＿＿＿, 1994, 韓國における近代都市公園受容と展開, 日本京都大學 博士學位
　　　論文.

＿＿＿, 1998, 도시공원계획에 있어서 전통과 현대의 접목, '98년도 한국정원
　　　학회 학술논문발표대회 초록집.

강재식, 1998, 옥상녹화시스템의 동·하계 열적 특성, 한국건설기술연구원 건
　　　설기술정보.

경기개발연구원, 1996, 녹지네트워크에 관한 연구.

김귀곤, 1993, 「생태도시계획론; 에코폴리스계획의 이론과 실제」, 대한교과서
　　　주식회사.

＿＿＿, 1994, 「도시공원녹지계획·설계론」, 서울대학교 출판부.

김병철 외, 2000, 「생태마을 길잡이」, 녹색연합.

김성준 외 3인 역, 2002, 「비오톱(Boitop) 환경의 창조」, 전남대학교 출판부.

김수봉, 1992, 대도시 공원녹지의 역할에 관한 연구, 한국조경학회지, Vol.19,
　　　No. 4

＿＿＿, 1996, 지속가능한 도시개발을 위한 효과적 도시환경계획의 방법에 관
　　　한 연구, 대한국토·도시계획학회지.

＿＿＿, 2000, 「도시환경녹지계획론」, 대구: 중문출판사.

김수봉·정응호·심근정·권진오, 2002, 「환경계획」, 홍익출판사.

김수봉 · 황현정, 2000, 환경문제의 원인과 대책, 환경과학논집5(1):153-154.

김정환 · 정응호, 1999, 도시비오톱유형분류를 위한 GIS활용성에 관한 연구, 계명대학교 산업기술연구소 논문보고집 제22-1집

김종욱 등 역, 2001, 「환경과학개론」, E. Enfer & B. Smith. Environmental Scien서울: 북스힐

김준호 역, 1996, 「지구온난화를 생각한다」, 서울: 소화

김철수 저, 2000, 「도시공간의 이해」, 기문당

김흥래, 1993, 학교환경교육의 실태와 강화방안에 관한 연구, 석사학위논문, 공주대학교 교육대학원

나정화, 1997, 도시 소생물권 도면화 작업(UBM)과 그 정보시스템(BIS) 구축 방법에 관한 연구(I), 한국정원학회지, 제15권 2호

류중석 외 1인, 1995, 환경보전적 토지이용을 위한 공간정보의 활용방안, 국토정보, (10), pp. 38~49

민경현, 1998, 「숲과 돌과 물의 문화」, 도서출판 예경

박경훈, 1998, 환경보전을 위한 종합적 녹지평가 방법론, 경북대 대학원 조경학과 석사논문

박승진, 2000, 테크놀로지@조경, 로커스 2호

박시익, 1987, 풍수지리설 발생배경에 관한 분석연구, 고려대 박사학위논문

박정희, 2001, 생태도시조성과 주민참여, 한국생활환경학회지 제8권 제1호

배정한, 1998, 조경에 대한 환경미학적 접근, 서울대학교 환경대학원 박사학위논문

서울특별시, 2000, 도시생태계개면의 도시계획에의 적용을 위한 서울시 비오톱 현황조사 및 생태도시 조성지침 수립(1차년도 연구보고서)

손정목, 1988, 「한국현대도시의 발자취」, 일지사

시민환경연구소, 2001, 「생태도시로 가는 길」, 도요새

신기철 편저, 1988, 「새우리말 큰사전」, 서울: 삼성이데아

신현국, 1995, 「환경학개론」, 서울: 신광문화사

신현국 · 김낙주, 1998, 환경과학총론, 서울: 동화기술

심근정 외, 1999, 농촌지역 노거수의 변천과정과 보호대책, 계명대학교 환경과학논집 4권 1호

_____ 외, 2002, 한밤마을을 통해본 농촌주거지의 공간구성 특성에 관한 연구, 한국주거학회지 13(3)

_____, 1996, 「건축공간의 녹화」, 서울: 대우출판사

_____, 2001, 근대지방도시의 경관변화와 특성, 경북대학교 대학원 박사학위논문

양윤제, 1982, 도시환경과 녹지, 한국조경학회지 Vol. 10, No.1

양헌석, 1998, 택지개발지구내의 공원녹지 배치실태와 이용성, 경북대학교 농업개발대학원 석사학위논문

오웅성, 1998, 환경·문화·21세기, 로커스 창간호

웅진출판사, 1993, 한국의 자연탐험

윤국병, 1983, 경주 포석정에 관한 연구, 한국정원학회지 2(1)

_____, 1984, 「조경사」, 서울: 일조각

_____, 1992, 「조경사전」, 서울: 일조각

윤장섭, 1988, 「한국건축사」, 서울: 동명사

이경준 외, 1996, 「산림생태학」, 서울: 향문사

이관규, 1997, 양평군 서종면 생태적 주거환경기본계획, 서울대학교 환경대학원 석사학위논문

이명규 역, F. Choay저, 1996, 「근대도시」, 서울: 세진사

이몽일, 1991, 「한국풍수사상사연구」, 대구: 일일사

이병욱, 1997, 「환경경영론」, 서울: 비봉출판사

이상호, 1997, 서울시 녹색네트워크 형성을 위한 녹지 확충방안, 서울시정개발연구원

이천용, 1996, 산림환경토양학, 보성문화사

이희승 감수, 1998, 「엣센스 국어사전」, 서울: 민중서관

임승빈, 1998, 「조경이 만드는 도시」, 서울: 서울대학교출판부

장동수, 1994, 한국 전통도시조경의 장소적 특성에 관한 연구, 서울시립대 박사학위논문

정동오, 1984, 「한국의 정원」, 서울: 민음사

_____, 1992, 「동양조경문화사」, 전남대 출판부

조강현, 1996, 방동저수지 주변 수생식물 조사결과 및 도시지역에서의 생물서

식공간 조성시 도입방안; 서울대학교, 도시지역에서의 효율적인 생물서
식공간 조성기술의 개발을 위한 국제워크샵

최돈형, 한용술, 남상준, 김영란, 1991, "제6차 교육과정 개정에 대비한 학교
환경교육 강화 방안." 서울: 환경처

최병두 외, 1996, 도시환경문제와 생태도시의 대안적 구상, 한국도시연구소,
도시연구 제2호

최석진 외 22인, 2002, 「21세기 한국의 환경교육」, 서울: 교육과학사

최석진, 김정호, 이동엽, 장혜정, 1997, 우리 나라 학교 환경교육 실태조사 연
구, 한국환경교육학회

최일기, 1997, 도시지역내에서의 생물다양성증진기법에 관한 연구, 서울대 환
경대학원 석사논문

토목관련용어사전편찬위원회, 1997, 토목용어사전, 탐구원

한국도시연구소, 1998, 「생태도시론」, 서울: 박영사

한국도시연구소, 1998, 「생태도시론」, 서울: 박영사

한국자연보존협회, 1993, 자연보존, 제82호

한국조경학회 편, 1989, 「조경학대계 II -조경수목학」, 서울: 문운당

한국환경정책학회(1999), 「환경정책론」, 서울: 신광문화사

한주성, 1991, 「인간과 환경」, 교학연구사

현대건설(주) 기술연구소, 1997, 인공지반 조경 녹화기술에 관한 연구

환경부, 1995, 「환경비젼 21」, 환경부 보고서

_____ , 1996, 사람과 생물이 어우러지는 자연환경의 보전·복원·창조기술
개발

_____ , 1996, 생태도시조성기본계획수립을 위한 용역사업

환경정의시민연대, 2001, 「생태도시의 이해」, 서울: 다락방

환경처, 1993, 국민학교 교사용 환경교육연수교재, 환경처 공보관실

황기원, 1986, 「조경계획론」, 서울: 문운당

[기타]

그린 넷 홈페이지 http://soback.kornet.net/~greennet/open.htm

대구시 (1999) 「대구통계연보」, http://plan.daegu.go.kr/statistic/static99/main.html

대구시사편찬위원회, 1992, 대구시사 4권

동아사이언스 http://www.dongascience.com

로렌스 버클리 연구소 홈페이지(http://eetd.lbl.gov)

미국 나사 홈페이지(http://nasa.gov)

미국 도시 산림 연구센터 홈페이지(http://wcufre.ucdavis.edu/)

미국 미시건 대학 홈페이지(http://www-personal.umich.edu/)

미국 산림청 홈페이지(http://www.fs.fed.us/)

미국 에너지 관리청(http://www.eren.doe.gov/)

미국 인디아나 대학 홈페이지(http://www.iuinfo.indiana.edu/)

미국 투산시 홈페이지(http://www.ci.tucson.az.us/)

서울대학교 대기화학전공 홈페이지(http://cirrus.snu.ac.kr/)

성균관대학교 건축환경연구실. http://betrl.skku.ac.kr/

지속가능 개발네트워크 자료실. http://srilang.ksdn.or.kr/resource/sd/sd05/sd050017.htm

캐나다 온타리오 대학 홈페이지(http://publish.uwo.ca/)

프랑스에너지연구센터(http://www-cenerg.cma.fr/)

한국 기상청 홈페이지(http://www.kma.go.kr/)

한국과학기술정보연구원(http://www.kordic.re.kr/~trend/Content483/construction01.html)

한국에너지 기술 연구원 홈페이지(http://www.kier.re.kr/)

호주 Urban Ecology 홈페이지(http://www.urbanecology.org.au/)

호주 기상청 홈페이지(http://www.bom.gov.au/)

홍콩대학교 홈페이지(http://arch.hku.hk/)

[일본문헌]

岡崎文彬, 1966, 「圖說造園大要」, 養賢堂

_____, 1981, 「造園の歴史(Ⅱ)」, 同朋舍出版

岡大路(김영빈 역), 1943(1987), 「支那庭園論(중국정원론)」, 彰國社(중문출판사)

高橋理喜男 外, 1986, 「造園學」, 朝倉書店, p. 64

東京都 新宿區, 1994, 「都市建築物の綠化手法」, 彰國社

東京都における屋上等綠花の推進について, 2001, 일본조원학회지, 65(1).

小橋登治 外, 1992, 環境綠化工學(안영희 역, 1997, 「환경녹화공학」, 태림문화사)

宋泰鉀・白井彦衛, 1992, 都市公園槪念と制度の變遷に關する日・韓の比較研究, 日本造園雜誌, 55-5

興水 肇, 1985, 「建築空間の綠化手法」, 日本 東京: 彰國社

芮京祿, 1996, 住居環境における自然體驗と環境意識に關する研究, 千葉大學 博士學位 論文

屋上空間研究會, やわらかな都市へ(홍보용 책자)

中島 宏, 1997, 「改訂植栽の設計・施工・管理」, 日本 東京: 經濟調査會

中村 一, 1966, 「造園技術」, 養賢堂

進士五十八 外, 「Rural LandscapeのDesign手法」, 1995, 學藝出版社

[외국문헌]

Abercrombie, P., 1944, Greater London Plan, London: HMSO.

Adams, W. H., 1991, Nature Perfected: Garden Through History, London: Abbeville Press.

Arthur, L. M. et al., 1977, Scenic assessment-an overview, Landscape Planning 4: 109~130.

Baljon, L., 1992, Designing Parks, Amsterdam: Architecture & Natura Press.

Balmer, K. R., 1972, Urban Open Space Planning in England and Wales, Unpublished Ph.D Thesis, University of Liverpool.

Bayerisches Staatsministerium des Innern Oberste Baubehörde, 1991, Biotopgestaltung an Strassen und Gewässern, Mümchen.

Bazin, G., 1991, PARADEISOS: The Art of Garden, London: Cassell Publishers.

Beer, A., 1991, Cities, Teaching Note, Department of Landscape, The University of Sheffield.

Bergstedt, 1992, Handbuch angewandter Biotopschutz.

Blab, J., 1986, Grundlagen des Biotopschutzes für Tiere, Schriftenreihe für Landschaftspflege und Naturschutz.

Burgess, J. et al., 1988, People, Parks and the Urban Green: A Study of Popular Meaning and Values for Open Spaces in the City, Urban Studies, Vol.25.

Chadwick, G. F., 1961, The Works of Sir Joseph Paxton, London: Architectural Press.

Chadwick, G. F., 1966, The Parks and The Town, London: Architectural Press.

Christian, C. S. et al., 1968, Methodology of integrated surveys, In: Aerial Surveys and Integrated Studies, Proc. Toulouse Conf., UNESCO, Paris.

Christian, C. S., 1958, The concept of land units and land systems, In: Proceedings of Ninth Pacific Science Congress 20.

Cooper, C. A., 1975, Easter Hill Village. Free Press.

Cranz, G., 1982, The Politics of Park Design, Cambridge: MIT Press.

Crow, S., 1981, Garden Design, Chichester: Country Life.

David Pitt, Kenneth Soergell II, and Ervin Zube, 1979, 'Tree in the city', Edited by Ian C. Laurie, 'Natural in Cities'.

Eckbo, G., 1969, The Landscape We See, New York: McGraw Hill.

Fabos, J. G. et al., 1958, Frederick Law Olmsted, Sr. Founder of Landscape Architecture in America, Mass.: The University of Massachusetts Press.

Fairbrother, N., 1970, New Lives, New Landscape, Harmondworth: Penguin Books.

Fieldhouse, K. and Harvey, S. (eds.), 1992, Landscape Design, London: Laurence King.

Finke, L., 1986, Landschaftsökologie, Westernmann.

Fleming, L. and Gore, A., 1988, The English Garden, London: Spring Books.

Frampton, K., 1985, Modern Architecture, London: Thames and Huddson.

Francis, M, 1987, Some Different Meanings Attached to a City Park and Community Gardens, Landscape Journal, Vol. 6 (2).

Francis, M. et al., 1984, Community Open Space, Washington D.C.: Island Press.

Giedion, S., 1954. Space, Time and Architecture, Harvard University Press.

Gold, S., 1980, Recreation Planning and Development, New York: McGraw Hill.

Gold, S. M., 1972, Nonuse of Neighbourhood Park, Journal of American Institute of Planners, 38.

Haughton, G., 1994, Sustainable Cities, London: Jessica and Kingsley Publishers.

Hester, R. T., Jr., 1984, Planning Neighbourhood Space, New York: Van Nostrand.

Heydemann, B., Nowak, E., 1980, Katalog der zoologisch bedeutsamen Biotop(Okosysteme)Mitteleuropas, Natur und Landschaft 55.

Hough, M., 1984, City Form and Natural Process, London: Routledge.

Hough, M., Metro Homested, 1983, Landscape Architecture, January.

Hunter, J. M., 1985, Land into Landscape, London: George Goodwin.

ILS(Hg.), 1993, Entsiegelung von Verkehrsflächen, Bausteine für die Planungspraxis in Nordrhein-Westfalen 14, Dortmund

Jedike, E., 1994, Biotopverbund, Ulmer, Germany

Jellicoe, G. and Jellicoe, S., 1987, The Landscape of Man, London: Thames and Huddson, .

Kaule, G., 1986, Arten-und Biotopschutz, Stuttgart

Kim, S., 1994, A New Perspective on Urban Green Space Planning Policy, The Case of Taegu City, Korea, Unpublished Ph.D Thesis, The University of Sheffield.

Kreeb, K-H., 1973, Ökosystem, Stabilität durch Spezialisierung, in: Bild der Wissenschaft(10), Berlin

Lansing, J. B., Marans, R. W., and Zehner, R. B., 1970, 'Planned residential communities.' Institute for Social Research, Univ. or Michigan. 269pp.

Lasdun, S., 1991, The English Park, London: Andre Deuch.

Laurie, I.,1985, Nature in Cities, Chichester: John Wiley & Sons.Laurie.

Laurie, M., 1975, An Introduction to Landscape Architecture, New

York:American Elsvier.

Lee, C-W., 1993, City Farming and Sustainable Urban Development, University of New Castle Ph.D Dissertation.

Leser, H., 1984, Zum Ökologie-, Ökosystem-und Ökotopbegriff, Natur und Landschaft, 59(9).

Lester, W. Mibrath, 1990, "Environmental Understanding: A New Concern for Political Socialization," Political Socialization, Citizenship and Democracy, New York: Columbia University, Teacher College Press.

Little, C. E., 1968, Challenge of the Land, London: Pregamon Press.

Lyall, S., 1991, Designing the New Landscape, London: Thames and Huddson.

Manning, O., 1993, Garden/Park Design Categories, Unpublished Paper, Department of Landscape, The University of Sheffield.

Manning, O., 1991, Principles and History, Introduction to Landscape Paper 2, Department of Landscape, The University of Sheffield.

Michert, J., 1983, On the Desire for "Wilderness" in Urban Open Space, Garten und Landschaft, Oct.

Morris, E. K., 1979, Changing Concept of Local Open Space in Inner Urban Areas, Unpublished Ph.D Thesis, University of Edinburgh.

Müller, N., Stadtbiotopkartierung als ökologische Grundlage für die Stadtplanung in Augsburg, in: Adam, K., u.a.(Hg.), 1984, Ökologie und Stadtplanung, Köln.

Naveh, Z. et al., 1984, Landscape Ecology, New York: Springer-Verlag.

Nicholson-Lord, D., 1987, The Greening of the Cities, London: Routledge & Kegan Paul.

Neal P. and Palmer. J., 1990, Environmental Education in the Primary School, Oxford: Blackwell Education.

Payne, B., 1973, 'The twenty-nine tree home improvement plan.' Natural History, 82(9).

Routledge, A., 1971, Anatomy of a Park, New York: McGraw Hill.

Schulte, W., et al., 1986, Flächendeckende Biotopkartierung im besiedelten Bereich als Grundlage für eine stärker naturschutzorientierte Stadtplanung - erste Ergebnisse aus dem Untersuchungsgebiet Bonn-Bad Godesberg, Natur und Landschaft, 61(7/8).

Spirn, A., 1984, Granite Garden, New York: Basic Books.

Sukopp, H., 1980, Biotopkartierung in besiedelten Bereich von Berlin, Garten und Landschaft, 80(7)

Sukopp, H., Schulte, W., Werner, P., 1993, Flächendeckende Biotopkartierung im besiedelten Bereich, in: Natur und Landschaft 68.

Sukopp, H., Weiler, S., 1986, Biotopkartierung im besiedelten Bereich der Bundesrepublik Deutschland, in: Landschaft und Stadt 18, Stuttgart.

Sukopp, H., Wittig, R.(Hg.), 1993, Stadtökologie, Stuttgart.

Tankel, S., 1963, The Importance of Open Space in the Urban Pattern, in Wingo, L, Jr.(Ed.), Cities and Space, Baltimore: Johns Hopkins Press.

Thompson, I., 1993, Landscape Design: Signpost to a Post-modern Future, Landscape, 18(3).

Tjallingii, S. P., 1995, Ecopolis: strategies for ecologically sound urban development, Nleiden, Netherlands: Backhuys Publishers.

Troll. C., 1968, Landschaftsökologie: in Tuxen, R.(Hg.), Pflanzensoziologie und Landschaftsökologie, Denn Haag.

UNESCO, 1975, The International Workshop on Environmental Education Final Report, Belgrade, Yugoslavia, Paris: UNESCO.

W. Marsh, 1998, Landscape planning: environmental application 3rd ed.

WCED, 1987, Our Common Future, Oxford: Oxford University Press.

Wohlwill, J. F., 1983, The Concept of Nature in Altman, I. & Wohlwill. J. F. (Ed.), Behavior and the Natural Environment, London: Plenum.

Young, G. L., 1974, Human ecology as an interdisciplinary concept: A critical inquiry, In: A. Macfayden (Eds.), Advances in Ecological Research, New York: Academic Press.

Zonneveld, I, S., 1972, Textbook of Photo-Interpretation, Vol. 7. (Chapter 7:

Use of aerial photo interpretation in geography and geomorphology). ITC, Enschede.

Zube, E. H. et al.(Eds.), 1975, Landscape Assessment: Values, Perception and Resources, Stroudsburg, Pennsylvania: Dowden, Hutchinson, & Ross.

Zube, E. H., 1973, 'The natural history of urban trees.' Natural History, 82(9).

[기타]

American Forest 홈페이지(http://www.americanforests.org/)

ㅈ

저자 약력

김수봉
경북대학교 조경학과(농학사)
경북대학교 대학원 조경학과(조경학 석사)
영국 셰필드 대학교(ph.D)
현, 계명대학교 환경학부 환경계획 전공 부교수

〈주요저서〉
알기 쉬운 환경과학, 서울:시그마프레스(1999, 공역)
도시환경녹지론, 대구: 중문(2000)
환경과학개론, 서울: 북스힐(2001, 공역)
인간과 도시환경, 서울: 대영문화사(2002)
환경계획, 대구: 홍익출판사(2002)

정응호
계명대학교 도시공학과(공학사)
계명대학교 대학원 도시공학과(공학석사)
독일 도르트문트대학교(공학박사)
현, 계명대학교 환경학부 환경계획전공 전임강사

〈주요저서〉
환경계획, 대구: 홍익출판사(2002)

심근정
경북대학교 조경학과(농학사)
경북대학교 대학원 조경학과(조경학 석사)
경북대학교 대학원 조경학과(농학박사)
기아그룹 (주)기산기술연구소 연구원 역임
계명대학교 낙동강환경원 전임연구원 역임
현, 계명대학교 시간강사

〈주요저서〉
건축공간의 녹화, 서울: 대우출판사(1996)
환경계획, 대구: 홍익출판사(2002)

김용범
경북대학교 조경학과(농학사)
경북대학교 대학원 조경학과(조경학 석사)
영국 카디프 대학교(ph.D)
현, 계명대 · 경산대학교 시간 강사

환경과 조경

2015년 2월 22일 초판 인쇄
2015년 2월 28일 초판 발행

공　저 / 김수봉 · 정응호
심근정 · 김용범
발행인 / 김　기　형
발행처 / **학 문 사**

경기도 고양시 덕양구 화중로 100(화정동) 비전타워21 1005호
☎ (대) (02)738-5118　FAX (031)966-8990
(대구지사) (053)422-5000〜3　FAX 424-7111
(부산지사) (051)502-8104　FAX 503-8121
등록번호　제1-a2418호

가격 20,000원

ⓒ HAKMUN PUBLISHING CO. 2010

ISBN 89 − 467 − 5395 − 1
E-mail: hakmun@hakmun.co.kr
www.hakmun.co.kr